21 世纪全国高等职业教育规划教材

# 单片机应用技术

庄乾成　杜豫平　张　伟　卜捷捷　编著

## 内容提要

本书由实际入手，通过 Proteus 仿真平台，借助 9 个项目案例设计载体，先介绍单片机基本知识、开发环境和编程语言，重点介绍了发光二极管、数码管、蜂鸣器、按键、数字温度传感器 DS18B20、液晶显示器 LCD1602 及 12864LCD 、A/D、D/A 等器件的扩展和应用，使初学者通过项目实施锻炼，获取所需知识，提高动手能力。

本书可作为高职院校应用电子技术、通信工程和电气自动化、机电一体化等专业教材，也可作为电子爱好者参考用书。

**图书在版编目(CIP)数据**

单片机应用技术/庄乾成等编著. —上海:上海交通大学出版社,2014
ISBN 978-7-313-10872-2

Ⅰ. ①单… Ⅱ. ①庄… Ⅲ. ①单片微型计算机-教材
Ⅳ. ①TP368.1

中国版本图书馆 CIP 数据核字(2014)第 024850 号

**单片机应用技术**

编　　著:庄乾成等
出版发行:上海交通大学出版社　　地　　址:上海市番禺路 951 号
邮政编码:200030　　电　　话:021-64071208
出 版 人:韩建民
印　　制:浙江良渚印刷厂　　经　　销:全国新华书店
开　　本:787mm×1092mm　1/16　　印　　张:17.75
字　　数:438 千字
版　　次:2014 年 2 月第 1 版　　印　　次:2014 年 2 月第 1 次印刷
书　　号:ISBN 978-7-313-10872-2/TP
定　　价:38.00 元

# 前　言

单片机是从事智能仪器仪表、工业控制、家用电器和医用设备等电子产品开发及相关工作人员的入门级芯片，有很高的实用价值。但由于单片机是硬件设计和软件编程为一体的学科，既要求有很好的电子技术知识，又要有一定的逻辑思维和编程能力，要快速入门和应用有一定的难度。本书在编写过程中，结合学院精品课程并抓住课改契机，依据历届学生的学习情况调查结果，遵循“适用”和“应用”两原则，将单片机的常用知识和典型项目应用整合到9个应用广泛的典型实例中，让学生“边学边做”，循序渐进。并力求使本书的内容、结构及项目等方面充分体现高职高专教育“理实一体”的特色。本书具有以下特色：

（1）打破了传统教材的章节划分，根据学生的知识和技能需求分为9个典型项目，按照“项目提出”→“所需知识学习”→“项目样例实施(抛砖)”→“学生实践发挥(引玉)”的思路编排。根据相关课题设计情况作相应评分，各项目设置预习问题，不再设置理论习题，偏重应用和实践。

（2）打破传统知识体系，将相关知识分散于各项目中，以项目为载体，以够用为原则，使学生充分体会“学有所用”。

另外，本书在内容阐述上，层次清楚，图文并茂；在结构编排上，以循序渐进、由浅入深为原则；在项目的选取上，注重常用和实用性以及可操作性。

本书由庄乾成、杜豫平、张伟、卜捷捷编著，其中项目3、项目4、项目6、项目7由庄乾成编写，项目5由杜豫平编写，项目8、项目9由卜捷捷编写，项目1、项目3由张伟编写，全书由庄乾成统稿。

本书在编写过程中参考了一些网友提供的资料，谨此表示感谢。由于编者水平有限，书中存在的疏漏和不足之处，恳请读者批评指正！

编者

# 目　　录



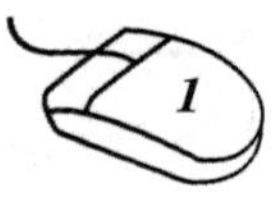

# 项目1　认识单片机

## 1.1　知识预习

（1）什么是单片机？

（2）名词解释：

①数据总线：

②地址总线：

③控制总线：

④BCD码：

⑤ASCII码：

（3）详述MCS-51单片机内部数据存储器分布。

（4）程序计数器PC有哪几种工作方式？

## 1.2　知识学习

微型计算机经过几十年的迅速发展，主要有两个发展趋势：一是不断推出高性能的通用微型计算机系统。从20世纪80年代推出的286、386直到今天的P4，字长已从8位扩展到64位；CPU处理能力大大增强，主要用于信息管理、科学计算、辅助设计、辅助制造等。二是面向控制型应用领域的单片微型计算机的大量生产和广泛应用。由于其可靠性高、体积小、价格低、易于产品化等特点，在智能仪器仪表、实时工业控制、智能终端、通信设备、导航系统、家用电器等自控领域获得广泛应用。本书讲述的是应用时间长、应用范围广、影响较大的MCS-51系列单片机。

### 1.2.1　单片机概述

1. 单片机概念

单片机是把组成微型计算机的各个功能部件，如中央处理器CPU、只读存储器ROM、随机存取存储器 RAM、输入输出接口(I/O)电路、定时器/计数器及串行通信电路等功能部件集成在一块芯片上,构成的一个完整的微型计算机,因此又称为单片微型计算机(Single Chip Microcomputer,SCM),其专业名称为微控制器(Micro Controller Unit,MCU)。图 1-1 是几种常见的单片机芯片外形。

AT89C2051

AT89C52　AT89S51　AT89C51　AT89S52

图 1-1　常见单片机芯片

自 20 世纪 70 年代单片机诞生以来,世界各大半导体公司推出了几十个系列几百种单片机产品,单片机经历了 4 位、8 位、16 位和 32 位四个阶段,其中 4 位单片机仅用在功能较单一的系统中,8 位、16 位和 32 位是市场主流。随着科学技术的发展,单片机功能越来越强,集成度越来越高,应用越来越广泛,经过 30 多年的迅猛发展,其产品已经形成了多公司、多系列、多型号的局面。在国际上影响较大的公司及主要产品如表 1-1 所示。

**表 1-1　当前世界 8 位单片机的生产厂家和型号**

| 公司 | 典型产品系列 |
|---|---|
| Intel(美国英特尔)公司 | MCS-51 及其增强型系列 |
| Atmel(美国 Atmel)公司 | 与 MCS 系列兼容的 51 系列 |
| Motorola(摩托罗拉)公司 | 6801 系列和 6805 系列 |
| Philips(荷兰飞利浦)公司 | 8XC552 及 89X 系列 |
| Microchip(美国微心)公司 | PIC16 5X 系列 |
| ZiLong(美国齐洛格)公司 | Z8 系列及 SUPER8 系列 |
| Fairchild(美国仙童)公司 | F8 系统和 3870 系统 |
| Rockwell(美国洛克威尔)公司 | 6500/1 系列 |
| TI(美国德克萨斯仪器仪表)公司 | TMS7000 系列 |
| NS(美国国家半导体)公司 | NS8070 系列 |
| RCA(美国无线电)公司 | CDP1800 系 |

2. 单片机发展概况

单片机的产生与发展和微处理器的产生和发展大体上同步,经历了 4 个阶段:

第一阶段(1971—1974 年):1971 年 11 月,美国 Intel 公司首先设计出集成度为 2 000 只晶体管/片的 4 位微处理器 Intel 4004,并且配有随机存取存储器 RAM、只读存储器 ROM 和移位寄存器芯片,构成一台 MCS-4 微型计算机。1972 年 4 月,Intel 公司又研制成功了处理能力较强的 8 位微处理器——Intel 8008。这些微处理器虽说还不是单片机,但从此拉开了研制单片机的序幕。

第二阶段(1974—1978 年):初级单片机阶段。以 Intel 公司的 MCS-48 为代表。此系列单片机内集成有 8 位 CPU、并行 I/O 口、8 位定时器/计数器、寻址范围不大于 4K,且无串行口。

第三阶段(1978—1983 年):高性能单片机阶段。在这阶段推出的单片机普遍带有串行口,有多级中断处理系统、16 位定时器/计数器。片内 RAM、ROM 容量大、且寻址范围可达 64KB,有的片内还带

有 A/D 转换器接口。这类单片机有 Intel 公司的 MCS-51、Motorola 公司的 6801 和 Zilog 公司的 Z8 等。这类单片机的应用领域极其广泛,这个系列的各类产品仍是目前国内外产品的主流。其中 MCS-51 系列产品,以其优良的性能价格比,成为我国广大科技人员的首选。

第四阶段(1983 年至今):8 位单片机巩固发展及 16 位、32 位单片机推出阶段。16 位单片机的典型产品是 Intel 公司的 MCS——96 系列单片机,晶振为 12MHz,片内 RAM 为 256B,ROM 为 8KB,中断处理为 8 级,而且片内带有多通道 10 位 A/D 转换器和高速输入/输出部件,实时处理能力很强。1990 年后,32 位单片机除了更高的的集成度外,其晶振已达到 20MHz,使 32 位单片机的数据处理速度比 16 位单片机增快许多,性能比 8 位、16 位单片机更加优越。

3. 单片机发展趋势

纵观当今单片机发展过程,可以预示单片机的发展趋势,大致有以下几个方面。

1)8 位单片机仍是主流机型

由于 80C51 单片机具有许多优点,如性能价格比高;世界许多知名厂商加盟,不断改进完善和拓展其功能,并可选择各种功能相互兼容芯片;开发装置多;技术人员熟悉;芯片功能能够适用等。在未来较长一段时期内,8 位单片机仍然是主流机型。

2)低功耗 CMOS 化

现在各个单片机制造商基本都采用 CMOS(互补金属——氧化物半导体工艺)工艺,传统的 CMOS 单片机低功耗运行方式有休闲方式(Idle)和掉电方式(Power Dwon),采用低电压节能技术,允许适用电压范围 3 - 6V,低电压供电单片机电源下限已达 1 - 2V,最低已有 0.8V 单片机问世。并且可实行外围电源管理,对集成在片内的外围电路实行供电管理,外围电路不运行时关闭电源。80C51 采用 HCMOS(高密度金属氧化物半导体工艺)和 CHMOS(互补高密度金属氧化物半导体工艺)。CMOS 虽然功耗较低,但由于其物理特征决定了其工作速度不够高,而 CHMOS 则具备了高速和低功耗的特点,更适合于在要求低功耗,比如电池供电的场合应用。

3)高度集成微型单片化

现在常规的单片机普遍都是将中央处理器(CPU)、数据存储器(RAM)、程序存储器(ROM)、并行接口和串行通信接口、中断系统、定时电路、时钟电路集成在一块芯片上,增强型的单片机集成,例如 A/D 转换器、PWM(脉宽调制电路)、WDT(看门狗)技术,IIC 总线、SPI 总线等,单片机包含的单元电路越多,功能越强大。单片机厂商还可以根据用户对某一类系统要求量身定做,制造出个性化较强的专用单片机,适用专用单片机可以最大限度简化系统结构,提高资源利用效率,大批量使用可带来可观的经济效益和可靠性效益。

4)主流与多品种共存

单片机的品种繁多且各具特色,但目前仍以 80C51 为核心的单片机占主流,其兼容产品有 PHILIPS、ATMEL 和中国台湾的 WinBond 系列单片机。而 Microchip 公司的 PIC 精简指令集(RISC)也有较强劲的发展势头,近年来中国台湾 HOLTEK 公司的单片机产量也与日俱增,以其低价优质的优势,占据一定市场份额。在一定时期内,不可能出现某种品牌的单片机一统天下的垄断局面,依存互补、相辅相成、共同发展仍是主流发展方向。

4. 单片机的应用

由于单片机良好的控制性能、体积小、性价比高、配置形式丰富,在各个领域都有极广泛的应用,其典型应用如下:

1)在智能化家用电器中的应用

各种家用电器普遍采用单片机智能化控制代替传统的电子线路控制,升级换代,提高档次,如电视机、录像机、洗衣机、电风扇、空调、微波炉、电饭煲等。随着家用电器的功能日趋复杂和节能化,单片机在家用电器中的应用前景将更加广阔。

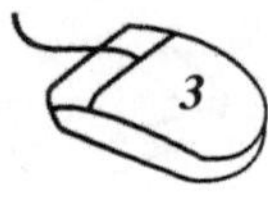

2)在办公自动化和商业营销设备中的应用

现代办公室中使用的大量通信和办公设备多数嵌入了单片机，如打印机、复印机、传真机、绘图仪、考勤机、电话等。在商业营销系统中已广泛使用的电子秤、收款机、条码阅读器、IC 刷卡机等都要用到单片机控制。

3)在机电一体化中的应用

机电一体化是机械工业发展的方向。机电一体化产品是集机械技术、微电子技术、自动化控制技术和计算机技术于一体，具有智能化特征的机电产品，如汽车电子系统、微机控制机床等。单片机的出现促进了机电一体化技术的发展，它作为机电产品中的控制器，大大强化了机器的功能，提高了机器的自动化、智能化程度。

4)在仪器仪表中的应用

具有单片机控制的仪器仪表称为智能仪器仪表，智能仪器仪表最主要的特点是调高了测量精度和测量速度，改善了人机界面，简化了操作，提升了仪表的档次。

5)在实时测控中的应用

在工业控制系统中，单片机被广泛地应用于各种实时监测与控制系统中，如温度、湿度、压力、液体液位等信息的采集与控制，使系统工作于最佳状态，提高了系统的生产效率和产品质量，如航天、通信、遥控、遥测等各种控制系统中，都可以看到单片机控制器使用的例子。

## 1.2.2　MCS-51 单片机硬件结构

1. MCS-51 单片机引脚说明

MCS-51 系列单片机是美国 Intel 公司生产的 8 位字长单片机，它将 CPU、RAM、ROM、定时器/计数器和多功能 I/O 口等基本功能部件集成在一块芯片上，在我国应用非常广泛。MCS-51 系列单片机常采用 40 个引脚双列直插封装(DIP)，其实物图(以 AT89C51 为例)、封装的引脚分布图及逻辑图形符号如图 1-2 所示。

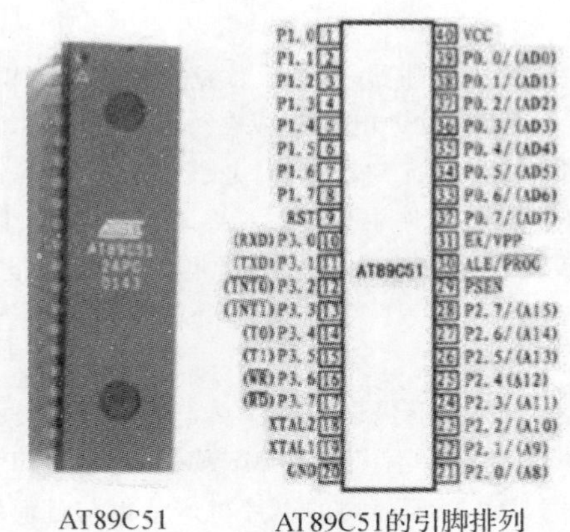


图 1-2　MCS-51 单片机实物及引脚分布图

单片机包括如下引脚：

1)电源引脚 VCC 和 VSS

(1)VCC 电源端，正常工作时为 +5V。

(2)VSS 接地端。

2)时钟电路引脚 XTAL1 和 XTAL2

XTAL1 和 XTAL2 分别为内部震荡电路反相放大器的输入端和输出端。这两个引脚外接石英晶体和微调电容，可为内部时钟电路提供震荡脉冲信号，以产生单片机有序工作所必需的时钟节拍。

3)控制信号引脚 RST/VPD、ALE/$\overline{PROG}$、$\overline{PSEN}$和$\overline{EA}$/VPP

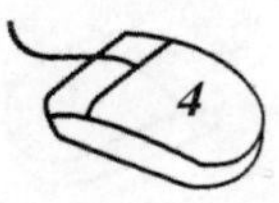

(1)RST/VPD:RST是复位信号输入端,高电平有效。当此输入端保持两个机器周期(24个时钟震荡周期)的高电平时,就可以完成服务操作。RST引脚的第二功能是VPD,即备用电源输入端。当主电源VCC发生断电或电压降到一定值时,备用电源通过VPD给内部RAM供电,以保证数据不丢失。

(2)ALE/$\overline{PROG}$:ALE为地址锁存允许信号端。当访问外部存储器时,ALE用来锁存由P0口送出的低8位地址信号。正常工作过程中,ALE引脚以$f_{osc}$1/6的频率($f_{osc}$为晶振频率)不断向外输出正脉冲信号,需要注意的是当访问外部存储器时,将跳过一个ALE脉冲。此引脚第二功能$\overline{PROG}$是当片内带有可编程ROM的单片机编程写入时,作为编程脉冲的输入端。

(3)$\overline{PSEN}$:外部程序存储器允许输出信号端,低电平有效。在访问ROM时,此端定时输出负脉冲作为读外部ROM选通信号。在取指令期间,每当$\overline{PSEN}$信号有效时,外部ROM的内容将被送至数据总线(P0口)。

(4)$\overline{EA}$/VPP:$\overline{EA}$为外部程序存储器访问允许信号端。当$\overline{EA}$引脚接高电平时,CPU先访问片内ROM并执行片内ROM指令,一旦地址超出片内ROM范围,就访问片外ROM内容。当$\overline{EA}$引脚接低电平时,CPU只访问外部ROM并执行外部ROM指令。对于8031单片机,由于内部没有ROM,因此$\overline{EA}$必须接地,该引脚第二功能VPP是8751EPROM的21V编程电源输入端。

(5)I/O端口P0、P1、P2和P3。P0、P1、P2和P3口各有8位,共32个引脚。其中P3口各引脚具有第二功能,如表1-2所示。

**表1-2　P3口各引脚第二功能定义**

| 口线 | 引脚 | 功能 |
|---|---|---|
| P3.0 | 10 | RXD(串行输入口) |
| P3.1 | 11 | TXD(串行输出口) |
| P3.2 | 12 | $\overline{INT0}$(外部中断0) |
| P3.3 | 13 | $\overline{INT1}$(外部中断1) |
| P3.4 | 14 | T0(定时/计数器0外部输入) |
| P3.5 | 15 | T1(定时/计数器1外部输入) |
| P3.6 | 16 | $\overline{WR}$(外部数据储存器写脉冲) |
| P3.7 | 17 | $\overline{RD}$(外部数据储存器读脉冲) |

2. MCS-51单片机总体结构

MCS-51系列单片机芯片一般包括:中央处理器(CPU)、数据存储器(RAM)、程序存储器(ROM)、定时/计数器及外围电路。单片机各组成单元通过总线与微处理器进行信息传输。图1-3为MCS-51系列单片机结构框图。

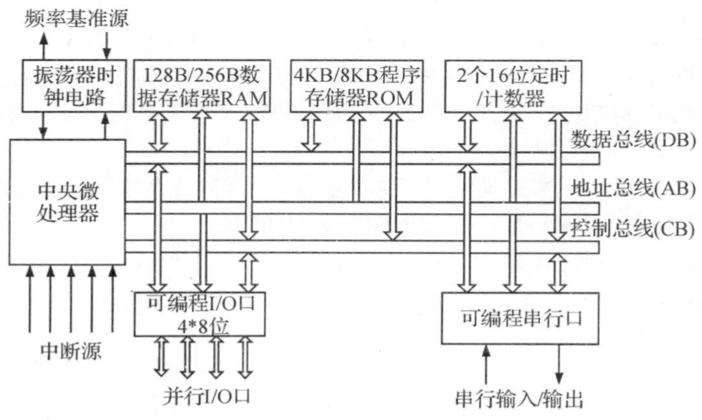


图1-3　MCS-51系列单片机结构框图

总线是用于传送信息的公共途径。总线可分为数据总线(Data Bus)、地址总线(Address Bus)、控制总线(Control Bus),采用总线结构,可以减少信息传输线根数,提高系统的可靠性,增加系统的灵活性。

1)数据总线

数据总线用来在微处理器与存储器以及输入/输出接口之间传送指令代码和数据信息。通常微处理器的位数和外部数据总线位数一致,8位微处理器就有8根数据线。数据总线是双向的,即可以从CPU输出,也可以从外部输入到CPU。

2)地址总线

地址总线用于传送地址信息。当微处理器与存储器或外部设备交换信息时,必须指明要与哪个存储单元或哪个外部设备交换,因此地址总线必须和所有存储器的地址线对应相连,也必须和所有I/O接口设备相连。这样,当微处理器对存储器或外设读/写数据时,只要把单元地址或外设的设备码送到地址总线上便可选中对象。地址总线是单向的,即地址总线是从CPU传向存储器或外设。地址线的数目决定了CPU可以直接访问的存储器的单元数目,如8位单片机中,它通常为16根,CPU可直接访问的存储器的单元数目为$2^{16}=65\,536=64KB$。

3)控制总线

控制总线用来传送使单片机各个部件协调工作的定时信号和控制信号,从而保证正确执行指令所要求的各种操作。控制总线是双向总线,可分为两类:一类由CPU发向存储器或外部设备进行某种控制,例如读写操作控制信号;另一类由存储器或外设发向CPU表示某种信息或请求,例如忙信号、A/D转换结束信号、中断请求信号等。控制线的数目与微处理器的位数没有直接关系,一般受引脚数量的限制,控制总线数目不会太多。

### 1.2.3 MCS-51单片机内部存储器

MCS-51单片机分51子系列和52子系列,其内都集成有一定容量的程序存储器(8031、8032、80C31除外)和数据存储器。此外它还就有强大的外部存储器扩展能力。51子系列单片机内部有128B(字节)的RAM数据存储器和4K字节的ROM或EPROM程序存储器(8031除外),而52子系列内部有256B的RAM数据存储器和8K字节的ROM程序存储器(8032除外)。

片内的数据存储器在物理上又可以分为3个不同的块:地址为00H~7FH(0~127)单元组成的低128B的RAM块、80H~FFH(128~255)单元组成的高128B的SFR(特殊功能寄存器)块。在52子系列中,高128B的RAM块和128B的特殊功能寄存器块地址是重合的,但由于访问时寻址方式不同,因此编程时能够加以区分,访问高地址字节RAM时,采用寄存器间接寻址方式;访问SFR块时,只能采用直接寻址方式。访问地址在低128B的RAM区时,两种寻址方式都可以采用。

51子系列单片机内部有4KB ROM(EPROM、EEPROM)程序存储器,当引脚EA=1(EA接高电平)时,低4KB(0000H~0FFFH)指向片内,而当$\overline{EA}=0$($\overline{EA}$接低电平)时,低4KB(0000H~0FFFH)指向片外。52子系列单片机内部有8KB的ROM(EPROM、EEPROM)程序存储器,外部同样可以扩展到64K。当片内无ROM(EPROM、EEPROM)程序存储器的8031、8032构成应用系统时,必须将EA=0,程序存储器只能外部扩展。

综上所述,MCS-51系列单片机存储器组织结构分为3个不同的存储空间,分别是:

(1)64KB程序存储器(ROM),包括片内ROM和片外ROM。

(2)64KB外部数据存储器(外RAM)。

(3)256B(包括特殊功能寄存器,52子系列多128B内存单元)内部数据存储器(内RAM)。图1-4为MCS-51单片机内存空间分批图。

3个不同的存储器空间用不同的指令和控制器信号实现读、写功能操作:

(1)ROM空间用MOVC指令实现只读操作,用$\overline{PSEN}$信号选通读外ROM。

(2)外RAM空间用MOVX指令实现读写功能操作,用$\overline{RD}$信号选通外RAM,用$\overline{WR}$信号选通写外RAM。

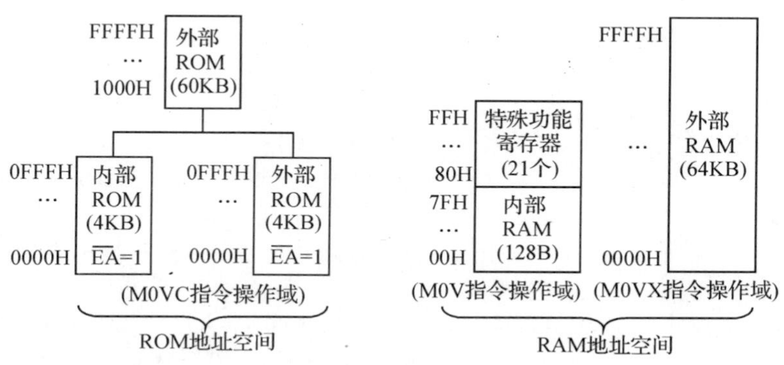


图 1-4　MCS-51 存储器空间分配图

(3)内 RAM(包括特殊功能寄存器)用 MOV 指令实现读、写功能操作。

1. 内部数据存储区

从广义上讲,80C51 内 RAM(128B)和特殊功能寄存器(128B)均属于片内 RAM 空间,为了加以区别,内 RAM 通常指 00H ~ 7FH 的低 128 空间,它又可以分为 3 个物理空间:工作寄存器区、位寻址区和用户数据区,具体内存分配如表 1-3 所示。

**表 1-3　内部数据存储器低 128 单元分配表**

| 30H ~ 7FH | | | | | | | | | 数据缓冲区 |
|---|---|---|---|---|---|---|---|---|---|
| 字节地址 | 展开对应位地址 | | | | | | | | 位寻地区,可字节寻址 |
| 2FH | 7F | 7E | 7D | 7C | 7B | 7A | 79 | 78 | |
| 2EH | 77 | 76 | 75 | 74 | 73 | 72 | 71 | 70 | |
| 2DH | 6F | 6E | 6D | 6C | 6B | 6A | 69 | 68 | |
| 2CH | 67 | 66 | 65 | 64 | 63 | 62 | 61 | 60 | |
| 2BH | 5F | 5E | 5D | 5C | 5B | 5A | 59 | 58 | |
| 2AH | 57 | 56 | 55 | 54 | 53 | 52 | 51 | 50 | |
| 29H | 4F | 4E | 4D | 4C | 4B | 4A | 49 | 48 | |
| 28H | 47 | 46 | 45 | 44 | 43 | 42 | 41 | 40 | |
| 27H | 3F | 3E | 3D | 3C | 3B | 3A | 39 | 38 | |
| 26H | 37 | 36 | 35 | 34 | 33 | 32 | 31 | 30 | |
| 25H | 2F | 2E | 2D | 2C | 2B | 2A | 29 | 28 | |
| 24H | 27 | 26 | 25 | 24 | 23 | 22 | 21 | 20 | |
| 23H | 1F | 1E | 1D | 1C | 1B | 1A | 19 | 18 | |
| 22H | 17 | 16 | 15 | 14 | 13 | 12 | 11 | 10 | |
| 21H | 0F | 0E | 0D | 0C | 0B | 0A | 09 | 08 | |
| 20H | 07 | 06 | 05 | 04 | 03 | 02 | 01 | 00 | |
| 18H ~ 1FH | 工作寄存器 3 区(RS1 = 1、RS0 = 0) | | | | | | | | 工作寄存器区 |
| 10H ~ 17H | 工作寄存器 2 区(RS1 = 1、RS0 = 0) | | | | | | | | |
| 08H ~ 0FH | 工作寄存器 1 区(RS1 = 0、RS0 = 1) | | | | | | | | |
| 00H ~ 07H | 工作寄存器 0 区(RS1 = 0、RS0 = 0) | | | | | | | | |

1)工作寄存器区

地址从 00H ~ 1FH 共 32 个字节属工作寄存器区。工作寄存器(R0,R1,…,R7)是 80C51 的重要寄存器,指令系统中有专用于工作寄存器操作的指令,读写速度比一般内 RAM 要快,指令字节比一般直接寻址指令要短,另外工作寄存器还具有间接功能,能给编程和应用带来方便。

工作寄存器分为 4 个区,即 0 区、1 区、2 区、3 区,每个区有 8 个 8 位寄存器(R0 ~ R7),寄存器名称相同。但当前工作寄存器区只能有一个,至于哪一个工作寄存器区处于当前工作状态则由程序状态字(PSW)中的 D4(RS1)、D3(RS0)位决定,若用户程序不需要 4 个工作寄存器区,则不用的工作寄存器区

单元可作为一般的 RAM 使用。

2)位寻址区

从 20H ~ 2FH 共 16 字节属位寻址区。16 字节(Byte,缩写为大写 B)每 B 有 8 位(bit,缩写为小写 b),共 128 位,每一位均有一个位地址(见表 1-3)。在 MCS-51 单片机中,RAM、ROM 均以字节为单位,每个字节有 8 位,每一位可容纳一位二进制数的 1 或 0,但是一般 RAM 只有字节地址,操作时只能 8 位整体操作,不能按位单独操作。而位寻址区的 16 个字节,不但有字节地址,而且字节中的每一位有位地址,可位寻址、位操作。所谓位寻址位操作是指按位地址对该位进行置 1、清 0、求反或判转等,位寻址区的主要用途是存放各种标志位信息和位数据。

需要注意的是,位地址 00H ~ 7FH 和内存 RAM 字节地址 00H ~ 7FH 编址相同,但位操作指令和字节操作指令不同,因此在指令执行时,CPU 不会搞错,而初学者却容易搞错,应用中应特别注意。

3)数据缓冲区

内 RAM 中 30H ~ 7FH 为地址的字节区域,共 80 个 RAM 单元为数据缓冲区,属于一般内 RAM,用于存放各种数据和中间结果以及作为堆栈使用,起到数据缓冲的作用。

2. 特殊功能寄存器(SFR)

在 MCS-51 系列单片机中,内部 RAM 的高 128 单元是供给特殊功能寄存器(SFR, Special function register)使用的。所谓特殊功能寄存器是指有特殊用途的寄存器集合,也称专用寄存器,他们位于片内数据存储器之上。特殊功能寄存器的实际个数和单片机的型号有关,8051 或 8031 的 SFR 有 21 个,8052 的 SFR 有 26 个,它们离散地分布在 80H ~ FFH 的地址空间范围内,在此区间访问不为 SFR 占用的 RAM 单元没有实际意义。表 1-4 为特殊功能寄存器地址映像表。

表 1-4　特殊功能寄存器地址映像表

| SFR 名称 | 符号 | 位地址/位定义/位编号 | | | | | | | | 字节地址 |
|---|---|---|---|---|---|---|---|---|---|---|
| | | D7 | D6 | D5 | D4 | D3 | D2 | D1 | D0 | |
| B 寄存器 | B | F7H | F6H | F5H | F4H | F3H | F2H | F1H | F0H | F0H |
| 累加器 A | Acc | E7H | E6H | E5H | E4H | E3H | E2H | E1H | E0H | E0H |
| | | Acc.7 | Acc.6 | Acc.5 | Acc.4 | Acc.3 | Acc.2 | Acc.1 | Acc.0 | |
| 程序状态字寄存器 | PSW | D7H | D6H | D5H | D4H | D3H | D2H | D1H | D0H | D0H |
| | | Cy | AC | F0 | RS1 | RS0 | OV | F1 | F0 | |
| | | PSW.7 | PSW.6 | PSW.5 | PSW.4 | PSW.3 | PSW.2 | PSW.1 | PSW.0 | |
| 中断优先级控制寄存器 | IP | BFH | BEH | BDH | BCH | BBH | BAH | B9H | B8H | B8H |
| | | – | – | – | PS | PT1 | PX1 | PT0 | PX0 | |
| I/O 端口 3 | P3 | B7H | B6H | B5H | B4H | B3H | B2H | B1H | B0H | B0H |
| | | P3.P7 | P3.P6 | P3.P5 | P3.P4 | P3.P3 | P3.P2 | P3.P1 | P3.P0 | |
| 中断允许控制寄存器 | IE | AFH | AEH | ADH | ACH | ABH | AAH | A9H | A8H | A8H |
| | | EA | – | – | ES | ET1 | EX1 | ET0 | EX0 | |
| I/O 端口 2 | P2 | A7H | A6H | A5H | A4H | A3H | A2H | A1H | A0H | A0H |
| | | P2.P7 | P2.P6 | P2.P5 | P2.P4 | P2.P3 | P2.P2 | P2.P1 | P2.P0 | |
| 串行数据缓冲区 | SBUF | | | | | | | | | 99H |
| 串行控制寄存器 | SCON | 9FH | 9EH | 9DH | 9CH | 9BH | 9AH | 99H | 98H | 98H |
| | | SM0 | SM1 | SM2 | REN | TB8 | RB8 | TI | RI | |
| I/O 端口 1 | P1 | 97H | 96H | 95H | 94H | 93H | 92H | 91H | 90H | 90H |
| | | P1.P7 | P1.P6 | P1.P5 | P1.P4 | P1.P3 | P1.P2 | P1.P1 | P1.P0 | |
| 定时/计数器 1(高字节) | TH1 | | | | | | | | | 8DH |

（续表）

| SFR 名称 | 符号 | 位地址/位定义/位编号 | | | | | | | | 字节地址 |
|---|---|---|---|---|---|---|---|---|---|---|
| | | D7 | D6 | D5 | D4 | D3 | D2 | D1 | D0 | |
| 定时/计数器0(高字节) | TH0 | | | | | | | | | 8CH |
| 定时/计数器1(低字节) | TL1 | | | | | | | | | 8BH |
| 定时/计数器0(低字节) | TL0 | | | | | | | | | 8AH |
| 定时/计数器方式选择 | TMOD | GATE | C/$\overline{T}$ | M1 | M0 | GATE | C/$\overline{T}$ | M1 | M0 | 89H |
| 定时/计数器控制寄存器 | TCON | 8FH | 8EH | 8DH | 8CH | 8BH | 8AH | 89H | 88H | 88H |
| | | TF1 | TR1 | TF0 | TR0 | IE1 | IT1 | IE0 | IT0 | |
| 电源控制及波特率选择 | PCON | SMOD | – | – | – | GF1 | GF0 | PD | IDL | 87H |
| 数据指针(高字节) | DPH | | | | | | | | | 83H |
| 数据指针(高字节) | DPL | | | | | | | | | 82H |
| 堆栈指针 | SP | | | | | | | | | 81H |
| I/O 端口 0 | P0 | 87H | 86H | 85H | 84H | 83H | 82H | 81H | 80H | 80H |
| | | P0. P7 | P0. P6 | P0. P5 | P0. P4 | P0. P3 | P0. P2 | P0. P1 | P0. P0 | |

表中罗列了这些特殊功能寄存器的名称、符号和字节地址，其中字节地址能被8整除的SFR（字节地址末位为0或8）可位寻址操作。可位寻址的特殊功能寄存器每一位都有位地址，有的还有位定义名。如PSW.0是位编号，代表程序状态寄存器最低位，它的位地址为D0H，位定义名为P，编程时三者都可以使用。有的SFR有位定义名，却无位地址，也不可位寻址微操作，例TMOD，每一位都有位定义名GATE、C/$\overline{T}$、M1、M0，但无位地址，因此不可以位寻址微操作。不可位寻址位操作的特殊功能寄存器只能有字节地址，无位地址，只能以直接寻址方式访问。

下面对部分特殊功能寄存器先做介绍，其余部分将在后续有关章节中叙述。

1）累加器ACC

累加器ACC的指令助记符为A，累加器ACC是51系列单片机中最常用的寄存器，许多指令的操作数取自于ACC，许多运算的结果存放在ACC中。加、减、乘、除算术运算指令的运算结果都存放在累加器A或A和B寄存器中。在堆栈操作中对累加器必须用全称ACC。

2）寄存器B

在51系列单片机中乘除法指令中要用到寄存器B。除此之外，B可作为一般寄存器用。

3）程序状态寄存器PSW

PSW也称为标志寄存器，存放条件标志。其机构如表1-4中程序状态寄存器栏。

Cy（PSW.7）进位标志。在累加器A执行加减法运算中，若最高位有进位或借位，Cy被硬件自动置1，否则自动清0。在布尔处理机中它被认为是位累加器，其重要性相当于一般中央处理机中的累加器A。指令助记符用C表示。

Ac（PSW.6）辅助进位标志。累加器A执行加减运算时，若低半字节ACC.3向高半字节ACC.4有进（借）位，AC由硬件自动置1，否则清0。

F0（PSW.5）标志F0是用户定义的一个状态标记，可以用软件来使它置位或清零，也可以用软件测试F0以控制程序的流程。

RS1、RS0（PSW.4、PSW.3）工作寄存器选择控制位。工作寄存器区有4个，但当前工作寄存器区只能有一个。RS1、RS0用于选择当前工作寄存器区。具体设置如表1-3工作寄存器区栏。

OV（PSW.2）溢出标志。溢出和进位是两个不同的概念。进位是指ACC.7向更高位进位，用于无符号运算。溢出是指有符号数运算时，运算结果超出－128～＋127范围。溢出标志可有以下关系求

得：$OV = C_6^{\backslash} \oplus C_7^{\backslash}$

其中 $C_6^{\backslash}$ 为 ACC.6 向 ACC.7 进位或借位，有进位或借位时置 1，否则清 0；$C_7^{\backslash}$ 为 ACC.7 向更高位进位或借位，有进位或借位置 1，否则清零。当次高位 ACC.6 向最高位 ACC.7 有进位或借位，且 ACC.7 未向更高位进位或借位时，发生溢出，或者 ACC.6 未向 ACC.7 进位或借位，且 ACC.7 向更高位有进位或借位时，发生溢出。

发生溢出时 OV 置 1，否则清 0。

在乘法运算中（MUL AB），OV =1 表示乘积超过 255，即乘积分别在寄存器 B 与 A 中；反之，OV =0 表示乘积在 A 中。

在除法运算中（DIV AB），OV =1 表示除数为 0，除法不能进行；反之，OV =0 表示除数不为 0，除法能正常进行，余数和商分别存放于 B 和 A 中。

P（PSW.0）奇偶标志。每个指令周期都由硬件来置位或清零。以表示累加器 A 中 1 的位数的奇偶数。若 1 的位数为奇数则 P 置位，否则清零。此标志位对串行通信中的数据传输有重要的意义。在串行通信中常用奇偶校验的办法来检验数据传输的可靠性。在发送端可根据 P 的值对数据的奇偶位置位或清零。若通信协议中规定采用奇校验的办法，则 P =0 时，应对数据（假定由 A 取得）的奇偶位置位，否则就清零。

4）数据指针 DPTR

数据指针 DPTR 是一个 16 位专用寄存器，其高位字节寄存器用 DPH 表示，低位字节寄存器用 DPL 表示。DPTR 既可以作为一个 16 位寄存器来处理，也可以作为两个独立的 8 位寄存器 DPH 和 DPL 来处理。

DPTR 主要用来存放 16 位地址，当对 64KB 外部数据存储器空间寻址时，可作为间址寄存器用。可以用下列两条传送指令：MOVX A，@ DPTR 和 MOVX@ ，DPTR A。在访问程序存储器时，DPTR 可用作基址寄存器，有一条采用基址加变址寻址方式的指令 MOVC A，@ A 十 DPTR，常用于读取存放在程序存储器内的表格常数。

5）堆栈指针 SP

堆栈都是一种数据项按序排列的数据结构，只能在一端（称为栈顶）对数据项进行插入和删除，如图 1-5 所示。堆栈是 CPU 暂时存放特殊数据的“仓库”，如子程序断点地址、中断断点地址（又称保护断点）和其他需要保存的数据（如保护中断时各寄存器数据，又称保护现场）。在 51 系列单片机中，堆栈由内存 RAM 中若干连续存储单元组成。存储单元的个数称为堆栈的深度。

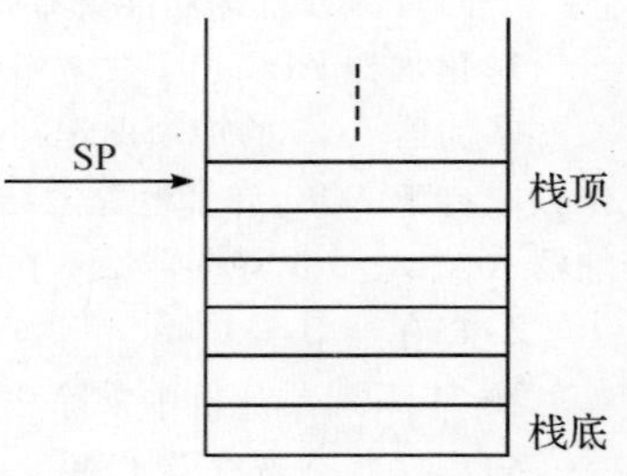


图 1-5　堆栈结构示意图

堆栈指针 SP 专用于指出堆栈顶部数据的地址。无论从堆栈存入还是读取数据，SP 始终指向堆栈最顶部数据的地址。

堆栈中的数据存取按先进后出、后进先出的原则。相当于冲锋枪的子弹夹，子弹一粒粒压进去，射击时，最后压进去的子弹先打出去（后进先出），最先压进去的子弹最后才能打出去（先进后出）。

堆栈操作分为自动方式和指令方式。自动方式是在调用子程序或发生中断时 CPU 自动将断口地址存入或者取出；指令方式是使用进栈出栈指令操作。数据写入堆栈称为插入运算（PUSH），也叫入栈；数据从堆栈中读出称为删除运算（POP），也叫出栈。不论是数据的进栈还是出栈，都是对堆栈栈顶单元进行的，即对堆栈栈顶单元的读和写操作。为了指示栈顶地址，所以要设置堆栈栈顶指示器 SP。SP 内容就是堆栈栈顶的存储单元地址。系统复位后 SP 的内容默认为 07H，由于以 07H 为地址的存储单元在工作寄存器区，为了避免干扰工作寄存器相关数据，堆栈最好在内 RAM 的 30H ~ 7FH 单元中开辟，所以在程序设计时，应该把 SP 重新值初始化在 30H ~ 7FH 地址范围内，SP 的内容一旦确定，栈顶的位置就确定了。

3. 内部程序存储器

程序是控制计算机动作的一系列命令，单片机只认识由“0”和“1”代码构成的机器指令。如用助记符编写的命令 MOV A,#20H，换成机器认识的代码 74H、20H（写成二进制就是 01110100B 和 00100000B）。在单片机处理问题之前必须事先将编好的程序、表格、常数汇编成机器代码后存入单片机的存储器中，该存储器称为程序存储器。程序存储器可以放在片内或片外，亦可片内片外同时设置。由于 PC 程序计数器为 16 位，使得程序存储器可用 16 位二进制地址，因此，内外存储器的地址最大可从 0000H 到 FFFFH 的 64KB 范围。

51 子系列单片机内部有 4KB 的 ROM（EPROM、E EPROM）（0000H ~ 0FFFH），1000H ~ FFFFH 是外部扩展程序存储地址空间。而 52 子系列内部有 8KB 的 ROM（EPROM、EEPROM）程序存储器，同样可以扩展到 64KB，在 64KB 程序存储器中，有 6 个地址单元用作 6 种中断的入口地址，如表 1-5所示。

表 1-5　中断源入口地址

| 中断源 | 入口地址 |
|---|---|
| 外部中断 0 | 0003H |
| 定时器 0 溢出中断 | 000BH |
| 外部中断 1 | 0013H |
| 定时器 1 溢出中断 | 001BH |
| 串行口断 | 0023H |

1）程序计数器 PC

程序计数器 PC 是由 16 位寄存器构成的计数器。要单片机执行一个程序，就必须把该程序按顺序预先装入存储器 ROM 的某个区域。单片机动作时应按顺序一条条取出指令来加以执行。因此，必须有一个电路能找出指令所在的单元地址，该电路就是程序计数器 PC。当单片机开始执行程序时，给 PC 装入第一条指令所在地址，它每取出一条指令（如为多字节指令，则每取出一个指令字节），PC 的内容就自动加 1，以指向下一条指令的地址，使指令能顺序执行。只有当程序遇到转移指令、子程序调用指令或遇到中断时（后面将介绍），PC 才转到所需要的地方去。MCS-51 单片机的程序计数器 PC 为 16 位，因此可以寻址空间为 64K（0000H ~ FFFFH）。

MCS-51 单片机在复位后 PC 的内容为 0000H，所以系统必须从程序存储器的 0000H 开始取指令，执行程序。因为 0000H 是系统的启动地址，所以用户在设计程序时，一般会在这一单元中存放一条绝对跳转指令，而主程序则从跳转到的新地址处开始存放。

PC 的基本工作方式有：

（1）自动加 1。CPU 从 ROM 中每读一个字节，自动更新 PC 的值，即 PC = PC + 1。

（2）执行转移指令时，PC 会根据该指令要求修改下一次读 ROM 新的地址。

（3）执行调用子程序或发生中断时，CPU 会自动将当前 PC 值压入堆栈，将子程序入口地址或中断入口地址转入 PC；子程序返回或中断返回时，回复原有被压入堆栈的 PC 值，继续执行原顺序程序指令。

2）中断源

除 0000H 外，其余 5 个特殊功能单元分别对应 6 种中断源的中断服务子程序入口地址（见表 1-5）。通常在程序设计时会在这些入口地址处都安放一条绝对跳转指令，而真正的中断服务子程序从转移地址开始安放。

## 1.2.4　计算机中的数制、码制及运算

在计算机中，最基本的功能是进行大量的“数的运算与加工处理”。但计算机只能识别二进制数。所以，二进制数及其编码是所有计算机的基本语言。在计算机中，用二进制数表示和处理非常方便，其基本信息只是“0”或“1”，同时可以表达一些特殊的信息，如脉冲的“有”或“无”，电压的“高”或“低”，电路的“通”或“断”等。用“0”或“1”两种状态表示，鲜明可靠，容易识别，实现方便，计算机正是利用只有两种状态的双稳态电路来表示和处理这种信息。但二进制数据位比较多，书写和识别不方便，在计算机软件编制过程中又常常需要用十六进制数表示。十进制数、二进制数和十六进制数之间的关系、相互转换及运算方法是学习计算机必备的基础知识。

1.二进制、十进制、十六进制数

1)十进制数

主要特点:①基数是10。有10个数码(数符)构成:0,1,2,3,4,5,6,7,8,9;②进位规则是"逢十进一"。所谓基数是指计数制中所用到的数码的个数。如十进制数共有0~9十个数码,故基数为10,计数规则是"逢十进一"。当基数M时,便是"逢M进一"。在进位计数制中常用"基数"来区别不同的进制。

例如:$1\,234.56 = 1\times10^3 + 2\times10^2 + 3\times10^1 + 4\times10^0 + 5\times10^{-1} + 6\times10^{-2}$

$= 1\,000 + 200 + 30 + 4 + 0.5 + 0.06$

上述,$10^3$,$10^2$,$10^1$,$10^0$,$10^{-1}$,$10^{-2}$称为十进制数各数位的"权"。

2)二进制数

主要特点:①基数是2。只有两个数码:0和1;②进位规则是"逢二进一"。每左移一位,数值增大一倍;右移一位,数值减小一半。二进制数用尾缀B(Binary)作为标识符,表示这个数是二进制。

例如:二进制数111.11B,转化为十进制数可表示为:$111.11B = 1\times2^2 + 1\times2^1 + 1\times2^0 + 1\times2^{-1} + 1\times2^{-2} = 7.75$,其中$2^2$,$2^1$,$2^0$,$2^{-1}$,$2^{-2}$称为二进制数各数位的"权"。

又如:$1101B = 1\times2^3 + 1\times2^2 + 0\times2^1 + 1\times2^0 = 13$

3)十六进制数

主要特点:①基数是16。共有16个数符构成:0,1,…,9,A,B,C,D,E,F。其中,A,B,C,D,E,F代表的数值分别为10,11,12,13,14,15;②进位规则是"逢十六进一"。十六进制数用尾缀H表示。与其他进制的数一样,同一数符在不同数位所代表的数值是不同的。左移一位,数值增大16倍;右移一位,数值缩小16倍。在十六进制数的后面加一个字母H表示是十六进制数。如1 111.11H转化为十进制数表示为:

$1\,111.11H = 1\times16^3 + 1\times16^2 + 1\times16^1 + 1\times16^0 + 1\times16^{-1} + 1\times16^{-2}$

$= 4\,096 + 256 + 16 + 1 + 0.062\,5 + 0.003\,906\,25 = 4\,369.066\,406\,25$

其中$16^3$,$16^2$,$16^1$,$16^0$,$16^{-1}$,$16^{-2}$称为十六进制个数位的权。又如:

A3.4H = 10 × 161 + 3 × 160 + 4 × 16 − 1 = 160 + 3 + 0.25 = 163.25

十六进制数与二进制数相比,大大缩小了位数,缩短了字长。一个4位二进制数只需用1位十六进制数表示,一个8位二进制数只需2位十六进制数表示。目前在计算机程序中普遍采用十六进制数表示。十六进制数、二进制数和十进制数的对应关系如表1-6所示。

**表1-6 十六进制数、二进制数和十进制数对应关系表**

| 十进制数 | 十六进制数 | 二进制数 | 十进制数 | 十六进制数 | 二进制数 |
|---|---|---|---|---|---|
| 0 | 00H | 0000B | 11 | 0BH | 1011B |
| 1 | 01H | 0001B | 12 | 0CH | 1100B |
| 2 | 02H | 0010B | 13 | 0DH | 1101B |
| 3 | 03H | 0011B | 14 | 0EH | 1110B |
| 4 | 04H | 0100B | 15 | 0FH | 1111B |
| 5 | 05H | 0101B | 16 | 10H | 0001 0000B |
| 6 | 06H | 0110B | 17 | 11H | 0001 0000B |
| 7 | 07H | 0111B | 18 | 12H | 0001 0011B |
| 8 | 08H | 1000B | 19 | 13H | 0001 0011B |
| 9 | 09H | 1001B | 20 | 14H | 0001 0100B |
| 10 | 0AH | 1010B | 21 | 15H | 0001 0101B |

二进制数用尾缀 B 表示，十六进制用尾缀 H 表示，十进制用尾缀 D 表示，但通常十进制数尾缀 D 可以省略，即无尾缀属十进制数。二进制数和十六进制数必须加尾缀，否则错误。

2. 二进制与十六进制数相互转换

4 位二进制数具有 16 个状态（$2^4=16$），而 1 位 16 进制数也具有 16 个状态，所以 1 位十六进制数对应 4 位二进制数，转换十分方便。二进制数和十六进制数之间的转换关系如表 1-4 所示。0～16 之间的二进制与十六进制数的对应关系和相互转换要求熟记。

（1）二进制数转换成十六进制数

只要将二进制数的整数部分子右向左分成 4 位一组，最后不满 4 位时在左面用 0 填充；小数部分自左向右 4 位一组，最后不满 4 位时在右面用 0 填充。每组用相应的十六进制数代替即可。

**【例 1-1】**　1011011001111000011100 = 0101 1011 0011 1100 0001 1100 = 5B31CH

**【例 1-2】**　110010.010101001 = 00110010.0101 0100 1000 = 32.548H

（2）十六进制数转换成二进制数

只要将每一位十六进制数转换成二进制数即可。

**【例 1-3】**　5BDFH = 0101 1011 1101 1111B

**【例 1-4】**　9A.23H = 1001 1010.0010 0011B

3. 二进制数、十六进制数转换成十进制数

二进制数及十六进制数转换成十进制数时，只要将一个二进制数或十六进制数按权展开，然后相加即可。

**【例 1-5】**　1 101.11B $=1\times2^3+1\times2^2+0\times2^1+1\times2^0+1\times2^{-1}+1\times2^{-2}$

$=8+4+0+1+0.5+0.25=13.75$

**【例 1-6】**　4F5H $=4\times16^2+15\times16^1+5\times16^0=1\ 024+240+5=1\ 269$

也可以先将二进制数转换成十六进制数，然后再转换成十进制数，计算可能更加方便。

**【例 1-7】**　10.101 0B = 2.AH $=2\times16^0+10\times16^{-1}=2+0.625=2.625$

4. 十进制数转换成二进制数、十六进制数

若将 R1 进制的整数转换为 R2 进制的数，可在 R1 进制中用基数 R2 去除该数，所得到的余数即是 R2 进制的最低整数位。然后对除得的商再用 R2 去除，于是又得一余数，这个余数就是 R2 进制数的次低位。如此不断进行下去，直到商为 0。再将所得到余数的数符换成 R2 进制中相应的数符，按先后顺序由低位到高位排列起来，即得转换结果。十进制转换成二进制或十六进制数，整数部分和小数部分要分别进行转换，然后将转换结果合并起来。

1）整数部分的转换

（1）十进制整数转换成二进制整数的方法：先用 2 去除整数，然后用 2 逐次去除所得的商，直到商为 0 止，依次记下得到的各个余数。第一个余数是转换后的二进制数的最低位，最后一个余数是最高位。这种方法为“除 2 取余法。”

**【例 1-8】**　将十进制数 17 转换成二进制数。

| 除数 | 被除数/商 | | 余数 |
|---|---|---|---|
| 2 | 17 | …… | 余 1 |
| 2 | 8 | …… | 余 0 |
| 2 | 4 | …… | 余 0 |
| 2 | 2 | …… | 余 0 |
| 2 | 1 | …… | 余 1 |
| | 0 | | |

所以 17D = 10001B

（2）十进制整数转换成十六进制整数的方法：将十进制数连续用基数 16 去除，直到商为 0 止，依次

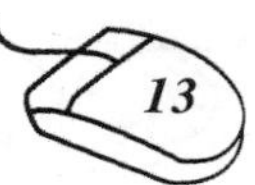

记下得到各个余数。第一个余数是转换后的十六进制数的最低位,最后一个余数是最高位。这种方法称为“除16取余法”。

【例1-9】 将十进制数258转换成十六进制数。

```
16 | 258  ……  余2  ↑
   |————
16 |  16  ……  余0
   |————
16 |   1  ……  余1
   |————
       0
```

所以258D=102H

2)小数部分转换

若将R1进制的小数转换为R2进制的数,可在R1进制中用基数R2去乘该数,所得到的整数就是R2进制数的最高小数位。然后将乘积的小数部分再用R2去乘。于是又得一整数,是R2进制数的次高小数位。如此不断进行下去,直到乘积的小数部分为0或达到转换精度为止,即得R2进制的小数。

(1)十进制小数转换成二进制小数方法:逐次用2乘小数部分,依次记下所得到的整数部分,直到积的小数部分为0或要求的精度止。第一个整数是二进制小数的最高位,最后一个整数是二进制小树的最低位。这种方法称为“乘2取整法”。

【例1-10】 将十进制0.275转换成二进制。

```
     0.275
×        2
——————————
     0.550  ……  整数部分为0
×        2
——————————
     1.100  ……  整数部分为1
     0.100
×        2  ……  整数部分为0
——————————
     0.200
×        2  ……  整数部分为0
——————————
     0.400
×        2
——————————  ……  整数部分为0
     0.800  ……  整数部分为1
×        2
——————————
     1.600
     0.600  ……  整数部分为1
×        2  ……  循环
——————————
     1.200
     0.200
```

所以0.275D≈0.0100011B

(2)十进制小数转换成十六进制小数方法:逐次用16乘小数部分,依次记下所得到的整数部分,直到积的小数部分为0或要求的精度止。第一个整数是十六进制小数的最高位,最后一个整数是十六进制小数的最低位。这种方法为“乘16取整法”。

【例1-11】 将十进制小数0.90转换成十六进制数。

```
      0.90
×       16
——————————
     14.40  ……  整数部分为14(E)
      0.40
×       16  ……  整数部分为6
——————————
       6.4  ……  循环
       0.4
```

所以0.90D=0.E6H

对于混小数，在转换时可把整数部分和小数部分分别转换，然后并起来。在小数转换时可能出现无限循环的情况，因此需要根据精度要求进行取舍。

5. 二进制数运算

在计算机中，基本的算术运算有加、减、乘、除、"与"、"或"、"异或"等运算。

1）二进制加法运算

运算规则：0 + 0 = 0；0 + 1 = 1 + 0 = 1；1 + 1 = 0（向高位进 1）

**【例 1-12】**　1101B + 1011B = 11000B

```
    1101B
+   1011B
---------
   11000B
```

2）二进制减法运算

运算规则：0 － 0 = 0，1 － 0 = 0，1 － 1 = 0，0 － 1 = 1（向高位借 1）。

**【例 1-13】**　10110101B – 00101010B = 10001011B

```
   10110101B
-  10011100B
------------
   00011001B
```

3）二进制乘法运算

乘法运算时，若乘数为 1，则把被乘数照抄一遍，它的最后一位应与相应的乘数位对齐；若乘数为 0，则无作用；当所有的乘数乘过以后，在把各部分积相加，便得到最后的乘积。因而二进制数的乘法实质是由"加"（即加被乘数）和"移位"（对齐乘数位）两种操作实现。

运算规则：0 × 0 = 0；1 × 0 = 0 × 1 = 0；1 × 1 = 1

**【例 1-14】**　1101B × 110B = 1001110B

```
       1101
×      0110
-----------
       0000
      1101
+    1101
-----------
    1001110
```

4）二进制除法运算

除法运算时乘法的逆运算，与十进制相类似，可从被除数的高位数开始取出与除数相同的位数，减去除数。够减商记 1，不够减商记 0，然后将被除数的下一位移到余数上，继续够减商记 1，不够减商记 0，直至被除数的位都下移完为止。

运算规则：0 ÷ 0 = 0；0 ÷ 1 = 0；1 ÷ 1 = 1

**【例 1-15】**　1101110B ÷ 110B = 01101B

```
            0 1 1 0 1 B
110B   ┌─────────────────
       │1 0 0 1 1 1 0 B
        - 1 1 0
       ──────────
            1 1 1
        -   1 1 0
       ────────────
              1 1 0
        -     1 1 0
       ────────────
                  0
```

5）二进制“与”运算

2个二进制数之间的“与”运算，是将该两个二进制数按权位对齐，然后逐位相“与”。

运算规则：$0 \wedge 0=0;1 \wedge 0=0;1 \wedge 0=0;1 \wedge 1=1$。

**【例1-16】** 10110101B ∧ 10011100B = 10010100B

$$\begin{array}{r} 10110101\text{B} \\ \wedge\ \ 10011100\text{B} \\ \hline 10010100\text{B} \end{array}$$

6）二进制“或”运算

2个二进制数之间的“或”运算与“与”运算相同，按权位对齐后逐位相“或”。

运算规则：$0 \vee 0=0;1 \vee 0=0;1 \vee 1=0;0 \vee 1=1$。

**【例1-17】** 10110101B ∨ 10011100B = 10111101B

$$\begin{array}{r} 10110101\text{B} \\ \vee\ \ 10011100\text{B} \\ \hline 10111101\text{B} \end{array}$$

7）二进制“异或”运算

2个二进制数之间的“异或”运算与“与”运算相同，按权位对齐后逐位相“异或”。

运算规则：$0 \oplus 0=0;0 \oplus 1=1;1 \oplus 0=1;1 \oplus 1=0$

**【例1-18】** 10110101B ⊕ 10011100B = 00101001B

$$\begin{array}{r} 10110101\text{B} \\ \oplus\ \ 10011100\text{B} \\ \hline 00101001\text{B} \end{array}$$

十六进制数运算先将十六进制数转换成二进制数，然后根据二进制运算法则进行运算，再转换成十六进制数。

*6. 原码、补码、反码及运算法则*

1）机器数在计算机中，数有两种；一是无符号数；二是带符号数。常用最高位作为符号位，即“0”表示正数，“1”表示负数。例如：

$$\begin{array}{rl} & \text{符号位} \\ +1010011 \rightarrow & \underline{0}1010011 \\ -0101001 \rightarrow & \underline{1}0101001 \end{array}$$

这种用“0”和“1”作为符号，表示的数称为机器数，它所表示的实际数值称为真值。机器数有一定的长度，即字长，因此所表示数的范围就有一定的限制。比如8位可表示：

最大无符号数为255(11111111)。

最大带符号正数为127(01111111)。

当无符号数的值超过255或者带符号正数的值超过127时，称为溢出。

2）原码与真值

仅把二进制数的符号用“0”或“1”表示，这样的数称为原码，记作$[X]_{原}$，而$X$本身称为真值。若设机器字长为$n$，则原码的定义为：

$$[X]_{原}=\begin{cases} X & 0 \leqslant X \leqslant 2^{n-1}-1 \\ 2^{n-1}+|X| & -(2^{n-1}-1) \leqslant X \leqslant 0 \end{cases}$$

其中$2^{n-1}$称为模。

例如：$X1=+1110010$，则$[X1]_{原}=01110010$

$X2=-0111001$，　　则$[X2]_{原}=10111001$

当机器字长$n=8$时，$[+1]_{原}=00000001$　　$[-1]_{原}=10000001$

$[+127]_{原}=01111111 \quad [-127]_{原}=11111111$

$[+0]_{原}=00000000 \quad [-0]_{原}=10000000$

3）补码

（1）补码的概念。人们在对表时，可以向前旋转，也可以向后倒转。比如现在是下午2点，而你的表指示的是上午10点，这时可向前旋转4个小时，也可以向后倒转8个小时。对于12小时计时制来说，+4和-8是等价的。因此可以说，+4是-8相对于12的"补码"，12称为"模"；或者说，+4和-8相对于模12互为"补数"。早期的计算机常把减法（负数）运算转换成相应补码的加法运算，因此引入"补码"的概念。设机器字长为$n$，则补码的定义为：

$$[X]_{补}\begin{cases}X & 0\leqslant X\leqslant 2^{n-1}-1\\ 2^{n}-|X| & -2^{n-1}\leqslant X<0\end{cases}$$

其中$2n$称为模。

例如：$X=+1001101$ 则$[X]_{补}=01001101$

$Y=-0101011$ 则$[Y]_{补}=10101100$

当机器字长$n=8$时，$[+1]_{补}=00000001 \quad [-1]_{补}=11111111$

$[+127]_{补}=01111111 \quad [-127]_{补}=10000001$

$[+0]_{补}=[-0]_{补}=00000000$

补码的求法可概括为：正数的补码与原码相同，负数的补码是将其原码除符号位外，各位变反，末位加1。

（2）反码。正数的反码与原码相同，负数的反码是其符号用1表示，其余各位中1变为0，0变为1。也就是说，将其原码除符号位外，各位变反。设机器字长为n，则反码的定义为：

$$[X]_{反}=\begin{cases}X & 0\leqslant X\leqslant 2^{n-1}-1\\ (2^{n}-1)-|X| & \leqslant -(2^{n-1}-1)\leqslant X\leqslant 0\end{cases}$$

其中$2n-1$称为模。

例如：$X1=+1001101$ 则$[X1]_{反}=01001101$

$X2=-0101011$ 则$[X2]_{反}=11010100$

当机器字长$n=8$时，$[+1]_{反}=00000001 \quad [-1]_{反}=11111110$

$[+127]_{反}=01111111 \quad [-127]_{反}=10000000$

$[+0]_{反}=00000000 \quad [-0]_{原}=11111111$

反码的求法可概括为：正数的反码与原码相同，负数的反码是将其原码除符号位外，各位变反。

综合所述，8位二进制数的原码、反码、补码的关系：①对于正数：$[X]_{原}=[X]_{反}=[X]_{补}$；②对于负数：$[X]_{反}=[X]_{原}$数值位取反，符号位不变。

采取补码运算，可以将减法转换成加法运算，即减去一个数等于加上这个数的补码。

**【例1-19】** 求$Y=99-63$.

解：$99=01100011B$，$[99]_{补}=01100011B$

$-63=-00111111B$，$[-63]_{补}=11000001B$

$[Y]_{补}=[99]_{补}+[-63]_{补}=00100100B$

因为在8位机中，和只保留8位，进位1自动丢失。由于$D_7=0$，说明$Y$是正数，因此，$Y=[Y]_{补}=00100100B=36$。与直接做减法相比，$Y=99-63=36$，其运算结果完全相同。在微型计算机中，带符号数采用补码标识后，运算器中只设置加法器，可以简化硬件结构。

## 1.2.5 计算机常用编码

1.8421 BCD码

人们习惯上用十进制数对计算机输入输出数据，而计算机又必须采用二进制数进行分析运算，就

要求计算机将十进制数转换成二进制数，这将会影响计算机的工作速度。为了简化硬件电路和节省转换时间，可采用二进制码对每一位十进制数字编码，称为二－十进制数或BCD码(Binary Coded Decimal Code)，用标示符$[\cdots\cdots]_{BCD}$表示，这种方式的特点是保留了十进制的权，数字则用二进制码标示。

1)编码方法

BCD码有多种表示方法，最常用的编码为8421码，8421码代表了每一位的权。其编码原则是十进制数的每一位数字用4位二进制数来表示，而4位二进制数有16种状态，其中1010、1011、1100、1101、1110、1111这6个编码舍弃不用，用余下的10种状态表示0～9这10个数字。它们之间的对应关系如表1-7所示。

二－十进制数是十进制数，逢十进一，只是数符**0～9**用**4**位二进制码**0000～1001**表示而已。每**4**位以内按二进制进位；**4**位与**4**位之间按十进制进位。

**表1-7　BCD码与十进制数对应关系**

| 十进制数 | BCD码 |
|---|---|
| **0** | **0000** |
| **1** | **0001** |
| **2** | **0010** |
| **3** | **0011** |
| **4** | **0100** |
| **5** | **0101** |
| **6** | **0110** |
| **7** | **0111** |
| **8** | **1000** |
| **9** | **1001** |

**2)BCD**码与二进制数、十进制数之间的转换关系

(1)**BCD**码与十进制数相互转换关系。由表**1-7**可看出十进制数与**BCD**码之间的转换十分方便，只要把数符**0～9**与**0000～1001**互换就可以了。

**【例1-20】**　将$[10010010001.01011]_{BCD}$转换成十进制数。

解：$[10010010001.01011]_{BCD}=491.58$

(2)**BCD**码与二进制数相互转换关系。**BCD**码与二进制数之间不能直接转换，通常先要转换成十进制数。

**【例1-21】**　将二进制数01000011**B**转换成**BCD**码。

解：$01000011\mathbf{B}=67=[01100111]_{BCD}$

需要指出的是，决不能把$[01100111]_{BCD}$误认为二进制码01100111**B**，二进制码01100111**B**的值为103，而$[01100111]_{BCD}$的值为67，显然两者不一样。

**【例1-22】**　将**BCD**码$[01010011]_{BCD}$转换为二进制数。

解：$[01010011]_{BCD}=53=00110101\mathbf{B}=35\mathbf{H}$

3)**BCD**码运算

**BCD**码用4位二进制数表示，但4位二进制数最多可表示16种状态，余下6种状态1010～1111在**BCD**码中成为非法码或冗余码。在**BCD**码运算中将会出现冗余码，需要作某些调整，才能得到正确效果。

(1)**BCD**码加法。**BCD**码低位于高位之间是逢“十”进一的，而4位二进制数是逢十六进一的。因此，当两个**BCD**码相加时，若各位的和均在0～9之间，则其加法运算规则与二进制加法规则完全相同；若相加后的低4位(或高4位)二进制数大于9，或大于15(即低4位或高4位的最高位有进位)，则应对低4位(或高4位)加6修正。

**【例1-23】**　已知，$X=[00100001]_{BCD}$，$Y=[00100100]_{BCD}$，求$X+Y$.

解：

$$\begin{array}{r} 0010\ 0001(21) \\ +\ \ 0010\ 0100(24) \\ \hline 0100\ 0101(46) \end{array}$$

由于低4位和高4位均无进位，也不超过9，因此不需要修正。

**【例1-24】**　已知：$X=[01001000]_{BCD}$，$Y=[01101001]_{BCD}$，求$X+Y$。

解：

```
        0100 1000(48)
+       0110 1001(69)
------------------------------------------------
        1011 0001 低4位向高4位进位,高4位出现非法码
+       0110 0110 低4位加6修正,高4位加6修正
------------------------------------------------
      1 0001 0111(117)
```

由于低4位向高4位进位,表明该数大于15,且高4位大于9的非法码。因此,高4位和低4位均要加6修正,修正后的结果为117正确。

【例1-25】　已知:$X=[10000100]_{BCD}$,$Y=[10010100]_{BCD}$,求$X+Y$.

解:

```
        1000 0100(84)
+       1001 0100(94)
--------------------------------
      1 0001 1000 低4位向更高位进位
+            0110 高4位加6修正
--------------------------------
      1 0111 1000(178)
```

由于高4位向更高位进位,高4位须加6修正,修正后结果178正确。

从上述例题中看出,**BCD**码加法的操作方法与二进制数加法相同,但有时会出错,需要修正,修正的条件和方法是:

①低4位向高4位进位,低4位加6修正。

②低4位出现非法码,低4位加6修正。

③高4位出现非法码,高4位加6修正。

④高4位向更高位进位,高4位加6修正。

若同一4位同时出现两种情况(向前进位和出现非法码),则只需做一次加6修正,手工修正虽然是比较麻烦,但在单片机指令中有自动修正**BCD**码的指令,在此我们只需了解修正原因、条件和方法。

(2)**BCD**码减法。**BCD**码进行减法时,也会出现需要修正的现象,**BCD**码减法修正的条件和方法:

①低4位向高4位借位,低4位减6修正。

②低4位出现非法码,低4位减6修正。

③高4位出现非法码,高4位减6修正。

④高4位向更高位借位,高4位减6修正。

【例1-26】　已知:$X=[00100111]_{BCD}$,$Y=[00010010]_{BCD}$,求$X-Y$.

解:

```
    0010 0111(27)
-   0001 0010(12)
-----------------
    0001 0101(15)
```

未发生借位,未出现非法码,不需修正。

【例1-27】　已知:$X=[00101000]_{BCD}$,$Y=[01011001]_{BCD}$,求$X-Y$.

解:

```
      0010 1000(28)
-     0101 1001(59)
----------------------------------------------
      1100 1111 高低4位均出现非法码,且均向高位借位
-     0110 0110 高低4位均减6修正
----------------------------------------------
      0110 1001(69)
```

同时出现非法码和向高位借位两种情况,只需修正一次。

需要指出的是,**BCD**码属无符号数,其减法若出现被减数小于减数时,需向更高位借位,运算结果与十进制不同。例如:**BCD**码数:$[27]_{BCD}-[69]_{BCD}=[58(127-69)]_{BCD}$;十进制数:$27-69=-42$。

**2. ASCII 码**

在计算机中,除了处理数字信息外,还必须处理用来组织、控制或表示数据的字母和符号(如英文 26 个字母、标点符号、空格和换行等),这些字母和符号统称字符,它们也必须按特定的规则用二进制编码才能在计算机中表示。

目前,在微机系统中,世界各国普遍采用 ASCII 码(**American Standed Code for Information Interchange**,美国信息交换标准代码),如表 1-8 所示。

**表 1-8　ASCII 编码表**

| bTbb65<br>b4b3b2b1 | 000 | 001 | 010 | 011 | 100 | 101 | 110 | 111 |
|---|---|---|---|---|---|---|---|---|
| 0000 | NUL | DLE | SP | 0 | @ | P | 、 | p |
| 0001 | SOH | DC1 | ! | 1 | A | Q | a | q |
| 0010 | STX | DC2 | “ | 2 | B | R | b | r |
| 0011 | ETX | DC3 | # | 3 | C | S | c | s |
| 0100 | EDT | DC4 | $ | 4 | D | T | d | t |
| 0101 | ENQ | NAK | % | 5 | E | U | e | u |
| 0110 | ACK | SYN | & | 6 | F | V | f | v |
| 0111 | BEL | ETB | ‘ | 7 | G | W | g | w |
| 1000 | BS | CAM | ( | 8 | H | X | h | x |
| 1001 | HT | EM | ) | 9 | I | Y | i | y |
| 1010 | LF | SUB | * | : | J | Z | j | z |
| 1011 | VT | ESC | + | ; | K | [ | k | { |
| 1100 | FF | FS | , | < | L | \ | l | \| |
| 1101 | CR | GS | – | = | M | ] | m | } |
| 1110 | SO | RS | . | > | N | Ω | n | ~ |
| 1111 | SI | US | / | ? | O | ¨D | o | DEL |

ASCII 码用 7 位二进制数表示,可表达 $2^7=128$ 个字符,其中包括数码(0~9)个英文大、小写字母,标点符号。7 位 ASCII 码分为二组:高 3 位一组,低 4 位一组,分别表示这些符号的列序和行序,要确定某数字、字母或控制操作符,可先在 ASCII 码表中查是那一项。然后根据该项的位置从相应的行和列中找出高 3 位和低 4 位编码。组合以后就是所需的 ASCII 码。例如字母 A,它在表的第 4 列、第 1 行,高 3 位组是 100,低 4 位组是 0001,所以代码就是 1000001B,即 41H。

# 项目 2　MCS-51 单片机最小系统设计

**项目目标：** 学会单片机复位电路、时钟震荡电路硬件设计，学会应用汇编指令和 C 语言编写延时子程序，学会采用单片机对发光二极管点亮和闪烁控制方法。

**项目任务：**要求采用 AT89C51 单片机设计其最小系统，采用 PROTEUS 仿真软件对发光二极管进行闪烁控制以验证系统能正常工作。

**项目分析：**单片机最小系统，或者称为最小应用系统，是指用最少的元件组成的单片机可以工作的系统。对 51 系列单片机来说，最小系统一般应该包括：电源模块、单片机、单片机时钟信号电路、复位电路等。电源是给整个系统提供动力的，没了动力，系统是无法运行的。复位电路则是保证系统上电后能从程序存储器的起始地址开始运行程序。时钟电路为整个系统提供了时钟同步，没了它，整个系统无法同步工作。基本的程序也就是整个系统的灵魂，没了灵魂，系统仅仅是一堆电子产品的组合。

## 2.1　知识预习

(1)什么是单片机最小系统？单片机最小系统有哪几部分组成？

(2)简述看门狗工作原理。

(3)如何实现发光二极管闪烁功能？

(4)简述软件延时功能程序原理。

## 2.2　知识学习

### 2.2.1　硬件电路知识

1. 单片机供电

为了保证单片机能在各种环境下正常工作，AT89C51 电源供电范围比较宽，一般为 5V ± 20%，通常给单片机外接 5V 直流电源，其最高供电电压应不超过 6.6V，根据应用环境的不同其电源选择亦有不同，如电池供电、USB 供电、220V 电压经过变压器直流稳压后供电等。连接方式为 $V_{CC}$(第 40 脚)引脚接 +5V、$V_{SS}$(第 20 脚)接电源地，如图 2-1 所示。

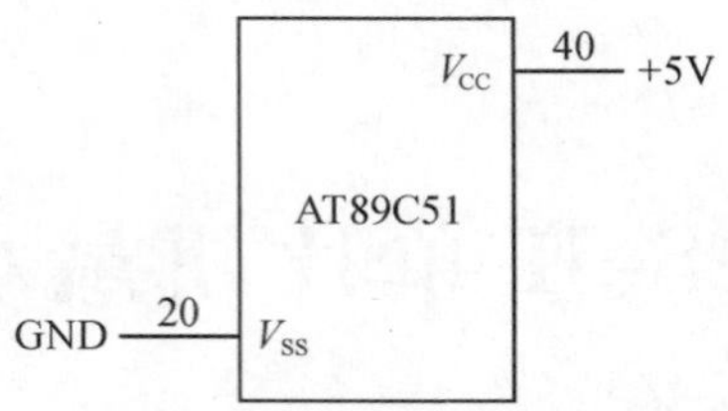


图 2-1　AT89C51 电源接线示意图

2. 单片机时钟信号

单片机时钟电路用于产生单片机工作所需要的时钟信号，为了使单片机内部各硬件单元能协调运行，内部电路应在唯一的时钟信号控制下严格地按照时序进行工作。MCS-51 系列单片机时钟信号的提供方式有两种：内部方式和外部方式。

内部方式是指使用内部振荡器，这时只要在 XTAL1(19 脚)引脚和 XTAL2(18 脚)引脚之间外接石英振荡器和起振微调电容，使内部时钟信号频率与晶振振荡频率一致。XTAL1 是单片机内部反相放大器的输入端，这个放大器构成了片内振荡器。输出端为引脚 XTAL2，在芯片的外部通过这两个引脚接晶体振荡器和微调电容，形成反馈电路，构成稳定的自激振荡器，如图 2-2(a)所示。两电容器一般选用陶瓷电容，容量取 18 ~ 47pF，典型值可取 30pF。晶振振荡频率 $f_{osc}$ 的选择范围为 1.2 ~ 12MHz，一般常选用 6MHz、11.0592MHz 或 12MHz。

当使用外部信号源为 51 系列单片机提供时钟信号时，对于 HMOS 芯片，XTAL1 接地，XTAL2 接外部外部时钟信号，如图 2-2(b)所示。对于 CHMOS 芯片，XTAL1 接外部时钟信号，而 XTAL2 悬空，如图 2-2(c)所示。

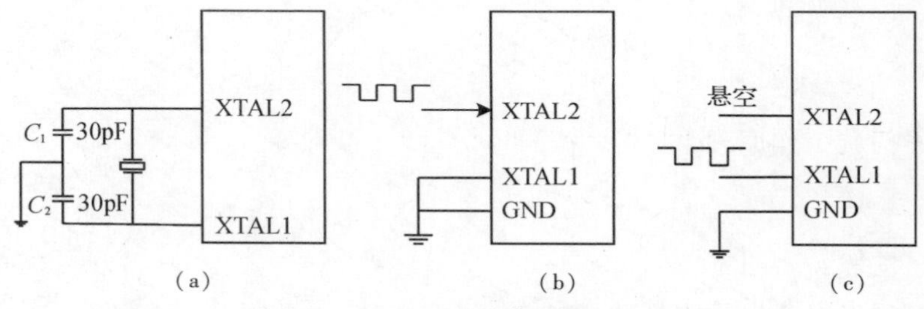


图 2-2　MCS-51 系列单片机时钟电路

(a)内部方式　　(b)外部方式 1　　(c)外部方式 2

晶体振荡器的频率越高，振荡频率就越高，振荡电路产生的振荡脉冲并不是时钟信号，而是经过二分频后才作为系统时钟信号。如图 2-3 所示，在二分频的基础上再三分频产生 ALE 信号(ALE 是以晶振 1/6 的固有频率输出的正脉冲)，在二分频的基础上再六分频得到机器周期信号。以下为 MCS－51 单片机与时序相关的几个基本概念和名称：

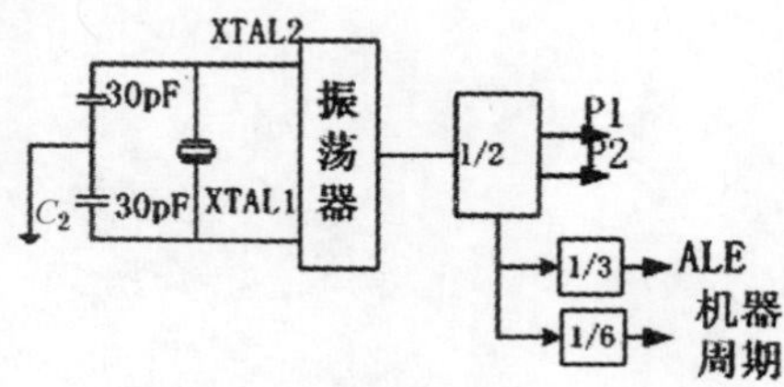


图 2-3　单片机时钟电路示意框图

(1)时钟周期。它是振荡器产生的时钟脉冲的频率的倒数，是最基本、最小的定时信号。

(2)状态周期。它是将时钟脉冲二分频后的脉冲信号。状态周期是时钟周期的 2 倍。状态周期又称 *S* 周期。在 *S* 周期内有两个时钟周期，即分为两拍，分别称为 *P*1 和 *P*2。

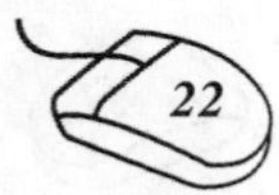

(3)机器周期。是 MCS-51 单片机工作的基本定时单位,简称机周。机器周期与时钟周期有着固定的倍数关系。机器周期是时钟周期的 12 倍。当时钟频率为 12M 时,机器周期为 $1/10^6\text{s} = 1\mu\text{s}$;当时钟频率为 6MHz 时,机器周期为 2μs。12MHz 和 6MHz 时钟频率是 51 单片机常用的两个频率,因此,采用这两个频率的晶振时,机器周期 1μs 与 2μs 就是一个重要的数据,应该记住。

(4)指令周期。它是指 CPU 执行一条指令占用的时间(用机器周期表示)。单片机执行各种指令时间各不一样,有单机器周期指令、双机器周期指令和四机器周期指令,其中单机周指令有 64 条,双机周指令 45 条,四机周指令只有 2 条(乘法和除法指令),无三机周指令。

(5)指令字节。它是指指令所占用存储空间的长度,MCS-51 系列是 8 位单片机,片内 RAM、寄存器及片外 ROM、RAM 均为 8 位,每个字节只能存入 8 位二进制数,而指令最终要编译成二进制机器码表示,往往一个字节装不下,需要 1 ~ 3 个字节才能容纳,这就是指令占用的存储空间的长度。指令长度单位用字节表示,MCS-51 单片机系统的指令长度分为三类:单字节指令、双字节指令和三字节指令。

指令字节和指令周期是用来衡量指令参数的两个完全不同的概念,两者是指令在空间与时间上的关系,前者表示一条指令在 ROM 中所占用的存储空间,而后者则是 CPU 在执行完一条指令时所占用的时间。

3. 单片机复位

上电瞬间由于单片机供电不够稳定,会造成单片机内部各功能部件初始状态和程序运行状态的不稳定,从而使系统出现意想不到的情况。因此单片机运行需要专门的复位电路,复位后能使单片机内部各功能部件处于一个确定的初始状态并从指定的 ROM 初始地址开始运行程序。除系统正常的上电(开机)外,在单片机工作过程中,如果单片机程序运行出错或其他原因使系统处于死机状态,也必须进行复位,使系统重新启动。因此复位是单片机的初始化操作,使 CPU 和系统中各部件处于一个确定的初始状态,并从这个状态开始运行工作。

复位是一个很重要的操作方式,但单片机不能自动进行复位,必须配合相应的外部电路才能实现。在时钟电路工作后,只要在单片机的 RST 引脚上出现 24 个时钟振荡脉冲时间(2 个机器周期)以上的高电平,单片机便实现初始化复位。为了保证应用系统可靠地复位,在设计复位电路时,通常使 RST 引脚保持 10ms 以上的高电平。只要 RST 保持高电平,MCS-51 单片机就循环复位,因此,单片机成功复位后要及时撤销复位信号。单片机执行一次复位后,内部数据存储器(RAM)中数据保持不变,程序计数器 PC 初始化为 0000H,使单片机从 ROM 中地址为 0000H 单元开始运行,其他内部各寄存器状态如表 2-1 所示。

**表 2-1　内部 SFR 初始值**

| 特殊功能寄存器 | 初始状态 | 特殊功能寄存器 | 初始状态 |
|---|---|---|---|
| PC | 0000H | TMOD | 00H |
| ACC | 00H | TCON | 00H |
| PSW | 00H | TL0 | 00H |
| SP | 07H | TH1 | 00H |
| DPTR | 0000H | TL1 | 00H |
| P0 ~ P3 | FFH | SBUF | 随机 |
| IP | × × ×0000B | SCON | 00H |
| IE | 0 ×0000B | PCON | 0 × × ×0000B |

单片机复位有上电自动复位电路和按键手动复位电路两种,如图 2-4 所示。上电自动复位[见图 2-4(a)],是利用复位电路电容充放电来实现的;而按键手动复位[见图 2-4(b)]是通过使 RST 端经电阻 $R$ 与 +5V 电源接通而实现的,它兼具自动复位功能。

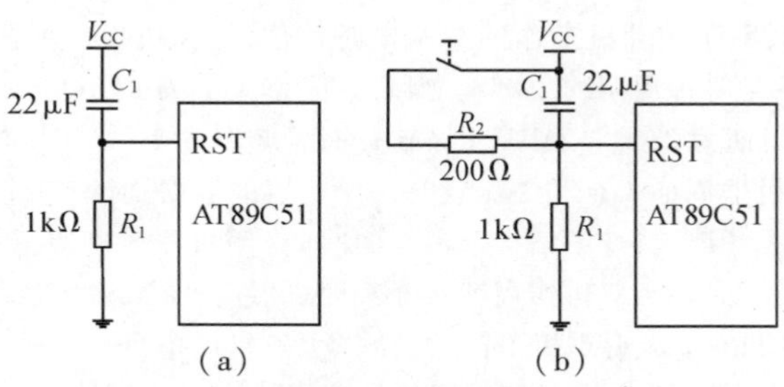


（a） （b）

图 2-4 MCS-51 单片机复位电路

（a）上电自动复位 （b）按键手动复位

电路中的 $R$ 和 $C$ 组成典型的充放电路，充放电时间 $T = 1/RC$。根据理论计算结果可知，选择时钟频率为 12MHz 时，一个机器周期 1μs，只要 $T > 2\mu s$ 就可以可靠复位。因此当选择 $R = 1k\Omega$ 时，只要 $C > 0.002\mu F$ 即可。但实际电路中，电容的充放电都会有一段时间延时，一般选择 $R = 1k\Omega$ 或 $10k\Omega$，$C = 22\mu F$。

在由单片机构成的微型计算机系统中，由于单片机的工作常常会受到来自外界电磁场的干扰，造成程序的跑飞，而陷入死循环，程序的正常运行被打断，由单片机控制的系统无法继续工作，会造成整个系统的陷入停滞状态，发生不可预料的后果，所以出于对单片机运行状态进行实时监测的考虑，便产生了一种专门用于监测单片机程序运行状态的芯片，俗称“看门狗”。

看门狗（watchdog timer）是一个定时器电路，一般有一个输入端，称喂狗（kicking the dog or service the dog），一个输出到 MCU 的 RST 端，MCU 正常工作的时候，每隔一段时间输出一个信号到喂狗端，给 WDT 清零，如果超过规定的时间不喂狗（一般在程序跑飞时），WDT 定时超过，就会给出一个复位信号到 MCU，使 MCU 复位，防止 MCU 死机。看门狗的作用就是防止程序发生死循环，或者说程序跑飞。在系统运行以后也就启动了看门狗的计数器，看门狗就开始自动计数，如果到了一定的时间还不去清看门狗，那么看门狗计数器就会溢出从而引起看门狗中断，造成系统复位。所以在使用有看门狗的芯片时要注意清看门狗。

看门狗电路的应用，使单片机可以在无人状态下实现连续工作。看门狗芯片和单片机的一个 I/O 引脚相连，该 I/O 引脚通过程序控制它定时地往看门狗的这个引脚上送入高电平（或低电平），这一程序语句是分散地放在单片机其他控制语句中间的，一旦单片机由于干扰造成程序跑飞后而陷入某一程序段不进入死循环状态时，写看门狗引脚的程序便不能被执行，这个时候，看门狗电路就会由于得不到单片机送来的信号，便在它和单片机复位引脚相连的引脚上送出一个复位信号，使单片机发生复位，即程序从程序存储器的起始位置开始执行，这样便实现了单片机的自动复位，如图 2-5 所示。

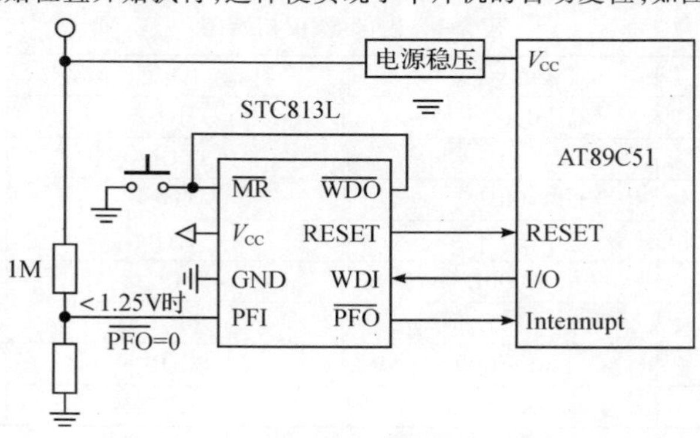


图 2-5 看门狗复位电路与单片机连接图

4. 发光二极管控制

LED 是一种固体光源（见图 2-6），当它两端加上正向电压，半导体中的少数载流子和多数载流子发生复合，放出的过剩能量将引起光子发射。采用不同的材料，可制成不同颜色的发光二极管。发光

二极管的反向击穿电压约 5V。它的正向伏安特性很陡,使用时必须串联限流电阻以控制通过管子的电流。限流电阻 $R$ 可用下式计算:

图 2-6　常用发光二极管实物及符号

$$R = \frac{E - U_F}{I_F}$$

式中,$E$ 为电源电压,$U_F$ 为 LED 的正向压降,$I_F$ 为 LED 一般工作电流,普通发光二极管的正向压降和工作电流根据二极管的大小和颜色的不同而不同,一般红绿 LED 正向压降为 1.8 ~ 2.4V,蓝白是 2.8 ~ 4.2V。3mmLED 额定电流 1 ~ 10mA,5mmLED 额定电流 5 ~ 25mA,10mmLED 额定电流 25 ~ 100mA。其与单片机常用控制如图 2-7 所示。若要 LED 亮,则需选择合适的电阻值,并是 P1.0 引脚输出低电平"0",若要 LED 灭,则由 P1.0 输出高电平,若要 LED 出现闪烁效果,则需控制 LED 亮、灭两种状态交替出现即可,闪烁的速度,则由 LED 亮和灭状态各自维持时间来决定。

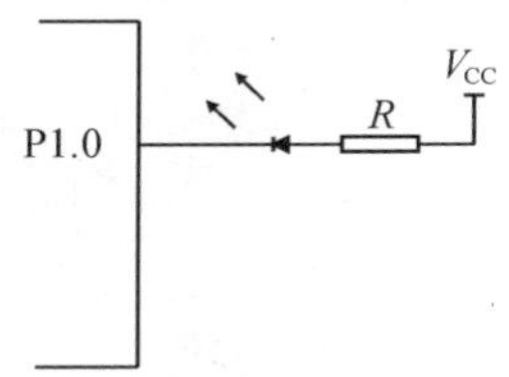


图 2-7　发光二极管单片机控制示意图

## 2.2.2　指令知识学习

51 单片机设计开发常用语言是汇编语言与 C 语言。计算机能识别的是用二进制表示的指令,称为机器码,如汇编语言指令 MOVA,#200,其机器代码为 74C8H。机器码虽然能被计算机直接识别,但书写、记忆上都很困难,用它来编写程序很不方便,为了解决这一问题,人们用一些助记符来代替机器码,以使程序易读易懂。表 2-2 是以工作寄存器为目的字节的传送指令。

表 2-2　以工作寄存器为目的字节的传送指令

| 指令 | | 操作码 | 功能 | 字节数 | 机器周期 |
|---|---|---|---|---|---|
| MOV | Rn, A | 1111 1rrr | A→Rn | 1 | 1 |
| MOV | Rn, direct | 1010 1rrr direct | (direct)→Rn | 2 | 2 |
| MOV | Rn, #data | 0111 1rrr data | data→Rn | 2 | 1 |

**1. 汇编语言**

用助记符书写的指令系统就是计算机的汇编语言。每一条指令就是汇编语言的一条语句。每一条汇编语言的语句最多包括四部分:标号、操作码、操作数和注释。其结构为:

标号:操作码　[(目的操作数),(源操作数)];注释

**1)标号:指令的符号地址**

(1)标号不属于指令的必须部分,可根据需要设置。一般用于一段功能程序的识别标记或控制转移地址。

(2)指令前的标号代表该指令的地址,是用符号表示的地址。一般用英文字母和数字组成,但不能用指令助记符、伪指令、特殊功能寄存器名、位定义名和 51 单片机指令系统中用的符号"#"、"@"等,长度以 2 ~ 6 个字符为宜,第一个字符必须是英文字母。

(3)符号必须用冒号":"与操作码分隔。如 START:MOV A,#200 中的 START 为符号地址。

**2)操作码:表示指令的操作功能**

(1)操作码用助记符表示,它代表了指令的操作功能。

(2)操作码是指令的必需部分,是指令的核心,不可缺少。如 MOV、ADD、MUL、CPL、SETB 等。

**3)操作数:参加操作的数据或数据地址**

(1)操作数可以是数据,也可以是数据的地址(包括数据所在的寄存器名),还可以是数据地址的地址或操作数的其他信息。

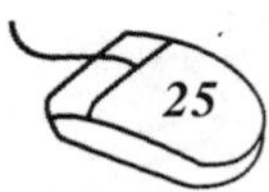

(2)操作数分为目的操作数和源操作数,源操作数是参加操作的原始数据或数据地址,目的操作数是参加操作的初始数据和操作后结果数据的存放单元地址。目的操作数写在前面,源操作数写在后面。

(3)操作数可以用二进制数、十进制数、十六进制数表示。操作数的个数可以是 **0~3** 个。

(4)操作数与操作码之间用空格分隔,操作数与操作数之间用逗号“,”分隔。

4)注释:指令功能说明

注释属于非必须项,可有可无,是对指令功能作的说明和注解,便于阅读。注释与指令之间必须用“;”隔开。程序编译时,注释不参与编译。

**2. 汇编语言的特点**

(1)助记符和机器指令一一对应。用汇编语言编写的程序效率高,占用存储空间小,运行速度快,且能编写出最优化的程序。

(2)汇编语言与计算机硬件设备密切相关。汇编语言程序能直接管理和控制硬件设备,直接访问存储器机接口电路,也能处理中断。

(3)汇编语言编程比高级语言程序的编程和调试困难。汇编语言是面向计算机的,汇编语言的程序设计人员必须对计算机硬件有相当深入的了解。

(4)汇编语言缺乏通用性,程序不易移植。各种计算机都有自己的汇编语言,不同的计算机汇编语言之间不能通用。

**3. 新指令学习**

1)以工作寄存器 Rn 为目的字节的传输指令(**3** 条),$n=0,1,\cdots,7$

这组指令的功能是把源操作数的内容送入当前工作寄存器区的 R0~R7 中的某一个寄存器。其中 rrr 为寄存器序号二进制代码(**0~7**),direct 为片内 **128** 字节 RAM 的某一单元地址。data 为一 **8** 位数据。

**【例 2-1】** 若 A=70H,(30H)=60H,将执行下列指令后结果写在注释区。

MOV R1, A;将 A 中数据传送到 R1 中,因此 R1=70H

MOV R3, 30H;将内 RAM30H 单元中的数据传送到 R3 中,R3=60H

MOV R3,#30H;将立即数 30H 传送到 R3 中,R3=30H

注意,上述第 2 与第 3 条指令中 30H 与#30H 的不同,前者表示内存单元地址为 30H,传输的是内存单元中以 30H 为地址里面的数据,即 60H 到 R3 中,而#30H 则是把 30H 这个数据传输到 R3 中,三条指令执行完后,R3 最终存放的数据是 30H。另外工作寄存器之间没有直接传送的指令,若要传输,需要通过一个中间寄存器作为缓冲。

**【例 2-2】** 试将 R1 中的数据传送到 R2 中。

错误指令:MOV R2,R1

正确指令:MOVA,R1

MOV R2,A

2)减 1 非 0 转移指令(2 条)

这两条指令主要用于控制程序循环,如表 2-3 所示。如预先把寄存器或内 RAM 某单元赋值循环次数,利用减 1 条件转移指令,以减 1 后是否为零作为转移条件,即可实现按次数控制循环。指令中 rel 为用补码表示的 8 位地址偏移量。

**表 2-3　减 1 非 0 转移指令**

| 指令 | | 操作码 | 功能 | 字节数 | 机器周期 |
|---|---|---|---|---|---|
| DJNZ | Rn,rel | 1101 1rrr rel | Rn－1→Rn,RC＋2→PC,<br>若 Rn＝0,则程序顺序执行<br>若 Rn≠0,则 PC＋rel→PC,转移 | 2 | 2 |
| DJNZ | Direct,rel | D5H direct rel | (direct)－1→direct PC＋3→PC,<br>若(direct)＝0,则程序顺序执行,<br>若(direct)≠0,则 PC＋rel→PC,转移 | 3 | 2 |

**【例 2-3】**　编写程序,将内 RAM20H～2FH 共 16 个单元清零。

解:编程如下:

```
CLR16:MOV   R0,#20H    ;置清零区首地址
      MOV   R2,#16     ;置数据长度
      CLR   A          ;累加器 A 内容清零
LOOP:MOV    @R0,A      ;清零
     INC    R0         ;修改地址
     DJNZ   R2,LOOP    ;判清零循环
     SJMP   MYM        ;原地等待
```

3)调用和返回指令

在一个程序中经常会遇到反复多次执行某程序段情况,如果反复书写这个程序段,会使程序变得冗长而杂乱。对此,可把重复的程序编写为一个子程序,在主程序中调用子程序。这样,不仅减少了编程的工作量,而且也缩短了程序的总长度。另外,子程序还增加了程序的可移植性,一些常用的运算程序写成子程序形式,可以被随时引用、参考,为广大单片机用户提供了方便。

调用子程序的程序称为主程序,主程序与子程序间的调用关系如图 2-8(a)所示。在一个比较复杂的子程序中,往往还可能再调用另一个子程序,这种子程序再次调用子程序的情况,称为子程序嵌套,如图 2-8(b)所示。从图中可以看出,调用和返回构成子程序调用的完整过程。为了实现这一过程,必须有子程序调用和返回指令,调用指令在主程序中使用,而返回指令应该是子程序最后一条指令。

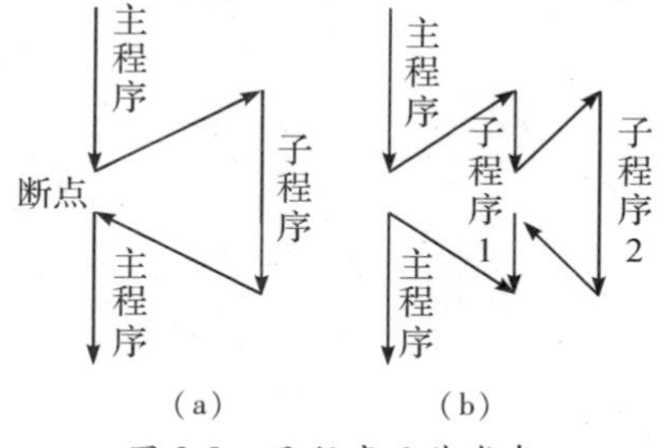


图 2-8　子程度及其嵌套

(a)子程序　　(b)子程序嵌套

为了保证正确返回,每次调用子程序时,CPU 将自动把断点地址保存到堆栈中,返回时按先进后出原则把地址弹出到 PC 中,从原断点地址处继续执行主程序,如表 2-4 所示。

**表 2-4　子程序调用与返回指令**

| 指令 | | 操作码 | 功能 | 字节数 | 机器周期 |
|---|---|---|---|---|---|
| LCALL | addr16 | 12H $addr_{15\sim8}$ $addr_{7\sim0}$ | 断点入栈 addr 16→PC | 3 | 2 |
| ACALL | addr11 | $a_{10}a_9a_8$10001 $addr_{7\sim0}$ | 断点入栈 addr11→$PC_{10\sim0}$ | 2 | 2 |
| RET | 无 | 22H | 子程序返回指令 | 1 | 2 |
| RETI | 无 | 32H | 中断服务子程序返回指令 | 1 | 2 |

(1)长调用指令:

LCALL addr16 ;PC + 3→PC,SP + 1→SP,$(PC)_{0\sim7}$→(SP)

;SP + 1→SP,$(PC)_{8\sim15}$→(SP)

;addr16→PC

LCALL 指令执行步骤:

①产生当前 PC:PC + 3→PC,PC + 3 是因为该指令为三字节指令。

②断点地址低 8 位保存到堆栈中:SP + 1→SP,$(PC)_{0\sim7}$→(SP)。

③断点地址高 8 位保存到堆栈中:SP + 1→SP,$(PC)_{8\sim15}$→(SP)。

④形成转移目标地址:addr16→PC。

(2)短调用指令:

LCALL addr11 ;PC + 2→PC,SP + 1→SP,$(PC)_{0\sim7}$→(SP)

;SP + 1→SP,$(PC)_{8\sim15}$→(SP)

;$addr_{0\sim10}$→$PC_{0\sim10}$,$PC_{11\sim15}$不变

ACALL 指令执行步骤:

①产生当前 PC:PC + 2→PC,PC + 2 是因为该指令为双字节指令。

②断点地址低 8 位保存到堆栈中:SP + 1→SP,$(PC)_{0\sim7}$→(SP)。

③断点地址高 8 位保存到堆栈中:SP + 1→SP,$(PC)_{8\sim15}$→(SP)。

④形成转移目标地址:addr11→$PC_{0\sim10}$,$PC_{11\sim15}$不变。

(3)返回指令。

①RET;子程序返回。

②RETI;中断返回。

返回指令执行步骤:

①(SP)→$PC_{8\sim15}$,SP - 1→SP。

②(SP)→$PC_{0\sim7}$,SP - 1→SP。

返回指令的功能都是从堆栈中取出断点地址,送入 PC,使程序从主程序断点处继续执行。但两者不能混淆,子程序返回对应于子程序调用,中断返回对应于中断服务子程序中,中断服务子程序是在发生中断时 CPU 自动调用。中断返回指令除了具有返回断点功能以外还对中断系统有影响,有关内容后续章节中分析。

如下列子程序调用:

```
WORK:LCALL SUB
       …
       SJMP
SUB: PUSH ACC
     MOV A,#0AAH
     …
     POP ACC
     RET
```

4)位操作类指令

51 系列单片机硬件结构中有一个布尔处理器,是一个微处理器,有自己的累加器(借用进位位 Cy),自己的存储器(位寻址区中的各位),也有完成位操作的运算器等。从指令系统中,与此相对应的有一个进行布尔操作的指令集,包括位变量的传送、修改和逻辑操作等。

(1)位传送指令。

①MOV C,bit;(bit)→Cy

②MOV bit,C;Cy→(bit)

指令中C即进位位Cy的助记符,bit为内RAM20H～2FH中的128个可位寻址和特殊功能寄存器中的可寻址位存储单元。

【例2-4】 将位存储单元25H.5中的内容传送到位存储单元24H.0。

解:MOV C,25H.5

MOV 24H.0,C

或写成:

MOV C,2DH;(2DH=25H.5)

MOV 20H,C;(20H=24H.0)

后两条指令中的2DH和20H分别为25H.5和24H.0的位地址,而不是字节地址。MCS-51系列单片机指令系统中,位地址和字节地址均用2位十六进制数表示,区别方法是:位操作指令中出现的直接地址均为位地址,而在字节操作指令中出现的直接地址均为字节地址。

(2)位修正指令。

①位清0指令:

```
CLR   C      ;0→C
CLR   bit    ;0→(bit)
```

②位取反指令

```
CPL   C      ;/C→C
CPL   bit    ;/(bit)→(bit)
```

③位置1指令

```
SETB  C      ;1→C
SETB  bit    ;1→(bit)
```

(3)位运算指令。

①位逻辑“与”运算指令:

```
ANL   C,bit     ;C∧(bit)→C
ANL   C,/bit    ;C∧/(bit)→C
```

②位逻辑“或”运算指令:

```
ORL   C,bit     ;C∨(bit)→C
ORL   C,/bit    ;C∨(/bit)→C
```

【例2-5】 若Cy=1,(00H)=0,将分别执行下列指令后的结果写在注释区。

```
CPL    C       ;C=0
CPL    00H     ;C=1
SETB   C       ;C=1
SETB   00H     ;(00H)=1
ANL    C,00H   ;C=C∧(00H)=1∧0=0
ANL    C,/00H  ;C=C∧/(00H)=1∧1=1
ORL    C,00H   ;C=C∨(00H)=1∨0=1
ORL    C,/00H  ;C=C∨/(00H)=1∨1=1
```

5)伪指令ORG、END

用汇编语言编写的程序称为汇编语言源程序。而计算机是不能直接识别源程序的,必须把它翻译成目标语言(二进制机器码),这个翻译过程叫“汇编”。在对汇编语言程序进行汇编时,需要提供一些有关汇编信息指令,如指定程序或数据存放的起始地址、给一些连续存放的数据确定存储单元等。这些指令在汇编时起控制作用,但本身并不产生机器码,不属于指令系统,而仅为汇编服务的一些指令,称为伪指令。

(1)起始伪指令 ORG(origin)。

格式:ORG 16 位地址

功能:规定 ORG 下面的目标程序的起始地址。

```
              ORG    0100H
例如:   START:MOV    A,#10H
              ADD    A,#01H
```

ORG0100H 表示该伪指令下面第一条指令的起始地址是 0100H,即 MOV A,#10H 的第一个字节存放在 ROM 中地址为 0100H 的存储单元,或标号地址 START 为 0100H。

(2)结束伪指令 END。

格式:END

功能:是汇编语言源程序的结束标志。在 END 以后所写的指令,汇编程序不再处理。一个源程序只能有一个 END 指令,放在所有指令的最后。

(3)定义位地址伪指令 BIT。

格式:字符名称 BIT 位地址

功能:将位地址赋予所规定的字符名称。

```
例如:AL    BIT    P1.0
     DF    BIT    40H
```

把 P1.0 的位地址赋给字符 AL,把位地址 30H 赋给字符 DF。在其后的编程中,AL 可作 P1.0 使用,DF 可作为位地址 40H 使用。

**【例 2-6】** 已知延时子程序,$f_{osc}=12\text{MHz}$,求该子程序延时时间。

```
DELAY:MOV   R7,#05H   ;置外循环次数 5
DL1:  MOV   R6,#64H   ;置内循环次数 100
DL2:  DJNZ  R6,DL2    ;内循环 100 次(100×2 机周)
      DJNZ  R7,DL1    ;外循环 5 次(100×2 机周+2+1)×5
      RET             ;(100×2 机周+2+1)×5+1+2=1018 机周
```

解:由于 $f_{osc}=12\text{MHz}$,故每机器周期时间为 1μs,而上述程序 MOV R7,#05H 和 MOV R6,#64H 为单周期指令,DJNZ R6,DL2、DJNZ R7,DL1 及 RET 为双周期指令,因此计算如下:

(2 机周×100+2+1)×5+1+2=1018 机周,1018 机周×1μs=1018μs。

## 2.3 单片机最小系统设计

要求:采用最小系统电路并扩展控制 LED 按 1s 周期闪烁。

1. 单片机仿真平台 Proteus 及 Keil 软件使用简介

Proteus 是英国 Labcenter 公司开发的 EDA 工具软件,它集合了原理图设计、电路分析与仿真、单片机代码级调试与仿真、系统测试与功能验证以及 PCB 设计完整的电子设计过程。Proteus ISIS 是智能原理图输入系统,利用该系统既可以进行智能原理图设计、绘制和编辑,又可以进行电路分析与实物仿真。尤为突出的是,它是目前为止最为适合单片机系统开发使用的设计与仿真平台。

1)启动 Proteus ISIS

在计算机上安装好 Proteus 后,双击桌面上的 ISIS 7 Professional 图标或者通过选择屏幕下方开始程序的"开始"\"程序"\"Proteus 7 Professional"\"ISIS 7 Professional"启动 Proteus 软件,出现如图 2-9 所示

画面，表明进入 Proteus ISIS 集成环境。

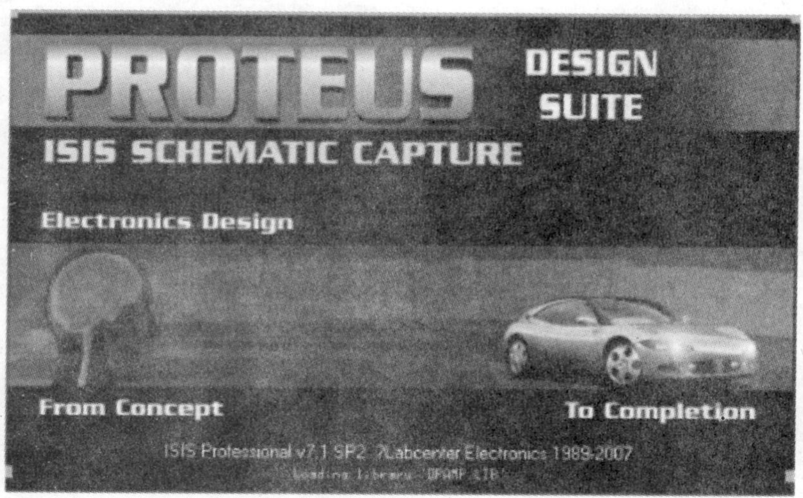


图 2-9　Proteus 启动时屏幕

2）工作界面简介

Proteus ISIS 的工作界面是一种标准的 Windows 界面（见图 2-10），包括标题栏、菜单栏、工具栏、对象预览窗口、器件选择按钮、对象选择区、编辑区、仿真控制按钮和状态栏。

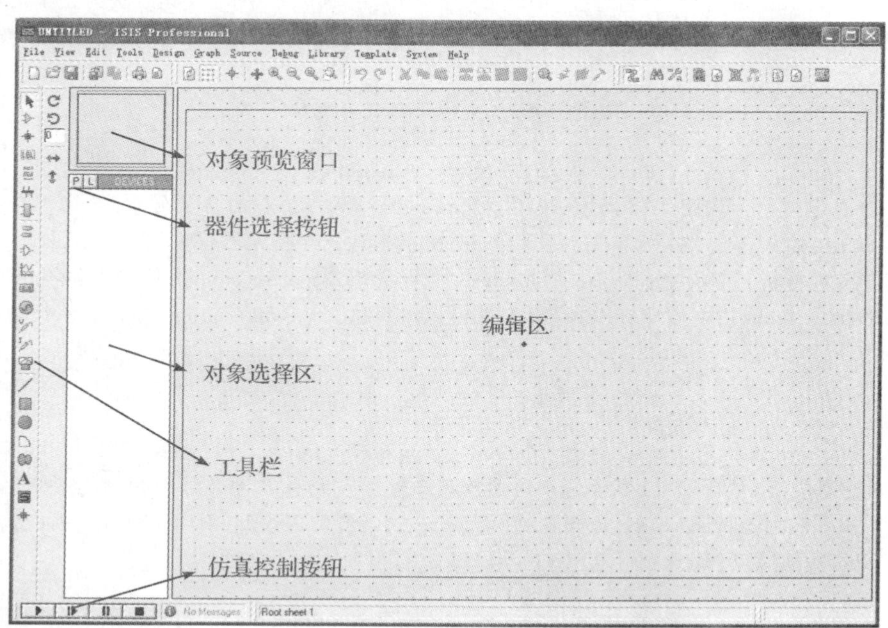


图 2-10　Proteus ISIS 的工作界面

在编辑区中可编辑原理图、设计各种电路、符号和器件模型等。同时，它也是各种电路的仿真平台。此窗口没有滚动条，可用预览窗口来改变原理图的可视范围。同时，它的操作不同于常用的 Windows 应用程序，正确的操作是：鼠标单击左键放置元件，滚动中键放缩原理图，单击右键选择元件，双击右键删除元件，先右键后单击左键编辑元件属性，先右键后长按左键拖拽为拖动元件，连线用左键、删除用右键。

3）对象预览窗口

对象预览窗口可显示两个内容，一个是在元件列表中选择一个元件时，会显示该元件的预览图；另一个是当鼠标左键单击空白编辑区或在编辑区中放置元件时，会显示整张原理图的缩略图，并显示一个绿色的方框，绿色的方框里面的内容就是当前原理图窗口中显示的内容。因此，可在对象预览窗口中单击鼠标左键来改变绿色的方框位置，从而改变原理图的可视范围，如图 2-11（a）~（c）所示。其中（a）是在对象选择器列表中选择元件；（b）在编辑区中放置元件；（c）在对象预览窗口单击鼠标移动绿色方框。

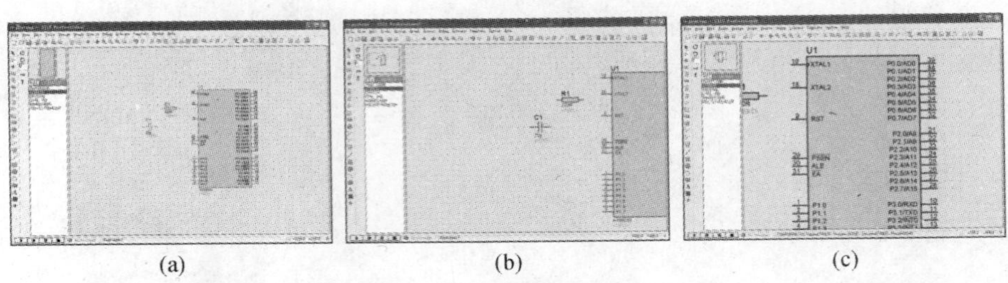

(a) (b) (c)

图 2-11 对象预览窗口

4）模式选择工具栏

（1）主要模式按钮。如图 2-12 所示，主要按钮图标从左至右的含义分别为：即时编辑元件（Instant Edit Mode）、选择元件（Components）（默认选择）、放置连接点（Junction Dot）、（交叉点）、放置标签（Wire Label）、放置文本（Text Script）、绘制总线（BUS）、放置子电路（Sub – Circuit）（其用法为先单击该图标再单击要修改的元件）。

图 2-12 主要模式按钮图标

（2）小工具箱按钮。如图 2-13 所示，小工具箱按钮图标从左至右的含义分别为：终端（Terminal），有 Vcc、地、输出、输入等终端；元器件引脚（Device Pin），用于绘制元器件引脚；仿真图标（Simulation Graph），用于各种分析，如噪声分析（Noise Analysis）；录音机（Tape Recorder）；信号发生器（Generator）；电压探针（Voltage Probe）；电流探针（Current Probe）；虚拟仪表（Virtual Instruments），有示波器等。

图 2-13 小工具箱按钮图标

（3）2D 绘图按钮。如图 2-14 所示，2D 绘图按钮图标从左至右的含义分别为：画各种直线（Line），画各种方框（Box）、画各种圆（Circle），画各种圆弧（Arc），画各种多边形（2D Path），画各种文本（Text），画符号（Symbol），画原点（Marker）。

图 2-14 2D 绘图按钮图标

（4）元件列表（The Object Selector）。用于挑选元件（Components）、终端接口（Terminal）、信号发生器（Generators）、仿真图表（Graph）等。例如，当选择“元件（Component）”时，单击“P”按钮会打开“选择元件”对话框，选择了一个元件（按“OK”）后，该元件在列表中显示，以后要用到该元件时，只需在元件列表中选择即可，如图 2-15 示。

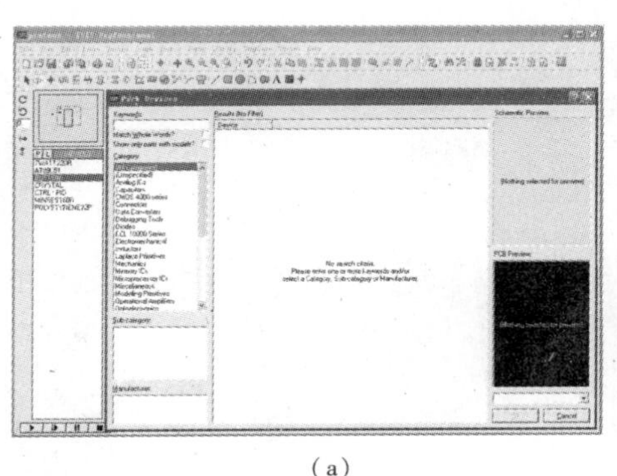

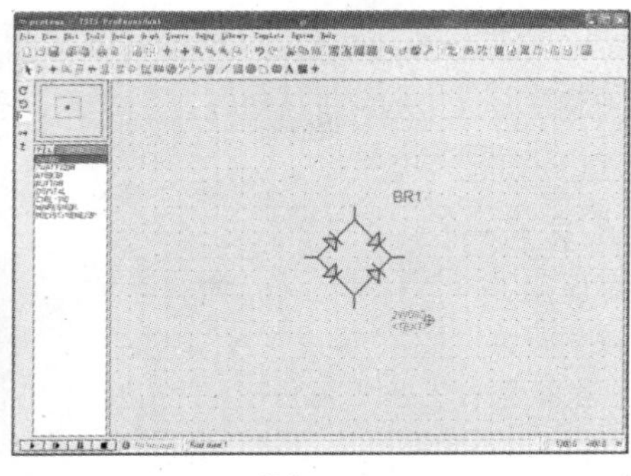


(a) (b)

图 2-15 元件列表

(a)选择元件 (b)列表中显示元件

(5)仿真工具栏。如图 2-16 所示的仿真控制按钮图标从左至右的含义分别为:运行(Execute)、单步运行(Step Over)、暂停(Pause)、停止(Stop)。

图 2-16 仿真控制按钮图标

2. 最小系统硬件仿真电路设计

1)硬件仿真电路设计

本例设计单片机时钟振荡电路,复位电路和 P1.0 引脚连接 LED,控制 LED 按固定时间间隔持续闪烁。硬件电路设计如图 2-17 所示,电路中限流电阻 $R2$ 的阻值不能过大,否则 LED 不会闪烁。

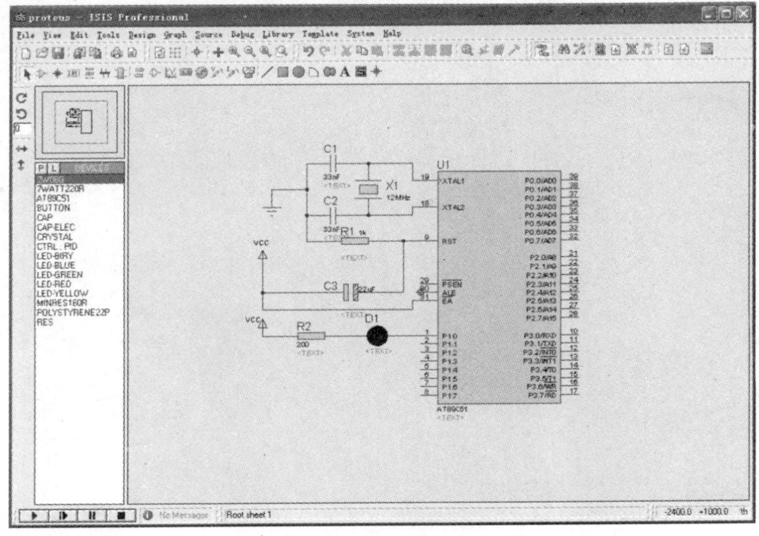


图 2-17 最小系统仿真电路

2)LED 闪烁程序控制方法

控制 LED 闪烁运行(见图 2-18),只要在 P1.0 控制引脚不断输出高、低电平,输出高电平时 LED 处于灭状态,输出低电平,则 LED 处于亮状态,如此亮灭状态交替出现,则 LED 处于闪烁效果,如维持 1s 闪烁周期,则需 P1.0 所输出高、低电平各维持 0.5s 即可,同样维持 2s 闪烁周期,则需 P1.0 所输出高低电平维持 1s 即可。因此程序中除了有能对 P1.0 高、低电平控制的指令,还必须有延时程序(利用指令运行所占用 CPU 时间),本例中采用延时子程序完成此功能。

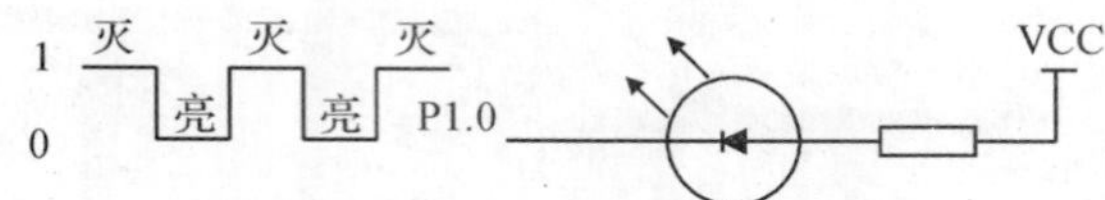


图 2-18　LED 闪烁控制示意图

3. KEIL 软件使用简介

本教材使用 Keil 软件的编译功能获得. Hex 文件,也就是十六进制程序代码。Keil 是德国 Keil 公司开发的单片机编译器,它具有文件编辑处理、编译链接、软件仿真等多种功能,支持汇编和 C 语言程序设计,其界面友好,方便实用,是当前单片机开发时使用较多的优秀软件之一。这里仅介绍 Keilμ Vision4 的最基本的用法,目的是尽可能快地使学生上手使用,在使用的过程中逐步自学深入。

1)建立一个新工程

进入 Keil 后(见图 2-19),紧接出现编辑界面(见图 2-20),选择 Project 菜中的 New μVision Projet... 选项,如图 2-21 所示。

图 2-19　启动 Keil 软件时的屏幕

图 2-20　进入 Keil 后编辑界面

图 2-21　新建工程

2) 保存工程

选择工程要保存的路径，输入工程文件名。Keil 的一个工程通常含有很多个文件，为了管理方便，通常我们将一个工程放在一个独立文件夹下，如保存到 part2_1 文件夹下，工程文件名为 zxxt（见图 2-22），然后单击"保存"按钮。工程建立后变为 zxxt. uvproj。

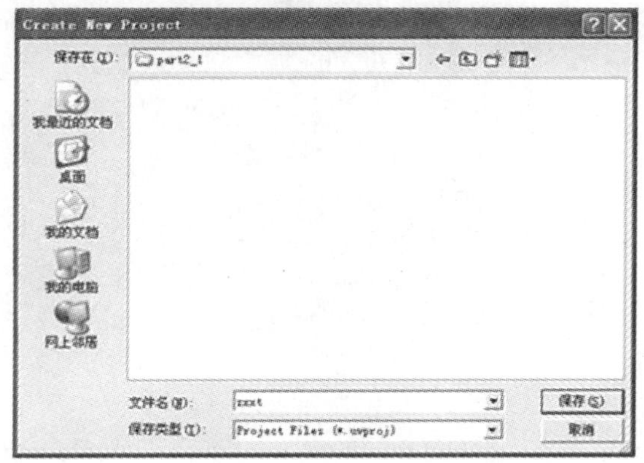


图 2-22　保存工程

3) 选择单片机型号

保存工程后，会弹出一对话框，要求选择单片机型号，可以根据用户使用的单片机来选择，Keil 软件几乎支持所有的 51 内核单片机，由于 51 内核单片机具有通用性，可以选一款 AT89C51 单片机（见图 2-23），选择 Atmel 公司下的 AT89C51 之后，右边 Description 栏里对该型号单片机的基本说明，我们可以单击其他型号单片机浏览一下其功能特点，然后单击"确定"按钮。

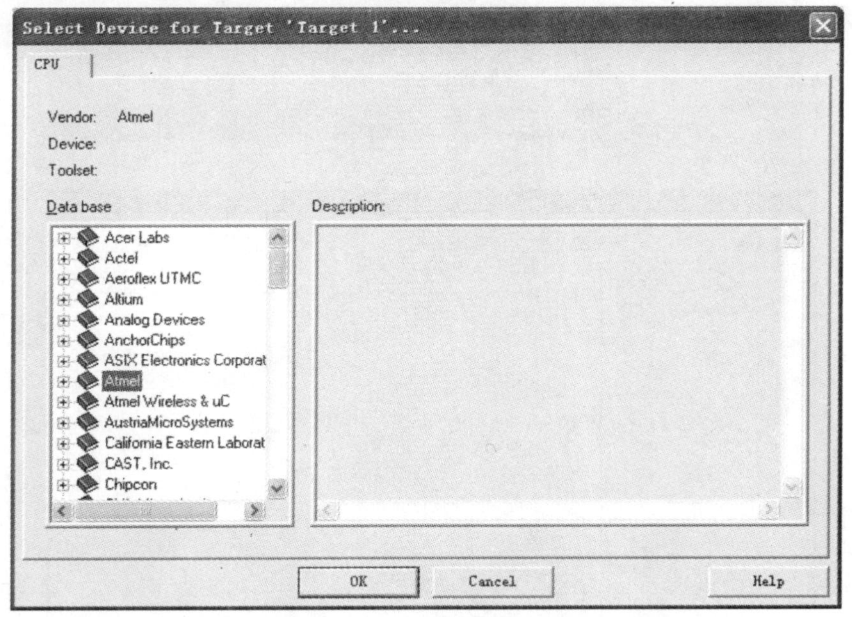


图 2-23　选择单片机型号

4) 添加文件

完成上一步骤后，窗口界面如图 2-24 所示。到此为止，我们还没有建立好一个完整的工程，虽然工程名有了，但工程中还没有任何文件代码，接下来我们添加文件代码。

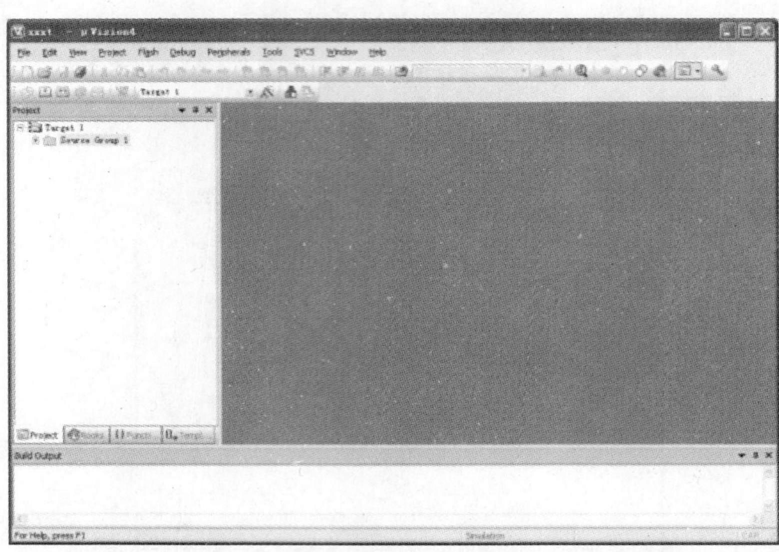

图 2-24　添加完单片机后的窗口界面

5)新建文件

如图 2-25 所示,选择“FILE”菜单中的“NEW”菜单项,或单击界面上的快捷图标。新建文件后的窗口界面如图 2-26 所示。

图 2-25　添加文件

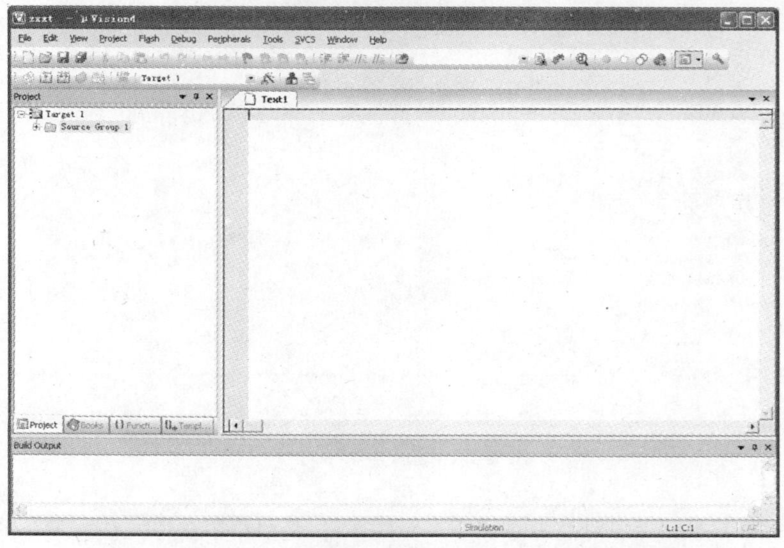

图 2-26　添加完文件后的窗口界面

此时光标在编辑窗口中闪烁，可以输入用户应用程序，但此时这个新建文件与我们刚才建立的工程还没有直接联系，单击图标，窗口界面如图 2-27 所示。在“文件名(N)”编辑框中输入要保存的文件名，同时必须输入正确的扩展名，如 C 语言编写程序，则扩展名必须为.C；如果汇编语言编写程序，则扩展名必须为.asm。这里的文件名不一定要和工程名相同，用户可以随意填写文件名，然后单击“保存”按钮。

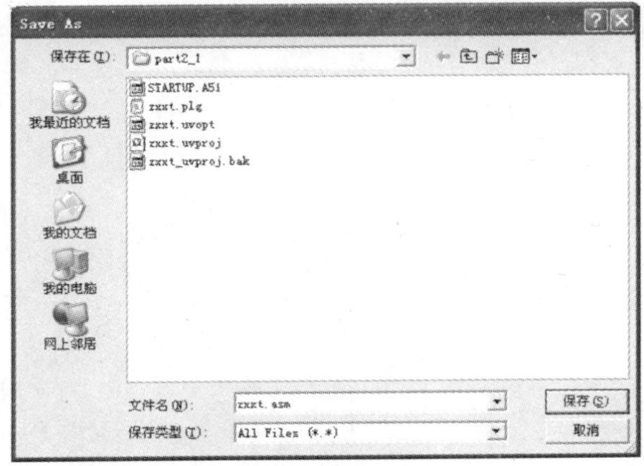


图 2-27　保存文件

6）文件加入工程中

回到编辑界面，单击“Target 1”前面的“＋”，然后在“Source Group 1”选项单击右键，弹出如图 2-28 所示的菜单，然后选择“Add FIles to Group 'Source Group 1'”菜单项，出现如图 2-29 所示的对话框。

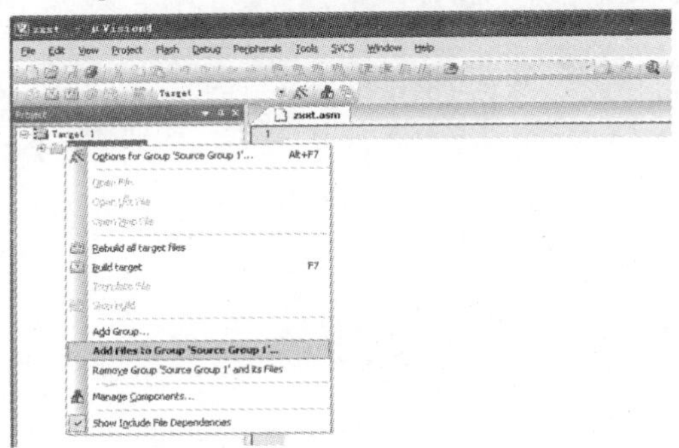


图 2-28　将文件加入工程菜单

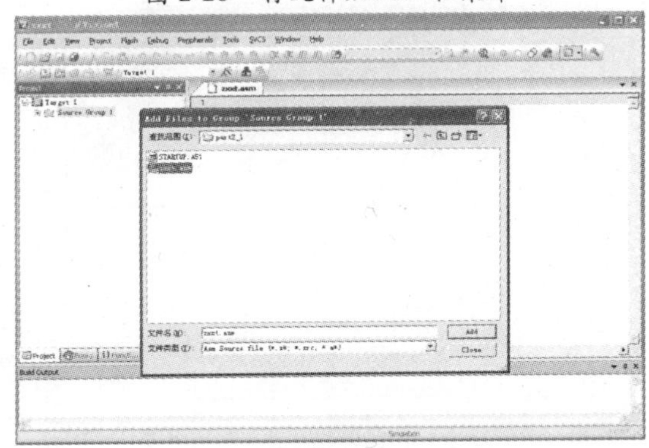

图 2-29　选中文件后的对话框

选中 zxxt. asm,单击“Add”按钮,再单击“Close”按钮,然后再单击左侧“Sourse Group 1”前面的“+”,出现如图 2-30 所示的屏幕窗口。

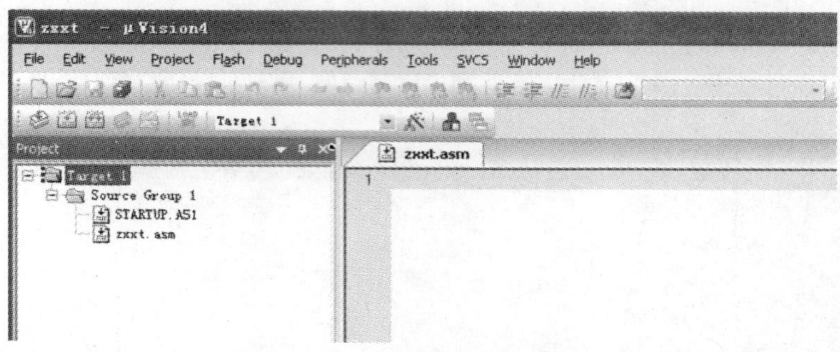


图 2-30 将文件加入工程后的屏幕窗口

这时我们注意到“Source Group 1”文件夹中多了一个子项“zxxt. asm”,当一个工程中有多个代码文件时,都要加在这个文件夹下,这时源代码文件就与工程关联起来。

7)编辑源程序文件

打开已经添加进工程的源程序文件(见图 2-26),输入编写的源程序,可使用输入、删除、选择、拷贝、粘贴等文本编辑器的文字处理命令。在编辑过程中,如果指令输入错误,文本编辑器会显示不同字迹颜色给出提示。源程序输入完毕后,单击工具栏中的 按钮保存。

8)编译链接环境设置

选择菜单栏中的“Project”选项,弹出如图 2-31 所示的下拉菜单,执行“Option for Target′Target 1′”命令,这时会出现如图 2-32 所示的调试环境设置窗口。

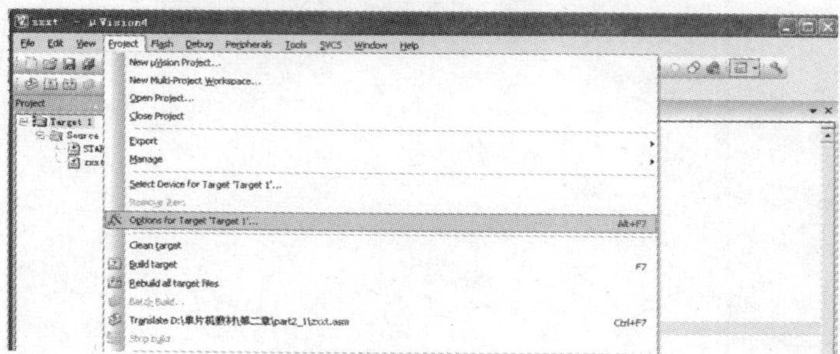


图 2-31 调试环境设置命令下拉菜单

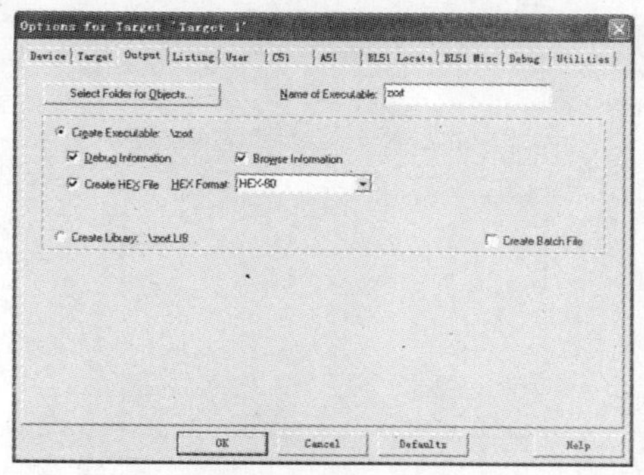


图 2-32 Keil 调试环境下 Output 设置窗口

选择“Output”选项卡。在图2-32中选中“Create HEX File”选项，在编译时系统将自动生成目标代码文件.HEX。

9）程序的编译、链接

完成以上工作后就可以编译程序了。选择菜单栏中的“Project”选项，弹出如图2-33所示的下拉菜单，执行“Build Target”命令或直接单击快捷工具 对源程序文件进行编译，也可以执行“Rebuild all target files”命令或直接单击快捷工具 对所有的工程文件进行重新编译，此时会在窗口下方的“Output Windows”信息窗口输出一些相关信息，如图2-34所示。

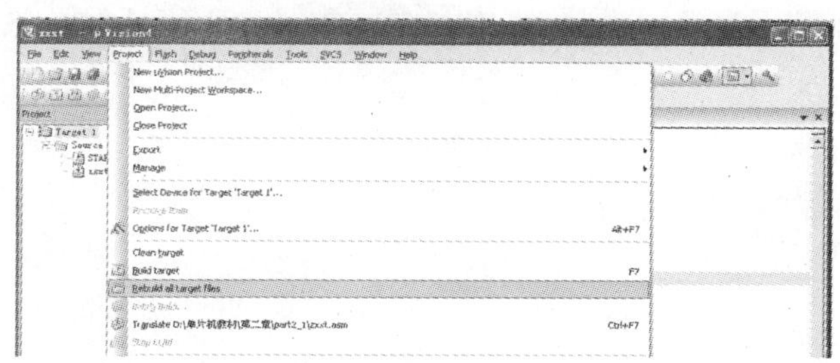

图2-33　编译命令菜单

图2-34中的“creating hex file from'zxxt'...”说明已生成目标文件zxxt.hex；最后一行说明在编译工程中不存在错误和警告，编译链接成功。若在编译过程中出现错误，系统会给出错误所在行和该错误提示信息，根据这些信息，可以更正程序中出现的错误，重新编译直至完全正确为止。打开part2_1文件夹，会看到zxxt.hex文件，此为最终要装入单片机的程序的目标代码。

```
Build Output
    MODULE:  STARTUP.obj (?C_STARTUP)
    ADDRESS: 006BH
Program Size: data=9.0 xdata=0 code=112
creating hex file from "zxxt"...
"zxxt" - 0 Error(s), 3 Warning(s).
```

图2-34　输出提示信息

4.程序设计

（1）延时子程序设计。单片机延时程序可以采用延时子程序和定时中断完成，定时中断延时不会占用CPU时间，将在后续章节介绍。延时子程序主要采用CPU运行指令占用时间而得到，通常采用循环指令编写，本例中单片机晶振为12MHz，因此机器周期为1μs，0.5s，程序如下：

```
DLYHS:MOV   R5,#5       ;置外循环次数
DLY0:  MOV   R6,#200     ;置中循环次数
DLY1:  MOV   R7,#250     ;置内循环次数
DLY2:  DJNZ  R7,DLY2     ;2机周×250×1μs=0.5ms
       DJNZ  R6,DLY1     ;0.5ms×200=0.1s
       DJNZ  R5,DLY0     ;0.1ms×5=0.5s
       RET
```

（2）根据项目要求，首先设计程序流程图（见图2-35），主程序设计首先要对CPU相关寄存器进行初始化操作，为CPU按用户要求做好准备工作，本例中由于主程序需要调用子程序，因此首先要对堆栈指针SP值进行重新设置。每个主程序都是一个无限循环。

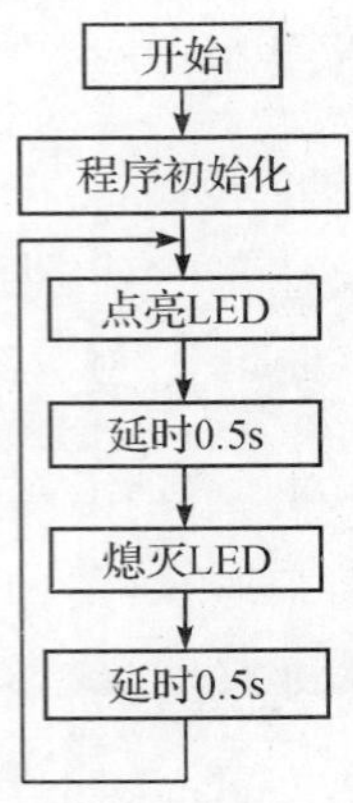


图 2-35　LED 闪烁控制流程图

(3)根据流程图设计主程序：

```
        ORG     0000H
        LJMP    MAIN
        ORG     0030H
MAIN:   MOV     SP,#60H      ;初始化堆栈指针 SP
LEDON:  CLR     P1.0         ;点亮 LED
        LCALL   DLYHS        ;延时 0.5 秒
        SETB    Pl.0         ;灭 LED
        LCALL   DLYHS        ;延时 0.5 秒
        LJMP    LEDON
  DLYHS:MOV     R5,#5
  DLY0: MOV     R6,#200
  DLY1: MOV     R7,#250
  DLY2: DJNZ    R7,DLY2
        DJNZ    R6,DLY1
        DJNZ    R5,DLY0   ;子程序写在主循环外面
        RET
    END
```

(4)程序仿真与调试。

①将程序复制到 Keil 新建工程中编译生成.HEX 目标文件，如图 2-36 所示。

②将生成的 zxxt.hex 文件装载到仿真电路中，首先双击仿真电路中 AT89C51 芯片，出现如图 2-37 所示的框图画面。单击“Program File”栏中按钮，选择目标代码路径，并选中目标代码，单击“打开”按钮，重新回到对话框，如图 2-37(a)所示，单击“OK”按钮装载成功。

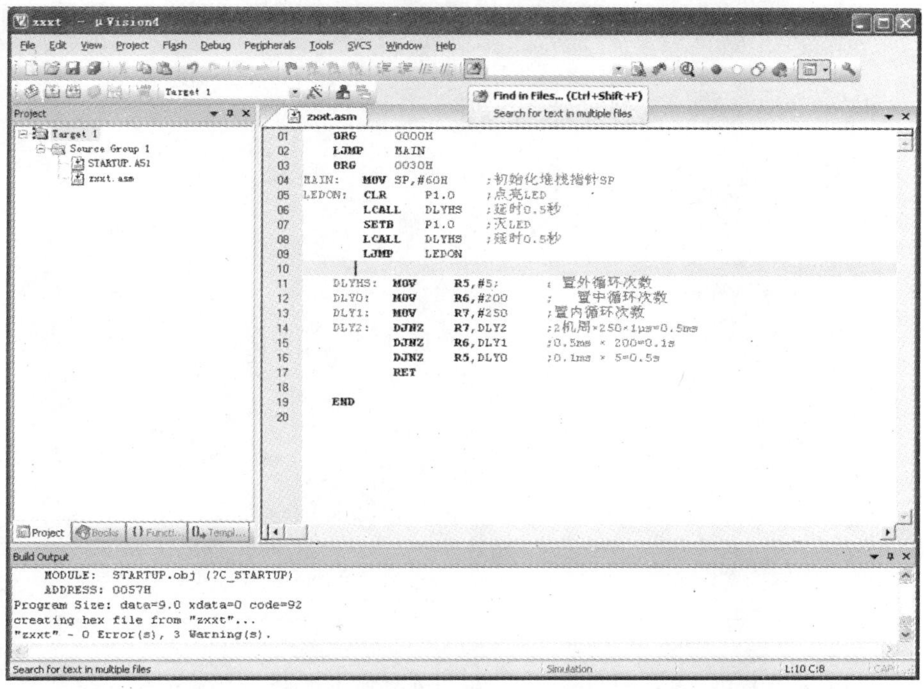


图 2-36　LED 闪烁控制程序编译

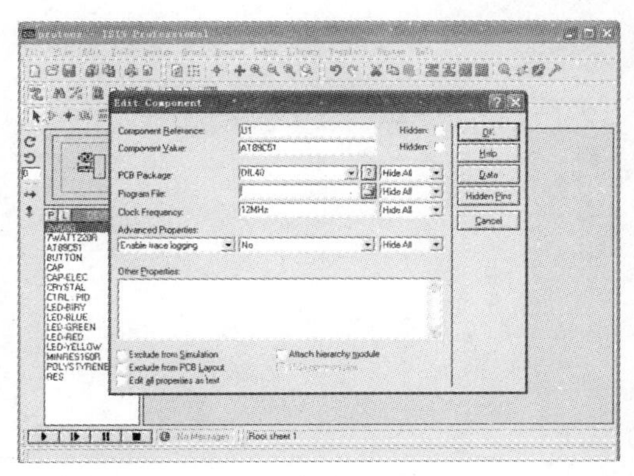


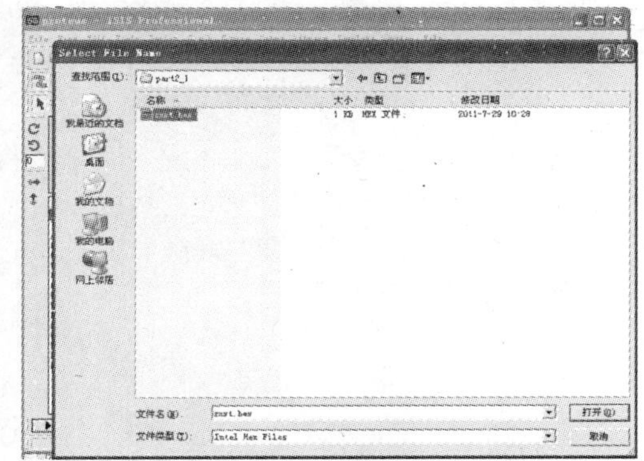


（a）　　　　　　（b）

图 2-37　装载程序目标代码

（a）打开装载目标代码对话框　　　　（b）选中目标代码

③完成以上工作后，单击 Proteus 仿真软件中的运行按钮，仿真电路开始运行，如图 2-38 所示。

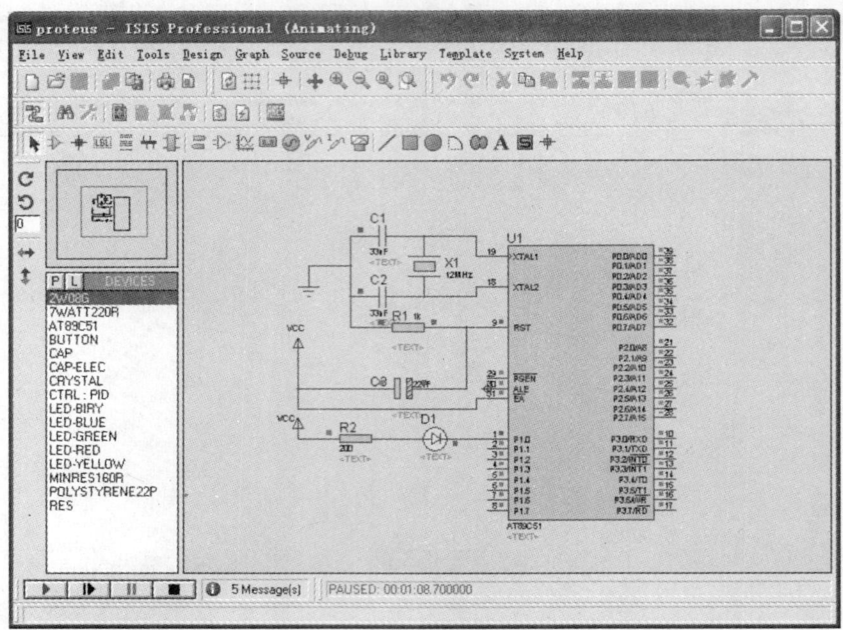


图 2-38　LED 控制电路仿真运行

思考题:如主程序中指令采用 CPLP1.0 指令对 LED 进行控制,该如何改动程序?

5. C 语言程序实现

按照上述建立工程和添加文件等操作方法,输入下列代码并编译,加载目标代码,观察运行情况。

```
/* * * * * * * * * * * * * * * * * * * * * * * * * * * * * * * * * * * * */
/* 名称:  LED 闪烁 */
#include < reg51. h >
#define   uchar unsigned char
#define   uint   unsigned int
sbit   LED = P1^0   ;
/* * * * * * * * * * * * * * * * * * 延时子程序 * * * * * * * * * * * * * * */
void DelayMS( uint x)
{
    uchar i;
    while( x - - )
    {
        for( i = 0 ; i < 120 ; i + + ) ;
    }
}
/* * * * * * * * * * * * * * * * * * * * * * * * 主程序 * * * * * * * * * * * * * */
void main( )
{
    while( 1 )
    {
        LED =  ~ LED;
```

```
        DelayMS(150);
    }
}
```

本程序头文件 reg51.h 不能省略，否则编译时将会不能识别 P1 口和 P1.0 引脚，并会提示：ZXXT.C(??):errorC202:'P1':undefined identifier

ZXXT.C(??): error C202: 'LED': undefined identifier

Keil C 认为 P1 是未定义的标识符，因为头文件 reg51.h 定义了所有特殊功能寄存器，错误提示中(??)是错误所在的行号。当然，用户可以在省略该头文件时，添加一行代码：sfr P1 = 0x90H；因为 P1 口的地址为 0x90。

本例中的延时子程序放在 main( )函数前面，如果放在 main( )函数后，则在#define 的下面应添加相应函数声明：

void DelayMS(uint x);

如果要增加延时间隔，可修改源程序中的延时值 150，由于参数类型为 uint，因此，最大可以设延时为 65535，如果延时参数类型为 uchar，则参数最大值不超过 255。

宏定义#define 命令用它后面的第一个字母组合代替该字母组合后面的所有内容，即相当于给"原内容"重新起一个"新名称"，方便后续程中直接写间断的新名称，而不必每次都写繁琐的原内容。本例中采用 uint x 代替 unsigned int、uchar i 代替 unsigned char，在一程序代码中只要宏定义一次，在整个代码中都可以直接使用其"新名称"。

sbit 用于定义可位寻址的对象，如访问特殊功能寄存器中的某位。如要访问 P1.0 引脚，程序中如用 P1_0 表示 P1.0 可按照以下方法定义：

sbit P1_0 = 0x90;

或 sfr P1 = 0x90;

sbit P1_0 = P1^0;

或 sbit P1_0 = 0x90^1.

## 2.4　自主发挥

1. 功能要求

设计单片机最小系统，实现对多个(2 个及 2 个以上)发光二极管交替闪烁效果。

2. 实践要求

(1)绘制系统框图。

(2)设计仿真原理图。

(3)绘制软件流程图。

(4)编制程序并仿真运行。

3. 实践考核

实践考核的内容如表 2-5 所示。

表 2-5　实践考核表

| 班级 | 姓名 | 学号 |
| --- | --- | --- |
| | | |

| 评价项目 | 评价内容 | 配分 | 评价标准 | 得分 |
| --- | --- | --- | --- | --- |
| 系统方案（框图） | 系统功能分析 | 15 | 能正确划分系统各功能模块(5 分) | |
| | | | 能正确绘制框图表示各功能模块连接关系(15 分) | |
| 硬件电路 | 电子电路基础知识 | 20 | 掌握单片机芯片对应引脚名称、序号、功能(5 分) | |
| | | | 按照系统功能正确绘制仿真原理图(15 分) | |
| 软件流程图 | 软件功能分析与设计 | 15 | 软件功能模块完整性(5 分) | |
| | | | 软件功能模块逻辑关系正确性(5 分) | |
| | | | 流程图绘制规范性(5 分) | |
| 程序编制、调试、运行 | 指令学习 | 5 | 能正确理解和应用指令(5 分) | |
| | 程序分析、设计 | 15 | 能正确编写功能程序(15 分) | |
| | 程序调试、运行 | 15 | 程序输入正确(5 分) | |
| | | | 程序编译仿真正确(10 分) | |
| 功能发挥 | 自主创新性 | 5 | 功能扩展(5 分) | |
| 团结协作 | 集体意识 | 10 | 各成员分工协作，积极参与(10 分) | |

# 项目3　内存数据复制程序设计

**任务目标**：通过本项目，初步学习汇编程序的编写方法，学会运用 LJMP、MOV、MOVC、INC、CJNE、DB(伪指令)等基本指令，通过实践掌握单片机内存单元分布和应用方法。

**任务要求**：应用 AT89C51 单片机芯片，设计单片机最小系统，并在此基础上编写两程序实现如下功能要求：

(1)设计程序分别将 0 ~ 31 数据写入单片机 RAM 地址 30h ~ 4fh 内，然后将 30h ~ 4fh 内数据复制到 50h ~ 6fh 内。

(2)将存放在 ROM 中以 TABLE 为标号地址起始的连续 16 个数据依次复制到 RAM 70h ~ 7fh 单元。

**任务分析**：本任务主要在单片机最小系统基础上完成程序设计，完成对内存单元的操作，掌握内存单元访问指令，以及学习简单程序设计方法和程序循环控制方法。

## 3.1　知识预习

(1)MCS-51 单片机内部数据存储区有多少内存单元？片内程序存储器有多少存储单元？各有什么功能？

(2)MOVX 指令与 MOVC 指令用法有什么区别？

(3)分别采用循环控制指令 DJNZ 和 CJNE 完成软件延时 10ms 子程序设计。

## 3.2　知识学习

### 3.2.1　MOV 数据传输类指令

数据传送类指令一般的操作是把源操作数传送到目的操作数，执行指令后，一般是源操作数不改变，目的操作数修改为源操作数。可以在累加器 A、工作寄存器 R0 ~ R7、内部数据存储器、外部数据存储器和程序存储器之间进行。

数据传送指令按数据传送的区域可分为 3 组：

一组：内部数据传送。

二组：与片外 RAM 或 I/O 接口之间的数据传送。

三组：ROM 到累加器(A)的传送。

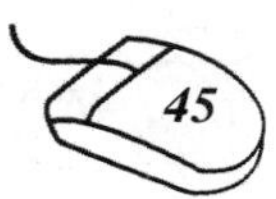

MOV 数据传输类指令—内 RAM 数据传送指令

1.以累加器 A 为目的字节的传送指令(4 条)

(1)MOV A,Rn ;Rn→A,n=0~7

(2)MOV A,@Ri ;(Ri)→A,i=0、1

(3)MOV A,direct ;(direct)→A

(4)MOV A,#data ;data→A

**【例 3-1】** 已知 R0=50H,(40H)=70H,(50H)=60H

MOV A,R0 ;将工作寄存器中的数据传送至 A 中,A=50H

MOV A,@R0;将以 R0 中的内容为地址的内存单元中的数据送至 A 中,A=60H

MOV A,40H ;将地址为 40H 的内存单元数据送至 A 中,A=70H

MOV A,#30H;将立即数 30H 送入 A 中,A=30H

2.以寄存器间址为目的字节的传送指令(3 条)

(1)MOV @Ri,A ;A→(Ri),i=0、1

(2)MOV @Ri,direct ;(direct)→(Ri),i=0、1

(3)MOV @Ri,#data ;data→(Ri),i=0、1

**【例 3-2】** 若 A=70H,R1=40H,(40H)=60H,(30H)=50H,写出下列指令执行结果。

MOV @R1,A ;将 A 中的数据送入以 R1 中数据位地址的内存单元中,(40H)=70H

MOV @R1,40H;将地址为 40H 的内存单元中数据送入以 R1 中数据位地址的内存单元中,(40H)=60H

MOV @R1,#40H;将立即数 40H 送入以 R1 中数据位地址的内存单元中,
;(40H)=40H

**【例 3-3】** 设内 RAM(30H)=60H,分析以下程序连续运行结果。

MOV 60H,#30H ;30H→(60H),(60H)=30H

MOV R0,#60H ;60H→R0,R0=60H

MOV A,@R0 ;(R0)→A,A=(R0)=(60H)=30H

MOV R1,A ;A→R1,R1=30H

MOV 40H,@R1 ;(R1)→(40H),(40H)=(R1)=(30H)=60H

MOV 60H,30H ;(30H)→(60H),(60H)=(30H)=60H

运行结果是:A=30H,R0=60H,R1=30H,(30H)=60H,(40H)=60H,(60H)=60H

3.以直接地址为目的字节的传送指令(5 条)

(1)MOV direct,A ;A→(direct)

(2)MOV direct,Rn ;Rn→(direct),n=0~7

(3)MOV direct,@Ri ;(Ri)→(direct),i=0、1

(4)MOV direct1,direct2 ;(direct2)→(direct1)

(5)MOV direct,#data ;data→(direct)

**【例 3-4】** 若 A=70H,R1=30H,(30H)=60H,(4EH)=7FH,将执行下列指令后的结果写在注释区。

MOV 4FH,A ;将 A 中数据送入地址为 4FH 内存单元,(4FH)=70H

MOV 4FH,R1 ;将工作寄存器 R1 中数据送入 4FH,(4FH)=30H

MOV 4FH,@R1 ;将以 R1 中的内容为地址的存储单元中的数送入 4FH,(4FH)=60H

MOV 4FH,4EH ;将内 RAM 中 4EH 单元中数据送入 4FH 单元中

MOV 4FH,#4EH;将立即数 4EH 送入 4FH,(4FH)=4EH

请注意区别第 2 与第 3 条指令、第 4 与第 5 条指令。

4. 16 位数据传送指令

MOV　DPTR,#data16　;data16→DPTR

【例 3-5】　MOV　DPTR,#1234H　;DPTR = 1234H

该指令也可以用两条 8 位数据传送指令实现:

```
MOV     DPH,#12H        ;DPH = 12H
MOV     DPL,#34H        ;DPL = 34H,DPTR = 1234H
```

5. 外 RAM 传送指令(4 条)

```
(1)MOVX     A,@Ri       ;(Ri)→A,i=0、1
(2)MOVX     A,@DPTR     ;(DPTR)→A
(3)MOVX     @Ri,A       ;A→(Ri),i=0、1
(4)MOVX     @DATR,A     ;A→(DATR)
```

说明:

①MOVX 指令用于 80C51 与片外 RAM 之间数据传输;MOV 指令用于 80C51 片内 RAM 之间数据传送。

②对 80C51 片外 RAM 的访问必须采用间接寻址方式。寄存器间接寻址就是寄存器中存放的数据是操作数的地址,操作数是通过寄存器间接得到,间接寻址用间接址符“@”作为前缀。80C51 指令系统中,可以作为间接寻址的寄存器有 R0、R1、DPTR、SP(堆栈操作时,不用间接寻址符“@”)。间接寻址寄存器有两类:一类是 8 位间址寄存器 R0、R1,寻址范围为片外 RAM 最低 256B 地址空间(00H ~ FFH);另一类是 16 位间址寄存器 DPTR,寻址范围为片外 RAM64KB 地址空间(0000H ~ FFFFH)。

③对外部数据存储器的访问必须通过累加器 A。

④前两条指令为读外 RAM 指令,后两条指令为写外 RAM 指令。外 RAM 的低 8 位地址由 P0 口送出,高 8 位地址由 P2 口送出,8 位数据也是通过 P0 口传送。P0 口分时传送低 8 位地址和 8 位数据。在执行读外 RAM 的 MOVX 指令时,$\overline{RD}$信号会自动有效;在执行写外 RAM 的 MOVX 指令时,$\overline{WR}$信号自动有效。

⑤由于 80C51 指令系统中没有专门的片外扩展 I/O 接口电路输入/输出指令,且片外扩展 I/O 接口电路与片外 RAM 是统一编制,故上面四条指令也可以作为片外扩展 I/O 接口电路的数据输入/输出指令。

6. 读 ROM 指令(2 条)

8051 单片机的程序指令按 PC 值依次自动读取并执行,一般不需要人为去读。但程序中有时涉及一些数据(或称为表格),放在 ROM 中,需要去读。51 单片机指令系统提供了两条读 ROM 指令,也称为查表指令。

```
(1)MOVC     A,@A+DPTR       ;(A+DPTR)→A
(2)MOVC     A,@A+PC         ;PC+1→PC,(A+PC)→A
```

读 ROM 指令属变址寻址,都是一字节指令。前一条指令用 DPTR 作为基址寄存器,因此其寻址范围为整个程序存储器 64KB 空间,表格可以放在程序存储器的任何位置。后一条指令用 PC 作为基址寄存器,虽然也能寻址 16 位地址,但其基址取决于当前 PC 内容(该指令地址加 1)。所以用 PC 为基址寄存器时,其寻址范围只能是该指令后 256B 的地址范围。

【例 3-6】　已知 ROM 中存有 0 ~ 9 的平方表,首址为 2000H,试根据累加器 A 中的数值查找对应的平方值,存入 RAM 30H。(设 A = 4)

```
MOV         DPTR,#2000H
MOVC        A,@A+DPTR
```

```
MOV       30H,A
…
2000H:00H ;平方表:0^2 =0
2001H:01H ;1^2 =1
2002H:04H ;2^2 =4
2003H:09H ;3^2 =9
2004H:10H ;4^2 =16
…
2009H:51H ;9^2 =81
```

若用 PC 作为基址寄存器,可编程如下:

```
1FEEH:ADD     A,#0FH
1FF0H:MOVC    A,@A+PC
1FF1H:MOV     30H,A
…
2000H:00H
...
2009H:51H
```

说明:

①用 PC 作为基址寻址寄存器时,查表范围只能是查表指令后 256B 地址空间。

②用 PC 作为基址寻址寄存器时,应在 MOVC 指令之前先用一条加法指令 ADD A,#data 进行地址修正。data = 平方表首地址 -(执行 MOVC A,@A+PC 后的当前 PC 值)2000H - 1FF1H = 0FH。

③因此,用 PC 作为基址寄存器时,一是查表范围有限;二是计算麻烦,易出错,一般不建议用 PC 作为基址寄存器。只有在 DPTR 很忙不能用而不得已时采用 PC 作为基址寄存器。

7. 加 1 指令(5 条)

```
(1)INC      A         ;A+1→A
(2)INC      Rn        ;Rn+1→Rn,n=0~7
(3)INC      @Ri       ;(Ri)+1→(Ri),i=0、1
(4)INC      direct    ;(direct)+1→(direct)
(5)INC      DPTR      ;DPTR+1→DPTR
```

功能是将指定的单元内容加 1 后再送回该单元,加 1 指令不影响进位位 CY。

**【例 3-7】** A = FFH,R3 = 0FH,(30H) = 0F0H,R1 = 40H,(40H) = 02H,执行下列指令后结果写在注释区

```
INC    A      ;A=00H
INC    R3     ;R3=10H
INC    30H    ;(30H)=0F1H
INC    @R1    ;(40H)=03H,R1=40H
```

8. 减 1 指令(4 条)

```
(1)DEC     A          ;A-1→A
(2)DEC     Rn         ;Rn-1→Rn,n=0~7
(3)DEC     @Ri        ;(Ri)-1→(Ri),i=0、1
(4)DEC     direct     ;(direct)-1→(direct)
```

功能是将指定的单元内容减 1 后再送回该单元,减 1 指令不影响借位位 CY。

**【例 3-8】** A = FFH, R3 = 0FH, (30H) = 0F0H, R1 = 40H, (40H) = 02H, 执行下列指令后结果写在注释区。

```
DEC    A     ;A = FEH
DEC    R3    ;R3 = 0EH
DEC    30H   ;(30H) = 0EFH
DEC    @R1   ;(40H) = 01H, R1 = 40H
```

9. 清零和取反指令

(1) CLR　A　;0→A

(2) CPL　A　;A→A

第一条指令将 A 的内容清零，第二条指令将 A 的内容取反。

**【例 3-9】** 若 A = 10100011B，求分别执行下列指令后 A 的值。

```
CLR   A   ;A = 0
CPL   A   ;A = 01011100B
```

10. CJNE 比较转移指令(4 条)

功能是把两个操作数进行比较，若两者不相等则转移，否则顺序执行。这 4 条指令都是三字节指令，是 51 单片机指令系统中仅有的 4 条 3 个操作数指令。

```
(1)CJNE A,direct,rel ;PC + 3→PC,
                     ;若 A = (direct),则程序顺序执行
                     ;若 A≠(direct),则 PC + rel→PC,转移
                     ;且若 A≥(direct),Cy = 0;若 A < (direct),Cy = 1
(2)CJNE A,#data,rel  ;PC + 3→PC,
                     ;若 A = data,则程序顺序执行
                     ;若 A≠data,则 PC + rel→PC,转移
                     ;且若 A≥data,Cy = 0;若 A < data,Cy = 1
(3)CJNE Rn,#data,rel ;PC + 3→PC,
                     ;若 Rn = data,则程序顺序执行
                     ;若 Rn≠data,则 PC + rel→PC,转移
                     ;且若 Rn≥data,Cy = 0;若 Rn < data,Cy = 1
(4)CJNE @Ri,#data,rel ;PC + 3→PC,
                      ;若(Ri) = data,则程序顺序执行
                      ;若(Ri)≠data,则 PC + rel→PC,转移
                      ;且若(Ri)≥data,Cy = 0;若(Ri) < data,Cy = 1
```

这 4 条指令执行操作：

若目标操作数 = 源操作数，则(CY) = 0，PC + 3→PC；

若目标操作数 > 源操作数，则(CY) = 0，PC + 3 + rel→PC；

若目标操作数 < 源操作数，则(CY) = 1，PC + 3 + rel→PC。

因此该 4 条指令影响 CY 标志位。所以利用本组指令可以判断两数大小。

**【例 3-10】** 编写程序，将内 RAM 30H ~ 3FH 共 16 个单元清零。

解：编程 1 如下：

```
CLR16:  MOV R0,#30H        ;置清零区首址
        CLR  A
CL16:   MOV @R0,A          ;清零
```

```
        INC R0                    ;修改间址
        CJNE R0,#40H,CL16         ;判断循环
        SJMP MYM                  ;原地等待
```

编程 2 如下：

```
CLR16:MOV     R0,#30H             ;置清零区首址
      MOV     R2,#16              ;置数据长度
      CLR     A
CL16: MOV     @R0,A               ;清零
      INC     R0                  ;修改间址
DJNZ  R2,CL16 ;判零循环
SJMP          MYM                 ;原地等待
```

11. 无条件转移指令(3 条)

(1)长转移指令：

LJMP　　addr16　;addr15～0→PC,

本指令为 3 字节指令，将 16 位地址送给 PC，从而实现程序的转移。因为操作码提供 16 位地址，所以可在 64KB 程序存储器范围内跳转。

(2)绝对转移指令：

AJMP　　addr11　;PC＋2→PC,addr10～0→PC10～0,　PC15～11 不变

该指令为双字节指令，功能是先将 PC 的内容加 2，使 PC 指向该绝对转移指令的下一条指令，然后把 addr11 送入 PC 的低 11 位，PC 的高 5 位保持不变，形成新的 PC 值，实现程序的转移。addr11 是地址，最小为 000H，最大为 7FFH，因此绝对转移指令所能转移的最大范围为 2KB。

(3)短转移指令：

SJMP　　rel　　;PC＋2→PC,PC＋rel→PC

该指令双字节指令，功能是首先将 PC 的值加 2，再与 rel 相加后形成转移目的地址，其中 rel 是 8 位补码表示的相对偏移量。该指令的转移范围以本指令所在地址加 2 为基准，向后(低地址)转移 128B，向前(高地址)转移 127B，故转移范围为 256B，称为短转移。

(4)变址寻址转移指令(三转指令)：

JMP　@A＋DPTR　;A＋DPTR→PC

该指令为单字节指令，转移的目的地址是由累加器 A 的内容和数据指针 DPTR 内容之和形成。常用于跳转实现的多分枝转移。

**【例 3-11】** 根据 A 的数值设计跳转表程序。

```
        MOV   A,#data
        MOV   DPTR,#JTABLE
        JMP   @A+DPTR
JTABLE:AJMP         PROG0
        AJMP        PROG1
        AJMP        PROG2
…
```

当 A＝0 时，程序转移到 PROG0，当 A＝2 时，程序转移到 PROG1，……由于 AJMP 指令是双字节指令，所以 A 中内容必须是偶数。程序中以 JTABLE 符号地址开始一段转移指令构成跳转表。表中 PROG0～PROG2 分别为各处理程序的入口地址。

12. DB 定义字节命令(伪指令)

命令格式：标号：DB 8 位数表

功能是从指定的地址单元(符号地址)开始,定义若干个8位内存单元数据,数据与数据之间用“,”隔开。

例如:

```
ORG     4000H
TBL:    DB  0C0H,0F9H,0FFH,0ABH
        DB  09H,0BH,“A”,“2”
```

以上经汇编后,将对4000H开始的若干ROM内存单元赋值。

(4000H) = 0C0H,(4001H) = 0F9H,(4002H) = 0FFH,(4003H) = 0ABH,(4004H) = 09H,(4005H) = 0BH,(4006H) = 41H(A的ASCII码),(4007H) = 32H(2的ASCII码)。

## 3.2.2 任务实施

1. 硬件设计

根据任务要求,本项目实际上主要完成内存间数据传输(RAM内部数据传输、ROM与RAM之间数据传输),主要编写程序实现,硬件只要实现最小系统即可。单片机最小系统电路如图3-1所示。

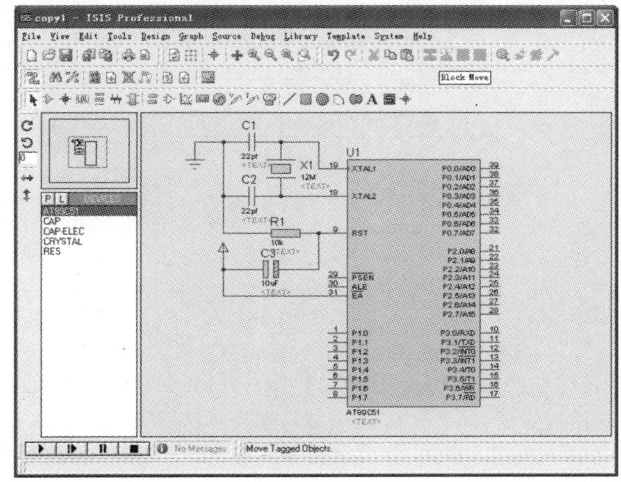


图3-1 单片机最小系统电路

2. 程序设计

(1)设计程序分别将0~31数据写入单片机RAM地址30h~4fh内,然后将30h~4fh内数据复制到50h~6fh内。

①程序设计分析。根据任务要求,由于数据都是连续的自然数,因此只要在程序中设计两个循环体即可完成,循环体一将0~31数据写入内存单元,然后设计循环体二完成数据的传输,两个循环体均可采用DJNZ和CJNE两个循环控制指令实现。两者不同之处在于:DJNZ指令需要在循环初始化时对循环次数进行设置,并根据循环的次数的控制进行判断是否继续循环;CJNE指令则用于判断两个数据的大小,用于循环控制时,一般只需比较循环结果是否达到要求而决定是否继续循环。

为达到两条指令的学习和比较,本程序设计两循环分别应用DJNZ和CJNE指令。程序流程如图3-2所示,首先对循环体1初始化,循环体1主要完成对内存单元30h~4fh写入0~31数据,其初始化主要包括对循环次数,数据写入内存单元的首地址的设置,以及写入内存单元第一个数据的设置并进行分配存储器和初始化数据。循环体内程序处理则是内存单元写入数据后,分别对内存单元的地址和要写入的数据进行调整,为下次循环数据写入做好准备,循环控制则用DJNZ对循环次数进行调整并判断是否循环完成。

循环体2初始化包括对内存单元读出数据区和内存单元写入数据区首地址分配存储器和各首地

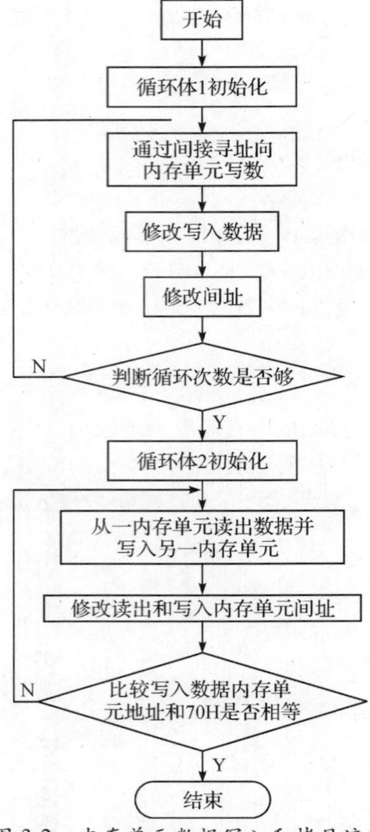


图 3-2　内存单元数据写入和拷贝流程

址初始化；循环体内程序处理主要完成数据的读出和写入，并对内存单元的间址进行修改，为下次循环中数据的正确读出和写入做好准备；循环体控制则是每循环一次将读数据区内存单元当前地址和 50H 数据比较或写数据区内存单元的当前地址和 70H 数据比较，如果相等，则表示数据拷贝完成，结束循环，否则继续执行循环体。

②源程序设计：

```
        ORG     0000H
        LJMP    MAIN
        ORG     0030H
MAIN：  MOV     R0，#30H；初始化化内存单元首地址
        MOV     R7，#32；初始化循环次数
        MOV     A，#0；初始化写入首个数据
WRITE： MOV     @ R0，A；数据写入内存单元
        INC     A；调整写入数据
        INC     R0；调整间址
        DJNZ    R7，WRITE；循环控制
        MOV     R0，#30H；初始化读出数据区首地址
        MOV     R1，#50H；初始化写入数据区首地址
COPY：  MOV     A，@ R0；读数据
        MOV     @ R1，A；写数据
```

```
INC      R0;调整数据读出区地址
INC      R1;调整数据写入区地址
CJNE R1,#70H,COPY;循环控制
SJMP MYM       ;原地执行
END
```

③程序调试。采用 Keil 软件，按照建立工程，添加文件，编写源代码并编译等相关操作步骤，生成 .HEX文件，并加载到 Proteus 仿真软件最小系统电路中，此时已具备仿真运行条件，为了采用单步运行调试方便，还需把. ASM 文件加入到 Proteus 仿真系统中，首先点击 Proteus 仿真软件菜单栏中 Source 选项，出现下拉菜单(见图 3-3)，然后点击菜单中“Add/Remove Source file”选项，出现如图 3-4 所示对话框，此时单击“New”按钮，出现选择源文件对话框，选择对应的路径选中源文件后点“打开”按钮完成文件添加，回到“Add/Remove Source file”对话框，单击“OK”按钮完成文件的添加。最后需要对添加文件进行编译，步骤是选择 Proteus 菜单栏的“Sourc”选项，出现下拉式菜单，单击“Build All”按钮，出现如图 3-5 所示的对话框，提示相应编译信息，完成编译，如果程序中有错误，将会有对应错误提示，至此调试准备工作已经完成。

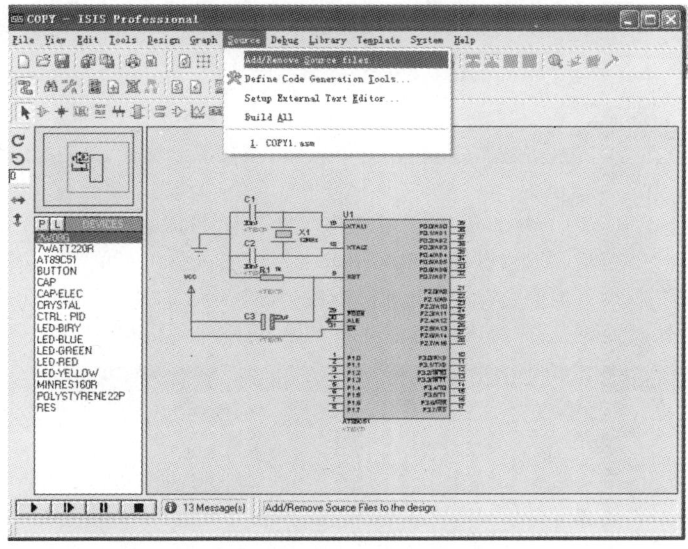


图 3-3　添加原文件步骤 1

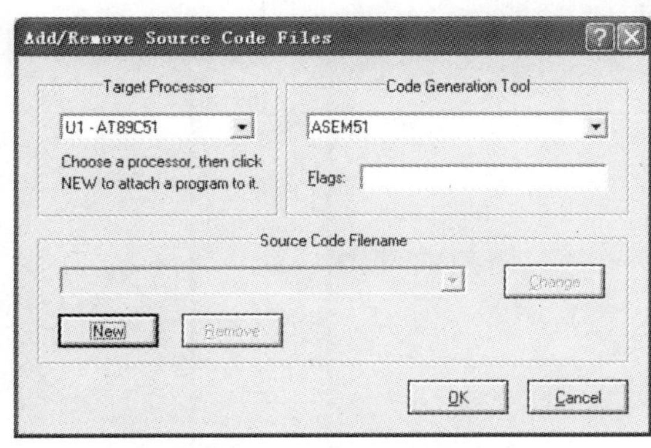


图 3-4　添加原文件步骤 2

图 3-5　添加源文件步骤 3

程序单步调试时，首先单击 Proteus 软件单步调试按钮 ▶，程序进入调试运行状态，选择 Proteus 菜单栏的“Debug”选项，出现下拉式菜单（见图 3-6），分别选择下拉菜单中的“8051 CPU Registers-U1”、“8051 CPU Internal（IDATA）Memory-U1”、和“8051 CPU Source Code-U1”选项，出现如图 3-7 所示的对话框，在程序调试运行时，各相关信息对话框中可观察到相关寄存器和内存单元中数据的变化和程序单步运行信息。“8051 CPU Source Code-U1”对话框上方三个按钮分别为全速运行、单步运行（跳过子程序）、单步运行（进入子程序），程序调试过程可根据调试情况选择单击相应按钮。

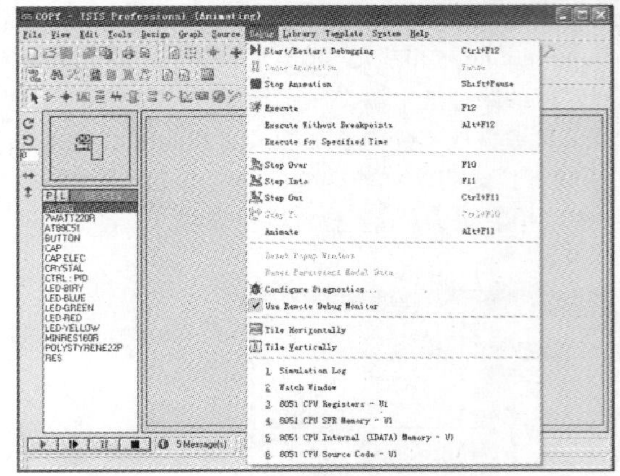


图 3-6 Debug 菜单栏

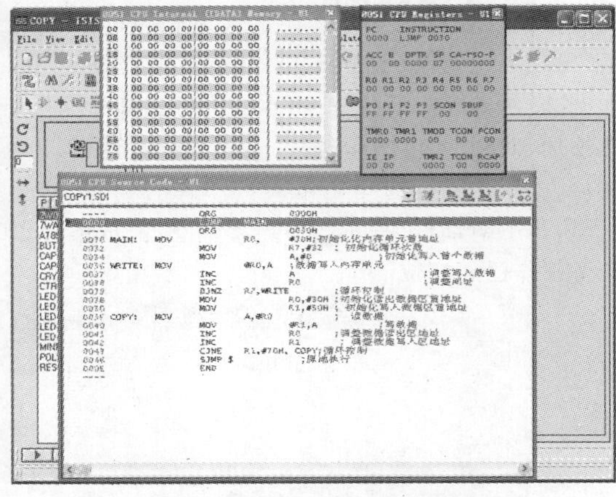


图 3-7 调试相关信息窗口

“8051 CPU Internal（IDATA）Memory-U1”对话框为程序运行时单片机内部 RAM 256B（00H ~ FFH）内存单元的数据区（包括 SFR），各内存单元初始值为 0，每一行内存单元左边的编号为本行 16 个内存单元首地址，因此，根据首地址可以计算出每一行各个内存单元的具体地址。本程序调试时在程序第一循环体后面指令处设置断点，并将程序运行至断点处，可观察到内存区变化（见图3-8），可观察到

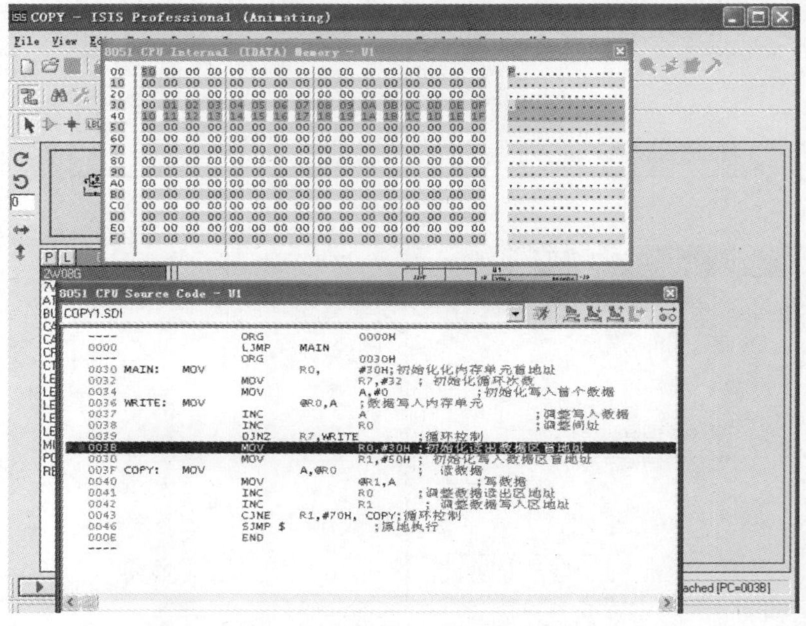


图 3-8 程序调试内存单元数据变化图

内存单元 30H～4FH 中数据为 0～31(1FH)连续 32 个数据成功写入对应内存单元。继续运行程序到最后(见图 3-9),30H～4FH 内存单元中数据分别依次成功复制到 50H～6FH 中。

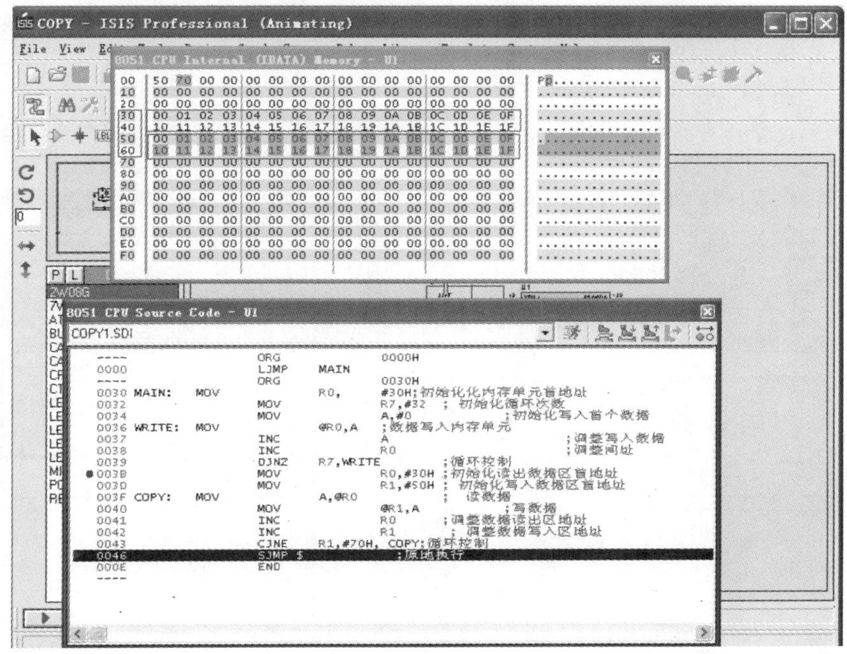


图 3-9　程序调试结果显示

(2)将存放在 ROM 中以 TABLE 为标号地址起始的连续 16 个数据依次复制到 RAM 70H～7FH 单元。

①程序设计分析。本程序设计同样按照程序初始化、循环体设计、数据表格设计组成,其中程序初始化包括表格首地址初始化、写入 RAM 首地址初始化、循环计数初始化等,其中数据表格中可存放任意数据,本任务存放为连续的16～1 的 16 个数据,程序设计时注意 ROM 中,程序区和数据区得隔离,数据区只能通过程序读取,程序不能将数据区数据作为指令执行,否则程序将不能正常运行。具体流程如图 3-10 所示。

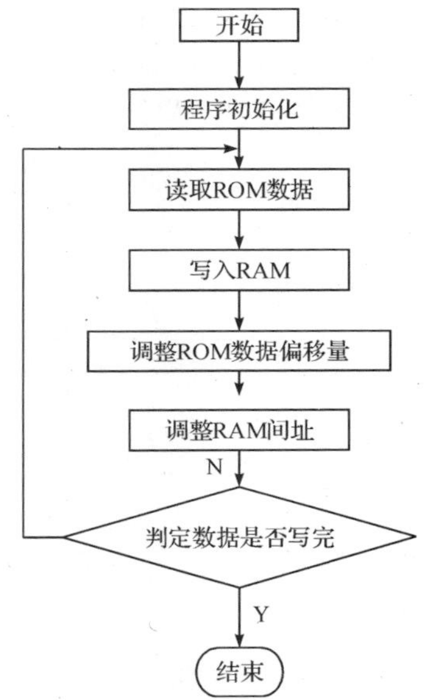


图 3-10　读 ROM 写 RAM 程序流程

②源程序设计:

```
            ORG         0000H
            LJMP   MAIN
            ORG         0030H
MAIN:MOV    DPTR,#TABLE     ;初始化读数据表格首地址
     MOV    R7,#16          ;初始化循环计数器
     MOV    R0,#0           ;初始化 ROM 数据偏移量
     MOV    R1,#70H         ;初始化 RAM 首地址
COPY:MOV    A,R0            ;读取偏移量
     MOVC A,@ A + DPTR      ;根据偏移量和基址读取 ROM 数据
     MOV    @ R1,A          ;数据存放对应 RAM 单元
     INC    R1              ;调整 RAM 间址
```

```
        INC     R0              ;调整 ROM 数据偏移量
        DJNZ    R7,COPY         ;循环控制
        SJMP    MYM
TABLE:DB 16,15,14,13,12,11,10,9,8,7,6,5,4,3,2,1;ROM 数据表格
                END
```

③程序调试。经过 Keil 软件编译后加载到最小系统电路中仿真运行,运行前与运行后 RAM 单元数据如图 3-11 所示,程序已成功完成复制。

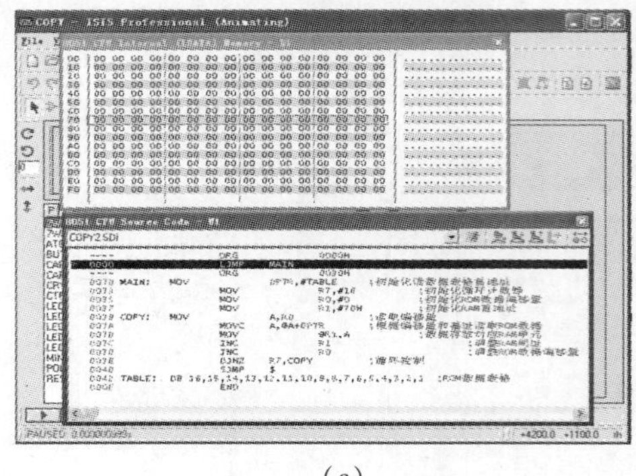

(a)

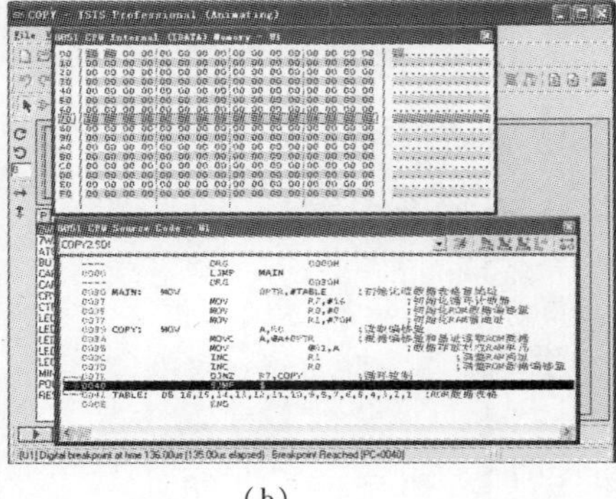

(b)

图 3-11　程序调试运行图

(a)程序调试运行前　　(b)程序调试运行后

④C 语言程序实现:

```
#include <reg51.h>
#define  uchar unsigned char
#define  uint  unsigned int
   sbit  LED = P1^0  ;
/* * * * * * * * * * * * * * * * * * * * * *主程序* * * * * * * * * * * * * * */
void main()
{
uchar idata  i,x=0;//定义字符型变量
uchar idata *P,*Q; //定义指针类型变量
P=0x30;  //指针指向内存单元 0x30 地址
Q=0x50;  //指针指向内存单元 0x50 地址
for(i=0;i<0x20;i++)
{
   *P++=x++;     //向指针指向的内存单元写数据,写完后指针指向的地址加 1,写内加 1
 }
P=0x30;
Q=0x50;
for(i=0;i<32;i++)
{
   *(Q++)=*(P++); //将 P 指向的内存单元数据复制到 Q 指向的内存单元中
}
while(1) {};
}
```

## 3.3　实践发挥

1. 功能要求

设计单片机最小系统，编程实现将数据存储区除通用寄存器区外的所有内存单元分别写入 5AH 数据。

2. 实践要求

(1)绘制系统框图。

(2)设计仿真原理图。

(3)绘制软件流程图;

(4)编制程序并仿真运行。

3. 实践考核

实践考核内容如表 3-1 所示。

**表 3-1　实践考核表**

| 班级 | 姓名 | 学号 |
|---|---|---|
| | | |

| 评价项目 | 评价内容 | 配分 | 评价标准 | 得分 |
|---|---|---|---|---|
| 系统方案（框图） | 系统功能分析 | 15 | 能正确划分系统各功能模块(5 分) | |
| | | | 能正确绘制框图表示各功能模块连接关系(15 分) | |
| 硬件电路 | 电子电路基础知识 | 20 | 掌握单片机芯片对应引脚名称、序号、功能(5 分) | |
| | | | 按照系统功能正确绘制仿真原理图(15 分) | |
| 软件流程图 | 软件功能分析与设计 | 15 | 软件功能模块完整性(5 分) | |
| | | | 软件功能模块逻辑关系正确性(5 分) | |
| | | | 流程图绘制规范性(5 分) | |
| 程序编制、调试、运行 | 指令学习 | 5 | 能正确理解和应用指令(5 分) | |
| | 程序分析、设计 | 15 | 能正确编写功能程序(15 分) | |
| | 程序调试、运行 | 15 | 程序输入正确(5 分) | |
| | | | 程序编译仿真正确(10 分) | |
| 功能发挥 | 自主创新性 | 5 | 功能扩展(5 分) | |
| 团结协作 | 集体意识 | 10 | 各成员分工协作,积极参与(10 分) | |

# 项目 4　简易交通灯设计

**项目目标**:学习 51 单片机各 I/O 口工作原理,学会单片机 I/O 口输出控制和简单程序设计方法。

**项目任务**:采用单片机、发光二极管、数码管设计模拟交通灯软硬件设计。

**项目分析**:本项目主要学习单片机 I/O 口输出控制方法,因此采用发光二极管、数码管作为控制对象,学习数码光工作原理。

## 4.1　知识预习

(1)单片机 4 个并行口功能各有什么异同?

(2)什么是共阴数码管和共阳数码管?两者有何区别?

## 4.2　知识学习

### 4.2.1　单片机 I/O 口工作原理

1. P0 口工作原理

P0 口既能用作通用 I/O 口,又能用作地址/数据总线,图 4-1 为 P0 口其中一位结构图。

1)用作通用 I/O 口

用作通用 I/O 口时,CUP 令"控制"端信号为低电平,其作用有两个:一是使多路开关 MUX 接通 B 端,即锁存器输出端$\overline{Q}$;二是令与门输出低电平,T2 截止,致使输出极为开漏输出电路。

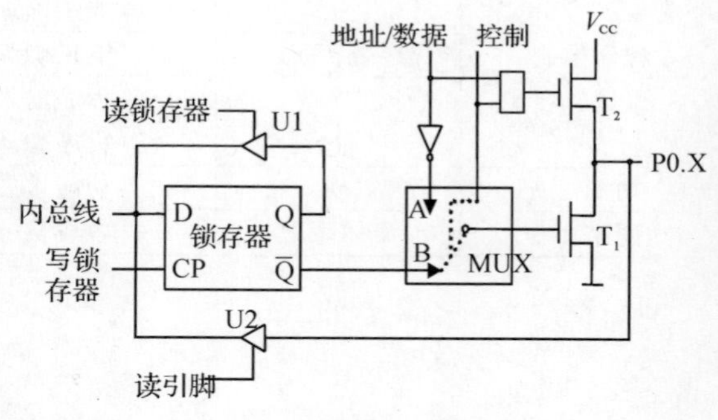


图 4-1　P0 口一位结构图

(1)作为输出口时,因为输出极处于开漏状态,必须外接上拉电阻。当"写存储器"信号加在锁存器的时钟端 CP 上,此时 D 触发器将"内部总线"上的信号反向输出到$\overline{Q}$端,若 D 端信号为 0,$\overline{Q}=1$,T1 导通,P0. X 引脚输出 0(低电平);若 D 端信号为 1,$\overline{Q}=0$,T1 截止,因 P0. X 引脚已解上拉电阻,P0. X 引脚输出 1(高电平)。

(2)作为输入口时,P0 口必须保证 T1 截止。因为 T1 若导通,则从 P0 口引脚上输入的信号被 T1 短路。为使 T1 截止,必须先向该端口存储器写入"1"(高电平),使$\overline{Q}=0$,T1 截止。

输入信号从 P0. X 引脚输入后,先进入输入缓冲器 U2。CPU 执行端口输入指令后,"读引脚"信号使输入缓冲器 U2 开通,输入信号进入内部数据总线。

(3)"读 - 修改 - 写"。51 单片机对端口操作除了输入输出外,还能对端口进行"读 - 修改 - 写"操作。例如,执行 ANL P0,A 指令是将 P0 口(锁存器)的状态信号(读)与累加器 A 内容相"与"(修改)

后，再重新从 P0 口输出(写)。其中“读”不是读 P0 口引脚上的输入信号，而是读 P0 口端口原来的输出信号，即读锁存器 Q 端信号，所用的缓冲器是 U1，防止读错 P0. X 引脚上的电平信号。“读锁存器”信号使 U1 开通，锁存器 Q 端的信号进入内部数据总线。

2)用作地址总线

P0 口除一般输入输出作用外，还能用作地址总线低 8 位和数据总线，供系统并行扩展时使用。

(1)地址/数据总线输出。总线输出时，“控制”短信号为高电平，其作用有：一是使多路开关 MUX 接通 A 端，与锁存器断开；二是令与门开通，输出取决于“地址/数据”端，从“地址/数据”端输入的地址或数据信号同时作用于与门反相器，并分别驱动 T1、T2，结果在引脚上得到地址或数据输出信号。例如，若“地址/数据”端信号为“1”，则与门输出“1”，T2 导通；反相器输出“0”，T1 截止，引脚输出“1”。若“地址/数据”端信号为“0”，则与门输出“0”，V1 截止；反相器输出“1”，T1 导通，引脚输出“0”。

(2)数据总线输入。此时 P0 口作为一般输入口时情况相同。CPU 使 T1、T2 均截止，从引脚上输入的外部数据经缓冲器 U2 进入内部总线。

51 单片机，在不并行扩展外存储器时，能作为通用 I/O 口使用。在并行扩展外存储器时，只能用作地址/数据总线。P0 口负载能力驱动 8 个 LSTTL(1 个 LSTTL 电路驱动电流，低电平时为 0.36mA，高电平时为 20μA)。

2. P2 口工作原理

图 4-2 为 P2 口一位结构图。P2 口能用作 I/O 口或地址总线高 8 位。

(1)作为通用 I/O 口。当“控制”端信号为低电平时，多路开关 MUX 接到 B 端，P2 口作为通用 I/O 口使用，其功能和使用方法与 P0 口相同。用作输入时，也必须先写入“1”。

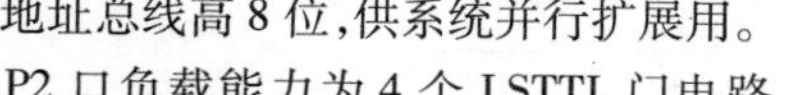

(2)作为地址总线。当“控制”短信号为高电平时，多路开关 MUX 接到 A 端，“地址”信号经反相器和 T 管二次反相后从引脚输出。这时 P2 口输出地址总线高 8 位，供系统并行扩展用。

图 4-2　P2 口一位结构图

P2 口负载能力为 4 个 LSTTL 门电路。

3. P1 口工作原理

图 4-3 是 P1 口中某一位的位结构电路图。P1 口为 8 位准双向口，每一位均可独立定义为输入或输出口，当作为输出口时，1 写入锁存器，T2 截止，内部上拉电阻将电位拉至“1”，此时该口输出为 1；当 0 写入锁存器，T2 导通，输出则为 0。作为输入口时，锁存器置 1，T2 截止，此时该位既可以把外部电路拉成低电平，也可由内部上拉电阻拉成高电平，所以 P1 口称为准双向口。P1 口负载能力为 4 个 LSTTL 门电路。

4. P3 口工作原理

图 4-4 为 P3 口一位结构图。P3 口可用作通用 I/O 口，同时每一引脚还有第二功能。

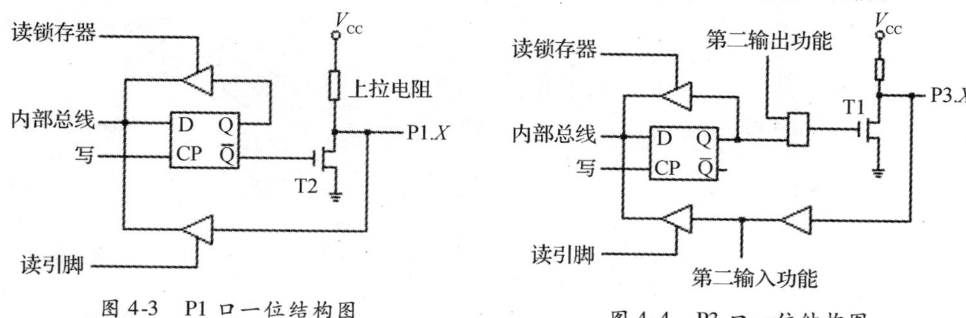


图 4-3　P1 口一位结构图　　图 4-4　P3 口一位结构图

1)用作通用 I/O 口。此时"第二功能输出"端为高电平,与非门输出取决于锁存器 Q 端信号。用作输出时,引脚输出信号与内部总线信号相同。其功能与使用方法与 P1、P2 口相同。用作输入时,也须先写入"1"。

2)用作第二功能。当 P3 口的某一位作为第二功能输出使用时,CPU 将该位的锁存器置"1",使与非门和输出状态只受"第二功能输出"端控制,"第二功能输出"信号经与非门和 T1 管二次反相后输出到该位引脚上。当 P3 口某一位作为第二功能输入使用时,该位的"第二功能输出"端和锁存器自行置"1",T1 管截止,该位引脚上信号经缓冲器送入"第二功能输入"端。P3 口负载能力为 4 个 LSTTL 门电路。

综上所述,P0 ~ P3 都能用作 I/O 口。用作输入时,均须写入"1";用作输出时,P0 口应外接上拉电阻。在并行扩展外存储器或 I/O 情况下,P0 口用于低 8 位地址总线和数据总线(分时传送),P2 口用于高 8 位地址总线,P3 口常用于第二功能。

### 4.2.2 LED 数码管工作原理

LED(Light Emiting Diode)是发光二极管的缩写。LED 数码管里面有 8 只发光二极管,分别记作 a、b、c、d、e、f、g、dp,其中 dp 为小数点,每一只发光二极管由一根电极引到外部引脚上,而另一只引脚就连接在一起,并引到外部引脚上,记作公共端(COM)[见图 4-5(a)],其引脚排列因不同制造厂商而有所不同。常用的 LED 数码管有两种,分为共阴极和共阳极。当数码管里面发光二极管的阴极接在一起作为公共端(COM)时,在正常使用时此引脚接电源负极,此数码管为共阴极数码管[见图 4-5(b)],当发光二极管的阳极接高电平时,发光二极管被点亮,从而相应数码段显示,而输入低电平的段则不能点亮。当数码管里面发光二极管的阳极接在一起作为公共端(COM)时,在正常使用时此引脚接电源正极,此数码管为共阳极数码管[见图 4-5(c)],当对应发光二极管阴极接低电平时,发光二极管被点亮,从而对应数码段显示,而输入高电平的段不能点亮。

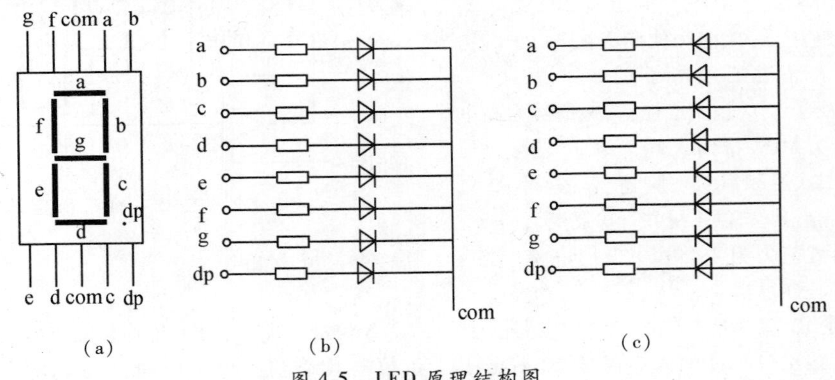


图 4-5 LED 原理结构图

(a)符号、引脚图　(b)共阴极　(c)共阳极

一位共阴极数码管和共阳极数码管单片机控制如图 4-6 所示,图 4-6(a)为共阴极数码管单片机控制扩展原理图,其数据线与 P0 口相连,公共端接地,由于单片机 I/O 口输出高电平时驱动能力(电流)

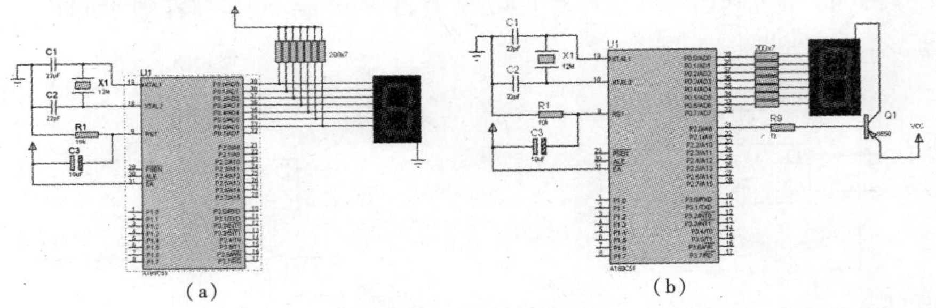


图 4-6 一位共阴和共阳数码管单片控制扩展图

(a)一位共阴数码单片机控制图　(b)一位共阳数码管单片机控制图

有限,因此各数据线需要接上拉电阻增强驱动能力。图 4-6(b)为共阳极数码管单片机控制扩展原理图,其公共端经过 PNP 三极管与电源相连,工作时 PNP 三极管饱和导通,为数码管各段提供电流,各数据线需串联限流电阻,以对 P0 口加以保护,防止过流对单片机损坏。

数码管公共端的点位控制操作称为段选,而其余引脚输入的电平组合为段选码,也称为字形代码或笔形码。它的不同组合,便可得到不同的字形。图 4-5(a)所示为 8 段数码管的引脚,com 为 8 个发光二极管的公共端,每个发光二极管为一个段选,由 a ~ dp 表示,对应的a ~ dp的字代码正好是一个字节,对应关系如表 4-1 所示。

**表 4-1　笔形码和显示段对应关系**

| 代码位 | D7 | D6 | D5 | D4 | D3 | D2 | D1 | D0 |
|---|---|---|---|---|---|---|---|---|
| 显示段 | dp | g | f | e | d | c | b | a |

在应用中,只需将一个 8 位并行段选码送至 LED 数码管对应的引脚,同时选中位选,即可让 LED 数码管工作,送入的段码不同,显示的数字或字符也不同。共阴极与共阳极的段码互为反码,如表 4-2 所示。

**表 4-2　LED 数码管十六进制笔形码**

| 字形 | 共阳极数码管 | 共阴极数码管 | 字形 | 共阳极数码管 | 共阴极数码管 |
|---|---|---|---|---|---|
| 0 | C0H | 3FH | 8 | 80H | 7FH |
| 1 | F9H | 06H | 9 | 90H | 6FH |
| 2 | A4H | 5BH | A | 88H | 77H |
| 3 | B0H | 4FH | b | 83H | 7CH |
| 4 | 99H | 66H | C | C6H | 39H |
| 5 | 92H | 6DH | d | A1H | 5EH |
| 6 | 82H | 7DH | E | 86H | 79H |
| 7 | F8H | 07H | F | 8EH | 71H |

**【例 4-1】**　以图 4-6(a)电路图为基础,编写程序显示数字 0 ~ 9、英文字母 A ~ F 及特定符号,本例题需要依次显示 16 个数字,因此可采用循环的方式程序控制。程序仿真运行如图 4 – 7 所示,程序如下:

```
        ORG     0000H
        LJMP    MAIN3
        ORG     0300H
MAIN3:  MOV     R0,#0         ;初始化查表偏移量
LOOP:   MOV     A,R0          ;偏移量交给 A
        MOV     DPTR,#TAB     ;初始化笔形码表格首地址
        MOVC    A,@A+DPTR     ;根据偏移量查表找出对应笔形码
        MOV     P0,A          ;笔形码送至数码管显示
        LCALL   DELAY1S       ;调用延时子程序
        INC     R0            ;调整偏移量
        CJNE    R0,#16,LOOP   ;判断是否 16 个字符显示完成
        LJMP    MAIN3         ;跳转程序起始位置,重新开始循环显示
/* 延时 1S 子程序 */
DELAY1S:    MOV     R7,#10
     D0:    MOV     R6,#200
```

```
D1:    MOV    R5,#250
D2:    DJNZ   R5,D2
       DJNZ   R6,D1
       DJNZ          R7,D0
       RET
          ORG      0E00H
TAB:      DB 3FH,06H,5BH, 4FH
          DB 66H,6DH, 7DH,07H
          DB 7FH,6FH,77H,7CH
          DB 39H,5EH, 79H,71H
          DB 73H,3EH,31H,6EH
          END
```

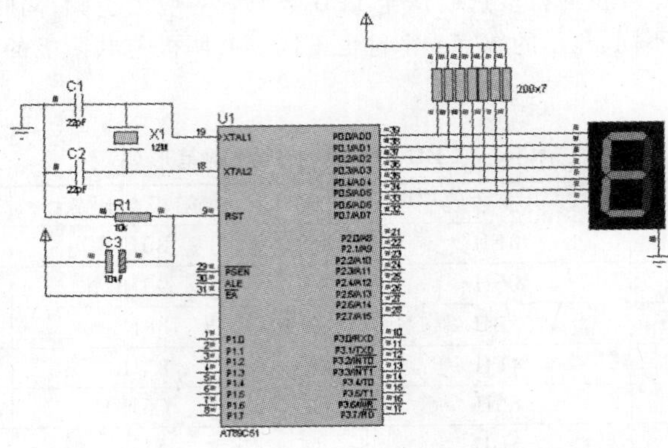

图 4-7　数码管显示 0 ~ F 仿真运行图

### 4.2.3　指令学习

1. 字节交换指令

(1)XCH A,Rn;A←→Rn,n = 0 ~ 7。

(2)XCH A,@ Ri;A←→(Ri),i = 0、1。

(3)XCH A,direct; A←→(direct)。

功能是将 A 中的数据与源字节中的数据相互交换。

①半字节交换指令。

XCHD　A,@ Ri　　; A3 ~ 0←→(Ri)3 ~ 0,高 4 位不变。i = 0、1

该指令功能是将 A 中的数据的低 4 位和 Ri 间址单元中数据的低 4 位交换,它们的高 4 位均不变。

②累加器高低四位互换。

SWAP　A　　　　; A7 ~ 4←→A3 ~ 0

该指令功能是将 A 中数据高低四位互换。

**【例 4-2】**　若 A = 12H,R0 = 40H,(40H) = 56H,(30H) = 60H,将分别执行下列指令后的结果写在注释区。

```
XCH     A,     R0  ;A = 40H,R0 = 12H
XCH     A,     @ R0;A = 56H,(40H) = 12H,R0 = 40H(不变)
XCH     A,     30H ;A = 60H,(30H) = 12H
XCHD    A,     @ R0;A = 16H,(40H) = 52H,R0 = 40H(不变)
SWAP    A          ;A = 21H
```

2. 加法指令

(1)不带 Cy 加法指令(4 条)

①ADD　　A,Rn　　;A + Rn→A(n = 0 ~ 7),有进位,Cy = 1;无进位,Cy = 0

②ADD　　A,@ Ri　　;A + (Ri)→A(i = 0、1),有进位,Cy = 1;无进位,Cy = 0

③ADD　　A,direct　;A + (direct)→A,有进位,Cy = 1;无进位,Cy = 0

④ADD　　A,#data　;A + data→A,有进位,Cy = 1;无进位,Cy = 0

**【例 4-3】**　若 A = 82H,R0 = 40H,(40H) = 7DH,(30H) = ABH,Cy = 1,将分别执行下列指令后结果写在注释区。

```
ADD    A,R0     ;A + R0→A,A = C2H,无进位,Cy = 0
ADD    A,@ R0   ;A + (R0)→A,A = FFH,无进位,Cy = 0
ADD    A,30H    ;A + (30H)→A,A = 2DH,有进位,Cy = 1
ADD    A,#30H   ;A + 30H→A,A = B2H,无进位,Cy = 0
```

(2)带进位位 Cy 加法指令。

①ADDC　A,Rn;A + Rn + Cy→A(n = 0 ~ 7),有进位,Cy = 1;无进位,Cy = 0

②ADDC　A,@ Ri;A + (Ri) + Cy→A(i = 0、1),有进位,Cy = 1;无进位,Cy = 0

③ADDC　A,direct;A + (direct) + Cy→A,有进位,Cy = 1;无进位,Cy = 0

④ADDC　A,#data;A + data + Cy→A,有进位,Cy = 1;无进位,Cy = 0

**【例 4-4】**　若 A = 82H,R0 = 40H,(40H) = 7DH,(30H) = ABH,Cy = 1,将分别执行下列指令后结果写在注释区。

```
ADDC   A,R0;A + R0 + Cy→A,A = C3H,无进位,Cy = 0
ADDC   A,@ R0;A + (R0) + Cy→A,A = 00H,有进位,Cy = 1
ADDC   A,30H;A + (30H) + Cy→A,A = 2EH,有进位,Cy = 1
ADDC   A,#30H;A + 30H + Cy→A,A = B3H,无进位,Cy = 0
```

3. 减法指令

(1)SUBB　A,Rn;A - Rn - Cy→A,(n = 0 ~ 7),有借位,Cy = 1;无借位,Cy = 0

(2)SUBB　A,@ Ri;A - (Ri) - Cy→A,(n = 0 ~ 1),有借位,Cy = 1;无借位,Cy = 0

(3)SUBB　A,direct;A - direct - Cy→A,有借位,Cy = 1;无借位,Cy = 0

(4)SUBB　A,#data;A - data - Cy→A,有借位,Cy = 1;无借位,Cy = 0

**【例 4-5】**　若 A = 82H,R0 = 40H,(40H) = 81H,(30H) = 82H,Cy = 1,将分别执行下列指令后结果写在注释区。

```
SUBB   A,R0;A - R0 - Cy→A,A = 41H,无借位,Cy = 0
SUBB   A,@ R0;A - (R0) - Cy→A,A = 00H,无借位,Cy = 0
SUBB   A,30H;A - (30H) - Cy→A,A = FFH,有借位,Cy = 1
SUBB   A,#30H;A - 30H - Cy→A,A = B3H,无借位,Cy = 0
```

**【例 4-6】**　有两个字节数,分别存在 31H30H 和 33H32H 中(高位在前),试编写其加法程序,运算结果存入 32H31H30H 单元中。

解:加数和被加数是 16 位二进制数,不能用一条指令完成,首先需要将两数的低 8 位相加,结果存入 30H 单元中,若有进位,保存在 Cy 中;然后再将两数的高 8 位连同 Cy 相加,结果存入 31H 单元中,最后把 Cy 存入 32H 单元中,问题在于 Cy 是 1 位存储单元,32H 是 8 位存储单元,不可以直接传送,必须把 Cy 变换为等量的 8 位数,才能存入 8 为存储单元中,此时可以用带进位位的加法指令进行 0 和 0 相加后,Cy 则被加进 A 中。

```
MOV        A,30H          ;取一个加数
```

```
ADD     A,32H     ;低8位相加
MOV     30H,A     ;存低8位和
MOV     A,31H     ;取加数高8位
ADDC    A,33H     ;高8位连同Cy相加
MOV     31H,A     ;存高8位
MOV     A,#00H    ;
ADDC    A,#00H    ;将Cy变换为等量8位数
MOV     32H,A     ;保存进位
```

```
        31H  30H
+       33H  32H
---------------
   32H  31H  30H
```

【例4-7】 被减数和减数分别存在31H30H和33H32H中(高位在前),试编写其减法程序,运算结果存入32H31H30H单元中。

解:在51单片机指令系统中,减法必须带Cy,而本题在低8位相减时,不需要减Cy,因此必须将Cy先清0。

```
CLR     C
MOV     A,30H     ;取被减数低8位
SUBB    A,32H     ;低8位相减
MOV     30H,A     ;存低8位差
MOV     A,31H     ;取被减数高8位
SUBB    A,33H     ;高8位连同Cy相减
MOV     31H,A     ;存高8位
MOV     A,#00H    ;
ADDC    A,#00H    ;将Cy变换为等量8位数
MOV     32H,A     ;保存借位
```

```
        31H  30H
-       33H  32H
---------------
   32H  31H  30H
```

4.乘法指令

MUL AB;A×B→BA

该指令功能是实现两个8位无符号数的乘法操作。两个无符号数分别存放在A和B中,乘积为16位,积低8位存于A中,积高8位存于B中。如果积大于255(即积高8位B非0),则OV置1,否则OV清0,而该指令执行后,Cy总是清0。该指令为单字节4周期指令。

【例4-8】 已知两乘数分别存在41H和40H,(40H)=4EH,(41H)=50H,试编程求其积,并存入43H42H。

解:程序如下:

```
MOV     A,40H     ;一个乘数→A
MOV     B,41H     ;另一个乘数→B
MUL     AB        ;相乘,积=1860H,B=18H,A=60H,OV=1,Cy=0
MOV     42H,A     ;乘积低8位→(42H),(42H)=60H
MOV     43H,B     ;乘积高8位→(43H),(43H)=18H
```

5.除法指令

DIV AB;A;(A÷B)商→A,余数→B,Cy=0,OV=0

该指令功能是实现两个8位无符号数的除法操作。要求被除数放在A中,除数放在B中。指令执行后,商放在A中,余数放在B中。进位位Cy和溢出标志位OV均清0。只有当除数为0时,运算结果为不确定值,OV位置位,说明除法溢出。

【例4-9】 已知被除数和除数分别存在R7和R6中,试编程求其商,商存入R7,余数存入R6。

解:编程如下:

```
MOV     A,R7        ;读被除数
MOV     B,R6        ;读除数
DIV     AB          ;相除
MOV     R7,A        ;存商→R7
MOV     R6,B        ;存余数→R6
```

**【例 4-10】** 试编程把 30H 中的二进制数转换为 3 位 BCD。百分数放在 30H 中,十位、个位数放在 31H 中。

解:先将要转换的二进制数除以 100,商数即为百位数,余数部分再除以 10,商和余数分别为十位和个位数,再通过 SWAP,ADD 指令组合成一个压缩 BCD 码,十位数放在 $31H_{7\sim4}$,个位数放在 $31H_{3\sim0}$,百位数放在 $30H_{3\sim0}$。编程如下:

```
MOV     A,20H       ;读取被除数
MOV     B,#100      ;置除数 100
DIV     AB          ;除以 100
MOV     20H,A       ;百位数(商)→20H
MOV     A,B         ;余数→A
MOV     B,#10       ;置除数 10
DIV     AB          ;除以 10,十位数→A,个位数→B
SWAP    A           ;十位数→A7~4,A3~0 =0
ADD     A,B         ;个位数→A3~0,十位数→A7~4,组合成压缩 BCD 码
MOV     21H,A       ;存十位,个位 BCD 码
```

## 4.3 交通灯系统设计

交通灯一般分为红、黄、绿三种颜色,红灯作为禁止通行的信号标志,如图 4-8 所示。本项目中禁行的时间红灯设为 25s;绿灯作为允许通行的信号标志,黄灯作为通行与禁行切换时的间隔信号标志,黄灯闪亮时间为 6s,绿灯亮时间为 19s。

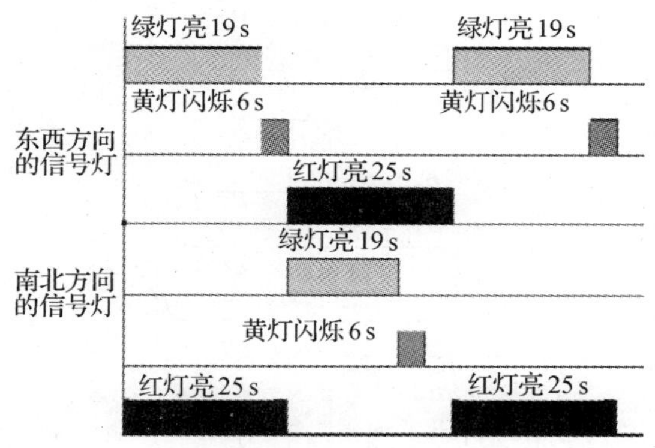


图 4-8 简易交通灯运行示意图

1. 硬件电路图设计

根据项目要求,本设计需要红、绿、黄发光二极管各 4 只,以及用于显示时间数码管 2 只(见图 4-9),电路中采用 7 段共阳极数码管(无小数点 dp)。由于同一方向红、黄、绿灯状况保持一致,因此 12 只信号灯采用 6 根信号线控制,高电平点亮信号灯,并且信号线外接上拉电阻以增强驱动能力。

2. 程序设计

根据运行要求,总结如图 4-10 所示流程图,流程图中每个状态包括数码管显示时间倒计时,由于各

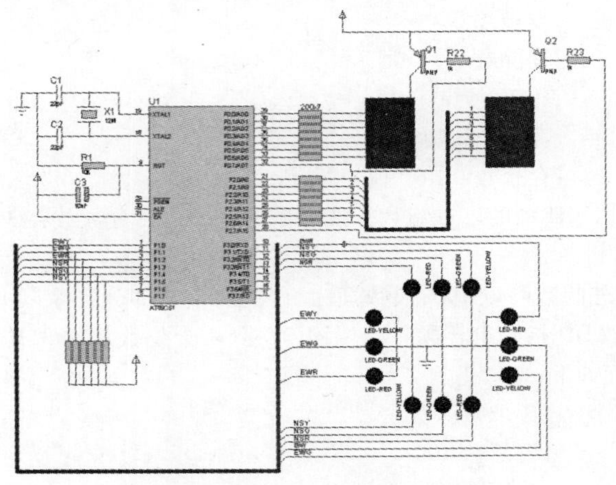

图 4-9　简易交通灯模拟仿真电路

寄存器或内存单元中存放的是十六进制数据，而数码管显示是人习惯的十进制数据，因此程序中需要将十六进制转化为十进制数据即 BCD 码，由于例题要求红绿灯维持时间不超过 25s，因此编程时数值转换时只需将十六进制数据和十相除得到十位和个位数即可，而百位数据总是为 0，同时，各个状态均需延时和显示时间，因此可将延时程序和显示程序作为子程序以供调用，以简化程序代码。具体代码如下：

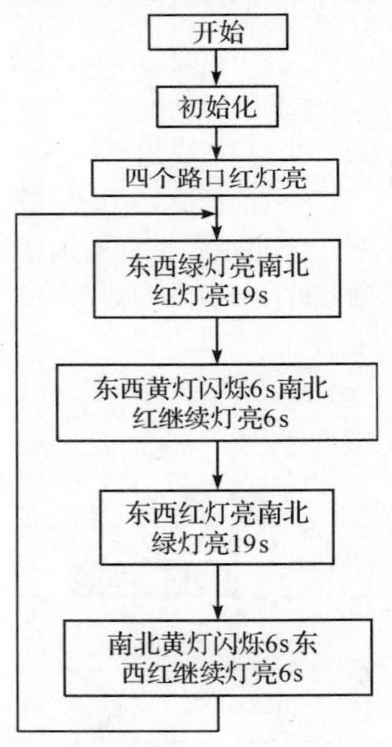


图 4-10　简易交通灯程序流程

```
/******简易交通灯主程序代码*****************/
    EWY     BIT P1.0;东西方向黄灯控制端
    EWG     BIT P1.1;东西方向绿灯控制端
    EWR     BIT P1.2;东西方向红灯控制端
    NSR     BIT P1.3;南北方向红灯控制端
    NSG     BIT P1.4;南北方向绿灯控制端
    NSY     BIT P1.5;南北方向黄灯控制端
            ORG         0000H
```

```
        LJMP    MAIN
        ORG     0030H
MAIN:   CLR     EWY
        CLR     EWG
        CLR     NSY
        CLR     NSG
        SETB    EWR
        SETB    NSR     ;开始四个方向红灯都亮,其他灯灭
        LCALL   DELAY1S;初始状态一秒钟
LOOP:   CLR     EWR  ;东西方向红灯灭
        SETB    EWG  ;东西方向绿灯亮
        MOV     R4,#25   ;亮秒数初始值设定
        MOV     R0,#19   ;绿灯亮 19s 设定
LOOP1:  CALL    DISPLAY   ;显示数字 1s
        DEC     R4   ;更新显示数字
        DJNZ    R0,LOOP1;循环亮 19s
        CLR     EWG;东西方向绿灯灭
        MOV     R0,#6;设置黄灯闪烁次数
LOOP2:  CPL     EWY;黄灯状态取反
        LCALL   DISPLAY;亮 1s
        DEC     R4;显示数码调整
        DJNZ    R0,LOOP2;循环黄灯闪烁
        SETB    EWR;东西方向红灯亮
        CLR     NSR;南北方向红灯灭
        SETB    NSG;南北方向绿灯亮
        MOV     R4,#25
        MOV     R0,#19
LOOP3:  LCALL   DISPLAY
        DEC     R4
        DJNZ    R0,LOOP3
        CLR     NSG
        MOV     R0,#6
LOOP4:  CPL     NSY
        LCALL   DISPLAY
        DEC     R4
        DJNZ    R0,LOOP4
        SETB    NSR
        LJMP    LOOP
/***********时间显示子程序代码*****/
DISPLAY:MOV     R3,A;保存 A 的值
        MOV     A,R4;读取要显示数据 R4
        MOV     DPTR,#TAB2;设置查表首地址
```

```
            MOV     B,#10;
            DIV     AB;和 10 相除,区分十位数和个位数以备显示
            MOVC    A,@ A + DPTR;根据偏移量查表取出要显示个位数据笔形码
            MOV     P0,A;送笔形码显示
            CLR     P0.7;显示位选置 0,控制数码管显示
            MOV     A,B;取出十位数并作为偏移量
            MOVC    A,@ A + DPTR;根据偏移量查表取出笔形码
            MOV     P2,A;笔形码送出显示
            CLR     P2.7;显示控制
            MOV     A,R3;回复 A 的值
DELAY1S:MOV     R7,#9;延时约 1s 子程序
    D0:  MOV     R6,#200
    D1:  MOV     R5,#250
    D2:  DJNZ    R5,D2
         DJNZ    R6,D1
         DJNZ    R7,D0
         RET
  ORG    0E30H
TAB2:DB     0C0H,0F9H,0A4H
     DB     0B0H,99H,92H
     DB     82H,0F8H,80H
     DB     90H
     END
```

3. 程序仿真调试

根据项目 2 介绍步骤,运用 Keil 软件进行建立工程,添加文件(.ASM),编写程序、设置选项,并编译源代码生成.HEX 文件,加载到 Proteus 电路中仿真运行,如图 4-11、图 4-12 所示。

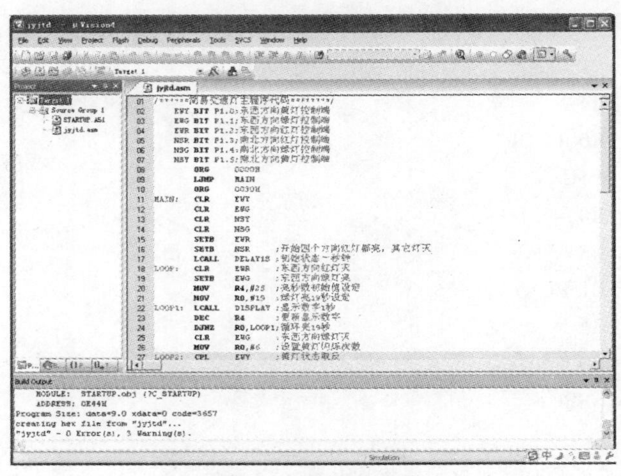

图 4-11　源程序编译

4. C 语言程序实现

运用 Keil 软件进行建立工程,添加文件(.C),编写程序、设置选项,并编译源代码生成.HEX文件,加载到 Proteus 电路中仿真运行。观察运行结果。

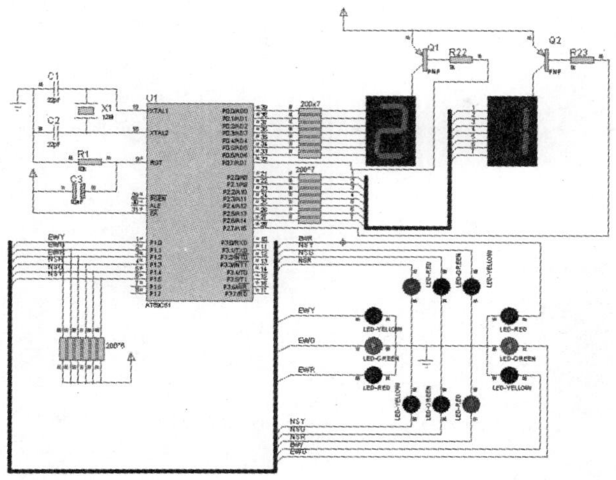

图 4-12 简易交通灯仿真运行

```
/****************************************/
  /*名称: LED 闪烁*/
  #include <reg51.h>
  #define uchar unsigned char
  #define uint unsigned int
  uchar code LedCode[10] = {0x40,0x79,0x24,0x30,0x19,0x12,0x02,0x78,0x00,0x10};
  sbit  EWY = P1^0;
  sbit  EWG = P1^1;
  sbit  EWR = P1^2;
  sbit  NSR = P1^3;
  sbit  NSG = P1^4;
  sbit  NSY = P1^5;

/***************延时子程序***************/
void DelayMS(uint x)
{
  uchar i;
  while(x--)
  {
  for(i=0;i<120;i++);
  }
}
/************数码管显示子程序***************/
void display(uchar dis)
{
  uchar i;
  i = dis/10;
  P0 = LedCode[i];
```

```
    i = dis% 10;
    P2 = LedCode[i];
}
/* * * * * * * * * * * * * * * * * * 主程序 * * * * * * * * * * * * * * * * */
void main()
{   uchar i,disp;
EWY = 0;
EWG = 0;
EWR = 1;
NSY = 0;
NSG = 0;
NSR = 1;                //开始四个方向红灯都亮,其他灯灭
DelayMS(500);
while(1)
{
EWR = 0;                    //      东西方向红灯灭
EWG = 1;                    //      东西方向绿灯亮
    disp = 25;              //      亮秒数初始值设定
    for(i = 0;i < 19;i + +)
  {
    display(disp - -);      //      绿灯亮 19s
    DelayMS(900);
  }
EWG = 0;                    //      东西方向绿灯灭
disp = 6;                   //      设置黄灯闪烁次数
for(i = 0;i < 6;i + +)
{
    display(disp - -);      //      倒计数显示 6s
    DelayMS(900);
    EWY = ~EWY;             //      循环黄灯闪烁
}
EWR = 1;                    //      东西方向红灯亮
NSR = 0;                    //      南北方向红灯灭
NSG = 1;                    //      南北方向绿灯亮
disp = 25;
for(i = 0;i < 19;i + +)
{
    display(disp - -);      //      南北方向绿灯亮倒计时 19s
    DelayMS(900);
}
NSG = 0;                    //      南北方向绿灯亮灭
disp = 6;
```

```
    for(i = 0;i < 6;i + + )
    {
      display(disp - - );
      DelayMS(900);
      NSY = ~NSY;           //    南北黄灯闪烁 6s
    }
    NSR = 1;                //    南北红灯亮
    }
    }
```

## 4.4 实践发挥

1. 功能实现

在上例基础上修改软硬件,添加人行横道 4 个路口红黄绿指示灯,实现相应功能。

2. 功能要求

设计单片机最小系统,实现对多个(2 个及 2 个以上)发光二极管交替闪烁效果。

3. 实践要求

(1)绘制系统框图。

(2)设计仿真原理图。

(3)绘制软件流程图。

(4)编制程序并仿真运行。

4. 实践考核

实践考核内容如表 4-1 所示。

**表 4-1 实践考核表**

<table>
<tr><td colspan="2">班级</td><td colspan="2">姓名</td><td colspan="1">学号</td></tr>
<tr><td colspan="2"></td><td colspan="2"></td><td colspan="1"></td></tr>
<tr><td>评价项目</td><td>评价内容</td><td>配分</td><td>评价标准</td><td>得分</td></tr>
<tr><td rowspan="2">系统方案<br>(框图)</td><td rowspan="2">系统功<br>能分析</td><td rowspan="2">15</td><td>能正确划分系统各功能模块(5 分)</td><td rowspan="2"></td></tr>
<tr><td>能正确绘制框图表示各功能模块连接关系(15 分)</td></tr>
<tr><td rowspan="2">硬件电路</td><td rowspan="2">电子电路<br>基础知识</td><td rowspan="2">20</td><td>掌握单片机芯片对应引脚名称、序号、功能(5 分)</td><td rowspan="2"></td></tr>
<tr><td>按照系统功能正确绘制仿真原理图(15 分)</td></tr>
<tr><td rowspan="3">软件流程图</td><td rowspan="3">软件功能分<br>析与设计</td><td rowspan="3">15</td><td>软件功能模块完整性(5 分)</td><td rowspan="3"></td></tr>
<tr><td>软件功能模块逻辑关系正确性(5 分)</td></tr>
<tr><td>流程图绘制规范性(5 分)</td></tr>
<tr><td rowspan="4">程序编制、<br>调试、运行</td><td>指令学习</td><td>5</td><td>能正确理解和应用指令(5 分)</td><td rowspan="4"></td></tr>
<tr><td>程序分析、设计</td><td>15</td><td>能正确编写功能程序(15 分)</td></tr>
<tr><td rowspan="2">程序调<br>试、运行</td><td rowspan="2">15</td><td>程序输入正确(5 分)</td></tr>
<tr><td>程序编译仿真正确(10 分)</td></tr>
<tr><td>功能发挥</td><td>自主创新性</td><td>5</td><td>功能扩展(5 分)</td><td></td></tr>
<tr><td>团结协作</td><td>集体意识</td><td>10</td><td>各成员分工协作,积极参与(10 分)</td><td></td></tr>
</table>

# 项目5　简易电子琴设计

**项目目标**:学习单片机输入控制,学习单片机中断概念及外部中断、定时器中断应用,学习独立键盘和阵列式键盘控制方法。

**项目要求**:学会独立式键盘、阵列式键盘软硬件设计,学会定时器应用及采用单片机控制蜂鸣器发声方法。

**项目说明**:本项目主要用于学习单片机输入控制(独立式键盘、阵列式键盘),单片机外部中断、定时器中断的应用,为覆盖相关学习内容,项目分为按键控制跑马灯运行控制、四路抢答器设计、电子乐曲制作设计以及简易电子琴设计。

## 5.1　任务1　按键控制跑马灯信号运行

**任务目标**:通过几个按键控制一组发光二极管流转方向,学习单片机普通输入信号的读取和控制。

**任务要求**:应用AT89C51芯片和按键、8个发光二极管模拟跑马灯运行过程功能:

K1键:控制发光二极管从上向下依次点亮,全亮后熄灭,无其他键按下则反复运行。

K2键:控制发光二极管从下向上依次点亮,全亮后熄灭,无其他键按下则反复运行。

k3键:控制发光二极管从中间向两边依次点亮,全亮后熄灭,无其他键按下则反复运行。

K4键:控制发光二极管从两边向中间依次点亮,全亮后熄灭,无其他键按下则反复运行。

**任务分析**:本任务利用单片机I/O口输出、入技术,设计一种跑马灯运行情况。首先对外部输入信号读取,根据读取信息控制发光二极管运行方式。

### 5.1.1　知识预习

(1)按键有哪些分类?各有哪些特点?

(2)编程识别有无按键?一般分哪几个步骤?

### 5.1.2　键盘工作原理

1. 按键的分类

按键按照结构原理可分为两类:一类是触点式开关按键,如机械式开关、导电橡胶式开关等;另一类是无触点式开关按键,如电气式按键、磁感应按键等。前者造价低,后者寿命长。目前,微机系统中最常见的是触点式开关按键。

按键按照接口原理可分为编码键盘与非编码键盘两类,这两类键盘的主要区别是识别键符及给出相应键码的方法。编码键盘主要是用硬件来实现对键的识别,非编码键盘主要是由软件来实现键盘的定义与识别。

全编码键盘能够由硬件逻辑自动提供与键对应的编码,此外,一般还具有去抖动和多键、窜键保护电路。这种键盘使用方便,但需要较多的硬件,价格较贵,一般的单片机应用系统较少采用。非编码键盘只简单地提供行和列的矩阵,其他工作均由软件完成。由于其经济实用,较多地应用于单片机系统中。下面将重点介绍非编码键盘接口。

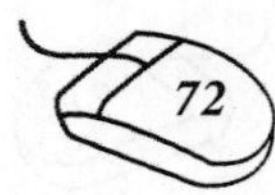

2. 按键输入原理

在单片机应用系统中,除了复位按键有专门的复位电路及专一的复位功能外,其他按键都是以开关状态来设置控制功能或输入数据的。当所设置的功能键或数字键被按下时,计算机应用系统应完成该按键所设定的功能,键信息输入是与软件结构密切相关的过程。

对于一组键或一个键盘,总有一个接口电路与 CPU 相连。CPU 可以采用查询或中断方式了解有无将键输入,并检查是哪一个键按下,将该键号送入累加器 ACC,然后通过跳转指令转入执行该键的功能程序,执行完后再返回主程序。

3. 按键结构与特点

计算机键盘通常使用机械触点式按键开关,其主要功能是把机械上的通断转换成为电气上的逻辑关系。也就是说,它能提供标准的 TTL 逻辑电平,以便与通用数字系统的逻辑电平相容。

机械式按键被按下或释放时,由于机械弹性作用的影响,通常伴随有一定时间的触点机械抖动,然后其触点才稳定下来。其抖动过程如图 5-1 所示,抖动时间的长短与开关的机械特性有关,一般为 5 ~ 10ms。

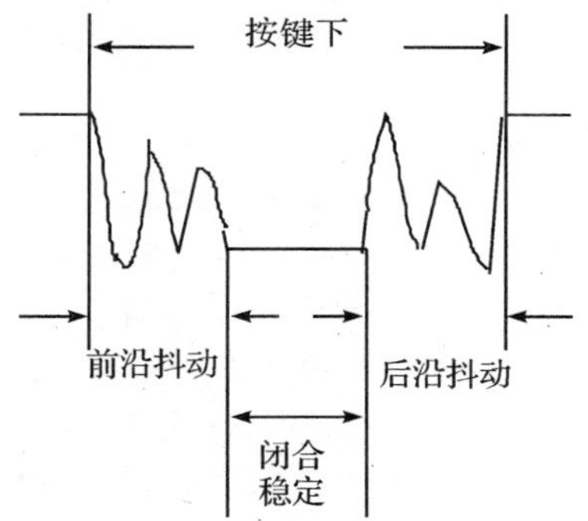


图 5-1　按键过程状态图

在触点抖动期间检测按键的通与断状态,可能导致判断出错,即按键一次按下或释放被错误地认为是多次操作,这种情况是不允许出现的。为了克服按键触点机械抖动所致的检测误判,必须采取去抖动措施。这一点可从硬件、软件两方面予以考虑。在键数较少时,可采用硬件去抖,而当键数较多时,采用软件去抖。

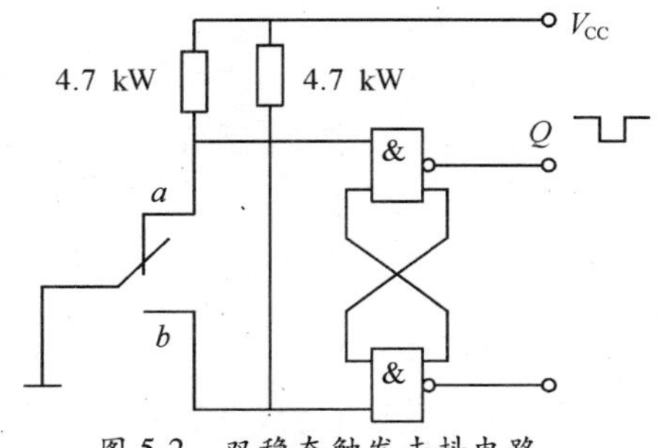


图 5-2　双稳态触发去抖电路

在硬件上可采用在键输出端加 R-S 触发器(双稳态触发器)或单稳态触发器构成去抖动电路。图 5-2 是一种由 R－S 触发器构成的去抖动电路,当触发器一旦翻转,触点抖动不会对其产生任何影响。

按键未按下时,$a=0$,$b=1$,输出 $Q=1$。按键按下时,因按键的机械弹性作用的影响,使按键产生抖动。当开关没有稳定到达 $b$ 端时,因与非门 2 输出为 0 反馈到与非门 1 的输入端,封锁了与非门 1,双稳态电路的状态不会改变,输出保持为 1,输出 $Q$ 不会产生抖动的波形。当开关稳定到达 $b$ 端时,因 $a=1$,$b=0$,使 $Q=0$,双稳态电路状态发生翻转。当释放按键时,在开关未稳定到达 $a$ 端时,因 $Q=0$,封锁了与非门 2,双稳态电路的状态不变,输出 $Q$ 保持不变,消除了后沿的抖动波形。当开关稳定到达 $a$ 端时,因 $a=0$,$b=0$,使 $Q=1$,双稳态电路状态发生翻转,输出 $Q$ 重新返回原状态。由此可见,键盘输出经双稳态电路之后,输出已变为规范的矩形方波。

软件上采取的措施是:在检测到有按键按下时,执行一个 10ms 左右(具体时间应视所使用的按键进行调整)的延时程序后,再确认该键电平是否仍保持闭合状态电平,若仍保持闭合状态电平,则确认该键处于闭合状态。同理,在检测到该键释放后,也应采用相同的步骤进行确认,从而可消除抖动的影响。

4. 按键编码

一组按键或键盘都要通过 I/O 口线查询按键的开关状态。根据键盘结构的不同,可采用不同的编码。无论有无编码,以及采用什么编码,最后都要转换成为与累加器中数值相对应的键值,以实现按键功能程序的跳转。

5. 键盘程序编制

一个完善的键盘控制程序应具备以下功能:

(1)检测有无按键按下,并采取硬件或软件措施,消除键盘按键机械触点抖动的影响。

(2)有可靠的逻辑处理办法。每次只处理一个按键,其间对任何按键的操作对系统不产生影响,且无论一次按键时间有多长,系统仅执行一次按键功能程序。

(3)准确输出按键值(或键号),以满足跳转指令要求。

6. 独立式按键

单片机控制系统中,往往只需要几个功能键,此时,可采用独立式按键结构。

1)独立式按键结构

独立式按键是直接用I/O口线构成的单个按键电路,其特点是每个按键单独占用一根I/O口线,每个按键的工作不会影响其他I/O口线的状态。独立式按键的典型应用如图5-3所示。

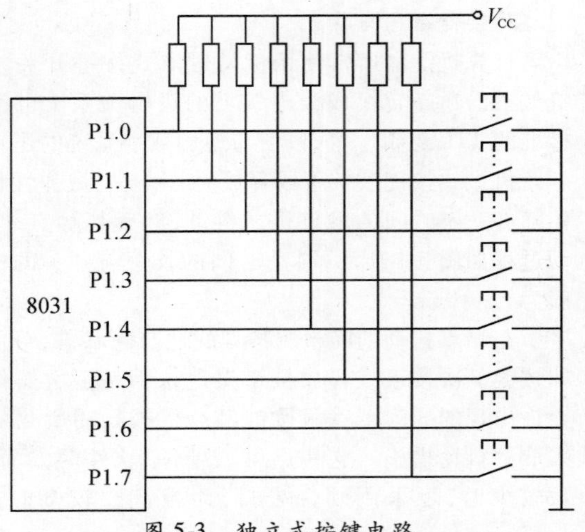

图 5-3 独立式按键电路

独立式按键电路配置灵活,软件结构简单,但每个按键必须占用一根I/O口线,因此,在按键较多时,I/O口线浪费较大,不宜采用。

2)独立式按键的软件结构

独立式按键的软件常采用查询式结构。先逐位查询每根I/O口线的输入状态,如某一根I/O口线输入为低电平,则可确认该I/O口线所对应的按键已按下,然后,再转向该键的功能处理程序。

7. 指令学习

1)条件转移指令(13条)

条件转移指令根据判断条件可分为:

(1)判C转移。

(2)判bit转移。

(3)判A转移。

(4)减1非0转移。

(5)比较不相等转移指令:满足条件,则转移;不满足条件,则程序顺序执行。

2)判C转移指令(2条)

(1)C=1转移指令:

```
JC rel      ;PC+2→PC,若Cy=1,则PC+rel→PC,转移,
            ;若Cy=0,则程序顺序执行。
```

(2)C=0转移指令:

```
JNC rel     ;PC+2→PC,若Cy=0,则PC+rel→PC,转移,
            ;若Cy=1,则程序顺序执行。
```

3)判bit转移指令(3条)

(1)(bit)=1转移指令:

```
JB bit,rel  ;PC+3→PC,若(bit)=1,则PC+rel→PC,转移,
            ;若(bit)=0,则程序顺序执行。
```

(2)(bit)=0转移指令:

```
JNB bit,rel;PC+3→PC,若(bit)=0,则PC+rel→PC,转移,
            ;若(bit)=1,则程序顺序执行。
```

(3)(bit)=1转移并清0指令:

JBC bit,rel;PC+3→PC,

;若(bit)=1,则PC+rel→PC,转移,且0→(bit)

;若(bit)=0,则程序顺序执行。

**【例5-1】** 设P1口上的数据为11001010B,A的内容为57H,Cy=1,求依次执行下列指令后的结果。

```
LOOP:     JNB     P1.7,LOOP1
          JB      ACC.0,LOOP1
            ……
LOOP1:    JNC     LOOP3
            ……
LOOP2:    RLC     A
          JC      LOOP1
          JBC     P1.1,LOOP1
LOOP3:    SJMP
```

4)判A转移指令(2条)

(1)A=0转移指令:

JZ　rel　;PC+2→PC,

若A=0,则PC+rel→PC,转移,

若A≠0,则程序顺序执行。

(2)A非0转移指令:

JNZ rel　;PC+2→PC,

若A≠0,则PC+rel→PC,转移,

若A=0,则程序顺序执行。

**【例5-2】** 试编程实现:B中数据不断加1,加至FFH,则不断减1,减至0,则不断加1,往返不断循环。

```
GADD:     INC     B
          MOV     A,B
          CPL     A
          JNZ     GADD
GSUB:     DEC     B
          MOV     A,B
          JZ      GADD
          SJMP    GSUB
```

5)循环移位指令

(1)循环左移:RL A;将累加器A中的数据依次左移一位。

(2)带Cy循环左移:RLC A;将累加器A中的数据连同进位标志位Cy一起依次左移一位。

(3)循环右移:RR A;将累加器A中的数据依次右移一位。

A7→···→A0

(4)带Cy循环右移:RRC A将累加器A中的数据连同进位标志位Cy一起依次右移一位。

Cy → A7→···→A0

**【例5-3】** 若A=10010110B,Cy=1,将分别执行下列指令后的结果写在注释区。

```
RL        A          ;A=00101101B          Cy=1(不变)
```

```
RLC     A      ;A=00101101B      Cy=1(刷新)
RR      A      ;A=11001011B      Cy=1(不变)
RRC     A      ;A=11001011B      Cy=0(刷新)
```

**【例 5-4】** 某已知数存在 R3 中,试将其乘 2 存在 R2 中,除以 2 存在 R1 中。

分析:51 单片机汇编程序中,通常用带 C(C=0)循环左移实现乘 2 操作,用带 C(Cy=0)循环右移实现除以 2 操作。

```
CLR     A       ;
CLR     C       ;Cy=0
MOV     A,R3    ;读已知数
RLC     A       ;循环左移一次,相当于乘2
MOV     R2,A    ;乘2后存R2中
CLR     A       ;
RLC     A       ;Cy=0
MOV     A,R3    ;读已知数
RRC     A       ;循环右移一次,相当于除2
MOV     R1,A    ;除以2后存R1中
```

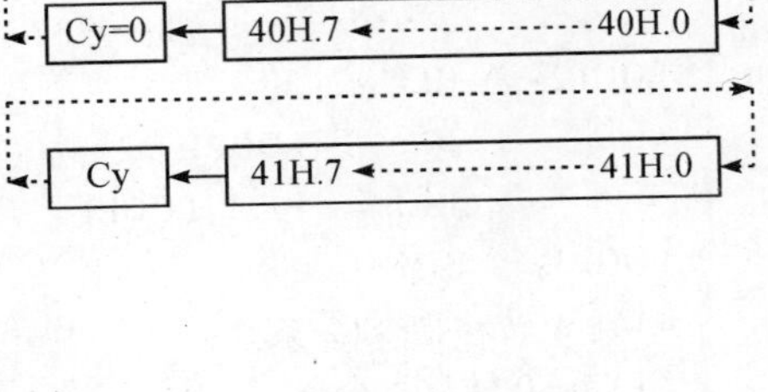


**【例 5-5】** 已知一 16 位数存放在 41H40H 中,编程实现该 16 位数的算术左移。

分析:编程时分为两步,首先将低 8 位数带进位 Cy 左移一次,将其高位移到 Cy 中,然后将高 8 位带进位位左移一次,这样将移到 Cy 中的 40H.7 将移到高 8 位中的最低位中,即 41H.0,原高 8 位依次左移一位。

解:程序如下:

```
CLR     A       ;
RLC     A       ;Cy=0
MOV     A,40H   ;取16位数低8位
RLC     A       ;低八位带Cy左移一位
MOV     40H,A   ;回存
MOV     A,41H   ;取16位数高8位
RLC     A       ;高8位带Cy左移一位
MOV     41H,A   ;回存
```

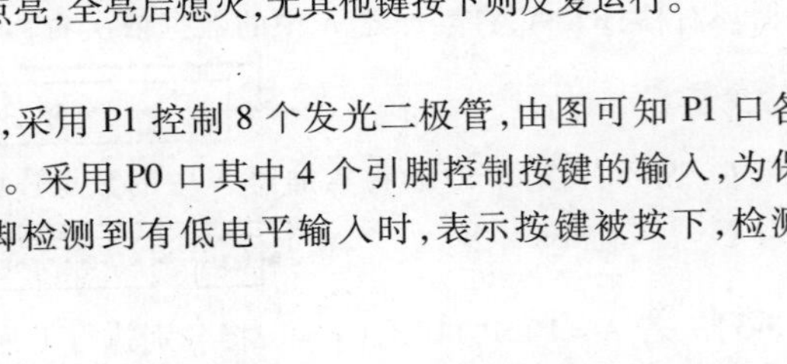


### 5.1.3 任务实施

应用 AT89C51 芯片和按键、8 个发光二极管模拟跑马灯运行功能:

K1 键:控制发光二极管从上向下依次点亮,全亮后熄灭,无其他键按下则反复运行。

K2 键:控制发光二极管从下向上依次点亮,全亮后熄灭,无其他键按下则反复运行。

K3 键:控制发光二极管从中间向两边依次点亮,全亮后熄灭,无其他键按下则反复运行。

K4 键:控制发光二极管从两边向中间依次点亮,全亮后熄灭,无其他键按下则反复运行。

1. 硬件电路实施

根据任务要求,设计电路图如图 5-4 所示,采用 P1 控制 8 个发光二极管,由图可知 P1 口各引脚输出低电平控制对应灯亮,输出高电平对应灯灭。采用 P0 口其中 4 个引脚控制按键的输入,为保证按键输入可靠,分别采用 4 个上拉电阻,当对应引脚检测到有低电平输入时,表示按键被按下,检测到有高电平时,表示无按键输入。

2. 控制程序设计

系统按键控制方法有查询(轮询)和中断(中断方式后续章节介绍)两种方法,轮询(Polling)方式,

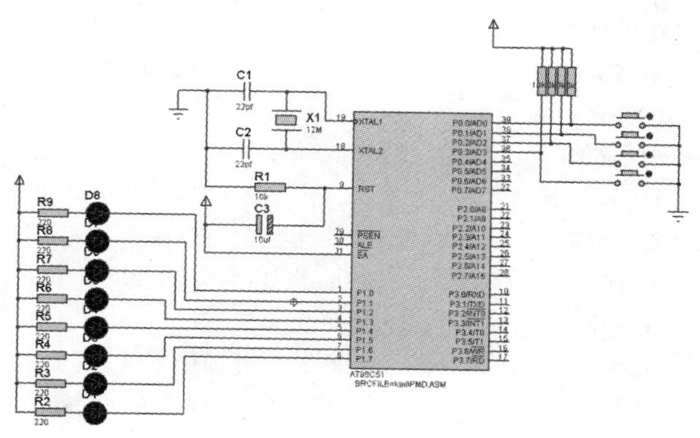


图 5-4　按键控制跑马灯电路图

是让 CPU 以一定的周期按次序查询每一个外设,看它是否有数据输入或输出的要求,若有,则进行相应的输入/输出服务。在本程序设计中,系统每运行一周,对按键进行查询一次,判断是否有新的键按下,如有新键按下,程序运行对应按键功能,若无新键按下,则运行上次按键功能程序,因此程序运行过程中,需要保存上次按键键值,以便下次循环无按键按下时,能读取该键值,并运行相应功能程序。程序运行工程中分为初始化,判断是否有键按下,以及运行对应功能程序;其中初始化包括对单片机准双向口相应输入引脚写“1”,由于程序中调用子程序,需设置堆栈栈顶,以及初始化保存键值寄存器。具体程序如下:

程序 1:如图 5-5 所示,采用逐个比较键号并转移到相关功能程序的执行。

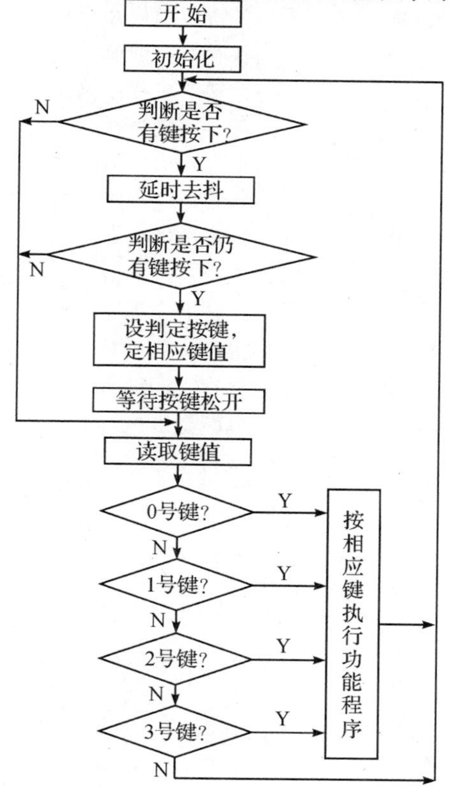


图 5-5　按键控制跑马灯程序流程

```
         ORG     0000H
         LJMP    MAIN
         ORG     0030H
MAIN:    MOV     SP,#60H              ;设置栈顶
         MOV     P0,#0FFH             ;准双向输入口写"1"
         MOV     R0,#0                ;初始化键值寄存器
START:   MOV     A,P0                 ;读取 P0 口
         ANL     A,#0FH               ;屏蔽无关位
         CJNE    A,#0FH,PSDOWN        ;判断是否有键按下
         LJMP    PMD                  ;无键按下,执行原功能程序
PSDOWN:  LCALL   DELAY                ;延时去抖
         MOV     A,P0                 ;读取 P0 口
         ANL     A,#0FH               ;屏蔽无关位
         CJNE    A,#0FH,PSDOWN0       ;确认是否有键按下
         LJMP    PMD                  ;无键按下,执行原功能程序
PSDOWN0: JNB     P0.0,PSDOWN1         ;判断是否 1 号键按下
         JNB     P0.1,PSDOWN2         ;判断是否 2 号键按下
         JNB     P0.2,PSDOWN3         ;判断是否 3 号键按下
         JNB     P0.3,PSDOWN4         ;判断是否 4 号键按下
PSDOWN1: JNB     P0.0,MYM             ;等待按键松开
         MOV     R0,#1                ;保存对应键值
         LJMP    PMD                  ;跳转对应程序执行口
PSDOWN2: JNB     P0.1,MYM             ;等待按键松开
         MOV     R0,#2                ;保存对应键值
         LJMP    PMD                  ;跳转对应程序执行口
PSDOWN3: JNB     P0.2,MYM             ;等待按键松开
         MOV     R0,#3                ;保存对应键值
         LJMP    PMD                  ;跳转对应程序执行口
PSDOWN4: JNB     P0.3,MYM             ;等待按键松开
         MOV     R0,#4                ;保存对应键值
PMD:     CJNE    R0,#1,PMD2           ;判断是否执行 1 号键功能
PMD1:    CLR     C                    ;执行 1 号键功能
         MOV     R7,#8
         MOV     A,#0FFH
LOOP1:   RLC     A
         MOV     P1,A
         LCALL   DELAY
         DJNZ    R7,LOOP1
         MOV     P1,#0FFH
         LCALL   DELAY
         LJMP    START                ;返回起始位置,查询按键
PMD2:    CJNE    R0,#2,PMD3           ;判断是否执行 2 号键功能
```

```
        CLR     C               ;执行 2 号键功能
        MOV     R7,#8
        MOV     A,#0FFH
LOOP2:  RRC     A
        MOV     P1,A
        LCALL   DELAY
        DJNZ    R7,LOOP2
        MOV     P1,#0FFH
        LCALL   DELAY
        LJMP    START           ;返回起始位置,查询按键
PMD3:   CJNE    R0,#3,PMD4      ;判断是否执行 3 号键功能
        MOV     P1,#0E7H        ;执行 3 号键功能
        LCALL   DELAY
        MOV     P1,#0C3H
        LCALL   DELAY
        MOV     P1,#81H
        LCALL   DELAY
        MOV     P1,#00H
        LCALL   DELAY
        MOV     P1,#0FFH
        LCALL   DELAY
        LJMP    START           ;返回起始位置,查询按键
PMD4:   CJNE    R0,#4,PM        ;判断是否执行 4 号键功能
        MOV     P1,#7EH         ;执行 4 号键功能
        LCALL   DELAY
        MOV     P1,#03CH
        LCALL   DELAY
        MOV     P1,#18H
        LCALL   DELAY
        MOV     P1,#00H
        LCALL   DELAY
        MOV     P1,#0FFH
        LCALL   DELAY
PM:     LJMP    START           ;返回起始位置,查询按键
DELAY:  MOV     R6,#250         ;延时子程序
DL1:    MOV     R5,#250
DL2:    DJNZ    R5,DL2
        DJNZ    R6,DL1
        RET
        END
```

程序 2,如图 5-6 所示,根据键号采用变址寻址指令 JMP @ A + DPTR 指令完成相应功能程序执行。

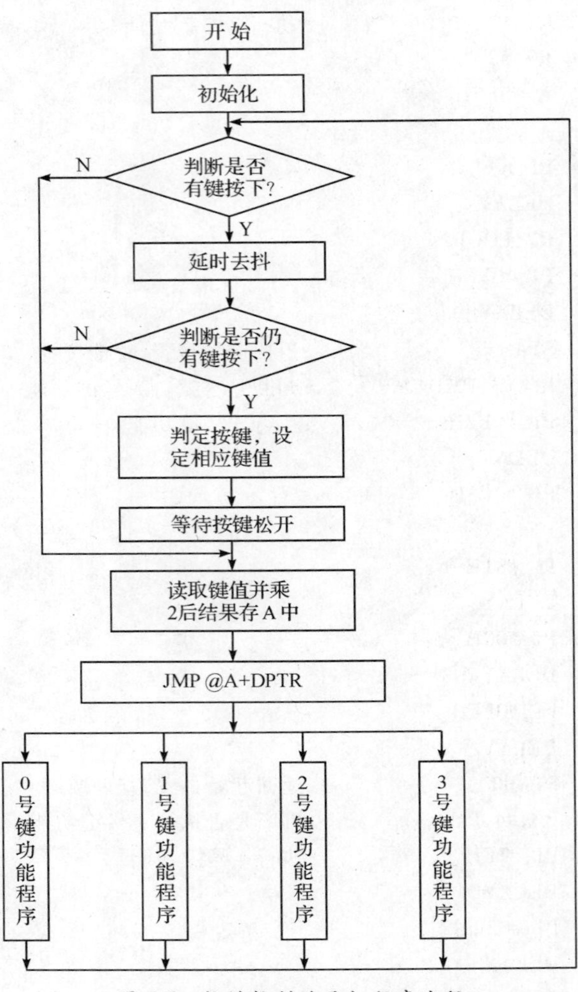


图 5-6　按键控制跑马灯程序流程

```
/* * * * * * * * * * * * * * 按键控制跑马灯控制程序 * * * * * * * * * * * * * * * * * */
        ORG     0000H
        LJMP    MAIN
        ORG     0030H
MAIN:   MOV     SP,#60H             ;设置栈顶
        MOV     DPTR,#INDEX         ;功能程序索引首址
        MOV     P0,#0FFH            ;准双向输入口写"1"
        MOV     R0,#0FFH            ;初始化键值寄存器
START:  MOV     A,P0                ;读取 P0 口
        ANL     A,#0FH              ;屏蔽无关位
        CJNE    A,#0FH,PSDOWN       ;判断是否有键按下
        LJMP    PMD                 ;无键按下,执行原功能程序
PSDOWN: LCALL   DELAY               ;延时去抖
        MOV     A,P0                ;读取 P0 口
        ANL     A,#0FH              ;屏蔽无关
```

```
            CJNE    A,#0FH,PSDOWN0    ;确认是否有键按下
            LJMP    PMD               ; 无键按下,执行原功能程序
PSDOWN0:    JNB     P0.0,PSDOWN1      ;判断是否 1 号键按下
            JNB     P0.1,PSDOWN2      ;判断是否 2 号键按下
            JNB     P0.2,PSDOWN3      ;判断是否 3 号键按下
            JNB     P0.3,PSDOWN4      ;判断是否 4 号键按下
PSDOWN1:    JNB     P0.0,MYM          ;等待按键松开
            MOV     R0,#0             ;保存对应键值
            LJMP    PMD               ;跳转对应程序执行口
PSDOWN2:    JNB     P0.1,MYM          ;等待按键松开
            MOV     R0,#1             ;保存对应键值
            LJMP    PMD               ;跳转对应程序执行口
PSDOWN3:    JNB     P0.2,MYM          ;等待按键松开
            MOV     R0,#2             ;保存对应键值
            LJMP    PMD               ;跳转对应程序执行口
PSDOWN4:    JNB     P0.3,MYM          ;等待按键松开
            MOV     R0,#3             ;保存对应键值
PMD:        MOV     A,R0
            CPL     A                 ;
            JZ      START             ;未曾有键按下 ,回起始处
            MOV     A,R0              ;读取键码
            RL      A                 ;左移一次,相当于乘 2
            JMP     @A+DPTR           ;跳转到程序执行索引处
            LJMP    START
INDEX:      SJMP    PMD0
            SJMP    PMD1
            SJMP    PMD2
            SJMP    PMD3
            NOP
            NOP
            LJMP    START
PMD0:       CLR     C                 ;0 号键功能程序
            MOV     R7,#8
            MOV     A,#0FFH
LOOP1:      RLC     A
            MOV     P1,A
            LCALL   DELAY
            DJNZ    R7,LOOP1
            MOV     P1,#0FFH
            LCALL   DELAY
            LJMP    START
PMD1:       CLR     C                 ;1 号键功能程序
```

```
        MOV     R7,#8
        MOV     A,#0FFH
LOOP2:  RRC     A
        MOV     P1,A
        LCALL   DELAY
        DJNZ    R7,LOOP2
        MOV     P1,#0FFH
        LCALL   DELAY
        LJMP    START
PMD2:   MOV     P1,#0E7H            ;2 号键功能程序
        LCALL   DELAY
        MOV     P1,#0C3H
        LCALL   DELAY
        MOV     P1,#81H
        LCALL   DELAY
        MOV     P1,#00H
        LCALL   DELAY
        MOV     P1,#0FFH
        LCALL   DELAY
        LJMP    START
PMD3:   MOV     P1,#7EH             ;3 号键功能程序
        LCALL   DELAY
        MOV     P1,#03CH
        LCALL   DELAY
        MOV     P1,#18H
        LCALL   DELAY
        MOV     P1,#00H
        LCALL   DELAY
        MOV     P1,#0FFH
        LCALL   DELAY
PM:     LJMP    START
DELAY:  MOV     R6,#250
DL1:    MOV     R5,#250
DL2:    DJNZ    R5,DL2
        DJNZ    R6,DL1
        RET
        END
```

程序 3:对应 C 语言程序。

```
#include <reg51.h>
  #define   uchar unsigned char
  #define   uint  unsigned int
```

```
/ * * * * * * * * * *延时子程序* * * * * * * * * * * * * * * * * * * /
void DelayMS(uint x)
{
  uchar i;
  while(x - - )
  {
  for(i = 0;i < 120;i + + );
  }
}

/ * * * * * * * * * * * *按键控制跑马灯主程序* * * * * * * * * * * * * * /
void main()
{
  uchar   key,keybak = 0xff,i;
  uchar   led;
   P0 = 0xff;
  while(1)
  {
     key = P0;   //读取键值
     key = key&0x0f;          //屏蔽无关位
     if(key!  = 0x0f)   //判断是否有键按下
     {
        DelayMS(100);    //延时去抖
        key = P0;
  key = key&0x0f;
   if(key!  = 0x0f)    //确认是否按键
      keybak = key;    //保存键值
      }
  while(key!  = 0x0f)   //等待按键松开
  {
  key = P0;
  key = key&0x0f;
  }
  switch(keybak)       //根据键值运行对应功能程序
  {
  case 0x0e:      //0 号键功能程序
   led = 0xfe;
     for(i = 0;i < 8;i + + )
     {
          P1 = led;
    led = (led < < 1) |0x01;
    DelayMS(100);
```

```
      }
      break;
  case 0x0d:   //1 号键功能程序
   led = 0x7f;
    for(i = 0;i < 8;i + + )
        {
          P1 = led;
    led = (led > > 1) |0x80;
     DelayMS(100);
        }
  break;
  case 0x0b:  //2 号键功能程序
  P1 = 0xe7;
  DelayMS(100);
  P1 = 0xc3;
  DelayMS(100);
  P1 = 0x81;
  DelayMS(100);
  P1 = 0x00;
  DelayMS(100);
  P1 = 0xff;
  DelayMS(100);
  break;
case 0x07:  //3 号键功能程序
  P1 = 0x7e;
  DelayMS(100);
  P1 = 0x3c;
  DelayMS(100);
  P1 = 0x18;
  DelayMS(100);
  P1 = 0x00;
  DelayMS(100);
  P1 = 0xff;
  DelayMS(100);
      break;
  default:  break;
      }
    }
}
```

## 5.1.4 实践发挥

1. 功能实现

在上例基础上修改软硬件电路,添加一按键,实现 5 个按键控制 5 种流水灯模式。

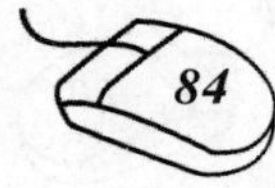

2. 实践要求

(1)绘制系统框图。

(2)设计仿真原理图。

(3)绘制软件流程图。

(4)编制程序并仿真运行。

3. 实践考核

实践考核如表5-1所示。

表5-1 实践考核表

| 班级 | | 姓名 | | 学号 |
|---|---|---|---|---|
| | | | | |
| 评价项目 | 评价内容 | 配分 | 评价标准 | 得分 |
| 系统方案(框图) | 系统功能分析 | 15 | 能正确划分系统各功能模块(5分) | |
| | | | 能正确绘制框图表示各功能模块连接关系(15分) | |
| 硬件电路 | 电子电路基础知识 | 20 | 掌握单片机芯片对应引脚名称、序号、功能(5分) | |
| | | | 按照系统功能正确绘制仿真原理图(15分) | |
| 软件流程图 | 软件功能分析与设计 | 15 | 软件功能模块完整性(5分) | |
| | | | 软件功能模块逻辑关系正确性(5分) | |
| | | | 流程图绘制规范性(5分) | |
| 程序编制、调试、运行 | 指令学习 | 5 | 能正确理解和应用指令(5分) | |
| | 程序分析、设计 | 15 | 能正确编写功能程序(15分) | |
| | 程序调试、运行 | 15 | 程序输入正确(5分) | |
| | | | 程序编译仿真正确(10分) | |
| 功能发挥 | 自主创新性 | 5 | 功能扩展(5分) | |
| 团结协作 | 集体意识 | 10 | 各成员分工协作,积极参与(10分) | |

## 5.2 任务2 多路抢答器设计

**任务目标:**学习MCS-51单片机中断工作原理,学会外部中断及PUSH、POP、RETI等指令应用。

**任务要求:**应用AT89C51芯片及简单的外围电路,设计制作一个4人抢答器,当按下“开始”按键并且数码管显示“0”后,参赛选手进行抢答,使用1位数码管显示最先按键的选手的号码并保持到下一次抢答开始。

**项目分析:**由于选手的抢答对于单片机系统来说,是突发事件,对突发事件能够实时得到响应,可利用单片机的中断系统实现。

### 5.2.1 知识预习

(1)MCS-51单片机有哪几个中断源?

(2)简述MCS-51单片机中断具体过程。

(3)比较程序设计中查询方式与中断处理方式各自的特点。

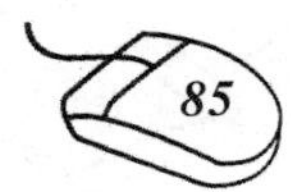

### 5.2.2 中断知识学习

1. 什么叫中断

以生活中的实例来说明什么是中断:当我们在家看书的时候,电话铃响了,这时就暂停看书去接电话,接完电话后,又从刚才被打断的地方继续往下看。在看书时被打断过一次的这一过程称为中断,而引起中断的原因,即中断的来源,就称为中断源。

当有多个中断同时发生时,计算机同时进行处理是不可能的,只能按照事情的轻重缓急一一处理,这种给中断源排队的过程,称为中断优先级设置。

如果不想理会某个中断源,就可以将它禁止掉,不允许它引起中断,这称为中断禁止,比如将电话线拔掉,以拒绝接听电话。只有将这个中断源打开,即中断允许,它所引起的中断才会被处理。

CPU 暂时中止其正在执行的程序,转去执行请求中断的那个外设或事件的服务程序,等处理完毕后再返回执行原来中止的程序,叫做中断。

2. 中断优点

1)并行处理能力

通过中断功能,可以实现微处理器和多个外设同时工作,仅在它们相互需要交换信息时才进行中断,这样微处理器可以控制多个外设并行工作,提高了微处理器的使用效率。

2)实时处理能力

计算机应用于实时控制时,现场的许多事件需要微处理器迅速响应,及时处理,而提出请求的时间往往又是随机的。有了中断系统,才能实现实时处理。

3)故障处理能力

在微处理器运行过程中,有时会出现一些故障,可以利用中断系统,通过执行故障处理程序进行处理,不影响其他程序的运行。

4)多通道程序或多重任务的运行

在操作系统的调度下,使微处理器运行多通道或多重任务。一个程序需要等待外设 I/O 操作结果时,就暂时挂起,同时启动另一道程序运行。I/O 操作完成后,挂起的程序再排队等待运行,这样多个程序交替运行。从大的时间范围来看,多道程序在同时运行,也可以给每道程序分配一个固定的时间间隔,利用时钟定时中断进行多道程序切换。由于微处理器速度快,I/O 设备速度慢,各道程序感觉不到微处理器在做其他的服务,好像专为自己服务一样。

3. 与中断相关概念

1)中断源

中断源是指能发出中断请求,引起中断的装置或事件。80C51 单片机的中断源共有 5 个,其中 2 个为外部中断源,3 个为内部中断源:

(1)INT0:外部中断 0,中断请求信号由 P3.2 输入。

(2)INT1:外部中断 1,中断请求信号由 P3.3 输入。

(3)T0:定时/计数器 0 溢出中断,对外部脉冲计数由 P3.4 输入。

(4)T1:定时/计数器 1 溢出中断,对外部脉冲计数由 P3.5 输入。

(5)串行中断:包括串行接收中断 RI 和串行发送中断 TI。

2)中断断点

由于中断的发生,某个程序被暂停执行,该程序中即将被执行但由于中断而没有被执行的那条指令的地址,成为中断断点,简称断点。

3)中断服务程序

处理中断事件的程序段被称为中断服务程序。中断服务程序不同于一般的子程序,子程序由某个程序调用,它的调用是由主程序设定的,因此是确定的。而中断服务程序由某个事件引发,它的发生往

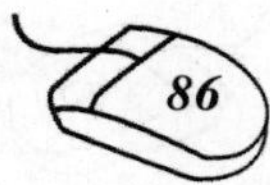

往是随机的，不确定的。

4. 中断控制寄存器

80C51 单片机中涉及中断控制的有 3 个方面 4 个特殊功能寄存器：

1）中断请求：定时和外中断控制寄存器 TCON

$\overline{\text{INT0}}$、$\overline{\text{INT1}}$、T0、T1 中断请求标志放在 TCON 中，串行中断请求标志放在 SCON 中。TCON 的结构、位名称、位地址和功能如表 5-2 所示。

**表 5-2　TCON 寄存器**

| TCON | D7 | D6 | D5 | D4 | D3 | D2 | D1 | D0 |
|---|---|---|---|---|---|---|---|---|
| 位名称 | TF1 | — | TF0 | — | IE1 | IT1 | IE0 | IT0 |
| 位地址 | 8FH | 8EH | 8DH | 8CH | 8BH | 8AH | 89H | 88H |
| 功能 | T1 中断标志 | T0 中断标志 | — | $\overline{\text{INT1}}$中断标志 | $\overline{\text{INT1}}$触发方式 | $\overline{\text{INT0}}$中断标志 | $\overline{\text{INT0}}$触发方式 | |

（1）TF1——T1 的溢出中断标志。当定时/计数器 T1 计数溢出后，由 CPU 内硬件自动置“1”，表示向 CPU 请求中断。CPU 响应中断后，片内硬件自动对其清“0”。TF1 也可以由软件程序查询其状态或由软件置位清 0。

（2）TF0——T0 的溢出中断标志。（同 TF1，只是针对 T0 的）

（3）IE1——外部中断 1（$\overline{\text{INT1}}$）请求标志。当 P3.3 引脚信号有效时，触发 IE1 置“1”，当 CPU 响应中断后，由片内硬件自动清 0（自动清 0 只适用边沿触发方式）。

（4）IE0——外部中断 0（$\overline{\text{INT0}}$）请求标志。其意义与功能与 IE1 相似。

（5）IT1——外部中断 1（$\overline{\text{INT1}}$）触发类型控制位。IT1 = 1，下降沿（边沿）触发。当 P3.3 引脚出现下跳边脉冲信号时有效；IT1 = 0，低电平触发。当 P3.3 引脚为低电平信号时有效。IT1 由软件职位或复位。

（6）IT0——外中断 0（$\overline{\text{INT0}}$）触发类型控制位，用法同 IT1。

2）串行控制寄存器 SCON

SCON 结构、位名称、位地址和功能如表 5-3 所示。

**表 5-3　SCON 寄存器**

| SCON | D7 | D6 | D5 | D3 | D2 | D1 | D0 | |
|---|---|---|---|---|---|---|---|---|
| 位名称 | — | — | — | — | — | — | TI | RI |
| 位地址 | — | — | — | — | — | — | 99H | 98H |
| 功能 | — | — | — | — | — | — | 串行发送中断标志 | 串行接收中断标志 |

（1）TI——串行口发送中断请求标志。

（2）RI——串行口接收中断请求标志。

CPU 在响应串行发送、接收中断后，TI、RI 不能自动清 0，必须由用户软件清 0。串行中断将在后续章节叙述。

3）中断允许控制寄存器 IE

MCS－51 单片机对中断源的开放与关闭（屏蔽）是由中断允许控制寄存器 IE 控制的，可用软件对各位分别置“1”或清“0”，从而实现对各中断源开中断或关中断。IE 结构、位名称、和位地址如表 5-4 所示。

**表 5-4　IE 寄存器**

| IE | D7 | D6 | D5 | D4 | D3 | D2 | D1 | D0 |
|---|---|---|---|---|---|---|---|---|
| 位名称 | EA | — | — | ES | ET1 | EX1 | ET0 | EX0 |
| 位地址 | AFH | — | — | ACH | ABH | AAH | A9H | A8H |
| 中断源 | CPU | — | — | 串行口 | T1 | $\overline{\text{INT1}}$ | T0 | $\overline{\text{INT0}}$ |

(1)EX0:外部中断0($\overline{INT0}$)中断允许控制位。EX0=1,允许$\overline{INT0}$中断,EX=0,屏蔽$\overline{INT0}$中断。

(2)EX1:外部中断0($\overline{INT1}$)中断允许控制位。EX0=1,允许$\overline{INT1}$中断,EX=0,屏蔽$\overline{INT1}$中断。

(3)ET0:定时/计数器0(T0)中断允许控制位。ET0=1,允许T0中断,ET0=0,屏蔽T0中断。

(4)ET1:定时/计数器1(T1)中断允许控制位。ET1=1,允许T1中断,ET1=0,屏蔽T1中断。

(5)ES:串行中断(包括串行发送、串行接收)允许控制位。ES=1,允许串行中断,ES=0,屏蔽串行口中断。

(6)EA:CPU中断总允许控制位。EA=1,CPU允许中断,EA=0,屏蔽所有5个中断源。

80C51对中断实行两级控制,总控制位是EA,每一中断源还有各自的控制位。首先要EA=1,其次还要自身的控制位置1表示允许中断,清0表示禁止本中断发生。EA=0表示无论其他位为何值都不会发生中断。

例如,要使$\overline{INT1}$,T0开中断,其余全关中断,可执行下列指令

```
MOV      IE,#10000110B
或:      SETB     EA
         SETB     EX1
         SETB     ET0
```

4)中断优先级控制寄存器IP

MCS-51单片机有5个中断源,划分为两个中断优先级,即高优先级和低优先级,每个中断优先级可以通过中断优先级控制寄存器IP中相应位来设定,对应位置"1"表示将该中断设为高优先级,对应位清"0"表示将该中断设为低优先级。IP寄存器如表5-5所示。

**表5-5　IP寄存器**

| IE | D7 | D6 | D5 | D4 | D3 | D2 | D1 | D0 |
|---|---|---|---|---|---|---|---|---|
| 位名称 | — | — | — | PS | PT1 | PX1 | PT0 | PX0 |
| 位地址 | — | — | — | BCH | BBH | BAH | B9H | B8H |
| 中断源 | — | — | — | 串行口 | T1 | $\overline{INT1}$ | T0 | $\overline{INT0}$ |

(1)PX0:INT0中断优先级控制位。PX0=1,为高优先级;PX0=0,为低优先级。

(2)PX1:INT1中断优先级控制位。控制方法同上。

(3)PT0:T0中断优先级控制位。控制方法同上。

(4)PT1:T1中断优先级控制位。控制方法同上。

(5)PS:串行口中断优先级控制位。控制方法同上。

MCS-51单片机的中断优先级有3条原则:

(1)正在进行的中断过程不能被新的同级或低优先级的中断请求所中断。

(2)正在进行的低优先级中断服务,能被高优先级中断请求所中断(中断嵌套)。

(3)CPU同时接收到几个中断时,首先响应优先级别最高的中断请求。如果是几个同一优先级别中断同时出现,则CPU将按其中断入口地址从小到大顺序(又称自然优先级)确定该响先应哪个中断请求,其顺序如表5-6所示。

**表5-6　同级中断优先级响应顺序关系表**

| 中断源 | 中断源标志 | 中断入口地址 | 自然优先级顺序 |
|---|---|---|---|
| 外部中断0 | IE0 | 0003H | 高 |
| 定时/计数器0 | TF0 | 000BH | ↓ |
| 外部中断1 | IE1 | 0013H | ↓ |
| 定时/计数器1 | TF1 | 001BH | ↓ |
| 串行口 | RI或TI | 0023H | 低 |

综上所述,MCS-51 单片机中断系统各寄存器结构关系如图 5-7 所示。

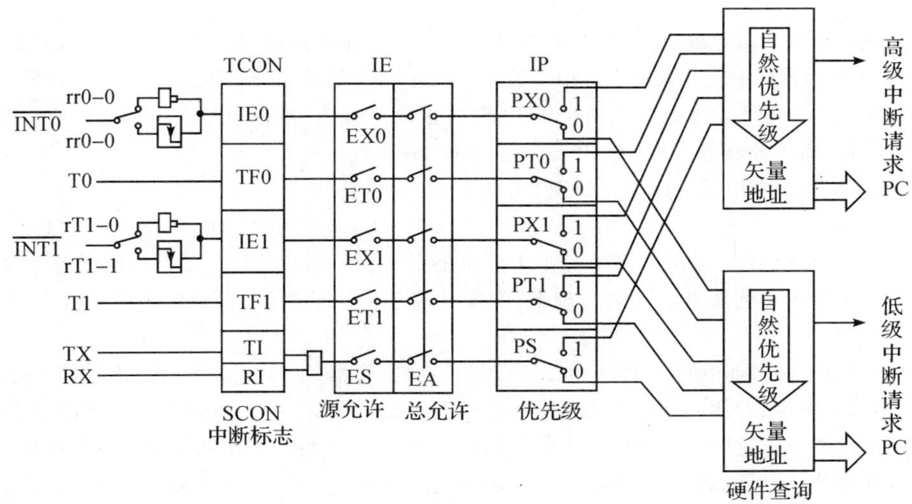


图 5-7　MCS-51 中断系统结构示意图

例如,若要将 INT0、T0 设置为高优先级,其余中断源设置为低优先级,可执行下列指令:

MOV IP,#00000011B;

需要指出的是,若置 5 个中断源全部为高优先级,就等于不分优先级。

5. 中断处理过程

中断处理过程可分为四个阶段,即中断请求、中断响应、中断服务、中断返回。

1)中断请求

中断源发出中断请求信号,相应的中断请求标志位自动置“1”。当中断源向 CPU 发出请求时,必须发出一个中断请求信号。若是外部中断源,则需将中断请求信号送到对应的外部中断引脚上,CPU 将相应中断请求标志位置“1”,为保证该中断得以实现,中断请求信号应保持到 CPU 响应该中断后才能取消。若是内部中断源,则内部硬件电路将自动置位该中断请求标志,一旦查询到某个中断请求标志位,CPU 就响应中断源中断。

2)中断响应

CPU 查询(检测)到某中断标志为“1”,在满足中断响应条件下,响应中断。

(1)中断响应条件。

①该中断已经“开中”。

②CPU 此时没有响应同级或更高级的中断。

③当前正处于所执行指令的最后一个机器周期;CPU 是在执行每一条指令最后一个周期时硬件自动检测中断标志是否置位,检测到有中断标志位就响应中断,在其他时间,CPU 不检测,即不会响应中断。

④正在执行的指令不是 RETI 或者是访问 IE、IP 的指令,否则必须再另外执行一条指令后才能响应。

(2)中断响应操作。CPU 响应中断后,进行下列操作:

①保护断点地址。因为 CPU 响应中断时中断正在执行的程序,转而执行中断服务程序,中断服务程序执行完毕后,还要返回被中断的地方继续运行程序,因此必须把断点地址(断点的当前 PC 值)记下来,以便正确返回。断点地址由硬件自动保存在堆栈中。

②撤除该中断源的中断请求标志。响应中断后,其中断标志位必须撤销,否则中断返回后将会重复中断响应而出错。对 MCS-51 单片机来说,有的中断请求标志在 CPU 响应中断后,由 CPU 硬件自动清“0”。但有的中断请求标志(如串行口中断)必须由指令程序对该中断标志位清“0”。

③关闭同级中断。在中断响应后,同一优先级的中断被暂时屏蔽,待中断返回时,再重新自动开启。

④将相应中断的入口地址送入 PC。MCS-51 单片机每一个中断源都有固定的中断入口地址,当某一个中断源中断,在 PC 中就装入哪一个中断源响应的中断入门口地址。因此每一个中断源的中断服务子程序必须从其中断入口地址处开始存放,才能被正确执行,一般在中断入口地址处存放一条长转移指令,这样可以将中断服务子程序放在其他地方执行。

MCS-51 单片机 5 个中断入口地址如表 5-6 所示。

3)中断服务

CPU 中断响应后转入中断服务程序入口,从中断服务子程序第一条指令开始到返回指令为止,这个过程称为中断处理或中断服务。一般情况下,中断处理包括保护现场、执行中断服务程序主体、恢复现场。

(1)保护现场。在中断服务子程序中,通常用到一些寄存器,而这些寄存器在主程序中也被用到,这样,对于主程序来说,存放在这些寄存器中的数据已经遭到破坏,因此当返回主程序断点处时,运行将会出错。因此要求把这些寄存器中在中断前的数据保存起来,待返回中断时恢复。一般将这些寄存器数据保存在堆栈中。所谓保护现场,是指把断点处有关寄存器数据压入堆栈中保护,以便返回时恢复。

(2)执行中断服务程序主体。中断服务程序是中断请求处理的核心和主题。

(3)恢复现场。与保护现场相对应,中断返回前,应将进入中断服务程序时保护的有关寄存器内容从堆栈中弹出,送回原相应寄存器中,以便返回断电后能正确执行原程序。需要注意,利用堆栈保护和恢复现场需要遵循先进后出的原则。

4)中断返回

在中断服务程序最后,必须安排一条中断返回指令 RETI,当 CPU 执行 RETI 指令后,自动完成下列操作:

(1)恢复断点地址。CPU 硬件自动将原来压入堆栈中的 PC 断点地址从堆栈中弹出,送回 PC 中,这样 CPU 就返回到原断点处,继续执行被中断的程序。

(2)开放同级中断,以便允许同级中断源请求中断。

以上为中断过程,在此之前必须完成中断初始化,如设置堆栈、定义外部中断触发方式(电平触发、边沿触发)、定义中断优先级、开中断允许等。

6. 中断响应时间

向 CPU 申请中断到响应中断,若排除 CPU 正在响应同级或更高级的中断情况,中断响应等待时间为 3 ~ 8 个机器周期。一般情况是 3 ~ 4 机器周期,执行 RETI 或访问 IE、IP 指令,且后一条指令是乘法指令时,最长可达 8 个机器周期。

7. 中断请求撤销

CPU 响应某中断请求后,TCON 和 SCON 中的中断请求标志应及时清除。否则会引起另一次中断。MCS-51 个中断源请求撤销的方法各不同。

1)定时中断请求撤销

CPU 响应中断后,就由硬件自动清除 TF0 或 TF1 标志位,即中断请求标志自动撤销,无需采取其他措施。

2)外部中断请求的撤销

外部中断请求的撤销包括两项内容:中断标志位清 0 和外部中断请求信号的撤销。

对于边沿触发方式的外部中断,CPU 响应中断后,由硬件自动将 IE0 或 IE1 标志清“0”。而中断请求信号由于是脉冲信号,过后就消失,也可以说中断请求信号时自动撤销。

对于电平触发方式的外部中断,CPU 在响应中断后,由硬件自动将 IE0 或 IE1 标志位清“0”。但中

断请求信号的低电平可能还继续存在，在以后机器周期采样时，又会把已清“0”的标志位重新置“1”，为此，要彻底撤销电平方式触发外中断的请求信号，除了标志位清“0”外，还需将在中断响应后把中断请求信号引脚从低电平强制改变为高电平。因此在 MCS-51 用户系统中，要增加如图 5-8 所示的外中断撤销电路。

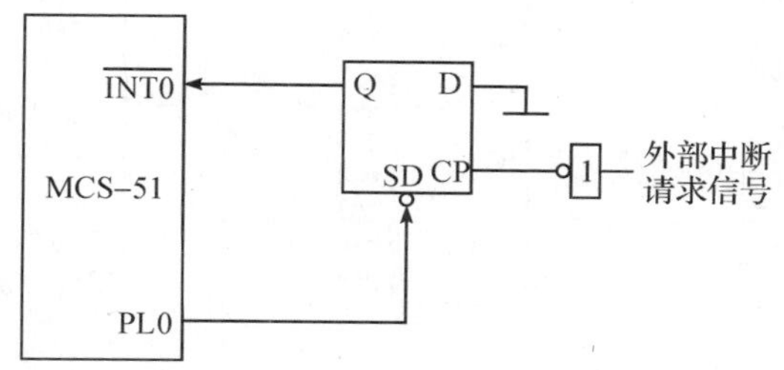


图 5-8　电平触发外部中断请求信号撤销电路

由图 5-8 可知，外部中断请求信号不直接加在$\overline{INT0}$（或$\overline{INT1}$）引脚上，而是经过非门加 D 触发器的 CP 端。由于 D 端接地，当有外部中断请求时，D 触发器置 0 使$\overline{INT0}$（或$\overline{INT1}$）有效，向 CPU 发出中断请求。CPU 响应中断后，利用一根口线作为应答线，图中 P1.0 接 D 触发器的直接置位 SD 端，因此只要 P1.0 输出一个负脉冲就可以使 D 触发器置 1，从而消除了低电平的中断请求信号。所需的负脉冲可通过中断服务程序中增加两条指令得到：

```
ORL   P1,#01H    ;P1.0 输出高电平
ANL   P1,#0FEH   ;P1.0 输出低电平
```

因此，电平触发方式外部中断的撤销是通过软硬结合的方法来实现的。

3）串行中断请求的撤销

CPU 响应串行口中断后，硬件不能自动清除 RI 和 TI 标志。因为在中断响应后，还需测试者两个标志位的状态，以判定是接收还是发送，然后才能清除。所以串行口中断请求撤销应使用软件方法，在中断服务程序中进行。

如：

```
CLR    TI    ;清 TI 标志位
CLR    RI    ;清 RI 标志位
```

8. 中断嵌套

如图 5-9 所示，当 CPU 正在执行某个中断服务程序时，如果发生更高一级的中断源请求中断，CPU 可以“中断”正在执行的低优先级中断，转而响应更高一级的中断，这就是中断嵌套。中断嵌套只能高优先级“中断”低优先级，低优先级不能“中断”高优先级，同一优先级也不能相互“中断”。

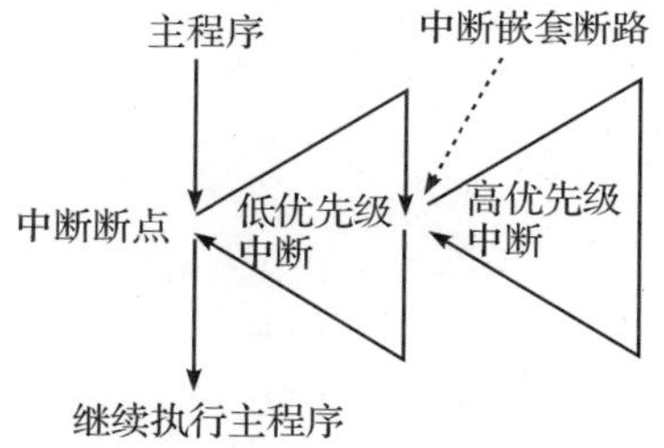


图 5-9　中断嵌套示意图

中断嵌套结构类似于调用子程序嵌套，不同的是：

（1）子程序嵌套是在程序中事先安排好的；中断嵌套是随机发生的。

（2）子程序嵌套无次序限制，中断嵌套只允许高优先级“中断”低优先级。

9. 指令学习

1）堆栈操作指令（2 条）

（1）进栈指令：PUSH direct；SP + 1→SP，（direct）→（SP）。

功能：将指定的直接寻址单元中的数据压入堆栈（SP 所指向的内存单元）。首先，SP 内容加 1，从而 SP 指向下一个内存单元，然后将数据压入 SP 指定的内存单元中。

例如，（SP）= 0FH，执行 PUSH 30H；（30H）= 2BH，具体操作是：

①先将堆栈指针 SP 的内容（0FH）加 1，指向堆栈顶的一个空单元，此时 SP = 10H。

②然后将指令指定的直接寻址单元 30H 中的数据(2BH)送到该空单元中,如图 5-10 所示。

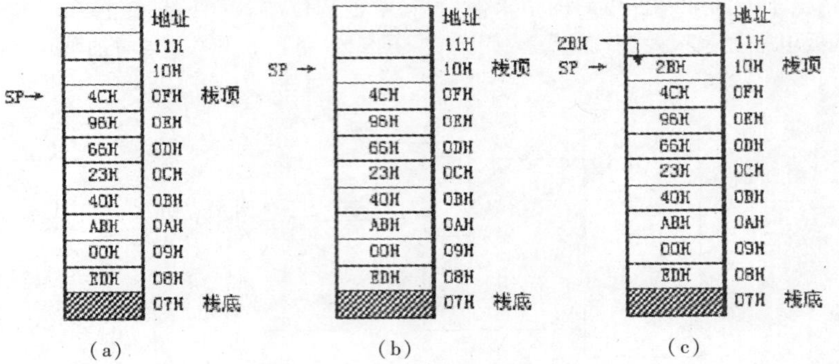


图 5-10　PUSH 指令操作过程

(a)SP 原始状态　　(b)SP + 1→SP 指令顶空单元　　(c)direct 中数据压入堆栈

(2)出栈指令:POP direct;(SP)→(direct),SP-1→SP。

功能:是将当前堆栈指针 SP 所指向的单元中数据弹出到指定的存储器中。

例如,(SP) = 0FH,POP 40H;(40H) = 4CH,具体操作是:

①先将 SP 所指单元 0FH(栈顶地址)中的数据(4CH)弹出,送到指定的内 RAM 单元 40H,(40H) = 4CH;

②然后 SP-1→SP,SP = 0EH,SP 仍指向栈顶地址,如图 5-11 所示。

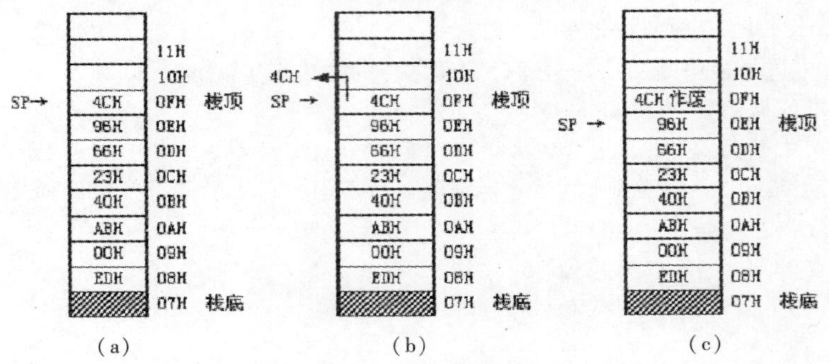


图 5-11　POP 指令操作过程

(a)SP 原始状态　　(b)栈顶单元内容→(direct)　　(c)SP→1→SP,指向栈顶地址

**【例 5-6】** 已知 SP = 60H,求执行下列程序指令后的结果,并写在注释区内。

```
MOV     DPTR,#1234H ;    DPTR = 1234,DPH = 12H,DPL = 34H
PUSH    DPH         ;    SP = SP + 1 = 61H,(61H) = DPH = 12H
PUSH    DPL         ;    SP = SP + 1 = 62H,(62H) = DPH = 34H
MOV     DPTR,#5678H ;    DPTR = 5678,DPH = 56H,DPL = 78H
POP     DPH         ;    DPH = (SP) = (62H) = 34H,SP = SP - 1 = 61H
POP     DPL         ;    DPL = (SP) = (61H) = 78H,SP = SP - 1 = 60H
```

### 5.2.3　任务实施

应用 AT89C51 芯片及简单的外围电路,设计制作一个 4 人抢答器,当按下“开始”按键并且数码管显示“0”后,参赛选手进行抢答,使用 1 位数码管显示最先按键的选手的号码并保持到下一次抢答开始。

1. 硬件电路设计

利用 AT89C51 芯片 P0 口控制 1 位数码管进行选手编号的显示,利用 P1 口的 P1.0 ~ P2.4 引脚连接 5 只按键。使用 74LS21 与门芯片实现按键信号的识别及选手间的屏蔽,如图 5-12 所示。

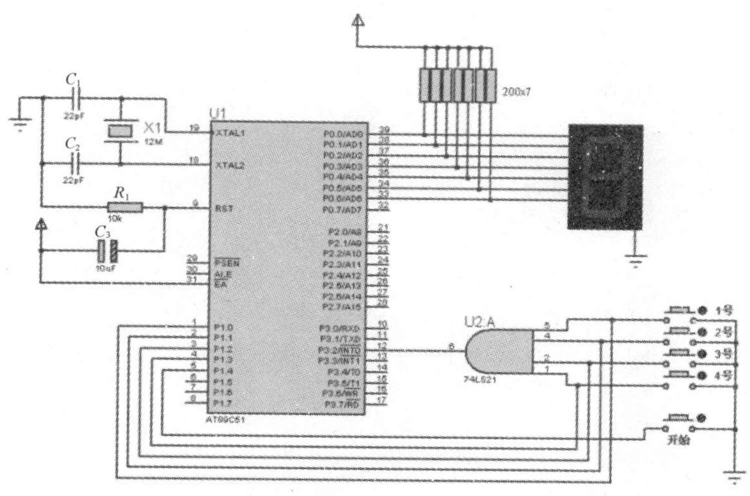

图 5-12　4 路抢答器硬件原理图

2. 程序设计

当某一抢答按键按下时，与门输出由高电平变为低电平，并向 CPU 申请中断，CPU 响应中断后通过中断服务子程序对 P1 口引脚电平判断，以确定是几号按键按下，并对应显示在数码管中。此过程几毫秒之内可完成，并完全可以区分各按键按下先后顺序。程序在初始化时将中断允许位 EA 置“1”，而在“开始”按键按下后再将 EX0 置“1”此时外部中断 0 允许中断，此时当抢答按键按下时，响应中断，执行中断服务子程序识别按键号，并将 EX0 位清“0”，此时其他按键按下时将不再响应，如图 5-13 所示。

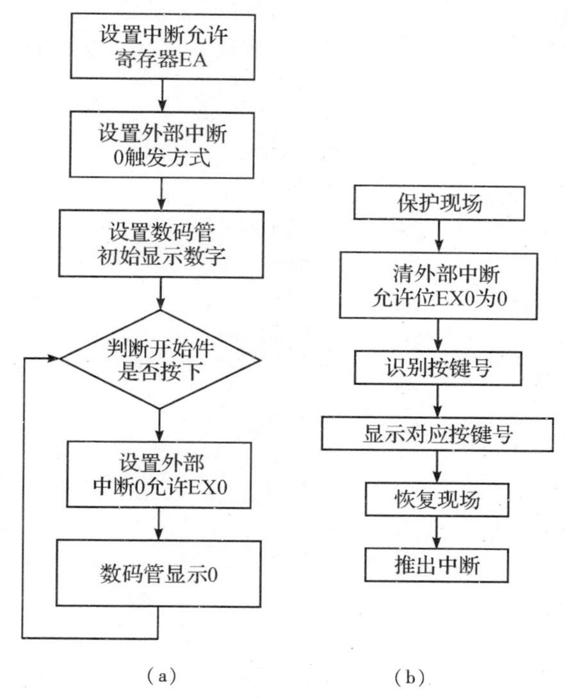


图 5-13　抢答器主程序与中断服务子程序

(a)抢答器主程序　　(b)中断服务程序

程序如下：

```
        ORG     0000H
        LJMP    MAIN
        ORG     0003H           ;外部中断 0 入口地址
        LJMP    INTT0
        ORG     0100H
MAIN:   SETB    IT0             ;设置外部中断 0 边沿触发方式
        SETB    EA              ;设置中断允许位
        MOV     P1,#0FFH        ;准双向口各位写“1”
        MOV     P0,#0ffH        ;数码管初始显示笔形码
WAIT:   JB      P1.4,MYM        ;等待“开始键”按下
        ACALL   DELAY           ;延时去抖
        JB      P1.4,WAIT       ;按键误判
        JNB     P1.4,MYM        ;却实右键按下,等待按键松开
        MOV     P0,#3fH         ;数码管显示“0”
        SETB    EX0             ;开外部中断 0
        AJMP    WAIT            ;回判“开始”按键
INTT0:  PUSH    PSW             ;保护现场
        PUSH    ACC             ;
        CLR     EX0             ;清外部中断 0 允许位
        JNB     P1.0,XS1        ;判断是否 1 号键按下
        JNB     P1.1,XS2        ;判断是否 2 号键按下
        JNB     P1.2,XS3        ;判断是否 3 号键按下
        JNB     P1.3,XS4        ;判断是否 4 号键按下
BACK:   POP     ACC             ;恢复现场
        POP     PSW             ;
        RETI    ;中断返回
XS1:    MOV P0,#06H             ;显示  1 号键
        AJMP    BACK            ;回中断返回处
XS2:    MOV P0,#5bH             ;显示  2 号键
        AJMP    BACK            ;回中断返回处
XS3:    MOV P0,#4fH             ;显示  3 号键
        AJMP    BACK            ;回中断返回处
XS4:    MOV P0,#66H             ;显示  4 号键
        AJMP    BACK            ;回中断返回处
DELAY:  MOV     R6,#100         ;延时子程序
DL1:    MOV     R5,#100
DL2:    DJNZ    R5,DL2
        DJNZ    R6,DL1
        RET

        END
```

C 语言程序如下：

```
#include <reg51.h>
  #define   uchar unsigned char
  #define   uint   unsigned int

  /************ 延时子程序 ******************/
void DelayMS(uint x)
{
  uchar i;
  while(x--)
  {
  for(i=0;i<120;i++);
  }
}

  void qdqint0(void) interrupt 0 using 1
  {
     uchar key;
     EX0 =0;               //观外部中断
  key = (P1&0x0f);    //读取按键
  switch(key)    //  根据键值显示键号
  {
   case 0x0e:    P0 =0x06;break;
   case 0x0d:    P0 =0x5b;break;
   case 0x0b:    P0 =0x4f;break;
   case 0x07:    P0 =0x66;break;
  }
  }
 void main()
  {
  uchar startkey;
  IT0 =1;              //设置外部中断 0 边沿触发方式
  EA =1;    //设置中断允许位
  P1 =0xff;     //准双向口各位写"1"
  P0 =0xff;     //数码管初始显示"8"
 while(1)
 {
 if((startkey = P1&0x10) = =0x00)    //初判是否有键按下
  {
    DelayMS(50);    //延时去抖
 if((startkey = P1&0x10) = =0x00)   //确认是否右键按下
  {
```

```
while((startkey = P1&0x10) = =0x00);//等待按键松开
EX0 =1;    //开外部中断0
P0 =0x3f;    //数码管显示"0"
 }
  }
 }
}
```

### 5.2.4 实践发挥

1. 功能实现

在上例基础上修改软硬件电路,添加一个以上按键,实现多路抢答器功能。

2. 实践要求

(1)绘制系统框图。

(2)设计仿真原理图。

(3)绘制软件流程图。

(4)编制程序并仿真运行。

3. 实践考核

实践考核内容如表5-7所示。

表5-7 实践考核表

| 班级 | | 姓名 | | 学号 |
|---|---|---|---|---|
| | | | | |

| 评价项目 | 评价内容 | 配分 | 评价标准 | 得分 |
|---|---|---|---|---|
| 系统方案(框图) | 系统功能分析 | 15 | 能正确划分系统各功能模块(5分) | |
| | | | 能正确绘制框图表示各功能模块连接关系(15分) | |
| 硬件电路 | 电子电路基础知识 | 20 | 掌握单片机芯片对应引脚名称、序号、功能(5分) | |
| | | | 按照系统功能正确绘制仿真原理图(15分) | |
| 软件流程图 | 软件功能分析与设计 | 15 | 软件功能模块完整性(5分) | |
| | | | 软件功能模块逻辑关系正确性(5分) | |
| | | | 流程图绘制规范性(5分) | |
| 程序编制、调试、运行 | 指令学习 | 5 | 能正确理解和应用指令(5分) | |
| | 程序分析、设计 | 15 | 能正确编写功能程序(15分) | |
| | 程序调试、运行 | 15 | 程序输入正确(5分) | |
| | | | 程序编译仿真正确(10分) | |
| 功能发挥 | 自主创新性 | 5 | 功能扩展(5分) | |
| 团结协作 | 集体意识 | 10 | 各成员分工协作,积极参与(10分) | |

## 5.3 任务3 电子乐曲制作

**任务目标:**学习MCS-51单片机定时计数器工作原理,学会定时中断应用,学会乐曲制作及控制工作原理。

**任务要求:**通过单片机用定时器控制蜂鸣器,进一步学习MCS-51单片机芯片定时器工作原理,定时器初始值计算方法,定时中断编程方法,熟悉数字音乐制作原理。

**项目分析:**由于蜂鸣器声音需要很高的频率,因此采用定时器频繁中断产生所需频率的信号控制扬声器,完成乐曲演奏。

### 5.3.1 知识预习

(1)简述 MCS-51 单片机内部定时/计数器工作原理。定时/计数器的本质是什么?

(2)举例说明定时/计数器工作于定时器工作方式有哪些应用?工作于计数器工作方式时有哪些应用?

(3)简述电子乐曲工作原理。

### 5.3.2 知识学习

1. 定时/计数器概述

在单片机系统中,实现延时常采用硬件定时、软件定时、可编程定时/计数器。硬件定时通常由硬件电路来实现定时功能,如采用555定时电路,外接必要的元器件(电阻和电容),即可构成硬件定时电路。但在硬件连接好以后,定时值预定时范围不能由软件进行控制和修改,应用的灵活性受到限制,且定时时间容易漂移。软件定时(延时子程序)是执行一段循环程序来进行时间延时,优点是无额外硬件开销,时间比较精确,但占用 CPU 时间,降低了 CPU 的利用率。定时/计数器结合了软件定时精确和硬件定时电路独立的特点,是单片机系统一个重要部件,其工作方式灵活、编程简单、使用方便,可用来实现定时控制、延时、频率测量、脉宽测量、信号发生、信号检测等,还可以作为串行通信中波特率发生器。

MCS-51 单片机内部通常有16位定时/计数器 T0 和 T1,其核心是计数器,基本功能是加1,T0 和 T1 都具有两种工作模式,即计数器工作模式和定时器工作模式。

1)计数器工作模式

对外来脉冲进行计数,T0(P3.4)和 T1(P3.5)为计数脉冲输入端,等计数输入引脚的脉冲发生负跳变(下降沿)时,计数器加1,每来一个脉冲计数器加1,当加到计数器为全1(即 FFFFH)时,再输入一个脉冲就使计数器回零,且计数器的溢出使 TCON 的 TF0(T0)或 TF1(T1)置1,表示计数已满,并向 CPU 发出中断请求(定时器/计数器中断允许时)。作为计数模式时,由于受内部硬件限制,外部脉冲最高频率不能超过时钟频率的1/24,如 $f_{osc}$ = 12MHZ,外部脉冲频率不能高于500KHZ,因为 CPU 确认一次脉冲跳变需要两个机器周期。

2)定时器工作模式

对周期性的片内脉冲计数,计数的脉冲周期是 $f_{osc}$ 的1/12(1机器周期),计数一定脉冲数,则对应的时间固定,从而达到定时功能。若 $f_{osc}$ = 12MHZ,1机周位1us;若 $f_{osc}$ = 6MHZ,1机周位2us,机器脉冲周期时间乘以机周数(计数值)就是定时时间。同计数模式一样,当定时器对内部脉冲每来一个脉冲计数器加1,当加到计数器为全1(即 FFFFH)时,再输入一个脉冲就使计数器回零,且计数器的溢出使 TCON 的 TF0(T0)或 TF1(T1)置1,表示定时时间已到,并向 CPU 发出中断请求(定时器/计数器中断允许时)。

综上所述,定时/计数器两种工作模式本质上都是计数器,区别是计数模式是对外部信号计数(其周期未知),而定时模式是对内部脉冲计数(其周期已知)。

2. 定时/计数器相关寄存器

定时/计数器结构如图5-14所述,其实质是加1计数器(16位),由高8位和低8位两个寄存器组成。TMOD 是定时/计数器的工作方式寄存器,确定工作方式和功能;TCON 是控制寄存器,控制 T0、T1 的启动和停止及设置溢出标志。

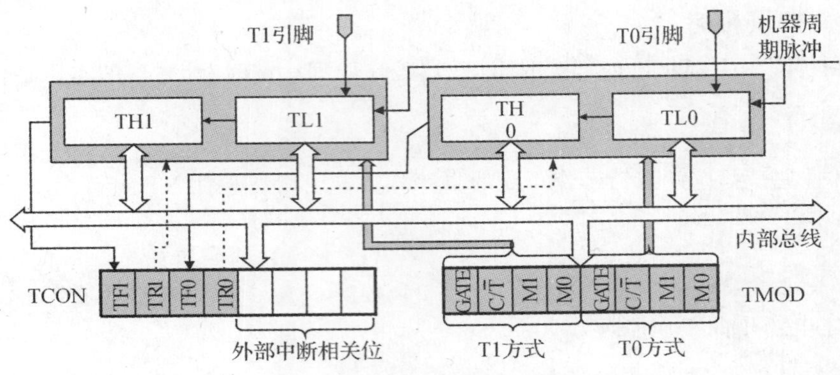


图 5-14　定时/计数器内部结构

1)定时/计数器控制寄存器 TCON

TCON 的结构和各位名称、位地址如表 5-8 所示。

**表 5-8　TCON 寄存器各位名称、位地址**

| TCON | T1<br>中断标志 | T1 启动运行控制位 | T0<br>中断标志 | T0<br>运行标志 | TNT1<br>中断标志 | INT1<br>触发方式控制位 | TNT0<br>中断标志 | INT0<br>触发方式控制位 |
|---|---|---|---|---|---|---|---|---|
| 位名称 | TF1 | TR1 | TF0 | TR0 | IE1 | IT1 | IE0 | IT0 |
| 位名称 | 8FH | 8EH | 8DH | 8CH | 8BH | 8AH | 89H | 88H |

TCON 低 4 位与外部中断 0、外部中断 1 有关,已在中断中叙述。高 4 位与定时/计数器 T0、T1 有关。

(1)TF1:定时/计数器 T1 溢出标志。

(2)TF0:定时/计数器 T0 溢出标志。

(3)TR1:定时/计数器 T1 运行控制位。TR1 = 1,T1 运行;TR1 = 0,T1 停。

(4)TR0:定时/计数器 T0 运行控制位。TR0 = 1,T0 运行;TR0 = 0,T0 停。

TCON 的字节地址为 88H,每一位有位地址,均可位操作。

2)定时/计数器控制工作方式寄存器 TMOD

工作方式寄存器 TMOD 用于设置定时/计数器的工作方式,低 4 位用于 T0,高 4 位用于 T1。其格式如表 5-9 所示。

**表 5-9　TMOD 的结构和各位名称、功能**

| 高 4 位控制 T1 | | | | 低 4 位控制 T0 | | | |
|---|---|---|---|---|---|---|---|
| 门控位 | 计数/定时方式选择 | 工作方式选择 | | 门控位 | 计数/定时方式选择 | 工作方式选择 | |
| G | $C/\overline{T}$ | M1 | M0 | G | $C/\overline{T}$ | M1 | M0 |

(1)M1M0:工作方式设置位。定时/计数器有 4 种工作方式,由 M1M0 进行设置,如表 5-10 所示。

**表 5-10　M1M0 的 4 种工作方式**

| M1M0 | 工作方式 | 功能 |
|---|---|---|
| 00 | 方式 0 | 13 位计数器 |
| 01 | 方式 1 | 16 位计数器 |
| 10 | 方式 2 | 2 个 8 位计数器,初值自动装入 |
| 11 | 方式 3 | 2 个 8 位计数器,仅适用 T0 |

(2) C/$\overline{T}$定时/计数模式选择位。

C/$\overline{T}$ = 0 为定时模式,对片内机周脉冲计数,用作定时。

C/$\overline{T}$ = 1 为计数模式,对外部脉冲计数,负跳变脉冲有效。

(3) GATE:门控位。GATE = 0 时,只要用软件使 TCON 中的 TR0 或 TR1 为 1,就可以启动定时/计数器工作;GATA = 1 时,要用软件使 TR0 或 TR1 为 1,同时外部中断引脚或为高电平时,才能启动定时/计数器工作,即此时定时器的启动条件,加上了引脚或为高电平这一条件。

TMOD 字节地址为 89H,不能位操作。因此,设置 TMOD 须用字节操作指令。

3. 定时/计数器工作方式

前述 MCS-51 单片机定时器/计数器有 4 种工作方式,由 TMOD 中 M1M0 的状态确定。

1) 方式 0

方式 0 为 13 位计数,由 TL0 的低 5 位(高 3 位未用)和 TH0 的 8 位组成(见图 5-15)。TL0 的低 5 位溢出时向 TH0 进位,TH0 溢出时,TCON 中的 TF0 标志位置 1,向 CPU 发出中断请求,最大计数值 $2^{13}$ = 8192(计数器初值为 0),若 $f_{osc}$ = 12MHz,最大定时为 8192uS。

定时器模式时有:$N = t/Tcy$($t$:定时时间,$Tcy$:机器周期;$N$:定时时常为 $t$ 时所需要计数个数)

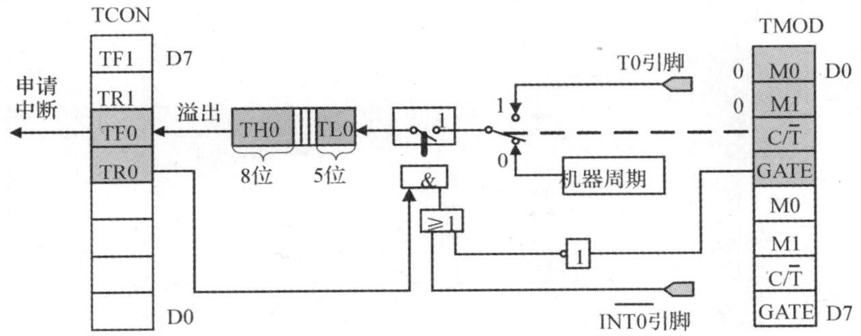


图 5-15　定时/计数器 0 工作方式 0

计数初值计算的公式为:$X = 2^{13} - N$。

定时器的初值还可以采用计数个数直接取补法获得;计数模式时,计数脉冲是 T0 引脚上的外部脉冲。

门控位 GATE 具有特殊的作用。当 GATE = 0 时,经反相后使或门输出为 1,此时仅由 TR0 控制与门的开启,与门输出 1 时,控制开关接通,计数开始;当 GATE = 1 时,由外中断引脚信号控制或门的输出,此时控制与门的开启由外中断引脚信号和 TR0 共同控制。当TR0 = 1 时,外中断引脚信号引脚的高电平启动计数,外中断引脚信号引脚的低电平停止计数。这种方式常用来测量外中断引脚上正脉冲的宽度。

2) 工作方式 1

方式 1 的计数位数是 16 位(见图 5-16),由 TL0 作为低 8 位、TH0 作为高 8 位,组成了 16 位加 1 计

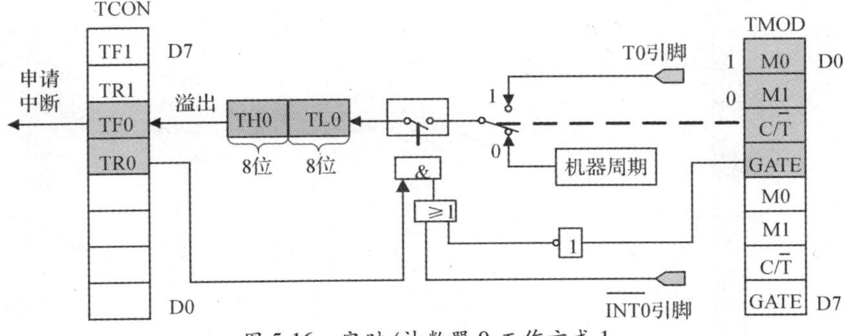


图 5-16　定时/计数器 0 工作方式 1

数器。当 M1M0 = 01 时，定时/计数器工作于方式 1，内部计数器为 16 位，由 TL0 作低 8 位，TH0 作高 8 位，16 位计满溢出时，TF0 置 1，方式 1 最大计数值为 $2^{16}=65536$，若 $f_{osc}=12\text{MHz}$，最大定时为 65536us。计数个数与计数初值的关系为：$X=2^{16}-N$.

3）工作方式 2

在方式 0 和方式 1 工作时，当完成一次计数后，下一次工作时应重新设置初值，这不但影响定时精度，而且也给程序设计带来不便。如图 5-17 所示，方式 2 为自动重装初值的 8 位定时/计数器。该方式把高 8 为计数寄存器 TH0（TH1）作为计数常数寄存器，用于预制并保存计数初值，而把低 8 位寄存器 TL0（TL1）作为计数寄存器。当计数寄存器溢出时，自动又将计数常数寄存器 TH0（TH1）再装入 TL0（TL1）中，以进行下一次的计数工作。这样，方式 2 可以连续多次工作，直到有停止计数命令为止。当 M1M0 = 10 时，定时/计数器工作在方式 2 下，计数个数与计数初值的关系为：$X=2^{8}-N$，其最大计数值为 $2^{8}=256$，计满溢出后，TF0（TF1）置 1，方式 2 的优点是定时初值可自动恢复，缺点是技术范围小。因此方式 2 适用于需要重复定时，而定时范围不大的应用场合。例如，常用于固定脉宽的脉冲，还可以作为串行口的波特率发生器使用。

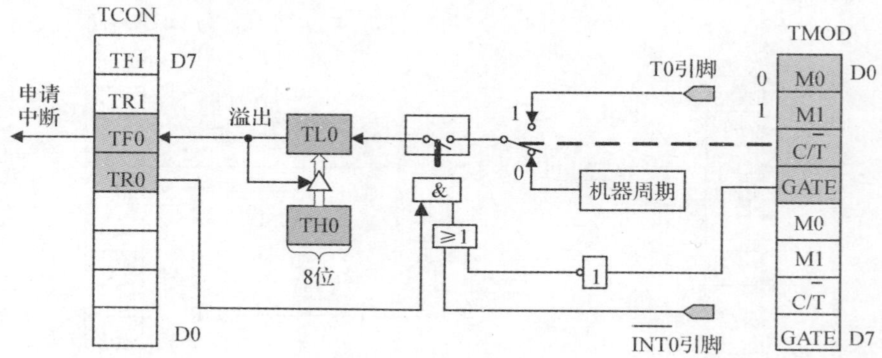


图 5-17 定时/计数器 0 工作方式 2

4）工作方式 3

工作方式 3 只使用于定时器 T0（见图 5-18），T0 在该方式下被拆成两个独立的 8 位计数器 TH0 和 TL0，8 位定时/计数器 TL0 占用了原来 T0 的一些控制位和引脚，它们是引脚 T0、$\overline{\text{INT0}}$以及控制位 TR0、GATE、C/$\overline{\text{T}}$和溢出标志位 TF0，该 8 位定时器功能同方式 0 或方式 1 完全相同，既可作定时也可做计数。另一个 8 位定时器 TH0 只能完成定时功能，并使用了定时/计数器 T1 的控制启动位 TR1 和溢出标志位 TF1。由于 TL0 既能作定时器使用，而同时 TH0 又能做定时器使用，因此在工作方式 3 下，定时器/计数器 0 可以构成两个定时器或一个定时器和一个计数器。

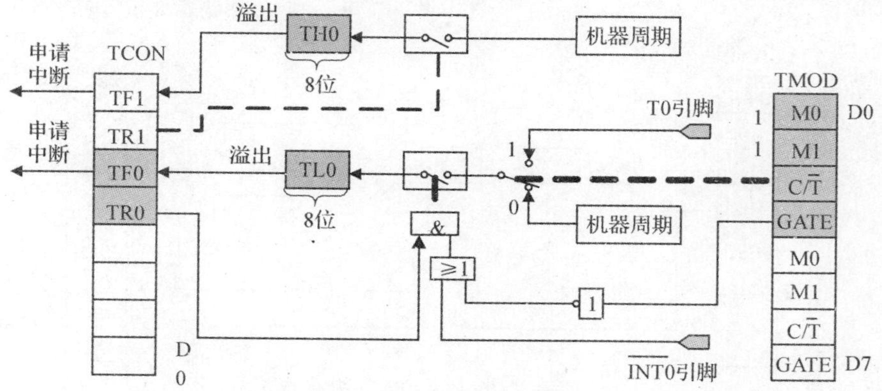


图 5-18 定时/计数器 0 工作方式 3

当定时器T0已工作在工作方式3,则定时器T1只能工作在方式0、方式1或方式2下,因为它的控制启动位TR1和溢出标志位TF1已被定时器T0借用。在这种情况下,T1通常作为串行口的波特率发生器使用,以确定串行通信的速率。因为已没有计数溢出标志TF1可供使用,因此只能把计数溢出直接送给串行口。当作为波特率发生器使用时,只需设置好工作方式,定时器T1自动开始运行;若要停止工作,只需送入一个设置定时器1为方式3的控制字。因为定时器1不能在方式3下使用,如果硬把它设置为方式3,就停止工作。通常把定时器1设置为方式2作为波特率发生器比较方便。

**【例5-7】** 已知晶振6MHz,要求定时0.5ms,试分别求出T0工作于方式0、方式1、方式2、方式3时的定时初值。

分析:由上述4种工作方式可知,定时计数器初始值计算公式为:

$$T_{初值} = 2^N - (定时时间/机周时间)$$

式中:$N$与工作方式有关:

方式0时,$N=13$;

方式1时,$N=16$;

方式2、3时,$N=8$。

机周时间与主振频率有关:机周时间 $=12/f_{osc}$,$f_{osc}=12$MHZ时,1机周 $=1\mu s$;$f_{osc}=6$MHZ时,1机周 $=2\mu s$。

解:(1)工作方式0:

$X=2^{13}-N=2^{13}-500\mu s/2\mu s=8192-250=7942=$ 1F06H

1F06H化成二进制:1F06H = 0001 1111 0000 0110B = 000 11111000 00110 B

由于方式0为13位定/时计数器,因此去掉高3位000,后的低13位分别赋值给相应TH0和TL0。其中:低5位00110前添加3位000送入TL0,TL0 = 000 00110B = 06H;高8位11111000B送入TH0,TH0 = 11111000B = F8H。

(2)工作方式1:

T0初值 $=2^{16}-500\mu s/2\mu s=65536-250=65286=$ FF06H;

TH0 = FFH;TL0 = 06H。

(3)工作方式2:

T0初值 $=2^{8}-500\mu s/2\mu s=256-250=6$;

TH0 = 06H;TL0 = 06H。

(4)工作方式3:T0方式3时,被拆成2个8位定时器,定时初值可分别计算,计算方法同方式2。2个定时初值一个装入TL0,另一个装入TH0。因此TH0 = 06H;TL0 = 06H。

从上例中看到,方式0时计算定时初值比较麻烦,根据公式计算出数值后,还要变换一下,容易出错,不如直接用方式1,且方式0计数范围比方式1小,方式0完全可以用方式1代替,方式0与方式1相比,无任何优点。

4. 定时/计数器应用步骤

(1)选择合理的定时/计数器工作方式,设定初始值。根据所要求的定时时间长短、定时重复性合理选择定时/计数器工作方式,确定实现方法。初始化TMOD,计算定时初始值,并写入计数器TH0(TH1)、TL0(TL1),设置中断系统,启动定时/计数器运行。

(2)正确编制定时/计数器中断服务子程序。注意是否需要重装定时初值。如果需要连续反复使用原定是时间,且未工作在方式2,则应在中断服务子程序中重装定时器初始值。

(3)若定时/计数器用于计数方式,外部事件脉冲必须从P3.4(T0)或P3.5(T1)引脚输入,且外部脉冲最高频率不能超过时钟频率的1/24。

**【例5-8】** 利用定时/计数器T0的方式1,产生10ms的定时,并使P1.0引脚上输出周期为20ms

的方波，采用中断方式，设系统时钟频率为12MHz。

解：

(1)计算计数初值 $X$。

由于晶振为12MHz，所以机器周期 $T_{cy}$ 为 $1\mu s$。

所以：

$N = t/T_{cy} = 10 \times 10^{-3}/1 \times 10^{-6} = 10000$

$X = 65536 - 10000 = 55536 = D8F0H$

即应将D8H送入TH0中，F0H送入TL0中。

(2)求T0的方式控制字TMOD。

M1M0＝01，GATE＝0，C/T＝0，可取方式控制字为01H。

程序如下：

```
        ORG     0000H
        LJMP    MAIN            ;跳转到主程序
        ORG     000BH           ;T0的中断入口地址
        LJMP    DVT0            ;转向中断服务程序
        ORG     0100H
MAIN:   MOV     TMOD,#01H       ;置T0工作于方式1
        MOV     TH0,#0D8H       ;装入计数初值
        MOV     TL0,#0F0H
        SETB    ET0             ;T0开中断
        SETB    EA              ;CPU开中断
        SETB    TR0             ;启动T0
        SJMP    MYM             ;等待中断
DVT0:   CPL     P1.0            ;P1.0取反输出
        MOV     TH0,#0D8H       ;重新装入计数值
        MOV     TL0,#0F0H
        RETI                    ;中断返回
        END
```

### 5.3.3 任务实施

应用AT89C51芯片及简单的外围电路，设计声音系统，当按下“开始”按键后，开始播放《梁祝》片断乐曲，曲谱如下：

|3 – 5 · 6|1 · 2 6 1 5|5 i 6 5 3 5|2 - - - |

|2 · 3 7 6 |5 · 6 1 2 |3 1 6 5 6 1 |5 - - - |

由于声音报警控制需要很高的频率，因此采用定时器频繁中断产生所需频率控制扬声器信号，完成乐曲演奏。

1. 电路原理图设计

单片机控制乐曲演奏原理图比较简单，主要由单片及最小系统（单片机、复位电路、时钟震荡电路）和蜂鸣器驱动电路组成，蜂鸣器驱动主要由NPN型三极管2N5088放大电路驱动（见图5-19），单片机通过P1.7输出一定频率的信号，经过2N5088驱动蜂鸣器，根据输出频率的不同，发出不同声音。

2. 电子乐曲演奏原理

组成乐曲的每个音符的频率值（音调）及其持续时间（音长）是乐曲能连续演奏所需的两个基本数

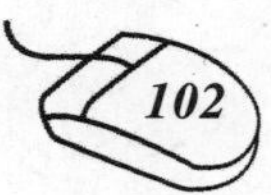

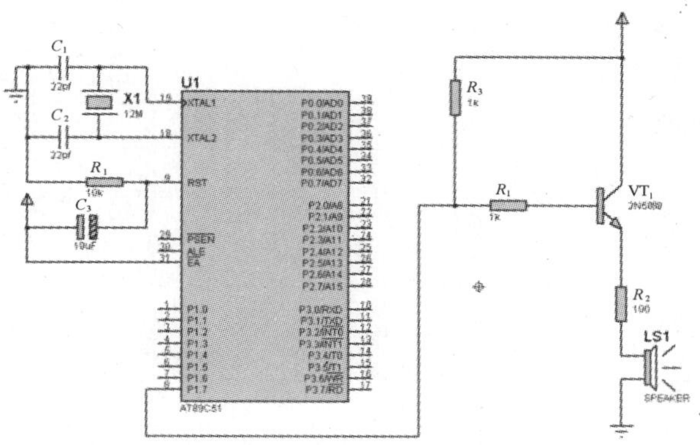


图 5-19 蜂鸣器驱动电路

据,因此只要控制输出到扬声器激励信号的频率的高低和持续的时间,就可以使扬声器发出连续的乐曲声。

1)音调的控制

首先来看一下怎样控制音调的高低变化。乐曲是由不同音符编制而成的。音符中有 7 个音名:C、D、E、F、G、A、B(1、2、3、4、5、6、7),分别唱哆、咪、咪、发、嗦、啦、西。声音是由空气振动产生的,每个音名,都有一个固定的振动频率,频率的高低决定了音调的高低。音乐的 12 平均律规定:每两个八音度(如简谱中的中音 1 与高音 1)之间的频率相差 1 倍。在两个八度音之间又可分为 12 个半音,每两个半音的频率比为 2 的 12 次开方。另外,音名 A(简谱中的低音 6)的频率为 440Hz,音名 B(简谱中的音 7)到 C(简谱中音 1)之间,E(简谱中音 3)到 F(简谱中音 4)之间为半音,其余为全音。由此可以计算出简谱中从低音 1 至高音 1 之间每个音名对应的频率(见表 5-11)。

**表 5-11 低音 1 至高音 1 各音名对应频率**

| 音名 | 频率/Hz | 音名 | 频率/Hz | 音名 | 频率/Hz |
|---|---|---|---|---|---|
| 低音 1 | 262 | 中音 1 | 523 | 高音 1 | 1047 |
| 低音 2 | 294 | 中音 2 | 587 | 高音 2 | 1175 |
| 低音 3 | 330 | 中音 3 | 659 | 高音 3 | 1319 |
| 低音 4 | 349 | 中音 4 | 699 | 高音 4 | 1397 |
| 低音 5 | 392 | 中音 5 | 784 | 高音 5 | 1569 |
| 低音 6 | 440 | 中音 6 | 880 | 高音 6 | 1760 |
| 低音 7 | 494 | 中音 7 | 988 | 高音 7 | 1976 |

若用 P1.7 引脚驱动一个蜂鸣器,构成一个简单的音响电路,因此只要有了某个音的频率数,就能产生出来这个音来。现以 A(低 6)为例进行分析。A 音的频率数为 440Hz,则其周期为 $T=1/f=1/440=2.28$ms,如果用定时器 1 方式 1 进行定时,要 P3.7 输出周期为 2.28ms 的等宽方波。则定时值为 1.14ms,设计数初始值 $X$,根据定时值 = (65536 − x)$X$12/晶振频率,可得 X = 64396 = FB8CH,只要将计数初始值装入 TH1、TH0,就能使 P3.7 的高电平或低电平的持续时间为 1.14ms,从而发出 440Hz 的音调。表 5-12 是采用定时器 1 的方式 1 时,《梁祝》片段中各音名、频率和计数初始值对照表。

**表 5-12 《梁祝》片段中各音名、频率和计数初始值对照表**

| 音名 | 低音 3 | 低音 5 | 低音 6 | 中音 1 | 中音 2 | 低音 6 | 中音 1 | 低音 5 | 中音 5 | 高音 1 |
|---|---|---|---|---|---|---|---|---|---|---|
| 频率 Hz | 330 | 392 | 440 | 523 | 587 | 440 | 523 | 392 | 784 | 1047 |
| 初始值 | FA15H | FB05H | FB8CH | FC44H | FCACH | FB8CH | FC44H | FB05H | FD82H | FE22H |
| 音名 | 中音 6 | 中音 5 | 中音 3 | 中音 5 | 中音 2 | 中音 2 | 中音 3 | 低音 7 | 低音 6 | 低音 5 |
| 频率 Hz | 880 | 784 | 659 | 784 | 587 | 587 | 523 | 659 | 494 | 392 |
| 初始值 | PDC8H | FD82H | FD09H | FD82H | FCACH | FCACH | FC44H | FD09H | FC0CH | FB05H |
| 音名 | 低音 6 | 中音 1 | 中音 2 | 低音 3 | 中音 1 | 低音 6 | 低音 5 | 低音 6 | 中音 1 | 低音 5 |
| 频率 Hz | 440 | 523 | 587 | 330 | 523 | 440 | 392 | 440 | 523 | 392 |
| 初始值 | FB8CH | FC44H | FCACH | FA15H | FC44H | FB8CH | FB05H | FB8CH | FC44H | FB05H |

2）节拍控制

乐曲中的音符不单有音调的高低，还要有音的长短，如有的音要唱 1/4 拍，有的音要唱 2 拍等。在节拍符号中，如用 x 代表某个音的唱名，x 下面无短线为 4 分音符，有一条短横线代表 8 分音符，有两条横线代表 16 分音符，x 右边有一条短横线代表 2 分音符，有“.”的音符为符点音符（延时左边原拍的一半）。节拍控制可以通过调用延时子程序（设延时时间为 130ms）的次数来进行控制，以每拍 520ms 的节拍时间为例，那么，1 拍需要循环调用延时子程序 4 次。同样，半拍需要调用延时子程序 2 次。具体调用情况如表 5-13 所示。

**表 5-13 音符节拍符号、音长关系表**

| 节拍符号 | $\underline{\underline{X}}$ | $\underline{X}$ | $\underline{X}\cdot$ | X | X· | X - | X - - - |
|---|---|---|---|---|---|---|---|
| 名称 | 16 分音符 | 8 分音符 | 8 分符号点音符 | 4 分音符 | 4 分音符点音符 | 2 分音符 | 全音符 |
| 拍数 | 1/4 拍 | 1/2 拍 | 3/4 拍 | 1 拍 | 1 又 1/2 拍 | 2 拍 | 4 拍 |
| 调用延时程序次数 | 01H | 02H | 03H | 04H | 06H | 08H | 10H |

3. 软件编程

乐曲中，每一音符对用着确定的频率，将每一音符的计数初值和其相应的节拍常数作为一组，按顺序将乐曲中的所有常数排列成一个表，然后由查表程序一次取出，产生音符并控制节奏，就可以实现演奏效果。此外，结束符可以分别用 0FFH 和 00H 表示，若查表结果为 0FFH，则表示曲子终了；若查表结果为 00H，则产生相应的停顿效果。流程如图 5-20 所示。

```
        ORG     0000H
        LJMP    MAIN
        ORG     001BH
        LJMP    TIM1
        ORG     0100H
MAIN:   MOV     TMOD,#10H
        SETB    EA              ;开中断
        SETB    ET1             ;定时器 1 中断允许
        MOV     DPTR,#TAB       ;设置表格首地址
LOOP:   CLR     A               ;
        MOVC    A,@A+DPTR       ;查表取定时初值高 8 位
        MOV     R1,A            ;存放定时初值高 8 位
```

```
        INC     DPTR            ;调整地址
        CLR     A
        MOVC    A,@A+DPTR       ;查表取定时初值低 8 位
        MOV     R0,A            ;存放定时初值低 8 位
        MOV     A,R0
        ANL     A,R1            ;高 8 位与低 8 位相与
        CJNE    A,#0FFH,NEXT    ;判断相与结果是否为全 1
        SJMP    MAIN            ;全 1 转程序初始重新播放
NEXT:   MOV     TH1,R1          ;定时器赋初始值
        MOV     TL1,R0          ;
        CLR     A
        INC     DPTR
        MOVC    A,@A+DPTR       ;查表取节拍数
        MOV     R2,A
        SETB    TR1             ;启动定时器
LOOP1:  LCALL   D130
        DJNZ    R2,LOOP1
        INC     DPTR            ;调整到下音名地址
        AJMP    LOOP            ;循环

/ * * * * * * 1/4 拍延时 * * * * * * * * * * * * /
D130:   MOV     R5,#160
D2:     MOV     R4,#200
D1:     NOP
        NOP
        DJNZ    R4,D1
        DJNZ    R5,D2
        RET
TIM1:   MOV     TH1,R1
        MOV     TL1,R0
        CPL     P1.7
        RETI
/ * * * * * * 音名、节拍表格 * * * * * * * * * * * * /
TAB:    DB      0FAH,15H,08H
        DB      0FBH,05H,06H
        DB      0FBH,8CH,02H
        DB      0FCH,44H,04H
        DB      0FCH,0ACH,02H
        DB      0FBH,8CH,02H
        DB      0FCH,44H,02H
        DB      0FBH,05H,04H
        DB      0FDH,082H,04H
```

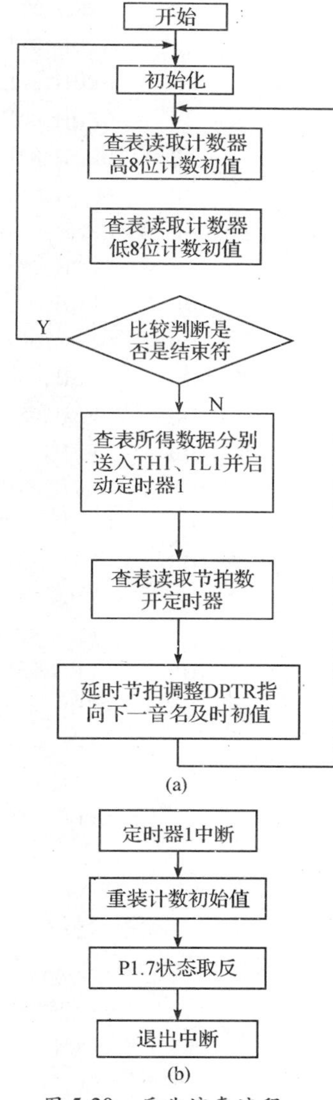


图 5-20　乐曲演奏流程

(a)主程序　(b)中断服务子程序

```
        DB      0FEH,22H,04H
        DB      0FDH,0C8H,02H
        DB      0FDH,82H,02H
        DB      0FDH,09H,02H
        DB      0FDH,82H,02H
        DB      0FCH,0ACH,10H
        DB      0FBH,8CH,01H
        DB      0FCH,0ACH,06H
        DB      0FDH,09H,02H
        DB      0FCH,0CH,04H
        DB      0FBH,08CH,04H
        DB      0FBH,05H,04H
        DB      0FBH,8CH,02H
        DB      0FCH,44H,04H
        DB      0FCH,0ACH,04H
        DB      0FAH,15H,04H
        DB      0FCH,44H,04H
        DB      0FBH,8CH,02H
        DB      0FBH,05H,02H
        DB      0FBH,8CH,02H
        DB      0FCH,44H,02H
        DB      0FBH,05H,10H
        DB      0FFH,0FFH
END
```

C 语言程序实现方法：

```
#include <reg51.h>
  #define   uchar unsigned char
  #define   uint   unsigned int
  sbit   ring = P1^7;    //位定义
  uchar yinmingH,yinmingL; // 定义定时高、低 8 位初始值变量
/************梁祝乐曲表格********************/
  uchar code liangzhu[] = {
    0x0FA,0x15,0x08,
  0x0FB,0x05,0x06,
  0x0FB,0x8C,0x02,
  0x0FC,0x44,0x04,
  0x0FC,0x0AC,0x02,
  0x0FB,0x8C,0x02,
  0x0FC,0x44,0x02,
  0x0FB,0x05,0x04,
  0x0FD,0x082,0x04,
```

```
0x0FE,0x22,0x04,
0x0FD,0x0C8,0x02,
0x0FD,0x82,0x02,
0x0FD,0x09,0x02,
0x0FD,0x82,0x02,
0x0FC,0x0AC,0x10,
0x0FB,0x8C,0x01,
0x0FC,0x0AC,0x06,
0x0FD,0x09,0x02,
0x0FC,0x0C,0x04,
0x0FB,0x08C,0x04,
0x0FB,0x05,0x04,
0x0FB,0x8C,0x02,
0x0FC,0x44,0x04,
0x0FC,0x0AC,0x04,
0x0FA,0x15,0x04,
0x0FC,0x44,0x04,
0x0FB,0x8C,0x02,
0x0FB,0x05,0x02,
0x0FB,0x8C,0x02,
0x0FC,0x44,0x02,
0x0FB,0x05,0x10,
0x0FF,0x0FF};
/************定时中断服务子程序****************/
void sing_Time1int(void) interrupt 3 using 1
{
TR1 = 0;
    TH1 = yinmingH;
TL1 = yinmingL;
TR1 = 1;
ring = ~ring;
}
/***********延时子程序*********************/
void DelayMS(uint x)
{
uchar i;
while(x--)
{
for(i=0;i<120;i++);
}
}
/**********梁祝乐曲片段演奏主程序****************/
```

```
void main()
{
    uchar   ymaddress,jiepai;   //定义音名表格偏移量、节拍变量
    uchar i;
      TMOD = 0x10;  //初始化 定时器1 方式1
      EA = 1;  //开中断
      ET1 = 1;   //开定时器1 中断
   while(1)
   {
      ymaddress = 0;       //音名表格偏移量赋值0
     yinmingH = liangzhu[ymaddress + +];//读取表格中音名高8位
     yinmingL = liangzhu[ymaddress + +];   //读取表格中音名低8位
      while((yinmingH&yinmingL)!  = 0xff)//判断非结束符
      {
           TH1 = yinmingH;      //初始化定时器
     TL1 = yinmingL;
     TR1 = 1;                   //启动定时
     jiepai = liangzhu[ymaddress + +];   //读取节拍数
     for(i = 0;i < jiepai;i + +)   //节拍延时
     {
       DelayMS(130);
     }
      yinmingH = liangzhu[ymaddress + +];//读取下个音名 定时器初值
           yinmingL = liangzhu[ymaddress + +];
        }
      }
   }
```

## 5.3.4 实践发挥

1. 功能实现

自己准备一首喜欢的乐谱,设计电路编程,实现电子乐曲功能演奏。

2. 实践要求

(1)绘制系统框图。

(2)设计仿真原理图。

(3)绘制软件流程图。

(4)编制程序并仿真运行。

3. 实践考核

实践考核内容如表 5-14 所示。

表5-14　实践考核表

| 班级 | | | 姓名 | 学号 |
|---|---|---|---|---|
| | | | | |
| 评价项目 | 评价内容 | 配分 | 评价标准 | 得分 |
| 系统方案（框图） | 系统功能分析 | 15 | 能正确划分系统各功能模块(5分) | |
| | | | 能正确绘制框图表示各功能模块连接关系(15分) | |
| 硬件电路 | 电子电路基础知识 | 20 | 掌握单片机芯片对应引脚名称、序号、功能(5分) | |
| | | | 按照系统功能正确绘制仿真原理图(15分) | |
| 软件流程图 | 软件功能分析与设计 | 15 | 软件功能模块完整性(5分) | |
| | | | 软件功能模块逻辑关系正确性(5分) | |
| | | | 流程图绘制规范性(5分) | |
| 程序编制、调试、运行 | 指令学习 | 5 | 能正确理解和应用指令(5分) | |
| | 程序分析、设计 | 15 | 能正确编写功能程序(15分) | |
| | 程序调试、运行 | 15 | 程序输入正确(5分) | |
| | | | 程序编译仿真正确(10分) | |
| 功能发挥 | 自主创新性 | 5 | 功能扩展(5分) | |
| 团结协作 | 集体意识 | 10 | 各成员分工协作，积极参与(10分) | |

## 5.4　任务4　简易电子琴设计

**任务目标**：掌握单片机对矩阵式按键识别方法；进一步掌握MCS-51单片机芯片定时器应用，掌握定时器初始值计算方法，定时中断编程方法。

**任务要求**：应用AT89C51芯片及简单的外围电路，设计矩阵式键盘和蜂鸣器驱动电路，学习设计矩阵式键盘识别方法，并设计简易电子琴功能。

**项目分析**：由于蜂鸣器声音需要很高的频率，因此采用定时器频繁中断产生所需频率的信号控制蜂鸣器，根据不同按键，发出对应频率声音，模拟电子琴。根据任务目标，本系统包括单片机最小系统、矩阵式键盘、蜂鸣器。

### 5.4.1　知识预习

（1）矩阵式（行列式）按键与独立式按键接口各有什么特点？

（2）矩阵式按键软件识别按键时采用哪两种方法？简述具体步骤。

### 5.4.2　知识学习

通过前面章节所学可知，独立式按键接口电路配置灵活简单，软件结构简单，但每个按键必须占用一根I/O口线，因此，在按键较多时，I/O口线浪费较大，不宜采用。单片机系统中，若使用按键较多时，通常采用矩阵式（也称行列式）键盘。

1. 矩阵式按键工作原理

矩阵式键盘由行线和列线组成，按键位于行、列线的交叉点上，其结构如图5-21所示。

由图5-20可知，一个4×4的行、列结构可以构成一个含有16个按键的键盘，显然，在按键数量较多时，矩阵式键盘比独立式按键键盘要节省很多I/O口。

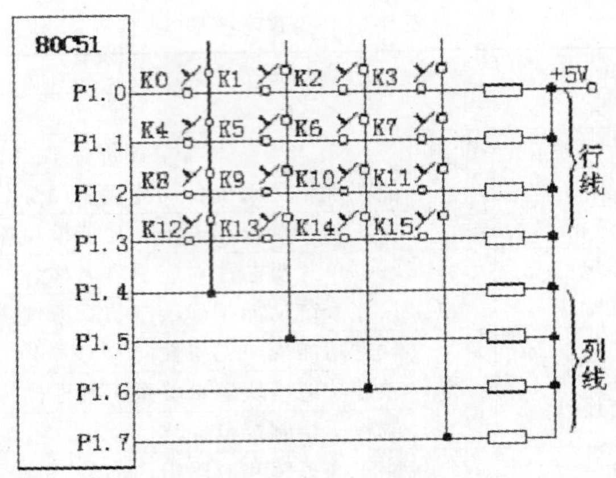


图 5-21　矩阵式键盘结构

矩阵式键盘中,行、列线分别连接到按键开关的两端,行线通过上拉电阻接到 +5V 上。当无键按下时,行线处于高电平状态;当有键按下时,行、列线将导通,此时,行线电平将由与此行线相连的列线电平决定。这是识别按键是否按下的关键。然而,矩阵键盘中的行线、列线和多个键相连,各按键按下与否均影响该键所在行线和列线的电平,各按键间将相互影响,因此,必须将行线、列线信号配合起来作适当处理,才能确定闭合键的位置。

2. 矩阵式键盘按键的识别

为了识别键盘上的闭合键,通常采用两种方法:行扫描法和行反转法。

1)行扫描法

键盘的行线一端经电阻接 +5V 电源,另一端接单片机的输入口;各列线的一端接单片机的输出口,另一端可悬空。每一行线(水平线)与列线(垂直线)的交叉处不相通,而是通过一个按键来连通。利用这种矩阵结构只需 $n$ 条行线和 $m$ 条列线,既可组成具有 $n*m$ 个按键的键盘。判键步骤:

(1)判断有无键被按下。键被按下时,与此键相连的行线与列线将导通,而行线电平在无键按下时处于高电平,显然,如果让所有列线处于高电平,那么键按下与否不会引起行线电平状态的变化,所以只有让所有列线处于低电平,当有健按下时,按键所在行电平将被拉成低电平,根据此行电平的变化,便能判定此行一定有键按下。

(2)判断按键是否真的被按下。当判断出有键被按下之后,用软件延时的方法延时 10ms,再判断键盘的状态,如果仍有键被按下,则认为确实有键按下,否则,当做键抖动处理。

(3)如果某列有键被按下,识别键盘哪一行的键被按下:逐行置低电平,并置其余各行为高电平,检查各列线电平的变化,如果列电平变为低电平,则可确定此行此列交叉点按键被按下。

2)反转法

行反转法识别闭合键时,要将行线接一个并行端口,先让它工作在输出方式下,将列线也接一个并行端口,先让它工作在输入模式下。程序使 CPU 通过输出端口往各行线上全部送抵电平,然后读入列线的值。如果此时有某一键被按下,则必定会使某一列线值为0。然后,程序再对两个并行端口进行方式设置,使行线工作在输入方式,列线工作在输出方式,并且将刚才读得的列线值从列线所接的并行口输出,再读取行线上的输入值,那么闭合键所在的行线上的值必定为0。这样,当一个键被按下时,必定可以读取一对唯一的行值和列值。

3. 键盘的工作方式

对键盘的响应取决于键盘的工作方式,键盘的工作方式应根据实际应用系统中 CPU 的工作状况而定,其选取的原则是既要保证 CPU 能及时响应按键操作,又不要过多占用 CPU 的工作时间。通常,键盘的工作方式有三种,即编程扫描、定时扫描和中断扫描。

1)编程扫描方式

编程扫描方式是利用CPU完成其他工作的空余时间,调用键盘扫描子程序来响应键盘输入的要求。在执行键功能程序时,CPU不再响应键输入要求,直到CPU重新扫描键盘为止。

键盘扫描程序一般应包括以下内容:

(1)判别有无键按下(包括延时去抖)。

(2)键盘扫描取得闭合键的行、列值。

(3)用计算法或查表法得到键值。

(4)判断闭合键是否释放,如没释放则继续等待。

(5)将闭合键键号保存,同时转去执行该闭合键的功能。

2)定时扫描方式

定时扫描方式就是每隔一段时间对键盘扫描一次,它利用单片机内部的定时器产生一定时间(例如10ms)的定时,当定时时间到就产生定时器溢出中断。CPU响应中断后对键盘进行扫描,并在有键按下时识别出该键,再执行该键的功能程序。定时扫描方式的硬件电路与编程扫描方式相同。

3)中断扫描方式

采用上述两种键盘扫描方式时,无论是否按键,CPU都要定时扫描键盘,而单片机应用系统工作时,并非经常需要键盘输入,因此,CPU经常处于空扫描状态。为提高CPU工作效率,可采用中断扫描工作方式。

其工作过程如下:当无键按下时,CPU处理自己的工作,当有键按下时,产生中断请求,CPU转去执行键盘扫描子程序,并识别键号。

图5-22是一种简易键盘接口电路,该键盘是由8051P1口的高、低字节构成的4×4键盘。键盘的列线与P1口的高4位相连,键盘的行线与P1口的低4位相连,因此,P1.4~P1.7是键输出线,P1.0~P1.3是扫描输入线。图中的4输入与门用于产生按键中断,其输入端与各列线相连,再通过上拉电阻接至+5V电源,输出端接至8051的外部中断输入端。

具体工作如下:当键盘无键按下时,与门各输入端均为高电平,保持输出端为高电平;当有键按下时,较小端为低电平,向CPU申请中断,若CPU开放外部中断,则会响应中断请求,转去执行键盘扫描子程序。

图5-22 中断扫描键盘电路

### 5.4.3 简易电子器系统设计

1. 简易电子琴硬件设计

简易电子琴电路(见图5-23),主要包括单片机最小系统,蜂鸣器驱动电路、阵列式按键电路,21个按键中包括7个低音按键、7个中音按键和7个高音按键。

2. 简易电子琴软件设计

简易电子琴程序设计主要完成按键识别和根据按键发出相应频率的声音。声音由定时器控制中断控制输出一定频率的信号驱动蜂鸣器完成。按键识别可由扫描法和反转法两种程序方法进行设计。

1)方法一

扫描法完成按键识别的电子琴软件设计,程序设计采用行扫描法进行对按键识别,识别按键后根据键值查表取得该音名对应定时计数器初始值,并赋值给定时器T1,由定时器T1中断服务程序控制P1.0引脚输出相应频率信号,经三极管放大后控制蜂鸣器发声,且声音由固定长度约占2拍左右,由定时器T0中断服务程序控制。按键识别时,经过延时去抖辨别后,首先将第一列输出低电平,其他各列输出高电平,此时检测各行线电平,如此时各行线电平为高电平,则说明按键不在该行,此时将下一

C1
X1
CRYSTAL
C2
U1
R1
C3
R2
LS1
SPEAKER
R3
Q1
R11
RP1
RP2
AT89C51

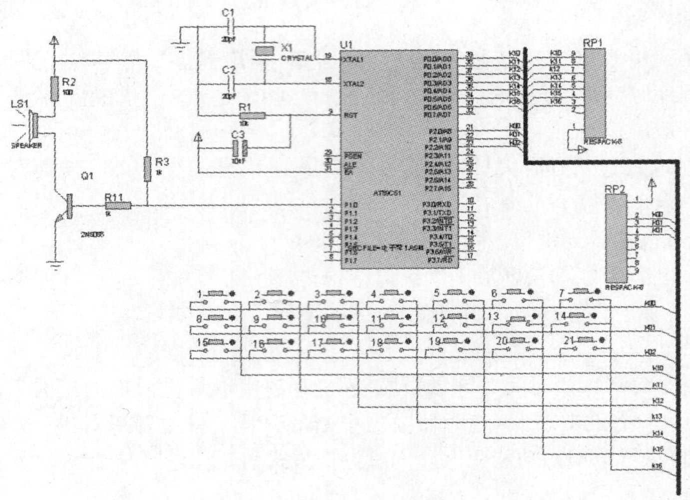

图 5-23　简易电子琴电路原理图

列线输出低电平，其他列高电平，并记下此时列号，依此类推，当监测到某一行为低电平时，说明该行和该列交叉点处按键被按下，该键键值为该行首个按键号与列号之和。图 2-24 为简易电子琴控制主程序。

开 始
初始化定时器
0、1及中断
列扫描线输出
0 、行扫描线置1
读取行扫描线状态值
检测行扫描线
是否为全1状态
Y
N
延时去抖重新检测行
扫描线是否为全1状态
Y
N
停止上此按键发声
设置列扫描初始值FEH
及扫描次数初始值
读取行向状态是
第0行无键按下
Y
N
是第1行无键按下
Y
N
是第2行无键按下
Y
N
扫描次数加1，扫描
初始值左移1位
扫描次数少于7次
Y
N
列扫描数值左移一
位并赋值给列线
计算键值
根据键值设置定时器
T1中断频率初始值
设定T0控制发声时长
启动定时器0、1
按键释放否
N
Y
(a)
定时器1中断
重置定时器初始值
P1.0取反
退出中断
(b)
定时器0中断
重置定时器初始值
定时时长到否？
N
Y
停止定时器0、1运行
退出中断
(c)

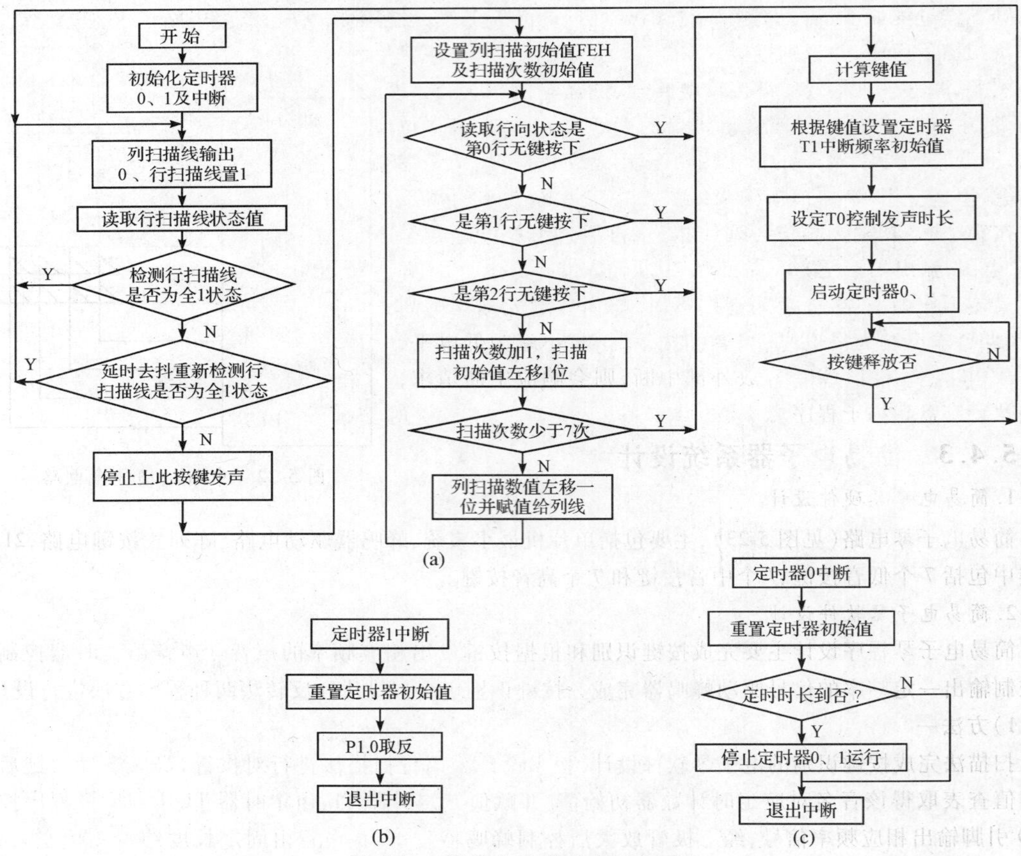

图 5-24　简易电子琴控制主程序

(a)简易电子琴控制主程序　　(b)定时器 1 中断服务程序　　(c)定时器 0 中断服务程序

(1)汇编程序:

```
          ORG      0000H
          LJMP     MAIN
          ORG      000BH
          LJMP     TIME0
          ORG      001BH
          LJMP     TIME1
          ORG      0100H
MAIN:     MOV      SP,#60H
          MOV      TMOD,#11H
          SETB     ET1
          SETB     ET0
          MOV      TH0,#00H;536
          MOV      TL0,#00H
          MOV      R7,#10H
          SETB     EA
KEY:      MOV      R5,#00H;用于存放键码,初值0
          MOV      P0,#00H;列扫描线输出0
          ORL      P2,#07H;行扫描线置1
          MOV      A,P2;读键状态
          ANL      A,#07H;屏蔽高5位,检测行线状态
          CJNE     A,#07H,JudeKey;判断有键按下否,有则转到确认处理程序
          AJMP     KEY;重新扫描
          ;以下判断按键是否被真的按下处理程序
JudeKey:  ACALL    DELAY;延时,以消除按键抖动和排除干扰
          MOV      A,P2;读键状态
          ANL      A,#07H;屏蔽高5位,检测行线状态
          CJNE     A,#07H,FindKey;确认有键按下否,有则转到FindKey处理程序
          AJMP     KEY;无键按下,重新扫描
          ;以下是哪一个按键被按下处理程序
FindKey:  CLR      TR1
          CLR      TR0
          MOV      R2,#0FEH;扫描初值送R2
          MOV      R4,#00H;扫描次数初值送R4
          MOV      A,R2;被扫描的列线送0
SCAN:     MOV      P0,A;将A中的值输出到P0(0值送至对应列)
          MOV      A,P2
          JB       ACC.0,LONE;第0行无键被按下转HONE处理程序
          MOV      A,#00H;装0行行首键号
          AJMP     KeyWord;跳转到计算键值程序
LONE:     JB       ACC.1,LTWO;第一行键无键按下转HTWO
          MOV      A,#07H;装1行行首键号
```

```
          AJMP     KeyWord
LTWO:     JB       ACC.2,NColumn;第2行键无键被按下,扫描下一列
          MOV      A,#0EH
          AJMP     KeyWord
NColumn:  INC      R4;扫描列号加1
          MOV      A,R2;将扫描初值0FEH送R2
          RL       A;循环左移一位,A的值为0FDH
          MOV      R2,A;将a的值存于R2中,以便进行下一列的扫描
          CJNE     R4,#07H,SCAN;若列未扫描7次,则继续扫描
          LJMP     KEY
          ;以下为计算键码程序
KeyWord:  ADD      A,R4;行首键号加列号是被按下的键号
          MOV      R5,A;被按下的键号存放在R5
          MOV      DPTR,#TAB
          MOV      A,R5
          RL       A
          MOV      R5,A
          MOVC     A,@A+DPTR
          MOV      R1,A
          INC      R5
          MOV      A,R5
          MOVC     A,@A+DPTR
          MOV      R0,A
          MOV      TH1,R1
          MOV      TL1,R0
          MOV      TH0,#02H
          MOV      TL0,#18H
          MOV      R7,#10H
          SETB     TR1
          SETB     TR0
WKEYUP:   MOV      A,P2;读键状态
          ANL      A,#07H;屏蔽高5位,检测行线状态
          CJNE     A,#07H,WKEYUP;等待按键松开
          LJMP     KEY
/*定时器0中断服务子程序*/
TIME0:    MOV      TH0,02H
          MOV      TL0,#18H
          DJNZ     R7,EXIT0
          MOV      R7,#10H
          CLR      TR1
          CLR      TR0
EXIT0:    RETI
```

```
/＊定时器1中断服务子程序＊/
TIME1:    MOV    TH1,R1
          MOV    TL1,R0
          CPL    P1.0
          RETI

/＊延时子程序＊/
DELAY:    MOV    30H,#50
DL2:      MOV    31H,#50
DL1:      DJNZ   31H,DL1
          DJNZ   30H,DL2
          RET
/＊低、中、高1-7音频率对应定时器1初始值表格每音占2字节＊/
TAB:DB 0F8H,8AH,0F9H,5CH,0FAH,1AH,0FAH,67H,0FBH,00H,0FBH,8CH,0FCH,0CH;低音1-7
DB 0FCH,44H,0FCH,0ACH,0FDH,09H,0FDH,35H,0FDH,82H,0FDH,0C8H,0FEH,06H;中音1-7
DB 0FEH,22H,0FEH,38H,0FEH,85H,0FEH,9AH,0FEH,0C3H,0FEH,0E4H,0FFH,03H;高音1-7
  END
```

(2)C语言程序：

```
#include <reg51.h>
  #define  uchar unsigned char
  #define  uint  unsigned int
  sbit  ring = P1^0;   //位定义
  sbit  led = P1^7;
  uchar FDataH,FDataL,times = 0x10; // 定义定时高、低8位初始值变量
/＊＊＊＊＊＊＊＊＊＊＊＊梁祝乐曲表格＊＊＊＊＊＊＊＊＊＊＊＊＊＊＊＊＊＊＊/
    uchar code FCode[ ] =
    {
    0xF8,0x8A,0xF9,0x5C,0xFA,0x1A,0xFA,0x67,0xFB,0x00,0xFB,0x8C,0xFC,0x0C, 0xFC,
0x44,0xFC,0xAC,0xFD,0x09,0xFD,0x35,0xFD,0x82,0xFD,0xC8,0xFE,0x06, 0xFE,0x22,0xFE,0x38,
0xFE,0x85,0xFE,0x9A,0xFE,0xC3,0xFE,0xE4,0xFF,0x03};
  /＊＊＊＊＊＊＊＊＊定时T0中断服务子程序＊＊＊＊＊＊＊＊＊＊＊＊＊＊＊＊/
   void Time0_int(void) interrupt 1 using 1
   {
       TH0 = 0x02;
  TL0 = 0x18;
   times - - ;
   if(times = = 0)
   {
     times = 0x10;
  TR1 = 0;
  TR0 = 0;
   }
```

```
    }

/*********** 定时 T1 中断服务子程序 ***************/
 void Time1_int(void) interrupt 3 using 2
 {
     TH1 = FDataH;
  TL1 = FDataL;
  ring = ~ring;
 }
   /************* 延时子程序 *****************/
void DelayMS(uint x)
{
 uchar i;
 while(x--)
 {
 for(i=0;i<120;i++);
 }
}

void main()
{
uchar KeyWord=0,LineData,ScanData,ScanTimes,LFirstKeyWord,MovLeft,MovRight,FRound=0; //
teimes 用于对定时器 0 中断次数计数,keyword 保存键值
  SP=0x60;
  TMOD=0x11;        //初始化定时器 T1、T0 工作方式
  TH0=0x02;       //初始化定时器 T0 计数初值
  TL0=0x18;
  ET1=1;     //开定时器 T1 中断
  ET0=1;     //开定时器 T0 中断
  EA=1;      //开总中断允许
  P2=P2|0x07;        //行线 置 1,为读做准备
  while(1)
  {
    P0=0x00;        //列线输出 0
  LineData=P2;     //读取行线值
  while((LineData&0x07)==0x07)//等待有键按下
  {
     P0=0x00;
  LineData=P2;
  }
   DelayMS(10);              //延时去抖
    P0=0x00;
```

```
LineData = P2;
   if((LineData&0x07)!  =0x07)// 重新判断有键按下
   {
      TR1 =0;   //停止定时器1(停止上次按键声音)
 TR0 =0;   //停止定时器0
 ScanData =0xfe;   //初始化列扫描初始值
 ScanTimes =0;   //记录扫描次数
   while(ScanTimes <0x07)   //小于7次
   {
    P0 = ScanData;      //列扫描值送列线
   LineData = P2;      //读取行线
   LineData = (LineData&0x07);//取各行线值
 if(LineData!  =0x07)      //有键按下
     {
     switch(LineData)      //获取改行首键键号
      {
      case 0x06:
      LFirstKeyWord =0x00;      //第0行首键号
FRound =1;            //设置识别按键标志
       break;
 case 0x05:
LFirstKeyWord =0x07;     //第1行首键号
       FRound =1;            //设置识别按键标志
        break;
      case 0x03:
       LFirstKeyWord =0x0e;      //第2行首键号
FRound =1;            //设置识别按键标志
break;
      }
    }
    if(FRound = =1) break;      //按键识别后跳出
    if(LineData = =0x07)      //按键未识别,列扫描只循环左移1位
    {
      MovLeft = ScanData > >7;
     MovRight = ScanData < <1;
      ScanData = MovLeft|MovRight;
      ScanTimes + +;
     }
   }
 FRound =0;                 //循环按键识别标志清0
    }
   if(ScanTimes <0x07)   //计算键值
```

```
{
  KeyWord = LFirstKeyWord + ScanTimes;//键值 = 该行首键号 + 列扫描次数
  KeyWord = 2 * KeyWord;            //键值 * 2
 FDataH = FCode[ KeyWord + + ];       //查表取定时初值高 8 位
 TH1 = FDataH;
 FDataL = FCode[ KeyWord ];      //查表取定时初值低 8 位
  TL1 = FDataL;
  TH0 = 0x02;      //设置定时器 0 定时初值(越 65ms)
  TL0 = 0x18;
  times = 0x10;     .//   谁知音长 0x16 * 65ms
  TR1 = 1;      //启动定时器 1
  TR0 = 1;       //启动定时器 0
  LineData = P2;
 while( (LineData&0x07)!  = 0x07)//等待按键松开
  {
  LineData = P2;
  }
 }
}
}
```

2)方法二

反转法完成按键识别的电子琴软件设计,程序设计采用反转法进行对按键识别,按键识别时,经过延时去抖辨别后,首先将各列线输出低电平,若有键被按下,则某一行线为低电平,读取行线值,找出对应为低电平行线,并记下该行首键号码,然后将各行线输出低电平,读取列线值,找出对应低电平列线,并记下列线号,同样,该键键值为该行首个按键号与列号之和。识别按键后根据键值查表取得该音名对应定时计数器初始值,并赋值给定时器 T1,由定时器 T1 中断服务程序控制 P1.0 引脚输出相应频率信号,经三极管放大后控制蜂鸣器发声,且声音由固定长度约占 2 拍左右,由定时器 T0 中断服务程序控制。图 5-24 为简易电子琴控制主程序(反转法判键)。

(1)汇编程序:

```
          ORG     0000H
          LJMP    MAIN
          ORG     000BH
          LJMP    TIME0
          ORG     001BH
          LJMP    TIME1
          ORG     0100H
MAIN:     MOV     SP,#60H          ;设置栈顶
          MOV     TMOD,#11H        ;设置定时器 T0、T1 工作方式
          SETB    ET1              ;开定时器 T1 中断
          SETB    ET0              ;开定时器 T0 中断
          SETB    EA               ;开总中断
KEY:      ORL     P2,#07H          ;读准双向口前先写 1
```

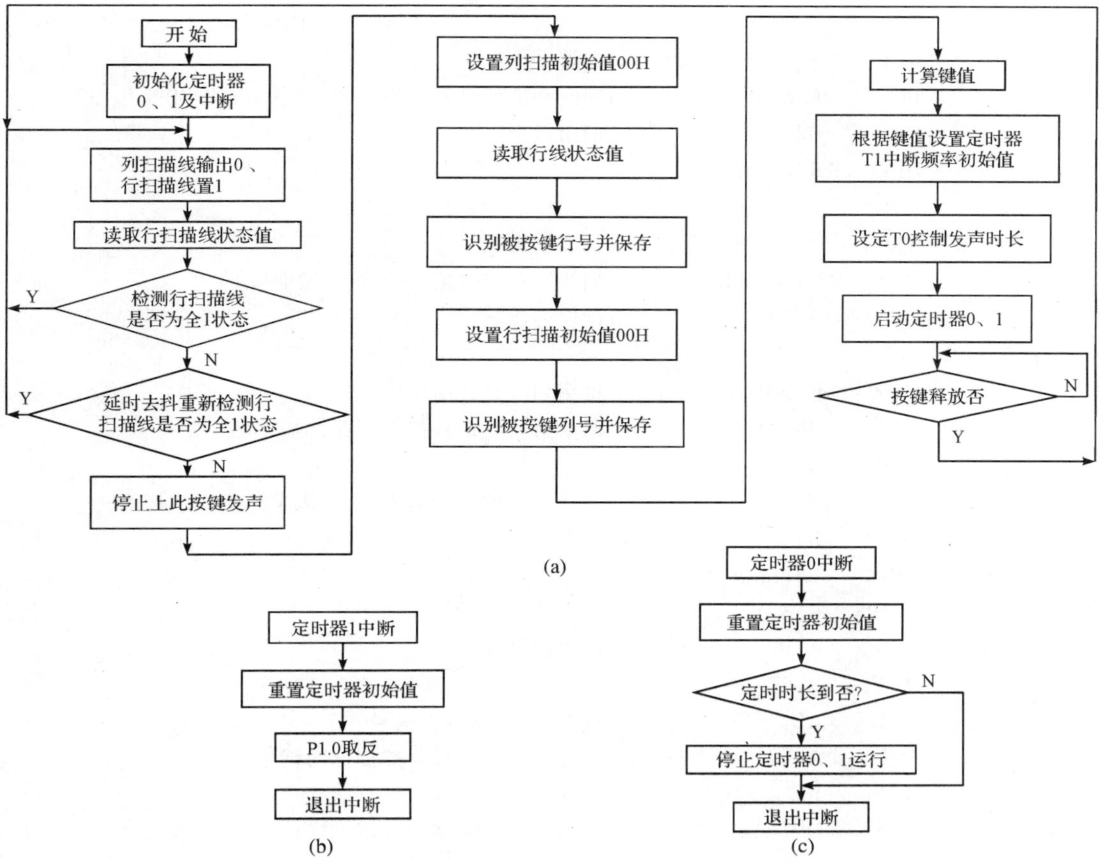

(a)



(b)



(c)

图 5-25　简易电子琴控制主程序(反转法判键)

(a)简易电子琴控制主程序　(b)定时器 1 中断服务程序　(c)定时器 0 中断服务程序

```
          MOV     R5,#00H          ;用于存放键码,初值 0
          MOV     P0,#00H          ;列扫描线输出 0
          MOV     A,P2             ;读键状态
          ANL     A,#07H           ;屏蔽低四位,检测行线状态
          CJNE    A,#07H,JudeKey   ;判断有键按下否,有则转到 PD1 处理程序
          AJMP    KEY              ;重新扫描
                                   ;以下判断按键是否被真的按下处理程序
JudeKey:  ACALL   DELAY            ;延时 10ms,以消除按键抖动和排除干扰
          MOV     A,P2             ;再读键状态
          ANL     A,#07H           ;列扫描线输出 0,行扫描线置 1
          CJNE    A,#07H,FindKey   ;确认按键是否按下,有则转到 PD2 处理
          AJMP    KEY              ;无键按下,重新扫描
          ;以下是计算键号处理程序
FindKey:  CLR     TR1              ;停止上次按键声音
          CLR     TR0              ;停止声长控制
          MOV     R3,#3            ;检测行线数初始化
          MOV     R2,#0            ;记录第 n 行键被按下寄存器初始化
```

```
          CLR     C
HLOOP:    RRC     A                  ;右移一位
          JNC     FZKey              ;判断移出位是否为零,为零表示该行键被按下
          INC     R2                 ;记录行号
          DJNZ    R3,HLOOP
          LJMP    KEY
FZKey:    ANL     P2,#0F8H           ;行线输出 0
          MOV     P0,#0FFH           ;列线准双向口值 1(为输入做准备)
          MOV     A,P0               ;读取列线
          CLR     C
          MOV     R3,#07H            ;检测列线数初始化
          MOV     R4,#00             ;记录第 n 列键被按下寄存器初始化
LLOOP:    RRC     A                  ;右移一位
          JNC     KeyWord            ;判断移出位是否为零,为零表示该例键被按下
          INC     R4                 ;记录列号
          DJNZ    R3,LLOOP
          LJMP    KEY
KeyWord:  MOV     A,R2               ;读取行号 0、1、2
          MOV     B,#7               ;
          MUL     AB                 ;行号 * 7 = 该行首键号
          ADD     A,R4               ;行首键号 + 列号 = 被按下的键号
          MOV     R5,A               ;保存键号
          MOV     DPTR,#TAB          ;频率对应定时器初始值表格首地址
          MOV     A,R5               ;将键号 * 2 作为查表偏移量
          RL      A
          MOV     R5,A
          MOVC    A,@A+DPTR          ;查表
          MOV     R1,A               ;查表定时器初值高 8 位存放 R1
          INC     R5
          MOV     A,R5
          MOVC    A,@A+DPTR
          MOV     R0,A               ;查表定时器初值低 8 位存放 R0
          MOV     TH0,#02H           ;音长控制初始化
          MOV     TL0,#18H
          MOV     R7,#10H
          SETB    TR1                ;启动定时器 1
          SETB    TR0                ;启动定时器 0
WKEYUP:   ORL     P2,#07H
          MOV     A,P2               ;读键状态
          ANL     A,#07H             ;屏蔽高 5 位,检测行线状态
          CJNE    A,#07H,WKEYUP      ;等待按键松开
          LJMP    KEY
```

```
TIME0:     MOV     TH0,#02H
           MOV     TL0,#18H
           DJNZ    R7,EXIT0
           MOV     R7,#10H
           CLR     TR1
           CLR     TR0
EXIT0:     RETI
TIME1:     MOV     TH1,R1
           MOV     TL1,R0
           CPL     P1.0
           RETI
/**********延时子程序************/

DELAY:     MOV   30H,#50
DL2:       MOV   31H,#50
DL1:       DJNZ  31H,DL1
           DJNZ  30H,DL2
           RET

TAB:  DB   0F8H,8AH,0F9H,5CH,0FAH,1AH,0FAH,67H,0FBH,00H,0FBH,8CH,0FCH,0CH
;低音1-7定时器初始值， 每音占2字节
    DB0FCH,44H,0FCH,0ACH,0FDH,09H,0FDH,35H,0FDH,82H,0FDH,0C8H,0FEH,06H
                  ;中音1-7
    DB   0FEH,22H,0FEH,38H,0FEH,85H,0FEH,9AH,0FEH,0C3H,0FEH,0E4H,0FFH,03H
                              ;高音1-7
    END
```

(2)C语言：

```
#include  <reg51.h>
  #define uchar unsigned char
  #define uint unsigned int
  sbit ring = P1^0; //位定义
  sbit led = P1^7;
  uchar FDataH,FDataL,times = 0x10; // 定义定时高、低8位初始值变量
/***********梁祝乐曲表格******************/
    uchar code FCode[ ] =
    {
     0xF8,0x8A,0xF9,0x5C,0xFA,0x1A,0xFA,0x67,0xFB,0x00,0xFB,0x8C,0xFC,0x0C, 0xFC,
0x44,0xFC,0xAC,0xFD,0x09,0xFD,0x35,0xFD,0x82,0xFD,0xC8,0xFE,0x06, 0xFE,0x22,0xFE,0x38,
0xFE,0x85,0xFE,0x9A,0xFE,0xC3,0xFE,0xE4,0xFF,0x03};

/**********定时T0中断服务子程序**************/
   void Time0_int(void) interrupt 1 using 1
```

```
{
    TH0 = 0x02;
  TL0 = 0x18;
   times - - ;
   if(times = =0)
    {
     times = 0x10;
  TR1 =0;
  TR0 =0;
    }
   }
```

```
/**********定时T1中断服务子程序***************/
   void Time1_int(void) interrupt 3 using 2
   {
       TH1 = FDataH;
  TL1 = FDataL;
  ring = ~ring;
   }
     /*************延时子程序****************/
void DelayMS(uint x)
{
  uchar i;
  while(x - - )
  {
  for(i =0;i <120;i + +);
  }
}
void main()
{
uchar KeyWord = 0,LineData,ColumnData,ColumnNum, LFirstKeyWord,MovLeft,MovRight,FindKey =
0; //teimes 用于对定时器0中断次数计数,keyword 保存键值
   SP = 0x60;
   TMOD = 0x11;          //初始化定时器 T1、T0 工作方式
   TH0 = 0x02;        //初始化定时器 T0 计数初值
   TL0 = 0x18;
   ET1 = 1;     //开定时器 T1 中断
   ET0 = 1;         //开定时器 T0 中断
   EA = 1;        //开总中断允许
   P2 = P2|0x07;          //行线 置1,为读做准备
   while(1)
```

```
{
FindKey = =0;  //按键识别标志初始化
P2 = P2|0x07;
   P0 = 0x00;         //列线输出 0
LineData = P2;       //读取行线值
while((LineData&0x07) = =0x07)//等待有键按下
{
     P0 = 0x00;
LineData = P2;
}
DelayMS(10);              //延时去抖
  P0 = 0x00;
LineData = P2;
LineData = LineData&0x07;
  if(LineData!  =0x07)// 重新判断有键按下
  {
     TR1 =0;   //停止定时器 1(停止上次按键声音)
TR0 =0;   //停止定时器 0
  switch(LineData)       //获取改行首键键号
  {
     case 0x06:
LFirstKeyWord = 0x00;        //第 0 行首键号
break;
     case 0x05:
     LFirstKeyWord = 0x07;      //第 1 行首键号
     break;
     case 0x03:
     LFirstKeyWord = 0x0e;      //第 2 行首键号
    break;
     default:FindKey = 1;break;//设置未识别按键标志
  }
  if(FindKey = =1) continue;  //未识别按键 继续新的循环(后面程序不再处理)
 P2 = P2&0xf8;  //行线输出 0 值
 P0 = 0xff;  //准双向口值 1,为输入做好准备
 ColumnData = P0;          //读取列线值
 switch(ColumnData)  //识别按键所在列线号
 {
case 0xfe:
ColumnNum = 0x00;      //0 号列线
break;
case 0xfd:
ColumnNum = 0x01;  //1 号列线
```

```
break;
case 0xfb:
ColumnNum = 0x02;          //2 号列线
break;
case 0xf7:
ColumnNum = 0x03;   //4 号列线
break;
case 0xef:
ColumnNum = 0x04;   //4 号列线
break;
case 0xdf:
ColumnNum = 0x05;   //5 号列线
break;
case 0xbf:
ColumnNum = 0x06;   //6 号列线
break;
case 0x7f:
ColumnNum = 0x07;   //7 号列线
break;
default:FindKey = 1;break;
  }
  if(FindKey = =1) continue;    //未识别按键 继续新的循环(后面程序不再处理)
   KeyWord = LFirstKeyWord + ColumnNum;//键值 = 该行首键号 + 列扫描次数
   KeyWord = 2 * KeyWord;              //键值 * 2
   FDataH = FCode[KeyWord + +];        //查表取定时初值高 8 位
   TH1 = FDataH;
      FDataL = FCode[KeyWord];        //查表取定时初值低 8 位
    TL1 = FDataL;
    TH0 = 0x02;        //设置定时器 0 定时初值(越 65ms)
    TL0 = 0x18;
    times = 0x10;       //   谁知音长 0x16 * 65ms
    TR1 = 1;      //启动定时器 1
    TR0 = 1;        //启动定时器 0
P2 = P2|0x07;
     LineData = P2;
       while((LineData&0x07)!  =0x07)//等待按键松开
     {
     LineData = P2;
         }
             }
   }
}
```

### 5.4.4　实践发挥

1. 功能实现

自己准备一首喜欢的乐谱，设计电路编程实现电子乐曲功能演奏。

2. 实践要求

(1)绘制系统框图。

(2)设计仿真原理图。

(3)绘制软件流程图。

(4)编制程序并仿真运行。

3. 实践考核

实践考核内容如表5-15所示。

**表5-15　实践考核表**

<table>
<tr><td colspan="2">班级</td><td colspan="2">姓名</td><td colspan="1">学号</td></tr>
<tr><td colspan="2"></td><td colspan="2"></td><td></td></tr>
<tr><td>评价项目</td><td>评价内容</td><td>配分</td><td>评价标准</td><td>得分</td></tr>
<tr><td rowspan="2">系统方案<br>(框图)</td><td rowspan="2">系统功<br>能分析</td><td rowspan="2">15</td><td>能正确划分系统各功能模块(5分)</td><td rowspan="2"></td></tr>
<tr><td>能正确绘制框图表示各功能模块连接关系(15分)</td></tr>
<tr><td rowspan="2">硬件电路</td><td rowspan="2">电子电路<br>基础知识</td><td rowspan="2">20</td><td>掌握单片机芯片对应引脚名称、序号、功能(5分)</td><td rowspan="2"></td></tr>
<tr><td>按照系统功能正确绘制仿真原理图(15分)</td></tr>
<tr><td rowspan="3">软件流程图</td><td rowspan="3">软件功能分<br>析与设计</td><td rowspan="3">15</td><td>软件功能模块完整性(5分)</td><td rowspan="3"></td></tr>
<tr><td>软件功能模块逻辑关系正确性(5分)</td></tr>
<tr><td>流程图绘制规范性(5分)</td></tr>
<tr><td rowspan="4">程序编制、<br>调试、运行</td><td>指令学习</td><td>5</td><td>能正确理解和应用指令(5分)</td><td rowspan="4"></td></tr>
<tr><td>程序分析、设计</td><td>15</td><td>能正确编写功能程序(15分)</td></tr>
<tr><td rowspan="2">程序调<br>试、运行</td><td rowspan="2">15</td><td>程序输入正确(5分)</td></tr>
<tr><td>程序编译仿真正确(10分)</td></tr>
<tr><td>功能发挥</td><td>自主创新性</td><td>5</td><td>功能扩展(5分)</td><td></td></tr>
<tr><td>团结协作</td><td>集体意识</td><td>10</td><td>各成员分工协作，积极参与(10分)</td><td></td></tr>
</table>

# 项目6　低频频率计设计

**项目目标**:学习掌握单片机并行扩展、单片机动态显示及静态显示扩展技术,学会复杂程序设计方法。

**项目要求**:运用单片机并行扩展技术实现单片机外部存储器扩展,以及运用单片机定时/计数器和动态显示、静态显示技术,实现频率计设计,完成对外部周期脉冲频率的计量(0~500KHz)。

**项目分析**:本项目主要运用单片机并行口扩展技术,完成单片机对外部存储器扩展和控制,以完成对并行扩展技术的学习和掌握,以及运用并行扩展技术设计低频频率计,掌握动态显示方法、静态显示方法和复杂程序设计。

## 6.1　知识预习

(1)什么是总线?单片机并行接口扩展用到哪些总线?各总线的作用是什么?

(2)并行扩展根据对产生片选信号方法不同有哪些扩展方法?各有什么优缺点?

(3)什么是静态显示?什么是动态显示?原理各是什么?

(4)什么是灭零处理?

## 6.2　知识学习

通常情况下,采用80C51/87C51的最小应用系统最能发挥单片机体积小、成本低的优点。但在许多情况下,构成一个工业测控系统时,考虑到传感器接口、伺服控制接口以及人机对话接口等的需要,最小应用系统常常不能满足要求,因此,系统扩展是单片机应用系统硬件设计中最常遇到的问题。

系统扩展是指单片机内部各功能部件不能满足应用系统要求时,在片外连接相应的外围芯片以满足应用系统要求。80C51系列单片机有很强的外部扩展能力,外围扩展电路芯片大多是一些常规芯片,扩展电路及扩展方法较典型、规范。用户很容易通过标准扩展电路来构成较大规模的应用系统。

对于单片机系统扩展的方法有并行扩展法和串行扩展法两种。并行扩展法是指利用单片机的三组总线(AB、DB、CB)进行的系统扩展;串行扩展法是指利用SPI三线总线和I2C双总线的串行系统扩

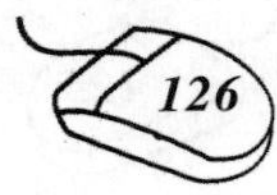

展。由于集成度和结构的发展，在原来只能使用并行扩展法的场合，现在使用串行扩展法了。串行扩展法具有显著的优点。一般来说，串行接口器件体积小，因而所占用电路板的空间，仅为并行接口器件的10%，明显地减小了电路板空间和成本；串行接口器件与单片机接口时需用的I/O口线很少（仅需3～4根），不仅减少了控制器的资源开销，而且极大地简化了连接，进而提高了可靠性。但是，一般串行接口器件速度较慢，在需用高速应用的场合，还是并行扩展法占主导地位。在进行系统扩展时，应对单片机的系统扩展能力、扩展总线结构及扩展应用特点有所了解，这样才能顺利地完成系统扩展任务。

80C51系列单片机的系统扩展有程序存储器（ROM）扩展、数据存储器（RAM）扩展、I/O口扩展、中断系统扩展以及其他特殊功能扩展。

## 6.2.1 并行扩转连接方式

1. 并行总线组成

80C51系列单片机的片外总线结构单片机都是通过芯片的引脚进行系统扩展的。为了满足系统扩展要求，80C51系列单片机芯片引脚可以构成如图6-1所示的三总线结构，即地址总线（AB）、数据总线（DB）和控制总线（CB）。所有的外部芯片都通过这三组总线进行扩展。

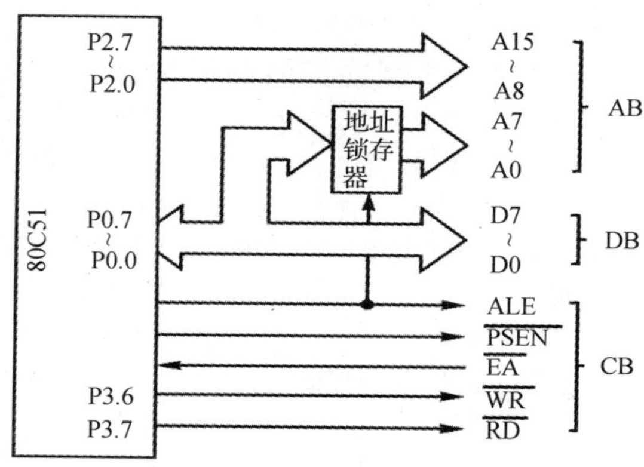


图6-1 80C51系列单片机的三总线引脚结构

1）地址总线（AB）

地址总线由P0口提供低8位A0～A7，P2口提供高8位A8～A15。由于P0还要作数据总线口，只能分时用做地址线，故P0口输出的低8位地址数据必须用锁存器锁存。锁存器的锁存控制信号为引脚ALE输出的控制信号。在ALE的下降沿将P0口输出的地址数据锁存。P2口具有输出锁存功能，故不需外加锁存器。P0、P2口在系统扩展中用做地址线后便不能作为一般I/O口使用。地址总线宽度为16位，故可寻址范围为$2^{16}$=64KB。

2）数据总线（DB）

数据总线由P0口提供，其宽度为8位。P0口为三态双向口，是应用系统中使用最为频繁的通道。所有单片机与外部交换的数据、指令、信息，除少数可直接通过P1口外，全部通过P0口传送。数据总线要连到多个连接的外围芯片上，而在同一时间里只能够有一个是有效的数据传送通道。哪个芯片的数据通道有效，则由地址线控制各个芯片的片选线来选择。

3）控制总线（CB）

控制总线包括片外系统扩展用控制线和片外信号对单片机的控制线。系统扩展用控制线有ALE、PSEN、EA、WR、RD。

ALE：输出，P0口上地址与数据隔离信号，用于锁存P0口输出的低8位地址数据的控制线。通常ALE在P0口输出地址期间出现低电平，用这个低电平信号控制锁存器来锁存地址数据。

PSEN：输出，用于片外程序存储器（EPROM）的“读”数控制。“读”取EPROM中数据（指令）时，不用“RD”信号，而用PSEN。

EA：输入，用于选择片内或片外程序存储器。当EA=0时，只访问外部程序存储器，不论片内有无程序存储器。因此，在扩展并使用片外程序存储器时，必须使EA接地。

WR、RD：输出，用于片外数据存储器（RAM）的读/写控制。当执行片外数据存储器操作指令MOVX时，这两个控制信号自动生成。

2. 80C51系列单片机的系统并行扩展能力

由于地址总线宽度为16位，在片外可扩展的存储器最大容量为64KB，地址为0000H～FFFFH。片

外数据存储器与程序存储器的操作使用不同的指令和控制信号，允许两者的地址重复，故片外可扩展的数据存储器与程序存储器分别为64KB。

片外数据存储器与片内数据存储器的操作指令不同(片外RAM只能用MOVX指令)，允许两者地址重复，即外部扩展数据存储器地址可从0000H开始。

为了配置外围设备而需要扩展的I/O口，可与片外数据存储器统一编址，不再另外提供地址线。因此，在应用系统要大量配置外围设备以及扩展较多I/O口时，要占去大量的片外RAM地址。片外程序存储器与片内程序存储器采用相同的操作指令，片内与片外程序存储器的选择靠硬件结构实现。当EA=0时，不论片内有无程序存储器，此时只使用片外程序存储器，片外程序存储器的地址应从0000H开始设置；当EA=1时，前4KB地址0000H~0FFFH为片内程序存储器所有，片外扩展的程序存储器的地址只能从1000H开始设置。

### 6.2.2 存储器扩展的编址技术

80C51系列单片机并行扩展存储空间时，可用其全部或只用其一部分，或将其中一部分用作扩展I/O口。这些存储器的芯片地址和存储器内存单元的子地址由低位地址线，即与存储器地址线直接的地址线确定；存储器的芯片地址由高位地址线产生的片选信号确定。当存储器芯片多于一片时，为了避免误操作，必须利用片选信号来分别确定各芯片的地址分配。产生片选信号的方法有线选法和译码法两种。

1. 线选法

所谓线选法，就是直接以系统的地址作为存储芯片的片选信号，为此只需把高位地址线与存储芯片的片选信号直接连接即可。优点是简单明了，不需增加另外电路。缺点是存储空间不连续。适用于小规模单片机系统的存储器扩展。

图6-2为4片2K*8位存储芯片扩展成8K*8位存储器接线原理图，2K的存储器所用的地址线为A0~A10共11根地址线和片选信号与CPU的连接，4个芯片地址线中A0~A10都直接与P0.0~P0.7和P2.0~P2.2共11根地址线相连，而P2.3~P2.6分别与对应存储芯片的片选信号相连。图中芯片1、2、3、4存储器芯片高位地址线与P2.6~P2.3相连，实现片选，均为低电平有效，低位地址线A0~A10实现片内寻址。为了不出现寻址错误，要求P2.0~P2.2同一时刻只允许有一根为低电平，另三根必须为高电平，否则出错。四片存储器芯片的地址分配如表6-1所示。

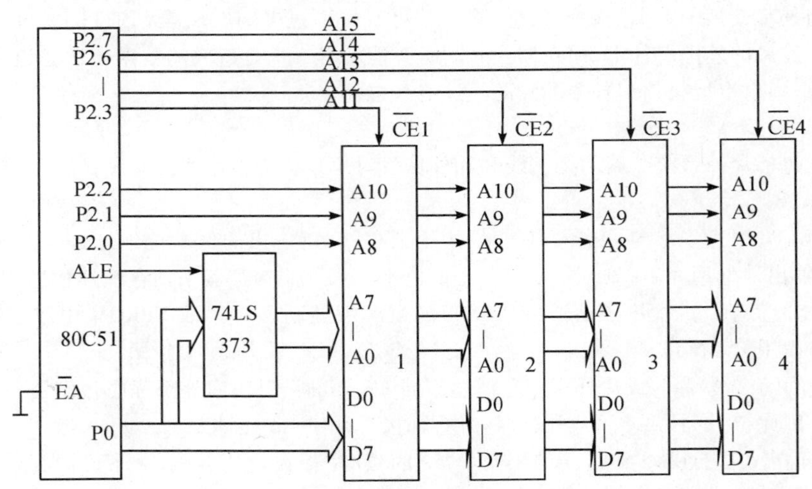


图6-2 单片机并行扩展线选法连接图

表 6-1　线选法四片存储器芯片地址分配表

| 地址线<br>芯片号 | 无关位 | 片外地址线 | | | | 片内地址线 | | | 地址范围 |
|---|---|---|---|---|---|---|---|---|---|
| | A1<br>(P2.7) | A14<br>(P2.6) | $A_1$3<br>(P2.5) | $A_{12}$<br>(P2.4) | $A_{11}$<br>(P2.3) | A10<br>(P2.2) | — | A0<br>(P0.0) | |
| 芯片 1 | 1<br>·<br>1 | 1<br>·<br>1 | 1<br>·<br>1 | 1<br>·<br>1 | 0<br>·<br>0 | 0<br>·<br>1 | —<br><br>— | 0<br>·<br>1 | F000H ~ F7FFH |
| 芯片 2 | 1<br>·<br>1 | 1<br>·<br>1 | 1<br>·<br>1 | 0<br>·<br>0 | 1<br>·<br>1 | 0<br>·<br>1 | —<br><br>— | 0<br>·<br>1 | E800H ~ EFFFH |
| 芯片 3 | 1<br>·<br>1 | 1<br>·<br>1 | 0<br>·<br>0 | 1<br>·<br>1 | 1<br>·<br>1 | 0<br>·<br>1 | —<br><br>— | 0<br>·<br>1 | D800H ~ DFFFH |
| 芯片 4 | 1<br>·<br>1 | 0<br>·<br>0 | 1<br>·<br>1 | 1<br>·<br>1 | 1<br>·<br>1 | 0<br>·<br>1 | —<br><br>— | 0<br>·<br>1 | D800H ~ BFFFH |

从表 6-1 中可看出 4 个存储器片内地址 A0 ~ A10 都是从 00000000000 ~ 11111111111(共 11 位),为 2K 空间;而片选信号作为片外地址线接 P2.3 ~ P2.6 分别为 1110、1101、1011、0111,用来区别是哪一片存储器芯片;无关位 A15 可任取,一般取“1”。

线选法电路优点是连接简单,缺点是芯片的地址空间相互之间可能不连接,中间有空隙,存储空间得不到充分利用,存在地址重叠现象。线选法适用于扩展存储器容量较小的场合。

产生地址空间不连续的原因是用作片选信号高位地址可组成的信号状态未得到充分利用。例如,在图 6-2 中,A14、A13、A12、A11 4 根地址线的信号有 16 种:0000 ~ 1111,只使用了其中 4 种 1110、1101、1011、0111,这 4 种信号状态不连续,从而导致存储器地址空间不连续。16 种信号状态可选通 16 个 2KB 存储芯片,存储空间为 32KB,而图 6-2 中,直选通了 4 个 2KB 存储芯片,存储器空间为 8KB,还有 24KB 存储空间未得到充分利用。

所谓地址重叠是指一个存储器芯片占有多个额定的地址空间,一个存储单元具有多个地址,或者说不同的地址会选同一存储单元。产生地址重叠的原因是高位地址线中有无关位,且无关位可组成多种状态,与存储器芯片的地址组合后可组成多个地址空间。例如图 6-2 中,无关位 A15 可组成 2 种状态 0、1,这样芯片 1 的地址范围就可以为:7000H ~ 77FFH、F000H ~ F7FFH。同样芯片 2、芯片 3、芯片 4 均有 2 个地址空间,这就是地址重叠现象。地址重叠现象不影响存储芯片的使用,使用时可用其任何一个地址空间。一般情况,无关位取“1”。

2. *译码法*

所谓译码法就是使用译码器对系统的高位地址进行译码,以其译码输出作为存储芯片的片选信号。这是一种最常用的存储器编址方法,能有效地利用空间,特点是存储空间连续,适用于大容量多芯片存储器扩展。

常用的译码芯片有:74LS139(双 2 – 4 译码器)和 74LS138(3 – 8 译码器)等,它们的 CMOS 型芯片分别是 74HC139 和 74HC138。

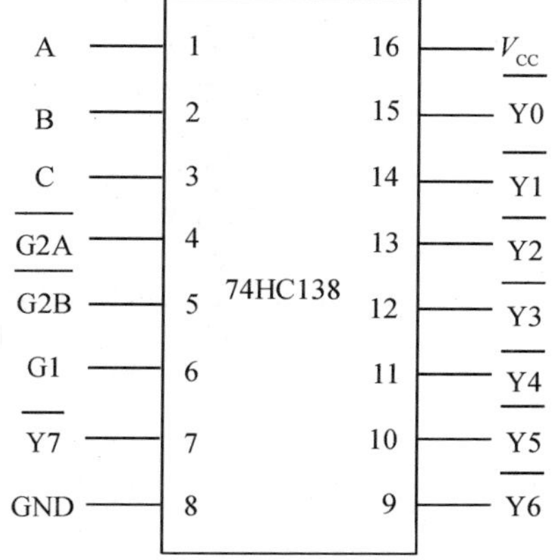

图 6-3　74HC138 引脚图

图 6-3 为 74HC138DIP 封装引脚图,16 引脚 TTL 芯片,C、B、A 为地址线输入端,C 是高位;$\overline{Y0}$、$\overline{Y1}$…$\overline{Y7}$为译码状态信号输出端,8 种状态中只会有一种有效,取决于 CBA 编码;G1、$\overline{G2A}$、

$\overline{G2B}$为控制端,同时有效时,74HC138 被选通工作。即 CBA = 000 时,$\overline{Y0}$ = 0,其余为“1”;CBA = 001 时,$\overline{Y1}$ = 0,其余为“1”;依次类推,CBA = 111 时,$\overline{Y7}$ = 0,其余为“1”。表 6-2 为 74HC138 真值表。

译码法分为全译码和部分译码,全地址译码就是将系统中未用到的全部高位地址作为译码信号的输入端,由此产生的译码输出信号作为选片信号的一种译码方式。在全地址译码法中,存储器每个存储单元只有唯一的一个 CPU 地址和它一一对应,只要单片机发出这个地址就可选中该存储单元工作,故不存在地址重叠现象。部分地址译码法是指单片机片选线中只有一部分参加了译码,其余部分是悬空的,在实际应用中这种使用方式不太多。当使用部分地址译码法时,无论 CPU 使悬空片选地址线上电平如何变化,都不会影响它对存储单元的选址,故存储器每个存储单元的地址不是唯一的,必然会有一个以上的 CPU 地址和它对应(即地址有重叠)。

**表 6-2　74HC138 真值表**

| 输入 | | | | | | 输出 | | | | | | | |
|---|---|---|---|---|---|---|---|---|---|---|---|---|---|
| G1 | $\overline{G2A}$ | $\overline{G2B}$ | C | B | A | $\overline{Y0}$ | $\overline{Y1}$ | $\overline{Y2}$ | $\overline{Y3}$ | $\overline{Y4}$ | $\overline{Y5}$ | $\overline{Y6}$ | $\overline{Y7}$ |
| 0 | x | x | x | x | x | 1 | 1 | 1 | 1 | 1 | 1 | 1 | 1 |
| x | 1 | x | x | x | x | 1 | 1 | 1 | 1 | 1 | 1 | 1 | 1 |
| x | x | 1 | x | x | x | 1 | 1 | 1 | 1 | 1 | 1 | 1 | 1 |
| 1 | 0 | 0 | 0 | 0 | 0 | 0 | 1 | 1 | 1 | 1 | 1 | 1 | 1 |
| 1 | 0 | 0 | 0 | 0 | 1 | 1 | 0 | 1 | 1 | 1 | 1 | 1 | 1 |
| 1 | 0 | 0 | 0 | 1 | 0 | 1 | 1 | 0 | 1 | 1 | 1 | 1 | 1 |
| 1 | 0 | 0 | 0 | 1 | 1 | 1 | 1 | 1 | 0 | 1 | 1 | 1 | 1 |
| 1 | 0 | 0 | 1 | 0 | 0 | 1 | 1 | 1 | 1 | 0 | 1 | 1 | 1 |
| 1 | 0 | 0 | 1 | 0 | 1 | 1 | 1 | 1 | 1 | 1 | 0 | 1 | 1 |
| 1 | 0 | 0 | 1 | 1 | 0 | 1 | 1 | 1 | 1 | 1 | 1 | 0 | 1 |
| 1 | 0 | 0 | 1 | 1 | 1 | 1 | 1 | 1 | 1 | 1 | 1 | 1 | 0 |

采用部分地址译码法时必须把程序和数据放在基本地址范围内(即悬空片选地址线全为低电平时存储芯片的地址范围),以避免因地址重叠引起程序运行的错误。

图 6-4 为用 74HC138 作译码器的片选电路,地址线输入端 A、B、C 分别接 P2.3、P2.4、P2.5,A 为低位,C 为高位;输出端用 4 根,$\overline{Y0}$、$\overline{Y1}$、$\overline{Y2}$、$\overline{Y3}$分别接存储芯片 1、2、3、4 $\overline{CE}$端;74HC138 控制端 G1 接 +5V,$\overline{G2A}$接 P2.6,$\overline{G2B}$直接接地。4 个存储芯片地址空间分配如表 6-3 所示,P2.7 为无关位,取“1”;P2.6 为译码器 74HC138 片选端,根据要求取“0”;A13、A12、A11 的编码分别为 8000H ~ 87FFH、8800H ~ 8FFFH、9000H ~ 97FFH、9800H ~ 9FFFH。

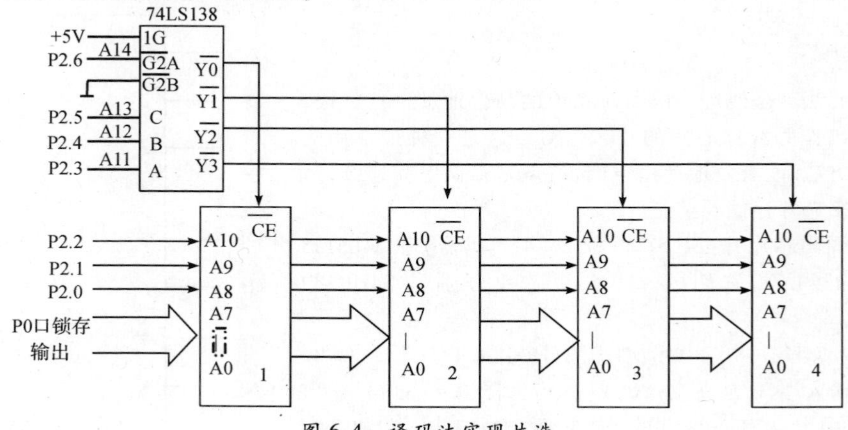


图 6-4　译码法实现片选

**表 6-3　译码法四片存储器芯片地址分配表**

| 地址线<br>芯片号 | 无关位 | 片外地址线 | | | | 片内地址线 | | | 地址范围 |
|---|---|---|---|---|---|---|---|---|---|
| | A15<br>(P2.7) | A14<br>(P2.6) | A13<br>(P2.5) | A12<br>(P2.4) | A11<br>(P2.3) | A10<br>(P2.2) | … | A10<br>(P0.0) | |
| 芯片 1 | 1<br>· 1 | 0<br>·<br>0 | 0<br>·<br>0 | 0<br>·<br>0 | 0<br>·<br>0 | 0<br>·<br>1 | …<br><br>… | 0<br>·<br>1 | 000H ~ 8TFFH |
| 芯片 2 | 1<br>·<br>1 | 0<br>·<br>0 | 0<br>·<br>0 | 0<br>·<br>0 | 0<br>·<br>0 | 0<br>·<br>1 | …<br><br>… | 0<br>·<br>1 | 8800H ~ 8FFFH |
| 芯片 3 | 1<br>·<br>1 | 0<br>·<br>0 | 0<br>·<br>0 | 1<br>·<br>1 | 1<br>·<br>1 | 0<br>·<br>1 | …<br><br>… | <br>·<br>1 | 9000H ~ 97FFH |
| 芯片 4 | 1<br>·<br>1 | 0<br>·<br>0 | 0<br>·<br>0 | 1<br>·<br>1 | 0<br>·<br>0 | 0<br>·<br>1 | …<br><br>… | 0<br>·<br>1 | 9800H ~ 9FFFH |

译码法与线选法比较,硬件电路稍复杂,需要使用译码器,但可充分利用存储空间,全译码时还可避免地址重叠现象,局部译码因还有部分高位地址线未参与译码,因此仍存在地址重叠现象。译码法的另一个优点是若译码器输出端留有剩余端线未用时,便于继续扩展存储器或 I/O 接口电路。译码法和线选法不仅适用于扩展存储器(包括外 RAM 和外 ROM),还适用于扩展 I/O 口(包括各种外围设备和接口芯片)。

### 6.2.3　并行扩展外 ROM

存储器是单片机系统用来存放程序、原始数据及运算结果的设备,按照存储器存取功能,存储器可分为只读存储器和随机存储器两大类。ROM-Read Only Memory 只读存储器,断电后信息不丢失,一般用来存放固定程序和数据,存取速度很低,(较 RAM 而言)且不能改写。RAM-RandomAccessMemory 易挥发性随机存取存储器,高速存取,但断电后,存储的信息即丢失。RAM 主要用于存放各种数据,包括现场输入数据、中间运算数据、运算结果数据、信息处理数据和输出数据等。

存储器由存储体、地址译码电路和控制电路组成。

存储体由大量存储单元组成。存储体的存储单元与其地址线数相对应,10 根地址线就有 $2^{10}$ = 1024 个存储单元。存储单元的数据位数与数据线数相对应,8 位单片机数据线是 8 条:D0 ~ D7,每个存储单元可以放一个 8 位二进制数。

地址译码电路的作用是将地址线译码后选通存储体内相应而唯一的存储单元。

控制电路又可分为片选控制、读/写控制和输入/输出控制。片选控制是控制芯片是否工作,读/写控制是控制数据传送的方向,输入/输出控制是带三态门的输入缓冲器和输出缓冲器。

1. 程序存储器分类

1) ROM

只读内存(Read - Only Memory)是一种只能读取资料的内存。在制造过程中,将资料以一特制光罩(Mask)烧录于线路中,其资料内容在写入后就不能更改,所以有时又称为"光罩式只读内存"(Mask ROM)。此内存的制造成本较低,常用于电脑中的开机启动。

2) PROM

可编程程序只读内存(Programmable ROM, PROM)的内部有行列式的镕丝,是需要利用电流将其烧断,写入所需的资料,但仅能写录一次。PROM 在出厂时,存储的内容全为 1,用户可以根据需要将其中的某些单元写入数据 0(部分的 PROM 在出厂时数据全为 0,则用户可以将其中的部分单元写入 1),以实现对其“编程”的目的。PROM 的典型产品是“双极性熔丝结构”,如果我们想改写某些单元,则可以给这些单元通以足够大的电流,并维持一定的时间,原先的熔丝即可熔断,这样就达到了改写某些位的效果。另外一类经典的 PROM 为使用“肖特基二极管”的 PROM,出厂时,其中的二极管处于反向截止状态,还是用大电流的方法将反相电压加在“肖特基二极管”,造成其永久性击穿即可。

3)EPROM

可抹除可编程只读内存(Erasable Programmable Read Only Memory,EPROM)可利用高电压将资料编程写入,抹除时将线路曝光于紫外线下,则资料可被清空,并且可重复使用。通常在封装外壳上会预留一个石英透明窗以方便曝光。

4)OTPROM

一次编程只读内存(One Time Programmable Read Only Memory,OTPROM)的写入原理同 EPROM,但是为了节省成本,编程写入之后就不再抹除,因此不设置透明窗。

5)$E^2$PROM

电子式可抹除可编程只读内存(Electrically Erasable Programmable Read Only Memory,$E^2$PROM)的运作原理类似 EPROM,但是抹除的方式是使用高电场来完成,因此不需要透明窗。

6)快闪存储器

快闪存储器(Flash memory)的每一个记忆胞都具有一个“控制闸”与“浮动闸”,利用高电场改变浮动闸的临限电压即可进行编程动作。

EPROM、$E^2$PROM、Flash ROM(NOR Flash 和 NAND Flash),性能同 ROM,但可改写。一般读出比写入快,写入需要比读出更高的电压(读 5V 写 12V)。而 Flash 可以在相同电压下读写,且容量大、成本低,如今在 U 盘、MP3 中使用广泛。在计算机系统里,RAM 一般用作内存,ROM 用来存放一些硬件的驱动程序,也就是固件。

2. 并行扩展 $E^2$PROM

电擦除可编程只读存储器 $E^2$PROM 是近年来开始被广泛应用的一种只读存储器。其主要特点是能在计算机应用系统中进行在线修改,并能在断电情况下,保存修改结果而不需加保护电源,已广泛应用于智能仪表、控制系统、开发系统中。常见的 $E^2$PROM 芯片有 2817A(2KB)和 2864A(8KB),它们引脚如图 6-5 所示。

2817A

| 引脚 | 名称 | 名称 | 引脚 |
|---|---|---|---|
| 1 | R/B | $V_{CC}$ | 28 |
| 2 | NC | $\overline{WE}$ | 27 |
| 3 | A7 | NC | 26 |
| 4 | A6 | A8 | 25 |
| 5 | A5 | A9 | 24 |
| 6 | A4 | NC | 23 |
| 7 | A3 | $\overline{OE}$ | 22 |
| 8 | A2 | A10 | 21 |
| 9 | A1 | $\overline{CE}$ | 20 |
| 10 | A0 | I/O7 | 19 |
| 11 | I/O0 | I/O6 | 18 |
| 12 | I/O1 | I/O5 | 17 |
| 13 | I/O2 | I/O4 | 16 |
| 14 | GND | I/O3 | 15 |

2864A

| 引脚 | 名称 | 名称 | 引脚 |
|---|---|---|---|
| 1 | NC | $V_{CC}$ | 28 |
| 2 | A12 | $\overline{WE}$ | 27 |
| 3 | A7 | NC | 26 |
| 4 | A6 | A8 | 25 |
| 5 | A5 | A9 | 24 |
| 6 | A4 | NC | 23 |
| 7 | A3 | $\overline{OE}$ | 22 |
| 8 | A2 | A10 | 21 |
| 9 | A1 | $\overline{CE}$ | 20 |
| 10 | A0 | I/O7 | 19 |
| 11 | I/O0 | I/O6 | 18 |
| 12 | I/O1 | I/O5 | 17 |
| 13 | I/O2 | I/O4 | 16 |
| 14 | GND | I/O3 | 15 |

图 6-5 $E^2$PROM 2817、2864 芯片引脚图

$\overline{WE}$为写允许信号,输入芯片。当进行擦/写操作时该端必须为低电平。RDY/$\overline{BUSY}$是空/忙信号,由芯片输出。当芯片进行擦/写操作时该信号为低电平,擦/写完毕后该信号为高阻状态。

扩展 286A 电路如图 6-6 所示,地址线、数据线仍按 80C51 一般扩展外 ROM 方式连接;片选线一般

由 80C51 高位地址线控制或直接接地，决定 $E^2$PROM 口地址；80C51 $\overline{PSEN}$与$E^2$PROM$\overline{OE}$相连。

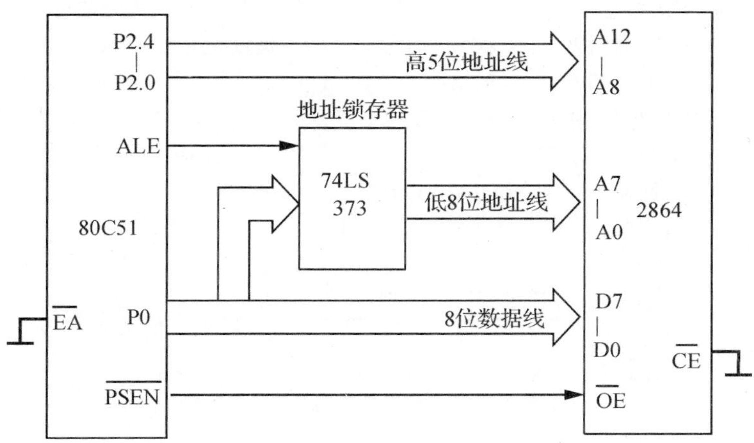


图 6-6 2864A 外扩 ROM 电路图

74LS373 是带三态缓冲输出的 8D 锁存器，由于片机的三总线结构中，数据线与地址线的低 8 位共用 P0 口，因此必须用地址锁存器将地址信号和数据信号区分开。74LS373 的锁存控制端 G 直接与单片机的锁存控制信号 ALE 相连，在 ALE 的下降沿锁存低 8 位地址。74LS373 与单片机扩展如图 6-7 所示，D7 ~ D0 为 8 位并行数据输入端；Q7 ~ Q0 为 8 位并行数据输出端；G：为 1 时 D 端数据 = Q 端数据，为 0 时 Q 端数据保持；$\overline{OE}$：片选端，低电平有效。

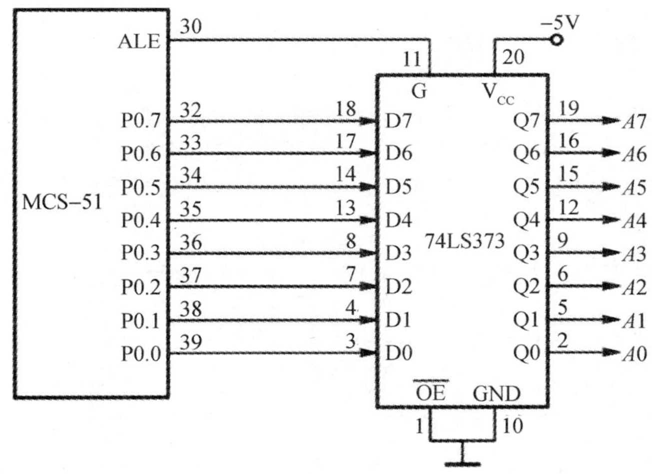


图 6-7 741S373 经典锁存电路扩展

由于扩展中无关位有 P2.7、P2.6、P2.5，所以 P2.7、P2.6、P2.5 可为任意，因此有 8 个重叠的扩展地址，分别为：0000H ~ 1FFFH、2000H ~ 3FFFH、4000H ~ 5FFFH、6000H ~ 7FFFH、8000H ~ 9FFFH、A000H ~ BFFFH、C000H ~ DFFFH、E000H ~ FFFFH。

3. 并行扩展 RAM

RAM 是用来存放各种数据的，MCS-51 系列 8 位单片机内部有 128B RAM 存储器，CPU 对内部 RAM 具有丰富的操作指令。但是，当单片机用于实时数据采集或处理大批量数据时，仅靠片内提供的 RAM 是远远不够的。此时，我们可以利用单片机的扩展功能，扩展外部数据存储器。

常用的外部数据存储器有静态 RAM（Static Random Access Memory, SRAM）和动态 RAM（Dynamic Random Access Memory, DRAM）两种。前者读/写速度高，一般都是 8 位宽度，易于扩展，且大多数与相

同容量的 EPROM 引脚兼容,有利于印刷板电路设计,使用方便;缺点是集成度低,成本高,功耗大。后者集成度高,成本低,功耗相对较低;缺点是需要增加一个刷新电路,附加另外的成本。

如图 6-8 所示,MCS-51 单片机扩展片外数据存储器的地址线也是由 P0 口和 P2 口提供的,因此最大寻址范围为 64K(0000H ~ FFFFH),一般情况下,SRAM 用于仅需要小于 64KB 数据存储器的小系统,DRAM 经常用于需要大于 64KB 的大系统。单片机扩展 RAM 与 ROM 地址最大都为 64KB,地址空间重叠,但各自使用不同的指令和控制信号,因而不会冲突,读 ROM 时用 MOVC 指令,由$\overline{\text{PSEN}}$选通 ROM 的$\overline{\text{OE}}$端,读写外 RAM 时用 MOVX 指令,用$\overline{\text{RD}}$选通 RAM 的$\overline{\text{OE}}$端,用$\overline{\text{WR}}$选通 RAM 的$\overline{\text{WE}}$端。但扩展 RAM 与 I/O 口是统一编址的,使用相同的指令和控制信号,设计硬件系统和编程时需要注意统筹安排。

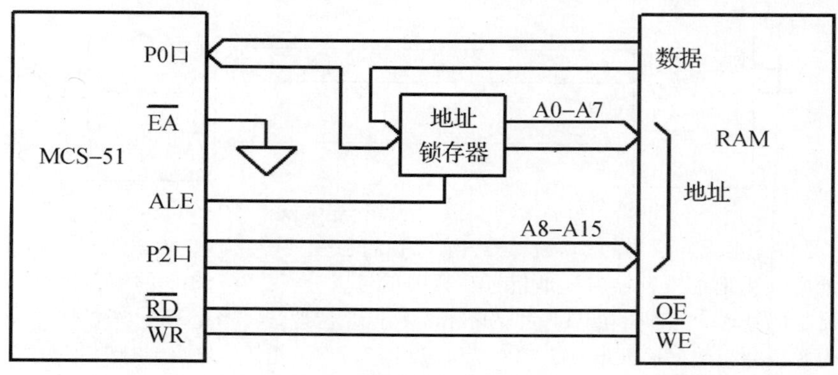


图 6-8　片外 RAM 电路原理示意图

1)静态 RAM 芯片介绍

常用着 MCS-51 系列单片机外部数据存储器扩展的静态 RAM 芯片有 6116(2K × 8 位)6264(8K × 8 位)、62128(16K × 8 位)、62256(32K × 8 位)、62512(64K × 8 位)等。小容量的静态 RAM 芯片已经停产,仅介绍 6264、62128、62256、62512,它们的引脚如图 6-9 所示。静态 RAM 芯片都为 28 脚或 32 脚双列直插封装,采用 CMOS 工艺制造,单一的 +5V 工作电源。各引脚功能为:A0 ~ A15 为 16 根地址线;I/O0 ~ I/O7 为数据输出线;$\overline{\text{CE}}$为片选信号;$\overline{\text{WE}}$为写允许线;$\overline{\text{OE}}$为数据输出允许信号;VCC 为主电源;GND 为主电源地。

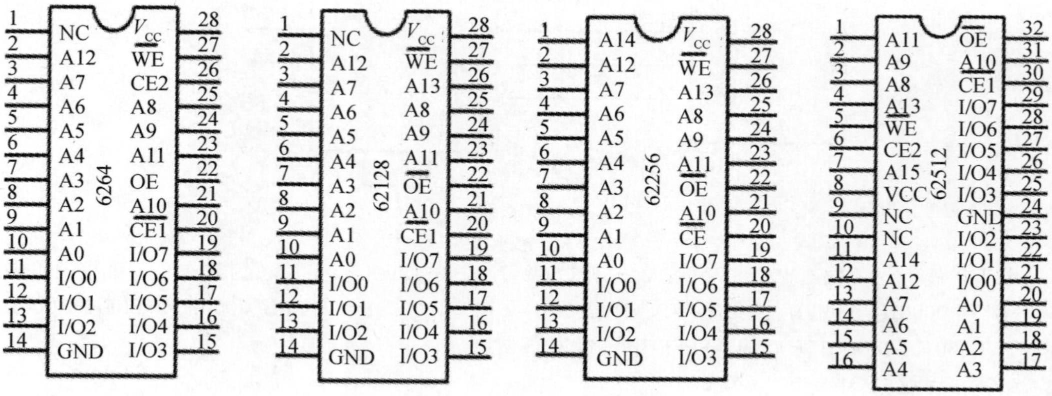

图 6-9　常用静态 RAM 引脚图

2)使用单片静态 RAM 扩展外部数据存储器(线选法)

一片 6264 静态 RAM 扩展 80C51 应用系统,8K 数据存储器硬件联结如图 6-10 所示。A12 ~ A013 根地址线,说明芯片的容量为 $8K = 2^{13}$ 个单元。D7 ~ D0 为 8 根数据线,当 $\overline{OE}$ 为低电平时,芯片中的数据可由 D7 ~ D0 输出,6264 有两个片选端,只需其中一个,一般用 $\overline{CE1}$,CE2 直接接 VCC,若无关的地址线取 1 其地址范围是 6000H ~ 7FFFH(无关位为 1)。具体地址分配如表 6-4 所示。

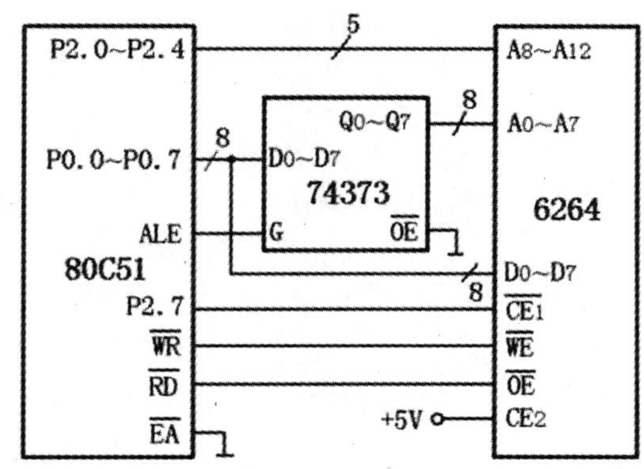


图 6-10　静态 RAM6264 与单片机扩展示意图

表 6-4　单片机扩展 6264 地址分配表

| 片选位 | 无关位 | | 片内地址线 | | | | | 地址范围 |
|---|---|---|---|---|---|---|---|---|
| A15 (P2.7) | A14 P(2.6) | A13 (P2.5) | A12 (P2.4) | A11 (P2.3) | A12 (P2.2) | … | A0 (P0.0) | |
| 0 | 0 | 0 | 0 | 0 | 0 | … | 0 | 0000H ~ 1FFFH |
| · | · | · | · | · | · | | · | |
| 0 | 0 | 0 | 1 | 1 | 1 | … | 1 | |
| 0 | 0 | 1 | 0 | 0 | 0 | … | 0 | 2000H ~ 3FFFH |
| · | · | · | · | · | · | | · | |
| 0 | 0 | 1 | 1 | 1 | 1 | … | 1 | |
| 0 | 1 | 0 | 0 | 0 | 0 | … | 0 | 4000H ~ 5FFFH |
| · | · | · | · | · | · | | · | |
| 0 | 1 | 0 | 1 | 1 | 1 | … | 1 | |
| 0 | 1 | 1 | 0 | 0 | 0 | … | 0 | 6000H ~ 7FFFH |
| · | · | · | · | · | · | | · | |
| 0 | 1 | 1 | 1 | 1 | 1 | … | 1 | |

3)多片数据存储器扩展(译码法)

用 4 片 62128(16K)进行 64KB 数据存储器扩展,用译码法实现(见图 6-11),采用单片机地址

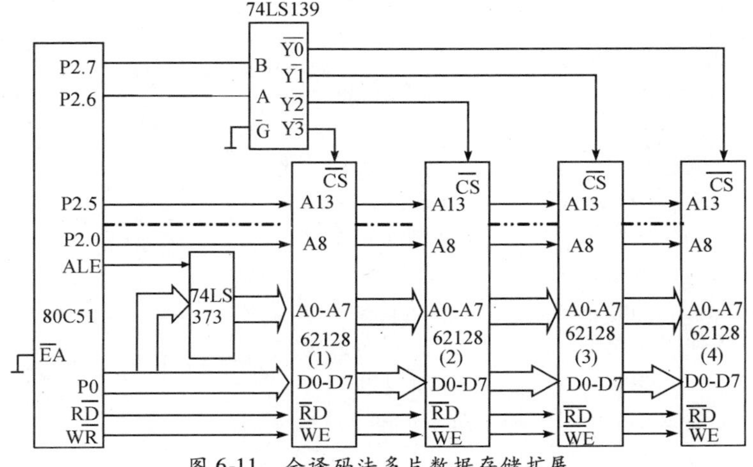


图 6-11　全译码法多片数据存储扩展

高位 P2.6、P2.7，作为四位译码器 74LS139 输入信号对 4 片储器全译码；P0 口作为数据线与 4 片存储器 D0～D7 直接相连，P0 作为地址总线低 8 位口经过 74LS373 锁存器后与 4 片存储器 A0～A7 相连；控制信号 ALE 引脚与 74LS373 锁存器 G 引脚相连，用于提供锁存信号；单片机 $\overline{RD}$ 信号分别与 4 片存储器 $\overline{RD}$ 引脚直接相连，用于单片机执行 MOVX A，@ DPTR 时提供读允许信号（低电平）；单片机 $\overline{WR}$ 信号分别与 4 片存储器 $\overline{WR}$ 引脚直接相连，用于单片机执行 MOVX@ DPTR，A 时提供写允许信号（低电平）。

**【例 6-1】** 按照图 6-10 原理，试编制程序，实现将 0～63H 的 100 个数据写入片外 0000H 起始的内存单元中，然后将 0000H 为起始地址的 100 个数依次复制到片外 0100H 为起始的地址中，并用 Proteus 仿真，查看结果。

解：仿真原理图如图 6-12 所示。

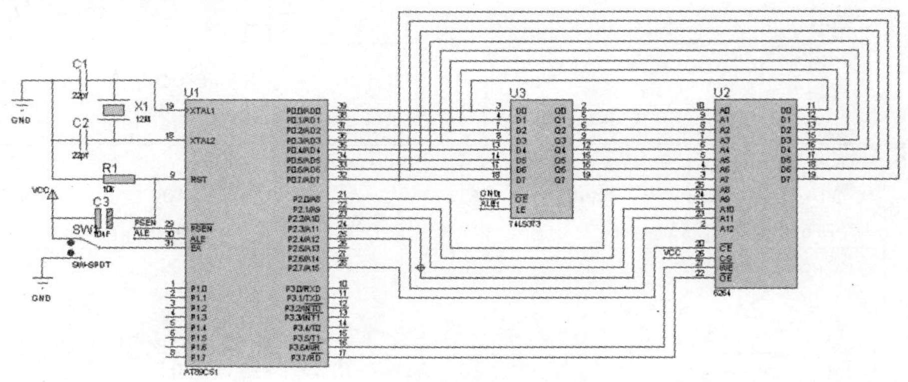

图 6-12　6264 片外存储器扩展仿真原理图

编程如下：

```
        ORG     0000H
        LJMP    MAIN
        ORG     0100H
MAIN：  MOV     DPTR,#0000H   ;写数据首地址初始化
        MOV     R5,#00H       ;读数据首地址存储
        MOV     R6,#01H       ;写数据首地址存储
        MOV     R7,#64H       ;写数据循环初始化
        MOV     A,#00H
WRITE： MOVX    @ DPTR,A      ;写数据
        INC     DPTR          ;地址增 1
        INC     A             ;数据增 1
        DJNZ    R7,WRITE      ;循环控制
        MOV     R7,#64H       ;读数据循环初始化
        MOV     DPL,#00H      ;地址低 8 位初始化
READ：  MOV     DPH,R5        ;修改地址高 8 位
        MOVX    A,@ DPTR      ;读取数据
        MOV     DPH,R6        ;修改地址高 8 位
        MOVX    @ DPTR,A      ;数据写如外内存
        INC     DPL           ;地址增 1
        DJNZ    R7,READ       ;循环控制
        SJMP    $
```

END

运行结果如图 6-13 所示。

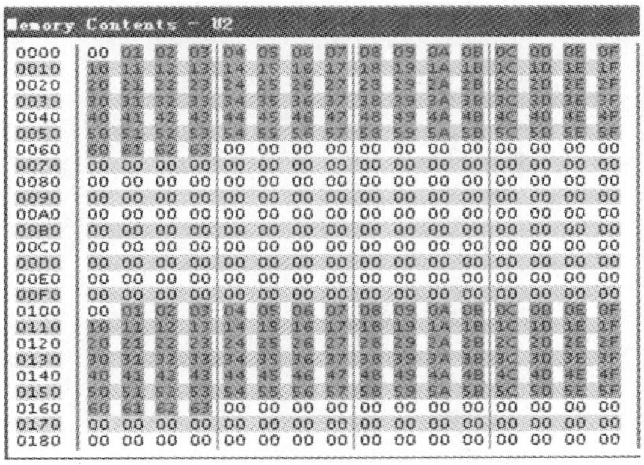

| Memory Contents - U2 | | | | | | | | | | | | | | | | |
|---|---|---|---|---|---|---|---|---|---|---|---|---|---|---|---|---|
| 0000 | 00 | 01 | 02 | 03 | 04 | 05 | 06 | 07 | 08 | 09 | 0A | 0B | 0C | 0D | 0E | 0F |
| 0010 | 10 | 11 | 12 | 13 | 14 | 15 | 16 | 17 | 18 | 19 | 1A | 1B | 1C | 1D | 1E | 1F |
| 0020 | 20 | 21 | 22 | 23 | 24 | 25 | 26 | 27 | 28 | 29 | 2A | 2B | 2C | 2D | 2E | 2F |
| 0030 | 30 | 31 | 32 | 33 | 34 | 35 | 36 | 37 | 38 | 39 | 3A | 3B | 3C | 3D | 3E | 3F |
| 0040 | 40 | 41 | 42 | 43 | 44 | 45 | 46 | 47 | 48 | 49 | 4A | 4B | 4C | 4D | 4E | 4F |
| 0050 | 50 | 51 | 52 | 53 | 54 | 55 | 56 | 57 | 58 | 59 | 5A | 5B | 5C | 5D | 5E | 5F |
| 0060 | 60 | 61 | 62 | 63 | 00 | 00 | 00 | 00 | 00 | 00 | 00 | 00 | 00 | 00 | 00 | 00 |
| 0070 | 00 | 00 | 00 | 00 | 00 | 00 | 00 | 00 | 00 | 00 | 00 | 00 | 00 | 00 | 00 | 00 |
| 0080 | 00 | 00 | 00 | 00 | 00 | 00 | 00 | 00 | 00 | 00 | 00 | 00 | 00 | 00 | 00 | 00 |
| 0090 | 00 | 00 | 00 | 00 | 00 | 00 | 00 | 00 | 00 | 00 | 00 | 00 | 00 | 00 | 00 | 00 |
| 00A0 | 00 | 00 | 00 | 00 | 00 | 00 | 00 | 00 | 00 | 00 | 00 | 00 | 00 | 00 | 00 | 00 |
| 00B0 | 00 | 00 | 00 | 00 | 00 | 00 | 00 | 00 | 00 | 00 | 00 | 00 | 00 | 00 | 00 | 00 |
| 00C0 | 00 | 00 | 00 | 00 | 00 | 00 | 00 | 00 | 00 | 00 | 00 | 00 | 00 | 00 | 00 | 00 |
| 00D0 | 00 | 00 | 00 | 00 | 00 | 00 | 00 | 00 | 00 | 00 | 00 | 00 | 00 | 00 | 00 | 00 |
| 00E0 | 00 | 00 | 00 | 00 | 00 | 00 | 00 | 00 | 00 | 00 | 00 | 00 | 00 | 00 | 00 | 00 |
| 00F0 | 00 | 00 | 00 | 00 | 00 | 00 | 00 | 00 | 00 | 00 | 00 | 00 | 00 | 00 | 00 | 00 |
| 0100 | 00 | 01 | 02 | 03 | 04 | 05 | 06 | 07 | 08 | 09 | 0A | 0B | 0C | 0D | 0E | 0F |
| 0110 | 10 | 11 | 12 | 13 | 14 | 15 | 16 | 17 | 18 | 19 | 1A | 1B | 1C | 1D | 1E | 1F |
| 0120 | 20 | 21 | 22 | 23 | 24 | 25 | 26 | 27 | 28 | 29 | 2A | 2B | 2C | 2D | 2E | 2F |
| 0130 | 30 | 31 | 32 | 33 | 34 | 35 | 36 | 37 | 38 | 39 | 3A | 3B | 3C | 3D | 3E | 3F |
| 0140 | 40 | 41 | 42 | 43 | 44 | 45 | 46 | 47 | 48 | 49 | 4A | 4B | 4C | 4D | 4E | 4F |
| 0150 | 50 | 51 | 52 | 53 | 54 | 55 | 56 | 57 | 58 | 59 | 5A | 5B | 5C | 5D | 5E | 5F |
| 0160 | 60 | 61 | 62 | 63 | 00 | 00 | 00 | 00 | 00 | 00 | 00 | 00 | 00 | 00 | 00 | 00 |
| 0170 | 00 | 00 | 00 | 00 | 00 | 00 | 00 | 00 | 00 | 00 | 00 | 00 | 00 | 00 | 00 | 00 |
| 0180 | 00 | 00 | 00 | 00 | 00 | 00 | 00 | 00 | 00 | 00 | 00 | 00 | 00 | 00 | 00 | 00 |

图 6-13　片外 RAM 读写仿真结果图

4. 单片机常用 I/O 口扩展

MCS-51 具有 4 个 I/O 口 P0、P1、P2、P3，但 P0、P2 口往往作为扩展总线使用，P3 往往用其第二功能，故实际常用来做 I/O 口使用的就仅剩下 P1 口，如外接较多的 I/O 设备（打印机，键盘，显示器等），显然得扩展 I/O 接口。

MCS-51 系列单片机扩展 I/O 口是将 I/O 口看作外 RAM 的一个存储单元，与外 RAM 统一编址，操作时执行 MOVX 指令和用 $\overline{RD}$、$\overline{WR}$ 控制信号，因此理论上可以扩展 64000 个 I/O 口。由于扩展 I/O 口时通常通过 P0 口扩展，而 P0 口要分时传送低 8 位地址和输入输出数据，因此构成输出口时，接口芯片应具有锁存功能；构成输入口时，接口芯片应具有三态缓冲和锁存功能。

1）74LS373 扩展输入口

前面讲述 74LS373 扩展为地址锁存器扩展，同样，74LS373 也可扩展为输入输出口。74LS373 是 8D 三态同相锁存器，内部有 8 个相同的 D 触发器，D0 ~ D7 为其 D 输入端；Q0 ~ Q7 为其 Q 输出端；G 为门控端；OE 为输出允许端；加上电源端 $V_{CC}$ 和接地端 GND，共 20 个引脚。当 G 高电平，且 $\overline{OE}$ 低电平时，输入端 D0 ~ D7 与输出端 Q0 ~ Q7 保持一致，当 G 为低电平时，且 $\overline{OE}$ 低电平时，输出端 Q0 ~ Q7 数据保持不变，处于锁存状态，如图 6-14 所示。

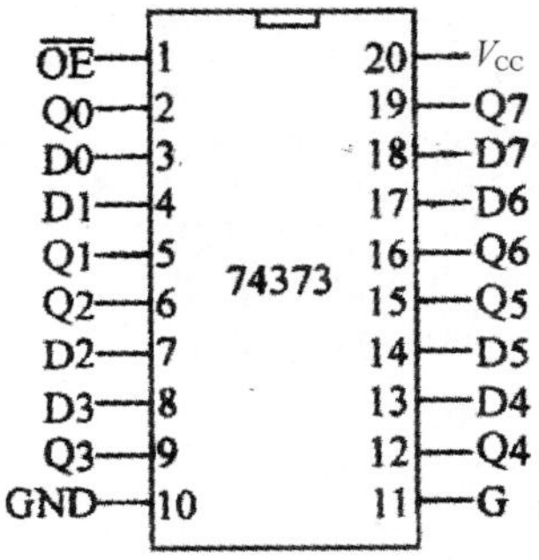

（a）

| 输入 | | | 输出 |
|---|---|---|---|
| /OE | G | D | Q |
| L | H | H | H |
| L | H | L | L |
| L | L | × | 不变 |
| H | × | × | 高阻 |

（b）

图 6-14　74LS373 引脚及功能表

（a）引脚图　　（b）功能表

图 6-15 为 74LS373 与单片机扩展输入口应用电路，G 接高电平，门控始终有效；从 D0 ~ D7 输入信号即能直达 Q0 ~ Q7 输出缓冲器待命，由 80C51 的 $\overline{RD}$ 和 P2.7 经过或门与 74LS373/OE 端相连，P2.7 决定访问 74LS373 地址为 7FFFH（无关位为 1），$\overline{RD}$ 信号在读片外地址时自动有效，$\overline{RD}$“或”P2.7 后，全 0 输出，产

生 74LS373 输出允许端$\overline{OE}$所需的低电平信号，触发输出的信号缓冲器 Q0 ~ Q7 输出至 P0 口数据总线并被读入 A 中。读外 RAM 指令（MOVX A,@ DPTR）结束后$\overline{RD}$信号线变为高电平，即 74LS373 输出允许端$\overline{OE}$为高电平，使输出端 Q0 ~ Q7 处于高阻状态，从而不会影响 P0 口读写其他端口地址数据。

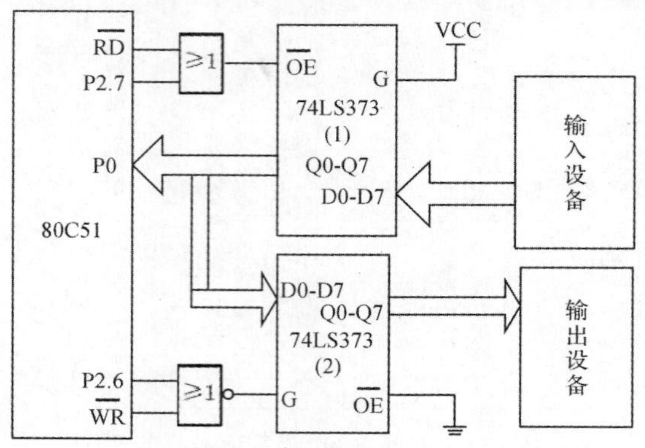


图 6-15　74LS373 输入输出扩展

当 74LS373 扩展为输出口时，由 80C51 的$\overline{WR}$和 P2.6 经过或非门与 74LS373 的 G 端相连，$\overline{OE}$接地，P2.6 决定访问 74LS373 地址为 BFFFH（无关位为 1），$\overline{WR}$信号在写片外地址时自动有效，$\overline{WR}$"或非"P2.6 后，全 1 输出，由于$\overline{OE}$接地，将 D0 ~ D7 信号输出至 Q0 ~ Q7 端。写外 RAM 指令（MOVX@ DPTR, A）结束后$\overline{WR}$信号线变为高电平，即 74LS373 的 G 端变为低电平，从而输出锁存信号，使输出端 Q0 ~ Q7 数据处于锁存状态。

2）74LS244 输入输出扩展

图 6-16 为 74LS244DIP 封装引脚图、逻辑图和功能表。74LS244 是 8 同相三态缓冲/驱动器。片内有二组三态缓冲器，每组 4 个，分别由一个门控端控制，即第一组：输入：1A1 ~ 1A4，输出 1Y1 ~ 1Y4，门控端 1G；第二组：输入 2A1 ~ 2A4，输出 2Y1 ~ 2Y4，门控端 2G。门控端低电平有效时，输入端信号从输出端输出，门控端信号无效时，输出端呈高阻态。

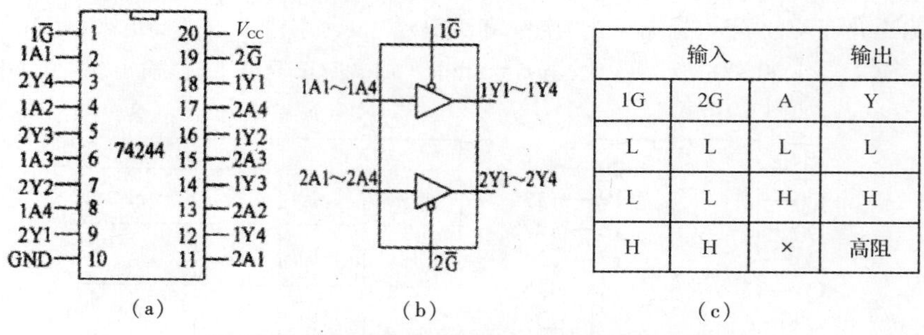


| 输入 | | | 输出 |
|---|---|---|---|
| 1G | 2G | A | Y |
| L | L | L | L |
| L | L | H | H |
| H | H | × | 高阻 |

（a）　　（b）　　（c）

图 6-16　74LS244 引脚图、逻辑图和功能表图

（a）引脚图　　（b）逻辑图　　（c）功能表

图 6-17 为 74LS244 进行简单输入口扩展连接图，由 80C51 的$\overline{RD}$和 P2.7 经过或门与 74LS244 的$\overline{G1}$和$\overline{G2}$端相连，P2.7 决定访问 74LS244 地址为 7FFFH（无关位为 1），$\overline{RD}$信号在读片外地址时自动有效，$\overline{RD}$"或"P2.7 后，全 0 输出，产生 74LS244 输出允许端$\overline{G1}$和$\overline{G2}$，所需的低电平信号，触发输出的信号缓冲器

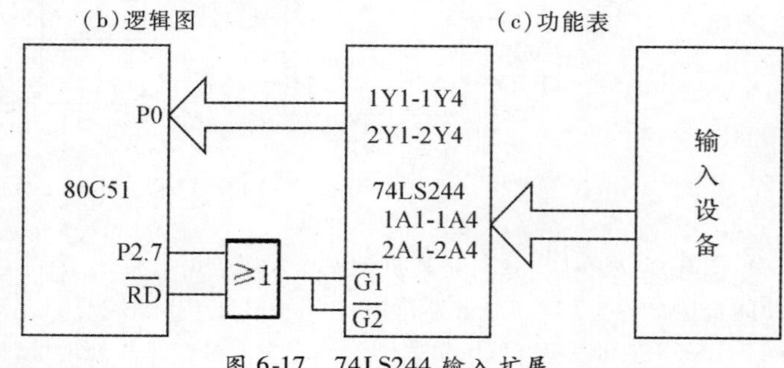


图 6-17　74LS244 输入扩展

1Y1～1Y4、2Y1～2Y4 输出至 P0 口数据总线并被读入 A 中。读外 RAM 指令（MOVX A,@ DPTR）结束后/RD 信号线变为高电平，即 74LS244 输出允许端 $\overline{G1}$、$\overline{G2}$ 为高电平，使输出端 1Y1～1Y4、2Y1～2Y4 处于高阻状态，从而不会影响 P0 口读写其他端口地址数据。

由于没有锁存功能，74LS244 除了可以扩展输入口，还可以扩展 P2 口（高 8 位地址总线），或 $\overline{WR}$、$\overline{RD}$、$\overline{PSEN}$、ALE 等单向控制总线以提高单片机驱动能力，如图 6-18 所示。

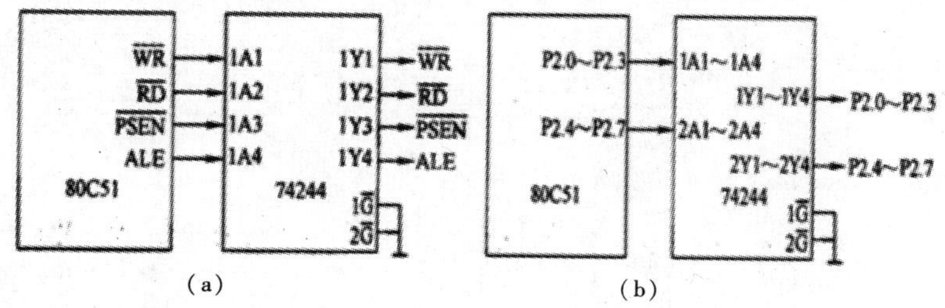


（a）　　　　　　（b）

图 6-18　74LS244 扩展总线

（a）扩展控制总线　　　　（b）扩展 P2 口

3）74LS377 输出接口扩展

74LS377 为带有输出允许控制的 8D 触发器。D0～D7 为 8 个 D 触发器的 D 输入端；Q0～Q7 是 8 个 D 触发器的 Q 输出端；时钟脉冲输入端 CLK，上升沿触发；$\overline{OE}$ 为输出允许端，低电平有效。当 74LS377 $\overline{OE}$ 端为低电平，且 CLK 端有正脉冲时，在正脉冲的上升沿，D 端信号被锁存，从相应的 Q 端输出，如图 6-19 所示。

| 引脚 | 名称 | 引脚 | 名称 |
|---|---|---|---|
| 1 | $\overline{OE}$ | 20 | $V_{CC}$ |
| 2 | Q0 | 19 | Q7 |
| 3 | D0 | 18 | D7 |
| 4 | D1 | 17 | D6 |
| 5 | Q1 | 16 | Q6 |
| 6 | Q2 | 15 | Q5 |
| 7 | D2 | 14 | D5 |
| 8 | D3 | 13 | D4 |
| 9 | Q3 | 12 | Q4 |
| 10 | GND | 11 | CLK |

74377

（a）

| 输入 | | | 输出 |
|---|---|---|---|
| OE | CLK | D | Q |
| L | × | × | 不变 |
| L | ↑ | 1 | 1 |
| L | ↑ | 0 | 0 |
| × | 0 | × | 不变 |

（b）

图 6-19　74LS377 引脚图和功能表

（a）引脚图　　　　（b）功能表

图 6-20 为 74LS377 与 80C51 输出扩展连接图，80C51 单片机的 $\overline{WR}$ 和 P2.7 分别与 74LS377CLK 端和输出允许端 $\overline{OE}$ 相连。P2.7 决定 74LS377 扩展地址为 7FFFH，执行外 RAM 写指令 MOVX@ DPTR，A 时，P2.7 输出电平选中 74LS377，同时 $\overline{WR}$ 输出负脉冲，在上升沿时将数据 D0～D7 输出至 Q0～Q7 并锁存。

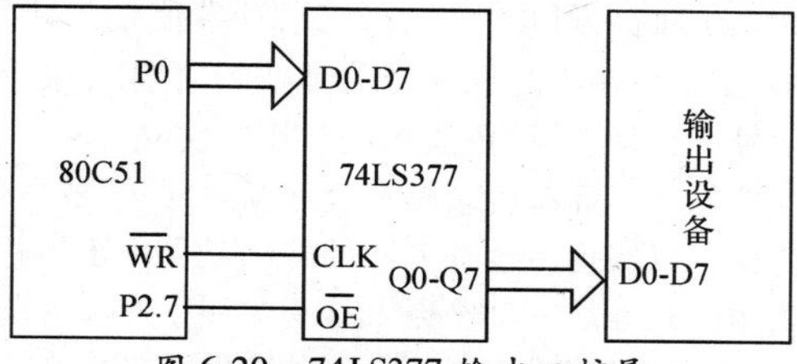


图 6-20　74LS377 输出口扩展

单片机扩展输出接口时还可以利用其他 TTL 芯片，如 74LS373，但比用 74LS377 多用一只或门，用 74LS244 输出无锁存功能，因此用 74LS377 最为方便。

**【例 6-2】**　根据图 6-21 原理图，编程实现 8 位发光二极管显示拨码开关状态。

分析：由原理图可知，读取拨码开关 74HC373 片选位与单片机 P2.7 相连，因此其片外地址为

7FFFH,控制发光二级管 74HC373 片选位与单片机 P2.6 相连,其地址为 BFFFH。

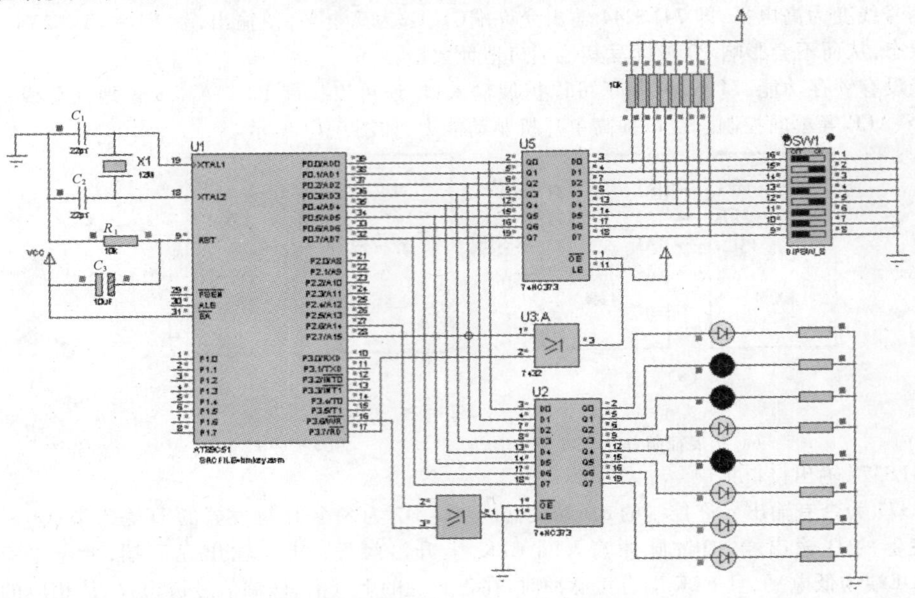

图 6-21　拨码快关状态显示扩展原理图

解:程序编写如下:

```
        ORG     0000H
        LJMP    MAIN
        ORG     0030H
MAIN:   MOV     DPTR,#7FFFH     ;设置读取拨码开关地址
        MOVX    A,@ DPTR        ;读取拨码开关状态
        MOV     DPTR,#0BFFFH    ;设置 8 位发光二级管控制地址
        MOVX    @ DPTR,A        ;输出拨码开关状态
        SJMP    MAIN
        END
```

## 6.3　频率计系统设计

1. 方案分析

频率的测量实际上就是在 1s 时间内对信号进行计数,计数值就是信号频率。用单片机设计频率计通常采用两种办法:第一种方法是使用单片机自带的计数器对输入脉冲进行计数;第二种方法是单片机外部使用计数器对脉冲信号进行计数,计数值再由单片机读取。

第一种方法的好处是设计出的频率计系统结构和程序编写简单,成本低廉,不需要外部计数器,直接利用所给的单片机最小系统就可以实现。这种方法的缺陷是受限于单片机计数的晶振频率,输入的时钟频率通常是单片机晶振频率的几分之一甚至是几十分之一,在本次设计使用的 89C51 单片机,由于检测一个由“1”到“0”的跳变需要两个机器周期,前一个机器周期测出“1”,后一个周期测出“0”。故输入时钟信号的最高频率不得超过单片机晶振频率的二十四分之一,因此输入的时钟信号最高频率不得高于 11.0592MHz/24 = 460.8KHz。对外部脉冲的占空比无特殊要求。

第二种方法的好处是输入的时钟信号频率可以不受单片机晶振频率的限制,可以对相对较高频率进行测量,但缺点是成本比第一种方法高,设计出来的系统结构和程序也比较复杂,本次设计采用第一种方法。

2. 系统组成

采用 89C51 单片机实现频率计时，可以采用单片机计数器在 1s 内对外部脉冲进行计数。作为频率计，应该可以对多种波形进行频率测量，如方波、正弦波、锯齿波等，而单片机计数器只能对输入的方波信号计数，因此需要将输入信号进行整形，变为方波信号后再进行计数，由于整形后的波形频率与原波形一致，因此所测整形后波形频率即为输入波形频率。最后需将所测频率值正确显示。如图 6-22 所示，频率计主要包括波形整形电路、单片机及显示扩展电路。

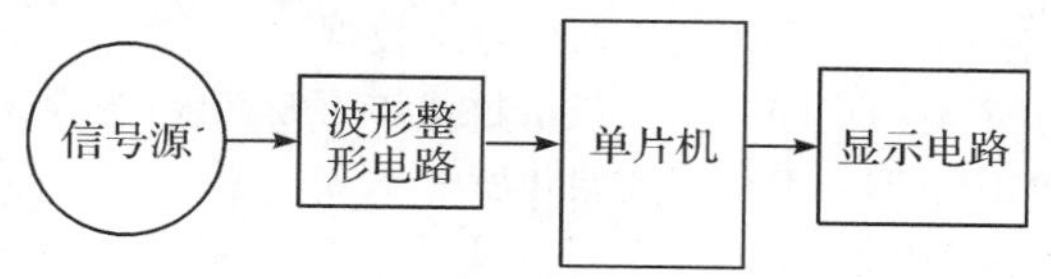


图 6-22　频率计组成示意图

3. 波形整形电路

如图 6-23(a)所示，波形整形电路由 555 电路构成施密特触发器完成，由 555 工作原理可知，555 可看成 R－S 触发器，当输入电平 $Vi < =1/3V_{DD}$ 时，VO 输出高电平，而当输入 $Vi > =2/V_{DD}$ 时，VO 输出低电平，设置 $R1 = R2 = 10\text{K}\Omega$，使 2、6 引脚偏置电压在 $1/2V_{DD}$，介于两个阈值之间。如图 6-23(b)、(c)、(d)所示，当输入的正弦波电压的瞬时电平低于 $1/3V_{DD}$ 时，$V_0$ 输出高电平，而当瞬时输入电压低于 $1/3V_{DD}$ 时，$V_0$ 输出低电平，在输出端得到规则的矩形脉冲，对波形进行了变换、整形，但其频率输入输出保持一致，从而得到单片机可以进行频率识别的矩形波。

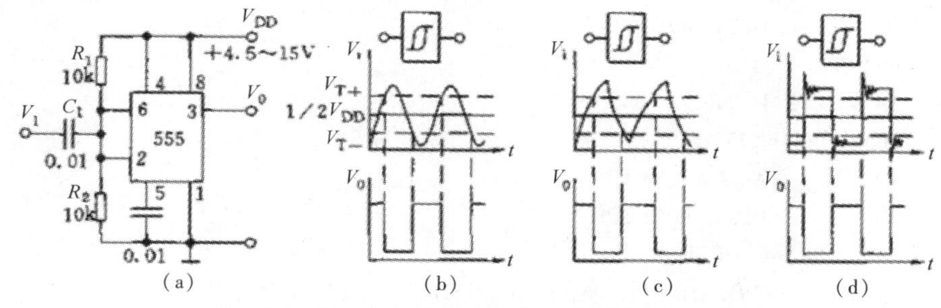


图 6-23　555 构成施密特触发器波形转换原理图

4. 显示电路

1) 静态显示

频率显示采用数码显示电路完成，单片机控制数码管显示方法有静态显示和动态显示两种；静态显示就是当数码管显示某个字符时，相应的段恒定地导通或截止，直到显示另一个字符为止。这种显示方法比较简单，只需将显示段码送至段码口，在没有新的段码送来时，字符显示稳定。图 6-24 为静态显示控制扩展原理图，静态显示多用于扩展较少的数码管，由于占用 I/O 口较多，要扩展多只数码管时，需采用多只带锁存的集成 IC 实现，静态显示相应控制编程较为简单。

【例 6-3】　根据图 6-24，编程实现各数码管(共阴数码管)分别显示 1，2，3，4。

分析：4 片 74HC373 扩展数码管静态显示，采用线选法，其地址线分别与 P2.7，P2.6，P2.5，P2.4 相连，其地址分别为 7FFFH，BFFFH，DFFFH，EFFFH，分别以写片外 RAM 单元指令进行操作。程序如下：

```
ORG     0000H
LJMP    MAIN
```

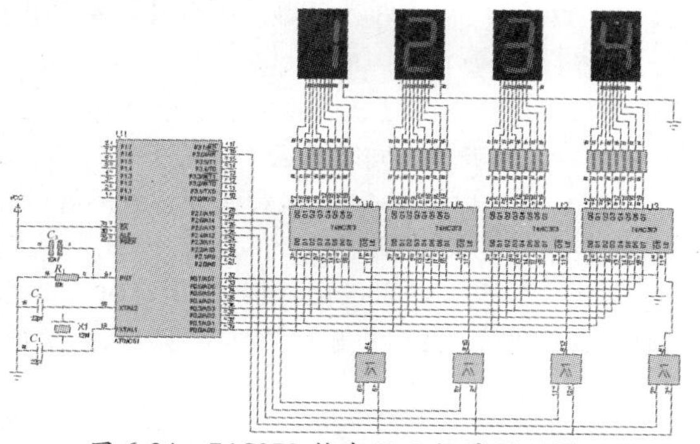

图 6-24　74C373 静态显示扩展原理图

```
        ORG     0100H
MAIN:   MOV     30H,#1              ;数码管显示数据缓存区
        MOV     31H,#2
        MOV     32H,#3
        MOV     33H,#4
DISP:   MOV     DPTR,#TAB           ;查表首址初始化
        MOV     A,30H               ;读取要显示数据
        MOVC    A,@ A + DPTR        ;以显示数据作为偏移量,查表其笔形码
        MOV     DPTR,#7FFFH         ;初始化所显示数码管地址
        MOVX    @ DPTR,A            ;将笔形码写入显示地址
        MOV     DPTR,#TAB
        MOV     A,31H
        MOVC    A,@ A + DPTR
        MOV     DPTR,#0BFFFH
        MOVX    @ DPTR,A
        MOV     DPTR,#TAB
        MOV     A,32H
        MOVC    A,@ A + DPTR
        MOV     DPTR,#0DFFFH
        MOVX    @ DPTR,A
        MOV     DPTR,#TAB
        MOV     A,33H
        MOVC    A,@ A + DPTR
        MOV     DPTR,#0EFFFH
        MOVX    @ DPTR,A
        SJMP    TAB:DB 3FH,06H,5BH, 4FH        ;0 - F 笔形码
        DB 66H,6DH, 7DH,07H
        DB 7FH, 6FH,77H,7CH
        DB 39H,5EH, 79H,71H
        DB 73H,3EH,31H,6EH
        END
```

2)动态显示

动态显示是在多位 LED 显示时,为了简化电路,降低成本,将所有位的段选线并联在一起,由一个 8 位 I/O 口控制,而共阴(或共阳)极公共端分别由相应的 I/O 线控制,实现各位的分时选通(见图 6-25),这样,如果要在同一时刻显示不同的字符,从电路上看是不可能的,但只要利用人眼对视觉的"残留效应",采用动态扫描显示的方法逐个循环点亮各数码管,只要轮流显示速度较快,每秒约 50 次以上,使人看起来就像在同时显示不同的字符一样。

**【例 6-4】** 根据图 6-25,编程实现各数码管(共阴数码管)分别显示 1、2、3、4。

分析:4 个数码管动态显示,每秒钟需显示大于 50 次,故需要小于 20ms 显示一次,平均到每个数码管则需要小于 5ms 显示一次,因此采用定时器定时 5ms,每中断一次显示一位数码管。数码管显示时选通对应数码管,然后将显示数据笔形码写入地址 7FFFH。编程如下:

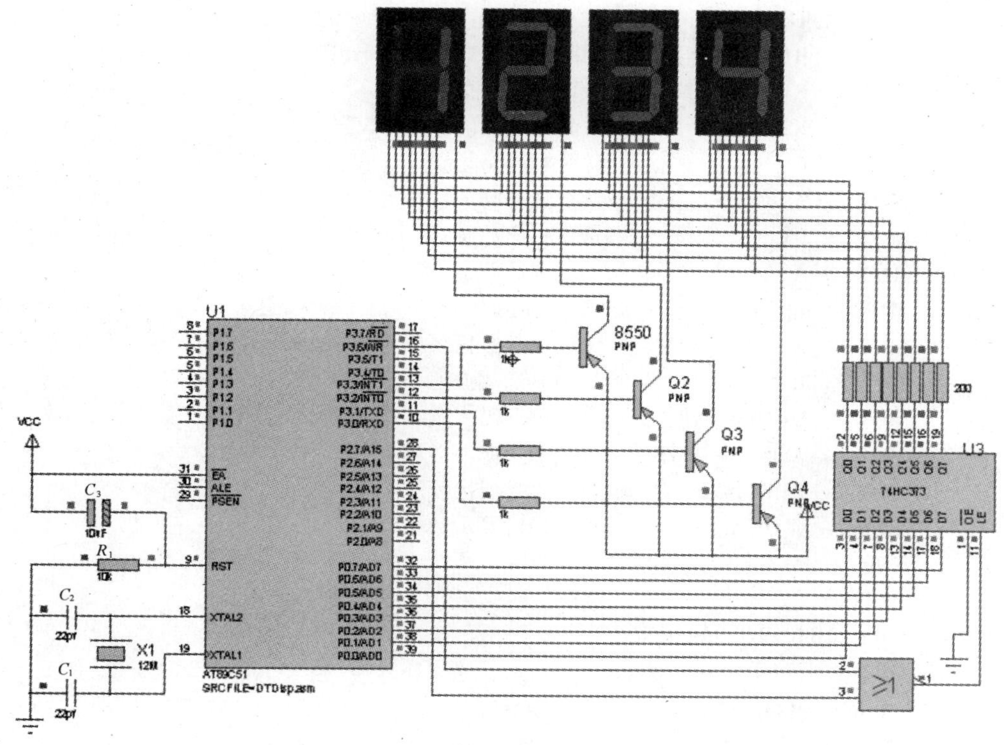

图 6-25　数码管动态显示扩展原理图

```
        ORG     0000H
        LJMP    MAIN
        ORG     001BH
        LJMP    TIME1
        ORG     0100H
MAIN:   MOV     SP,#60H         ;堆栈栈顶初始化
        MOV     TMOD,#10H       ;设置定时器 1 方式 1
        MOV     TH1,#0ECH       ;设置 5ms 定时初值
        MOV     TL1,#78H
        SETB    EA              ;开总中断
        SETB    ET1             ;开定时器 1 中断
        SETB    TR1             ;启动定时器 1
        MOV     R1,#30H         ;设显示缓存取首址
        MOV     R2,#0FEH        ;选通数码管数据设置
        MOV     30H,#4          ;显示数据设置
        MOV     31H,#3
        MOV     32H,#2
        MOV     33H,#1
        SJMP    MYM             ;
TIME1:  PUSH    ACC             ;保护现场
        MOV     TH1,#0ECH       ;设置 5ms 定时初值
```

```
        MOV     TL1,#78H
        CJNE    R1,#34H,NEXT    ;判断 4 数码管显示完一次
        MOV     R1,#30H         ;重设显示缓存取首址
        MOV     R2,#0FEH        ;重新选通数码管数据设置
        SETB    C               ;C 置 1
NEXT:   MOV     A,R2            ;读取选通码
        MOV     P3,A            ;选通对应数码管
        RLC     A               ;调整选通位
        MOV     R2,A            ;保存选通码
        MOV     A,@ R1          ;读取显示数据
        INC     R1              ;调整显示数据地址
        MOV     DPTR,#TAB       ;设置笔形码表格首址
        MOVC    A,@ A + DPTR    ;查表取对应笔形码
        MOV     DPTR,#7FFFH     ;数码管扩展地址
        MOVX    @ DPTR,A        ;写数码管显示数据
        POP     ACC
        RETI
TAB:    DB 0C0H,0F9H,0A4H
        DB 0B0H,99H,92H
        DB 82H,0F8H,80H
        DB 90H
        END
```

5. 频率计原理图设计

频率计原理图如图 6-26 所示。为可实现多种波形频率测量,采用 555 芯片构成施密特触发器进行

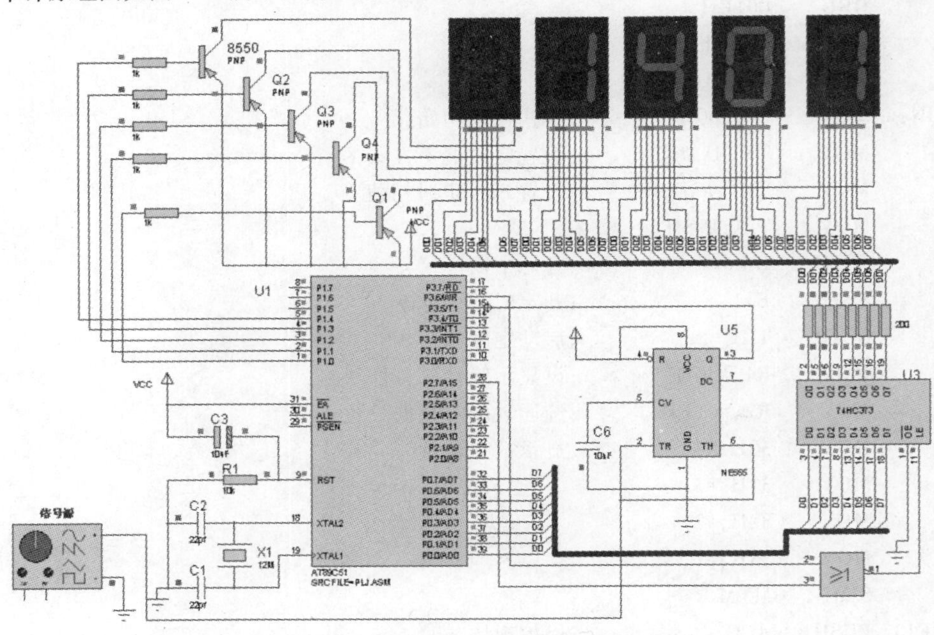


图 6-26　简易频率计原理图

波形转换,转换成单片机能识别的并且频率与原波形相等的矩形波,555 芯片 Q 引脚输入单片机定时/计数器 T1 输入引脚,对脉冲信号进行计数,当计数满 1s 后,将计数值转换成对应十进制并通过显示电路输出显示。显示电路采用动态显示方式,由 74HC373 和 PNP 三极管 8550 和 5 位共阳数码管扩展而成,74HC373 负责向数码管输入显示数据,通过 P1 口对三级管控制负责选通对应共阳数码管,P2.7 和 $\overline{WR}$相或非后产生 74HC373 锁存信号,扩展地址为 7FFFH。仿真调试时,采用 Proteus 自带信号源 VSM Signal Generator,此信号源可模拟方波、锯齿波、三角波、正弦波等波形,且频率可调,最高可达 12MHz。

6. 频率计程序设计

频率计程序设计主要任务是将每秒钟内对外部脉冲计数个数通过数码管显示出来,因此程序中包括定时/计数器采样 、1s 定时和频率值显示部分;1s 定时中断时间到后在其服务子程序中读取计数值,由于单片机频率采样值以 16 位二进制形式存储,而人们日常阅读习惯为十进制形式,因此需要将二进制转换成十进制后(BCD 码)进行显示。频率计最多显示 5 位数字,如果数字不够 5 位,如高位显示零时,将不符合阅读习惯,而且容易引起误读,因此需要有对高位进行灭零处理程序设计。

1)16 位二进制数转非压缩 BCD 码

从计数器读出来的数据为 2 字节的 16 进制数据,同时要检查计数器 T1 溢出次数,将计数寄存器数据和 65536 的溢出次数倍求和,最终作为显示频率值,而显示时则是以我们习惯的十进制形式数码管显示,因此,要将二进制形式的频率值转换成非压缩 BCD 码,转换时可首先将计数寄存器数据(即 16 位 2 进制数据)转换成对应的十进制数据(即非压缩 BCD 码)。由于加法运算可以进行十进制调整,得到 BCD 码,因此将 16 位二进制数做一次加法运算,运算过程中进行十进制调整即可得到 BCD 码,然后和 65536 相加次数为计数器溢出的次数(相当于和溢出次数和 65536 相乘积相加),相加过程中进行十进制调整,最后得出频率值得 BCD 码。

$n$ 位 2 进制数据转换成对应的十进制数据即非压缩 $BCD$ 码,转换原理计算公式如下:

$$N_B = (b_{n-1} \times 2_{n-1} + b_{n-2} \times 2_{n-2} + \cdots + b_0 \times 2^0$$
$$= ((\cdots(b_{n-1} \times 2) + b_{n-2}) \times 2 + b_{n-3}) \times 2 + \cdots) \times 2 + b_0$$

因此 16 位二进制转换成 BCD 码公式为:

$$N_{16} = (b_{15} \times 2^{15} + b_{14} \times 2^{14} + \cdots + b_0 \times 2^0$$
$$= (\cdots(b_{15} \times 2) + b_{14}) \times 2 + b_{13}) \times 2 + \cdots) \times 2 + b_0$$
$$= (\cdots(b_{15} + (b_{15} + b_{14})) \times 2 + b_{13}) \times 2 + \cdots b_1) \times 2 + b_0$$
$$= (\cdots(b_{15} + (b_{15} + b_{14})) \times 2 + b_{13}) \times 2 + \cdots b_1) + (\cdots(b_{15} + (b_{15} + b_{14})) \times 2 + b_{13}) \times 2 + \cdots b_1) + b_0$$

由上式可知,16 位二进制转(压缩)BCD 码 16 位二进制数,首先将 $b_{15}$ 移出后和零相加并保存结果,然后依次移出后 15 位,每移出一位,将上次保存结果自身相加(相当于乘 2)后与本移出位相加,并进行十进制调整后保存结果,最后计算结果为所求压缩 BCD 码,根据要求还可继续转换成非压缩 BCD 码。

程序如下:

```
        ;16 位二进制数转换非压缩 BCD 码
        ;入口内存地址:38H(高 8 位)39H(低 8 位)
        ;出口地址:33H(高位)、34H、35H、36H、37H
        ;其他资源使用:3FH、40H、41H、42H、60H、61H、62H
HTBCD:CLR   C
      MOV    3FH,#00H;准备存放压缩 BCD 码最高字节
      MOV    40H,#00H;准备存放压缩 BCD 码高字节
      MOV    41H,#00H;准备存放压缩 BCD 码次高字节
```

```
        MOV     42H,#00H;准备存放压缩 BCD 码最低字节
        MOV     R4,#10H;移出循环次数初始值设计
HTB:    MOV     A,39H;读取 16 位二进制低 8 位
        RLC     A;将低 8 位数据的最高位移出到 C
        MOV     39H,A;移出后数据保存原存储单元
        MOV     A,38H;读取 16 位二进制高 8 位
        RLC     A;C 的数据移到高 8 位中最低位,并把其最高位移进 C 中
        MOV     38H,A;移出后数据保存原存储单元
        MOV     A,42H;读取移出后计算结果低字节
        ADDC    A,42H;自身低字节相加(相当于 X2)并和移出最高位相加
        DA      A;十进制调整(转换成压缩 BCD 码)
        MOV     42H,A;保存计算结果
        MOV     A,41H;读取移出后计算结果次高字节
        ADDC    A,41H;自身次高字节相加(相当于 X2)并和进位位 C 相加
        DA      A;十进制调整(转换成压缩 BCD 码)
        MOV     41H,A;保存计算结果
        MOV     A,40H;读取移出后计算结果高字节
        ADDC    A,40H;自身高字节相加(相当于 X2)并和进位位 C 相加
        DA      A;十进制调整(转换成压缩 BCD 码)
        MOV     40H,A;保存计算结果
        DJNZ    R4,HTB;判断转移(移出下一位)
ADBCD:MOV     A,5BH;读取计数溢出数据
        JZ      NCBCD;判断是否进行与 65536 的溢出倍数相加
        CLR     C
        MOV     R0,#42H;计数寄存器数据转 BCD 码后存储地址 40H、41H、42H
        MOV     R1,#62H;65536 存储首地址 60H、61H、62H
        MOV     R7,#3;循环参数
ABCD:   MOV     A,@R1
        ADDC    A,@R0;BCD 码相加
        DA      A;十进制调整
        MOV     @R0,A;保存结果
        DEC     R0;调整地址
        DEC     R1;调整地址
        DJNZ    R7,ABCD
        MOV     A,#0
        ADDC    A,@R0
        DA      A
        MOV     @R0,A
        DEC     5BH
        SJMP    ADBCD
NCBCD:MOV     A,40H;读取压缩 BCD 码高字节
        ANL     A,#0F0H
```

```
        SWAP   A
        MOV    32H,A;保存非压缩 BCD 码第 5 位
        MOV    A,40H;读取压缩 BCD 码高字节
        ANL    A,#0FH;转换为非压缩 BCD 码
        MOV    33H,A;保存非压缩 BCD 码第 4 位
        MOV    A,41H;读取压缩 BCD 码次高字节
        ANL    A,#0F0H
        SWAP   A
        MOV    34H,A;保存非压缩 BCD 码第 3 位
        MOV    A,41H
        ANL    A,#0FH
        MOV    35H,A;保存非压缩 BCD 码第 2 位
        MOV    A,42H
        ANL    A,#0F0H
        SWAP   A
        MOV    36H,A;保存非压缩 BCD 码第 1 位
        MOV    A,42H
        ANL    A,#0FH
        MOV    37H,A;保存非压缩 BCD 码第 0 位
        RET
```

2)灭零处理

在显示的时候,应该将高位的零熄灭,例如 000367 应该显示为 367,这样可以减少阅读差错,也比较符合习惯,这种显示方式称为灭零显示。它的处理规则是:整数部分从高到低位的连续零均不显示,从遇到的第一个非零数值开始显示,个位的零和小数部分均应显示。本设计没用到小数点,故最后一位应始终保持显示。

程序如下:

```
HideZero:MOV    R4,#05H;共有 5 个显示单元需要灭零(共 6 个显示单)
         MOV    R0,#32H;存放显示数据守地址
      HZ:MOV    A,@R0
         JNZ    FINISH
         MOV    @R0,#0AH;灭零值(0A 查表对应数值 0FFH)
         INC    R0
         DJNZ   R4,HZ
FINISH:NOP
         RET
```

3)定时器 1s 中断服务子程序设计

由于单片机采用 12M 外部晶振,其定时最大时间为 65535ms,因此不能直接完成 1s 定时,此时采用定时器 T0 进行 50ms 定时中断,并将中断服务子程序循环 20 次即达到 1s 后再进行计数值和定时/计数器 T1 溢出次数(中断次数)读取,读取频率数据后将计数寄存器及时清 0,为下次计数做好准备。中断服务子程序如下:

```
TIME0:PUSH    ACC        ;保护现场
      PUSH    PSW
```

```
        MOV     TH0,#3CH    ;重设定时 50ms 初始值
        MOV     TL0,#0B0H
        DJNZ    R3,EXIT     ;中断次数未到 20 次,直接退出
        CLR     TR1         ;停止计数器 1
        MOV     R3,#20      ;中断次数重新赋值
        MOV     50H,TH1     ;读取频率计数值高 8 位
        MOV     51H,TL1     ;读取频率计数值低 8 位
        MOV     5BH,5AH     ;读取溢出次数
        MOV     5AH,#0      ;溢出次数清零
        MOV     TH1,#00H    ;计数寄存器清 0
        MOV     TL1,#00H    ;计数寄存器清 0
        SETB    TR1         ;启动定计数器 1
EXIT:   POP     PSW         ;回复现场
        POP     ACC         ;回复现场
        RETI                ;退出中断
```

4)主程序设计

主程序主要完成系统相关初始化,包括定时/计数器 T0 定时模式方式 1 及定时初值初始化、定时/计数器 T1 计数模式方式 1 及计数初始值初始化、开中断和启动定时器 T0 和计数器 T1 等相关操作后,主要进行调用 16 位二进制转换 BCD 码程序和灭零处理程序并处理动态显示程序,如图 6-27 所示。

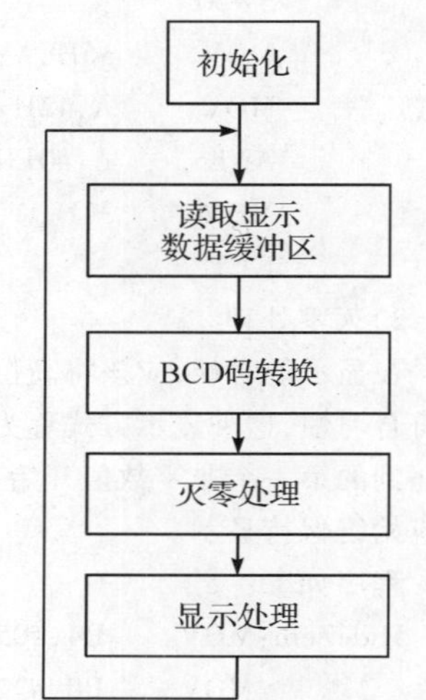


图 6-27 频率计主程序流程图

```
        ORG     0000H
        LJMP    MAIN
        ORG     000BH
        LJMP    TIME0
        ORG     001BH
        LJMP    TIME1
        ORG     0100H
MAIN:   MOV     SP,#60H     ;堆栈栈底初始化
        MOV     R2,#0EFH    ;数码管片选数据初始化
        MOV     R4,#20      ;定时中断循环次数初始化
        MOV     R3,#33H     ;显示数据缓存区首址
        MOV     TMOD,#51H   ;T0 定时方式 1、T1 计数方式 1 初始化
        MOV     TH0,#3CH    ;50ms 定时初始值设置
        MOV     TL0,#0B0H
        MOV     TH1,#00H    ;计数初始值设置
        MOV     TL1,#00H
        SETB    EA          ;开中断
        SETB    ET0         ;开定时器 T0 中断
        SETB    ET1
        SETB    TR1         ;启动 T0
        SETB    TR0         ;启动 T1
```

```
START: MOV    60H,#06H   ;保存65536BCD值
       MOV    61H,#55H
       MOV    62H,#36H
       MOV    5AH,#00H   ;计数溢出次数
       MOV    5BH,#00H   ;计数溢出次数
       MOV    50H,#00H   ;16进制计数值高8位存储单元初始值设置
       MOV    51H,#00H   ;16进制计数值低8位存储单元初始值设置
       MOV    38H,#00H   ;16进制计数值高8位存储单元初始值设置
       MOV    39H,#00H   ;16进制计数值低8位存储单元初始值设置
DISP:  CJNE   R3,#38H,NEXT   ;判断各显存数据是否显示完一遍
       MOV    R3,#33H        ;初始化显存首地址
       MOV    R2,#0EFH       ;初始化数码管片选数据
NEXT:  MOV    A,R2       ;读取数码管片选数据
       MOV    P1,A           ;输出片选信号
       RR     A          ;右移一位数码管片选数据
       MOV    R2,A       ;保存片数码管选数据
       MOV    A,@R1          ;读取显存数据
       INC    R3         ;调整显存地址
       MOV    DPTR,#TAB      ;设置笔形码表格首址
       MOVC   A,@A+DPTR      ;查笔形码
       MOV    DPTR,#7FFFH    ;设置数码管地址
       MOVX   @DPTR,A        ;笔形码送数码管显示
       MOV    38H,50H        ;备份16进制计数值高8位
       MOV    39H,51H        ;备份16进制计数值低8位
       LCALL  HTBCD      ;调用16位二进制转换BCD码程序
       LCALL  HideZero       ;调用灭零处理程序
       LJMP   DISP       ;跳转循环
       ...
       END
```

C程序：

```
#include <reg51.h>
  #include <absacc.h>
  #define uchar unsigned char
  #define uint unsigned int
  #define ulong unsigned long
  bit flag = 0;
  uchar FreqH = 0, FreqL = 0; times = 0x14, count = 0;
// 定义定计数器时高、低8位初始值变量 及中断次数计数值
  ulong FreqData, Freq;
  uchar code LED[11] =      //数码管笔形码数组
  {
  0xC0,0xF9,0xA4,0xB0,0x99,0x92,0x82,0xF8,0x80,0x90,0xff
```

```
    };
    uchar code dispbit[6] =   //数码管位选数组
        {
     0xdf,0xef,0xf7,0xfb,0xfd,0xfe
        };
/***********定时 T0 中断服务子程序***************/
    void Time0_int(void) interrupt 1 using 1
    {
      TH0 = 0x3C;     //定时 50ms 初始值
      TL0 = 0x0B0;
      times - - ; //中断次数计数
    if(times = = 0)
      {           times = 0x14;
    TR1 = 0;         //关定时/计数器 T1
    TR0 = 0;   //关定时/计数器 T0
    FreqH = TH1;   //读取 T1 计数寄存器
    FreqL = TL1;
    TH1 = 0x00;   //T1 计数寄存器清零
    TL1 = 0x00;
    flag = 1;  //设置采用完成一次标志
      }
    }
  /*********定时 T1 中断服务子程序****************/
void Time1_int(void)interrupt 3 using 1
{
    count + + ;      //计数溢出标志
}

void main()
{
    uchar i,j = 0,disp[6];
    TMOD = 0x51;  //定时计数器 T0\T1 工作模式方式设置
    TH0 = 0x3C;  //T0 50ms 初始值
    TL0 = 0xB0;
    TH1 = 0x00;  //计数初始值
    TL1 = 0x00;
    EA = 1;  //开中断
    ET0 = 1;         //开 T0 中断
    ET1 = 1;         //开 T1 中断
    TR1 = 1;  //启动 T1
    TR0 = 1;  //启动 T0
    while(1)
```

```
{
        P1 = dispbit[j];      //位选数码管
XBYTE[0x7fff] = LED[disp[j]];    //显示对应数据
j++;   //调整数码管偏移量
if(j==6)   j=0;
         if(flag==1)   //频率采样 1s 时间到
{
FreqData = count * 65536 + (ulong)FreqH * 256 + (ulong)FreqL;//计算频率值
 count =0;       //清楚计数溢出量
 flag =0;       //清楚采样时间标志
 TR0 =1;        //启动下次采样
 TR1 =1;
}
  for(i=0;i<6;i++)       //显示缓存区清 0
             {
               disp[i] =0;
             }
   Freq = FreqData;       //读取频率值
        i =5;
         while(Freq/10)    //分解频率值各位
             {
               disp[i] = Freq%10;
               Freq = Freq/10;
               i--;
             }
            disp[i] = Freq;
      for(i=0;i<5;i++)       //灭零处理
      {
          if(disp[i]==0)disp[i] =0x0a;
     else break;
      }
 }
 }
```

## 6.4　实践发挥

1. 功能实现

在上例基础上修改软硬件电路，实现测周法测量信号频率。

2. 实践要求

(1)绘制系统框图。

(2)设计仿真原理图。

(3)绘制软件流程图。

(4)编制程序并仿真运行。

3. 实践考核

实践考核内容如表6-5所示。

表 6-5　实践考核表

| 班级 | | 姓名 | | 学号 |
|---|---|---|---|---|
| | | | | |

| 评价项目 | 评价内容 | 配分 | 评价标准 | 得分 |
|---|---|---|---|---|
| 系统方案（框图） | 系统功能分析 | 15 | 能正确划分系统各功能模块(5分) | |
| | | | 能正确绘制框图表示各功能模块连接关系(15分) | |
| 硬件电路 | 电子电路基础知识 | 20 | 掌握单片机芯片对应引脚名称、序号、功能(5分) | |
| | | | 按照系统功能正确绘制仿真原理图(15分) | |
| 软件流程图 | 软件功能分析与设计 | 15 | 软件功能模块完整性(5分) | |
| | | | 软件功能模块逻辑关系正确性(5分) | |
| | | | 流程图绘制规范性(5分) | |
| 程序编制、调试、运行 | 指令学习 | 5 | 能正确理解和应用指令(5分) | |
| | 程序分析、设计 | 15 | 能正确编写功能程序(15分) | |
| | 程序调试、运行 | 15 | 程序输入正确(5分) | |
| | | | 程序编译仿真正确(10分) | |
| 功能发挥 | 自主创新性 | 5 | 功能扩展(5分) | |
| 团结协作 | 集体意识 | 10 | 各成员分工协作,积极参与(10分) | |

# 项目 7　温湿度远程监测探头设计

**项目目标**:学习掌握单片机 RS232 和 RS485 串行扩展技术,掌握温湿度传感器控制及应用技术,掌握简单液晶显示器控制方法。

**项目要求**:运用单片机通过对温湿度传感器控制,实时检测环境温湿度,并通过 LM1601 显示温湿度参数,并能将数据通过 RS485 总线远程传输给服务中心。

**项目分析**:本项目主要包括温湿度检测技术、LCD 显示技术以及串行口通信技术等相关新知识点学习。

## 7.1　知识预习

(1)什么是同步通信?什么是异步通信?

(2)串行通信有哪几种制式?各有什么特点?

(3)简述 MCS-51 单片机异步串行通信收发过程?

## 7.2　知识学习

### 7.2.1　串行口技术

1. 计算机通信分类

随着多微机系统的广泛应用和计算机网络技术的普及,计算机的通信功能愈来愈显得重要。计算机通信是指计算机与外部设备或计算机与计算机之间的信息交换。通信有并行通信和串行通信两种方式。在多微机系统以及现代测控系统中信息的交换多采用串行通信方式。

计算机通信是将计算机技术和通信技术相结合,完成计算机与外部设备或计算机与计算机之间的信息交换。可以分为两大类:并行通信与串行通信。如图 7-1 所示,并行通信通常是将数据字节的各位用多条数据线同时进行传送。串行通信是将数据字节分成一位一位的形式在一条传输线上逐个地传送。

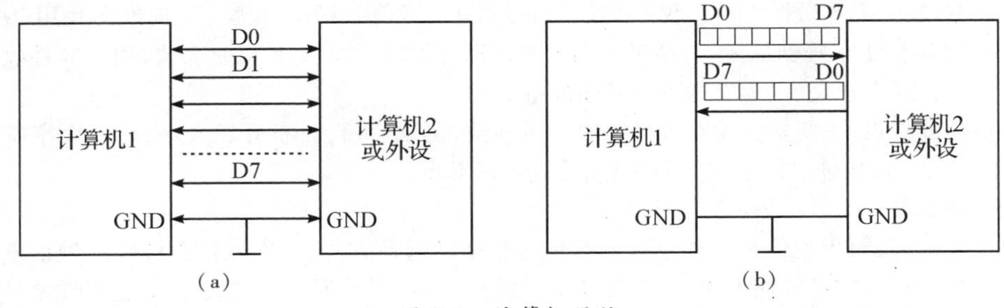


图 7-1　计算机通信

(a)并行通信　　(b)串行通信

并行通信控制简单、传输速度快,但由于传输线较多,长距离传送时成本高且接收方的各位同时接收存在困难。串行通信的特点是传输线少、长距离传送时成本低且可以利用电话网等现成的设备,但数据的传送控制比并行通信复杂。

2. 串行通信的分类

按照串行数据的时钟控制方式,串行通信可分为同步通信和异步通信两类。

1)异步通信概念

异步通信是指通信的发送与接收设备使用各自的时钟控制数据的发送和接收过程。为使双方的收发协调,要求发送和接收设备的时钟尽可能一致。在异步通信中,数据通常是以字符为单位组成字符帧传送的。字符帧由发送端一帧一帧地发送,每一帧数据均是低位在前,高位在后,通过传输线被接收端一帧一帧地接收。发送端和接收端可以由各自独立的时钟来控制数据的发送和接收,这两个时钟彼此独立,互不同步,如图 7-2 所示。

在异步通信中,接收端是依靠字符帧格式来判断发送端是何时开始发送,何时结束发送的。字符帧格式是异步通信的一个重要指标。字符帧也叫数据帧,由起始位、数据位、奇偶校验位和停止位等 4 部分组成,如图 7-3 所示。

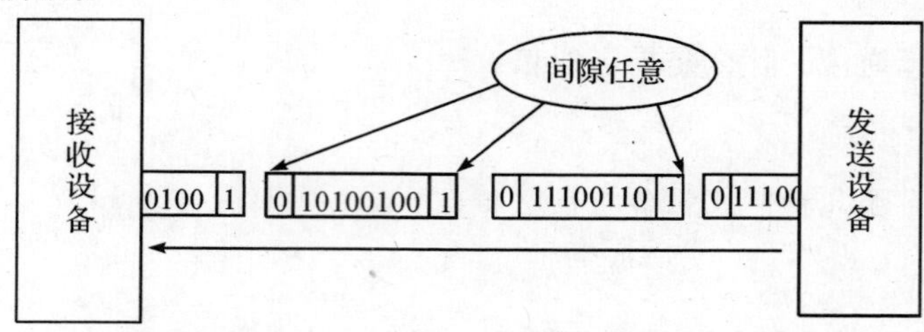


图 7-2 异步串行通信示意图

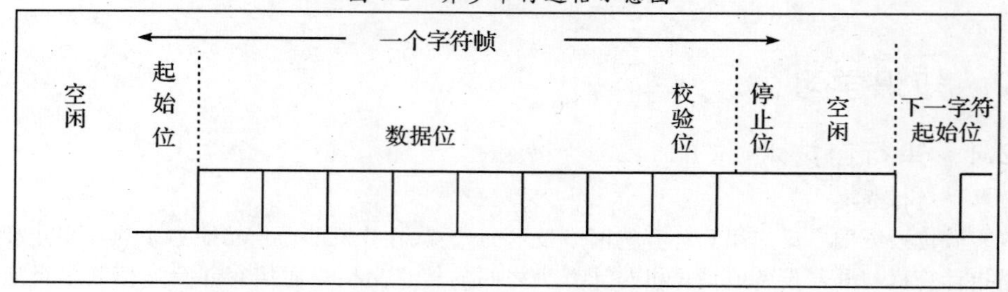


图 7-3 异步串行通信数据帧格式

(1)起始位:位于字符帧开头,只占一位,为逻辑 0 低电平,用于向接收设备表示发送端开始发送一帧信息。

(2)数据位:紧跟起始位之后,用户根据情况可取 5 位、6 位、7 位或 8 位,低位在前高位在后。

(3)奇偶校验位:位于数据位之后,仅占一位,用来表征串行通信中采用奇校验还是偶校验,由用户决定。

(4)停止位:位于字符帧最后,为逻辑 1 高电平。通常可取 1 位、1.5 位或 2 位,用于向接收端表示一帧字符信息已经发送完,也为发送下一帧作准备。

异步通信的特点:不要求收发双方时钟的严格一致,实现容易,设备开销较小,但每个字符要附加 2~3 位用于起止位,各帧之间还有间隔,因此传输效率不高。

2)同步通信概念

如图 7-4 所示,同步通信是一种连续串行传送数据的通信方式,一次通信只传输一帧信息。这里的信息帧和异步通信的字符帧不同,通常有若干个数据字符,同步通信时要建立发送方时钟对接收方时钟的直接控制,使双方达到完全同步。此时,传输数据的位之间的距离均为"位间隔"的整数倍,同时传送的字符间不留间隙,即保持位同步关系,也保持字符同步关系。

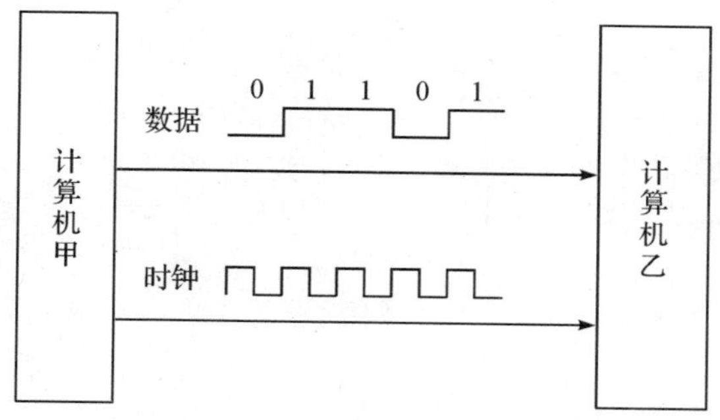


图 7-4　同步通信示意图

(1)面向字符的同步格式：如图 7-5 所示，传送的数据和控制信息都必须由规定的字符集(如 ASCII 码)中的字符所组成。图中帧头为 1 个或 2 个同步字符 SYN(ASCII 码为 16H)。SOH 为序始字符(ASCII 码为 01H)，表示标题的开始，标题中包含源地址、目标地址和路由指示等信息。STX 为文始字符(ASCII 码为 02H)，表示传送的数据块开始。数据块是传送的正文内容，由多个字符组成。数据块后面是组终字符 ETB(ASCII 码为 17H)或文终字符 ETX(ASCII 码为 03H)。然后是校验码。典型的面向字符的同步规程如 IBM 的二进制同步规程 BSC。

| SYN | SYN | SOH | 标题 | STX | 数据块 | ETB/ETX | 块校验 |
|---|---|---|---|---|---|---|---|

图 7-5　面向字符的同步格式

(2)面向位的同步格式：如图 7-6 所示，此时，将数据块看做数据流，并用序列 01111110 作为开始和结束标志。为了避免在数据流中出现序列 01111110 时引起的混乱，发送方总是在其发送的数据流中每出现 5 个连续的 1 就插入一个附加的 0；接收方则每检测到 5 个连续的 1 并且其后有一个 0 时，就删除该 0。

典型的面向位的同步协议如 ISO 的高级数据链路控制规程 HDLC 和 IBM 的同步数据链路控制规程 SDLC。

同步通信的特点是以特定的位组合“01111110”作为帧的开始和结束标志，所传输的一帧数据可以是任意位。所以传输的效率较高，但实现的硬件设备比异步通信复杂。

| 8 位 | 8 位 | 8 位 | ≥0 位 | 16 位 | 8 位 |
|---|---|---|---|---|---|
| 01111110 | 地址场 | 控制场 | 信息场 | 校验场 | 01111110 |

图 7-6　面向位的同步格式

3)串行通信的制式

在串行通信中数据是在两个站之间进行传送的，按照数据传送方向，串行通信可分为单工(Simplex)、半双工(Half Duplex)和全双工(Full Duplex)三种制式。图 7-7 为三种制式的示意图。

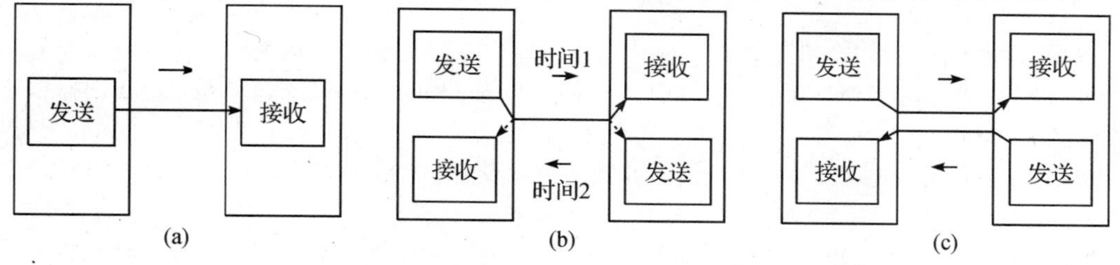


图 7-7　单工、半双工和全双工三种制式示意图

在单工制式下，通信线的一端接发送器，一端接接收器，数据只能按照一个固定的方向传送，如图

7-7(a)所示。

在半双工制式下,系统的每个通信设备都由一个发送器和一个接收器组成,如图7-7(b)所示。在这种制式下,数据能从A站传送到B站,也可以从B站传送到A站,但是不能同时在两个方向上传送,即只能一端发送,一端接收。其收/发开关一般是由软件控制的电子开关。

全双工通信系统的每端都有发送器和接收器,可以同时发送和接收,即数据可以在两个方向上同时传送,如图7-7(c)所示。

在实际应用中,尽管多数串行通信接口电路具有全双工功能,但一般情况下,只工作于半双工制式下,这种用法简单、实用。

4)串行通信的错误校验

由于线路和传送数据干扰问题,数据传输过程中经常会有丢码或误码情况出现,为了保证数据传输的正确性,需要对接收到的数据进行校验,校验方法通常有奇偶校验、代码和校验以及循环冗余校验。

(1)奇偶校验。在发送数据时,数据位尾随的1位为奇偶校验位(1或0)。奇校验时,数据中"1"的个数与校验位"1"的个数之和应为奇数;偶校验时,数据中"1"的个数与校验位"1"的个数之和应为偶数。接收字符时,对"1"的个数进行校验,若发现不一致,则说明传输数据过程中出现了差错。

(2)代码和校验。代码和校验是发送方将所发数据块求和(或各字节异或),产生一个字节的校验字符(校验和)附加到数据块末尾。接收方接收数据同时对数据块(除校验字节外)求和(或各字节异或),将所得的结果与发送方的"校验和"进行比较,相符则无差错,否则即认为传送过程中出现了差错。

(3)循环冗余校验。这种校验是通过某种数学运算实现有效信息与校验位之间的循环校验,常用于对磁盘信息的传输、存储区的完整性校验等。这种校验方法纠错能力强,广泛应用于同步通信中。

5)传输速率与传输距离

(1)传输速率。比特率是每秒钟传输二进制代码的位数,单位是:位/秒(bps)。如每秒钟传送240个字符,而每个字符格式包含10位(1个起始位、1个停止位、8个数据位),这时的比特率为:

10位×240个/秒=2400bps

波特率表示每秒钟调制信号变化的次数,单位是:波特(Baud)。

波特率和比特率不总是相同的,对于将数字信号1或0直接用两种不同电压表示的所谓基带传输,比特率和波特率是相同的。所以,我们也经常用波特率表示数据的传输速率。

(2)传输距离。串行接口或终端直接传送串行信息位流的最大距离与传输速率及传输线的电气特性有关。当传输线使用每0.3m(约1ft)有50PF电容的非平衡屏蔽双绞线时,传输距离随传输速率的增加而减小。当比特率超过1000bps时,最大传输距离迅速下降,如9600bps时最大距离下降到只有76m(约250ft)。

3. 串行通信总线标准及其接口

1)RS-232C接口

RS-232C是使用最早、应用最多的一种异步串行通信总线标准。它是美国电子工业协会(EIA)1962年公布,1969年最后修订而成的。其中,RS表示Recommended Standard,232是该标准的标志号,C表示最后一次修订。

RS-232C主要用来定义计算机系统的一些数据终端设备(DTE)和数据电路终接设备(DCE)之间的电气性能。

例如CRT、打印机与CPU的通信大都采用RS-232C接口,MCS-51单片机与PC机的通信也是采用该种类型的接口。由于MCS-51系列单片机本身有一个全双工的串行接口,因此该系列单片机用RS-232C串行接口总线非常方便。

RS-232C 串行接口总线适用于:设备之间的通信距离不大于 15m,传输速率最大为 20kb/s。

RS-232C 接口通向外部的连接器(插针和插座),有 25 针 D 型连接器和 9 针 D 形连接器两种(见图 7-8)。9 针 D 型连接器与 25 针 D 型连接器在引脚定义顺序上有所不同,连接器信号说明如表 7-1 所示。

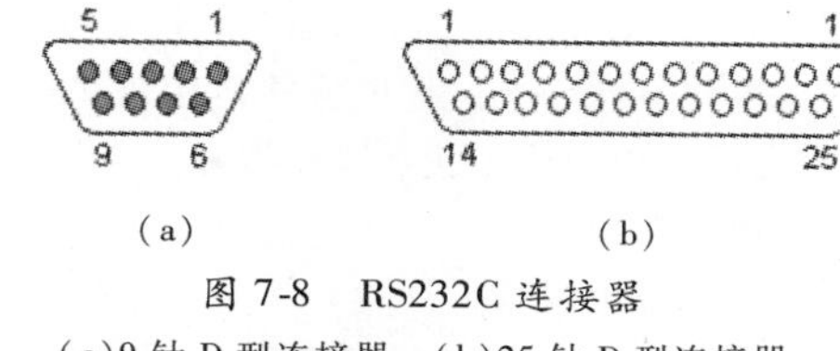


(a)　(b)

图 7-8　RS232C 连接器

(a)9 针 D 型连接器　(b)25 针 D 型连接器

**表 7-1　RS-232C 标准接口主要引脚定义**

| 插针序号 | 信号名称 | 功能 | 信号方向 |
|---|---|---|---|
| 1 | PGND | 保护接地 | |
| 2(3) | TXD | 发送数据(串行输出) | DTE→DCE |
| 3(2) | RXD | 接引数据(串行输入) | DTE→DCF |
| 4(7) | RTS | 请求发送 | DTE→DCE |
| 5(8) | CTS | 允许发送 | DTE→DCE |
| 6(6) | DSR | DCE 就绪(数据建立就绪) | DTE→DCE |
| 7(5) | SGND | 信号接地 | |
| 8(1) | DCD | 载波检测 | DTE→DCE |
| 20(4) | DTR | DTE 就绪(数据终端准备就绪) | DTE→DCE |
| 22(9) | RI | 振铃指示 | DTE→DCE |

利用 RS232C 标准,可以实现具有该标准接口的设备之间连接。近距离的通信可直接将最基本的串行口通信引脚相连即可,如图 7-9 所示。图 7-9(a)为与 MODEM 控制有关的引脚不连接;图 7-9(b)将控制线和自身的状态线连接起来。

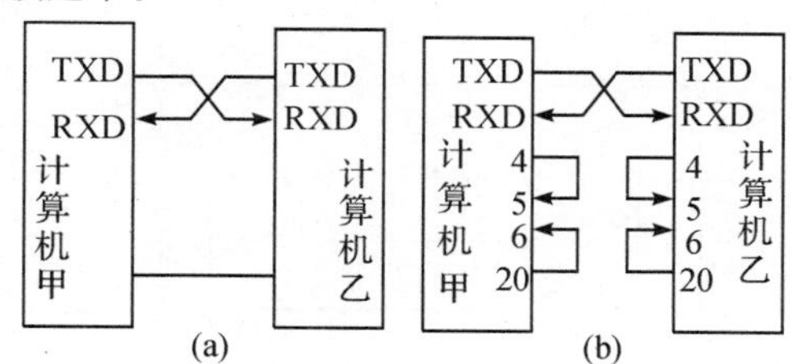


图 7-9　近距离 RS-232 信号连接图

数据端设备,如计算机通过 RS-232C 标准与数据通信设备 DTE 和 MODEM 连接起来,再通过电话线可实现与远程设备进行串行通信,如图 7-10 所示。

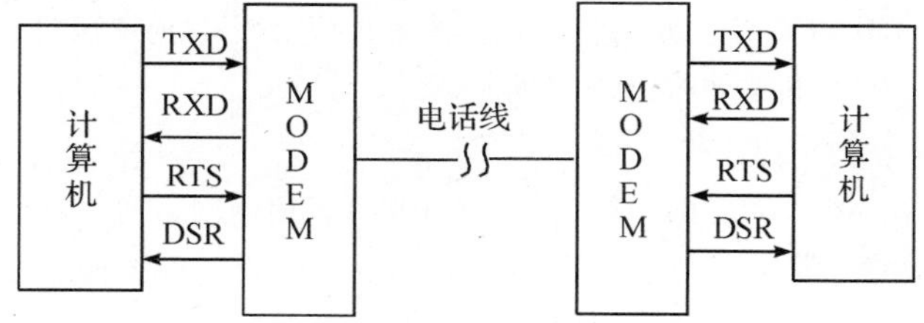


图 7-10　远距离 RS-232 信号连接图

采用 RS-232C 接口存在的问题:①传输距离短,传输速率低,RS-232C 总线标准受电容允许值的约束,使用时传输距离一般不要超过 15m(线路条件好时也不超过几十米),最高传送速率为 20Kbps;②

有电平偏移，RS-232C 总线标准要求收发双方共地。通信距离较大时，收发双方的地电位差别较大，在信号地上将有比较大的地电流并产生压降；③抗干扰能力差，RS-232C 在电平转换时采用单端输入输出，在传输过程中当干扰和噪声混在正常的信号中，为了提高信噪比，RS-232C 总线标准不得不采用比较大的电压摆幅。

2）RS-422A 接口

如图 7-11 所示，RS-422A 输出驱动器为双端平衡驱动器。如果其中一条线为逻辑“1”状态，另一条线就为逻辑“0”，比采用单端不平衡驱动对电压的放大倍数大 1 倍。差分电路能从地线干扰中拾取有效信号，差分接收器可以分辨 200mV 以上电位差。若传输过程中混入了干扰和噪声，由于差分放大器的作用，可使干扰和噪声相互抵消。因此可以避免或大大减弱地线干扰和电磁干扰的影响。RS-422A 传输速率（90Kbps）时，传输距离可达 1200m。

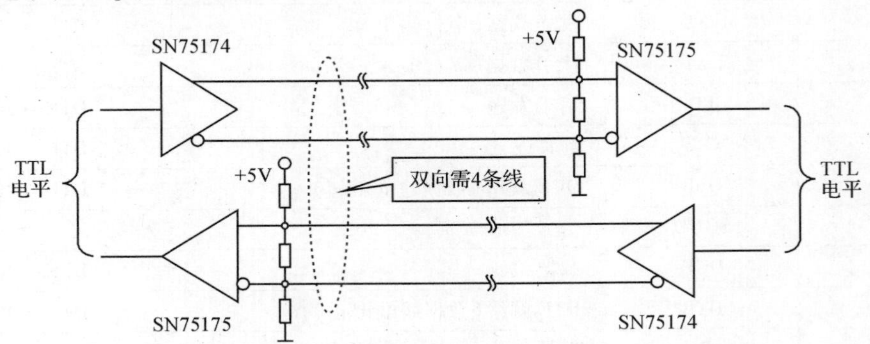


图 7-11　RS-422A 输出驱动原理示意图

3）RS-485 接口

如图 7-12 所示，RS-485 是 RS-422A 的变型，RS-422A 用于全双工，而 RS-485 则用于半双工。RS-485 是一种多发送器标准，在通信线路上最多可以使用 32 对差分驱动器/接收器。如果在一个网络中连接的设备超过 32 个，还可以使用中继器。

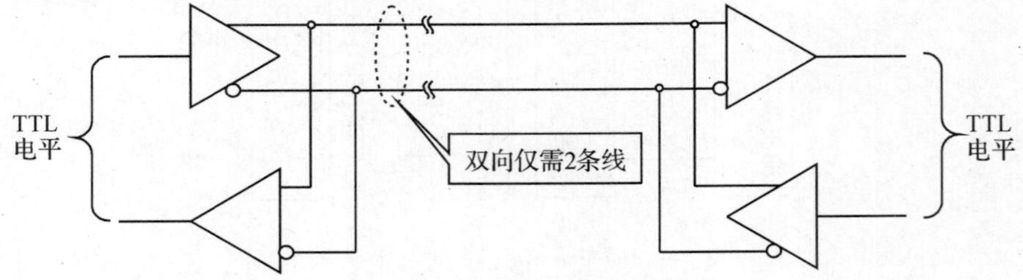


图 7-12　RS-485 输出驱动原理示意图

RS-485 的信号传输采用两线间的电压来表示逻辑 1 和逻辑 0。由于发送方需要两根传输线，接收方也需要两根传输线。传输线采用差动信道，所以它的干扰抑制性极好，又因为它的阻抗低，无接地问题，所以传输距离可达 1200m，传输速率可达 1Mbps。

### 7.2.2　80C51 串行口技术

80C51 系列单片机有一个全双工的串行口，这个口既可以用于网络通信，也可以实现串行异步通信，还可以作为同步移位寄存器使用。

1. 80C51 串行口的结构

MCS-51 内部有两个独立的接收、发送缓冲器 SBUF。SBUF 属于特殊功能寄存器，在逻辑上只有一个，既表示发送寄存器，又表示接收寄存器，具有同一个单元地址 99H，用同一寄存器名 SBUF。在物理上有两个，一个是发送缓冲寄存器；另一个是接收缓冲寄存器。

发送缓冲器只能写入不能读出,接收缓冲器只能读出不能写入,两者共用一个字节地址(99H)。串行口的结构如图7-13所示。

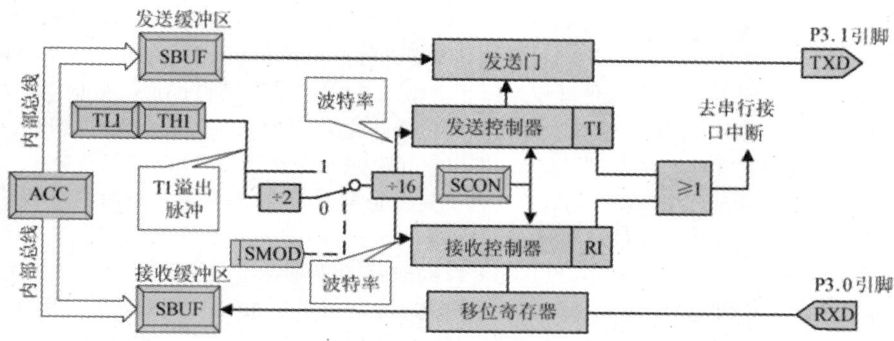


图7-13　MCS-51单片机串行硬件结构图

当数据由单片机内部总线传送到发送SBUF时,即启动一帧数据的串行发送过程。发送SBUF将并行数据转换为串行数据,并自动插入格式位,在移动时钟信号的作用下,将串行二进制信息由TXD(P3.1)引脚设定的波特率一位一位地发送出去。发送完毕,TXD引脚程高电平,并置TI标志位为"1",表示一帧数据发送完毕。

当RXD(P3.0)引脚由高电平变为低电平时,表示一帧数据的接收已经开始。输入移位寄存器在移位时钟作用下,自动滤除格式信息,将串行二进制数据一位一位地接收进来,接收完毕,将串行数据转换为并行数据传送到SBUF中,并置RI标志位为"1",表示一帧数据接收完毕。

MCS-51串行口的接收缓冲寄存器之前还有一级移位寄存器,从而构成串行接收的双缓冲结构,用以在一定程度上避免在数据接收过程中出现的帧重叠错误,即在一帧数据到来时,上一帧数据还未被读走。

2.80C51串行口的控制寄存器

与MCS-51串行口有关的特殊功能寄存器有SBUF、SCON、PCON,下面对它们分别作介绍。

1)串行口数据缓冲器SBUF

SBUF是两个在物理上独立的接收、发送寄存器,一个用于存放接收到的数据;另一个用于存放欲发送的数据,可同时发送和接收数据。两个缓冲器共用一个地址99H,通过对SBUF的读、写指令来区别是对接收缓冲器还是发送缓冲器进行操作。CPU在写SBUF时,就是修改发送缓冲器;读SBUF时,就是读接收缓冲器的内容。接收或发送数据,是通过串行口对外的两条独立收发信号线RXD(P3.0)、TXD(P3.1)来实现的,因此可以同时发送、接收数据,其工作方式为全双工制式。

2)串行口控制寄存器SCON

SCON是一个特殊功能寄存器,用以设定串行口的工作方式、接收/发送控制以及设置状态标志,可以位寻址,字节地址为98H。单片机复位时,所有位全为0。SCON的格式如表7-2所示。

表7-2　SCON寄存器内容及位地址对照表

| SCON | D7 | D6 | D5 | D4 | D3 | D2 | D1 | D0 |
|---|---|---|---|---|---|---|---|---|
| 位名称 | SM0 | SM1 | SM2 | REN | TB8 | RB8 | T1 | RI |
| 位地址 | 9FH | 9EH | 9DH | 9CH | 9AH | 99H | 98H | |
| 功能 | 工作方式选择 | | 多机通信控制 | 接收允许 | 发送第9位 | 接收第9位 | 发送中断 | 接收中断 |

SM0、SM1:串行方式选择位,其定义如表7-3所示。

SM2:多机通信控制位,用于方式2和方式3中。在方式2和方式3处于接收方式时,若SM2=1,且接收到的第9位数据RB8为0时,不激活RI;若SM2=1,且RB8=1时,则置RI=1。在方式2、3处于接收或发送方式时,若SM2=0,不论接收到的第9位RB8为0还是为1,TI、RI都以正常方式被激活。在方式1处于接收时,若SM2=1,则只有收到有效的停止位后,RI置1。在方式0中,SM2应为0。

REN:允许串行接收位。它由软件置位或清零。REN=1时,允许接收;REN=0时,禁止接收。通讯双方中某一方接收数据时,该方REN置1可使用位操作指令SETB REN,表示允许接收数据。

TB8:发送数据的第9位。在方式2和方式3中,由软件置位或复位,可做奇偶校验位。在多机通信中,可作为区别地址帧或数据帧的标志位,一般约定地址帧时,TB8为1,数据帧时,TB8为0。

RB8:接收数据的第9位。功能同TB8。

TI:发送中断标志位。在方式0中,发送完8位数据后,由硬件置位;在其他方式中,在发送停止位之初由硬件置位。因此,TI是发送完一帧数据的标志,可以用指令JBC TI,rel来查询是否发送结束。实训中采用的就是这种方法。TI=1时,也可向CPU申请中断,响应中断后,必须由软件清除TI。

RI:接收中断标志位。在方式0中,接收完8位数据后,由硬件置位;在其他方式中,在接收停止位的中间由硬件置位。同TI一样,也可以通过JBC RI,rel来查询是否接收完一帧数据。RI=1时,也可申请中断,响应中断后,必须由软件清除RI。

**表7-3 串行口四种工作方式对照表**

| SM0 | SM1 | 工作方式 | 帧格式 | 波特率 |
|---|---|---|---|---|
| 0 | 0 | 方式0 | 8位全是数据位,没有起始位、停止位 | 固定、即每个机器周期传送一位数据 |
| 0 | 1 | 方式1 | 10位,其中1位起始位,8位数据位,1位停止位 | 不固定,取决于T1溢出率和SMOD |
| 1 | 0 | 方式2 | 11位,其中1位起始位,9位数据位,1位停止位 | 固定,即$2^{SMOD} \times f_{osc}/64$ |
| 1 | 1 | 方式3 | 11位,其中1位起始位,9位数据位,1位停止位 | 不固定,取决于T1溢出率和SMOD |

3)电源控制寄存器PCON

PCON主要是为CHMOS型单片机的电源控制而设置的专用寄存器,不可以位寻址,字节地址为87H。在HMOS的8051单片机中,PCON除了最高位以外,其他位与串行口无关。其格式如表7-4所示。

**表7-4 PCON寄存器各位功能对照表**

| PCOD | D7 | D6 | D5 | D4 | D3 | D2 | D1 | D0 |
|---|---|---|---|---|---|---|---|---|
| 位名称 | SMON | — | — | — | GF1 | GF0 | PD | IDL |

SMOD(PCON.7)波特率倍增位。在串行口方式1、方式2、方式3时,波特率与SMOD有关,当SMOD=1时,波特率提高一倍。复位时,SMOD=0。

3.80C51串行口的工作方式

1)方式0

方式0时,串行口为同步移位寄存器的输入输出方式。主要用于扩展并行输入或输出口。数据由RXD(P3.0)引脚输入或输出,同步移位脉冲由TXD(P3.1)引脚输出。发送和接收均为8位数据,低位在先,高位在后。波特率固定为$f_{osc}/12$。数据发送和接收时序如图7-14所示。移位数据的发送和接收以8位为一帧,不设起始位和停止位,无论输入/输出,均低位在前高位在后。

串行口工作方式0通常用于串行数据与并行数据方式的相互转换。如图7-15(a)所示,当数据写入

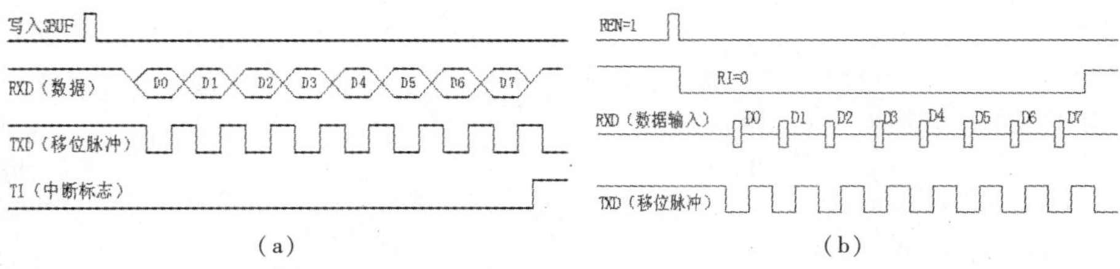


（a）　　　　　　　　　　（b）

图 7-14　串行工作方式 0 数据输出输入时序图

（a）方式 0 数据输出时序图　　　　　　（b）方式 0 数据输入时序图

串行口发送缓冲器后，在移位时钟 TXD 控制下，由低位到高位按一定的波特率将数据从 RXD 引脚传送出去，发送完毕，硬件自动使 SCON 的 TI 位置 1. 此时若配以串入并出移位寄存器，如 CD4094，74LS164 等芯片，即可以将 RXD 引脚送出的串行数据转换为并行数据输出，实际上是把串行口扩展为并行口。

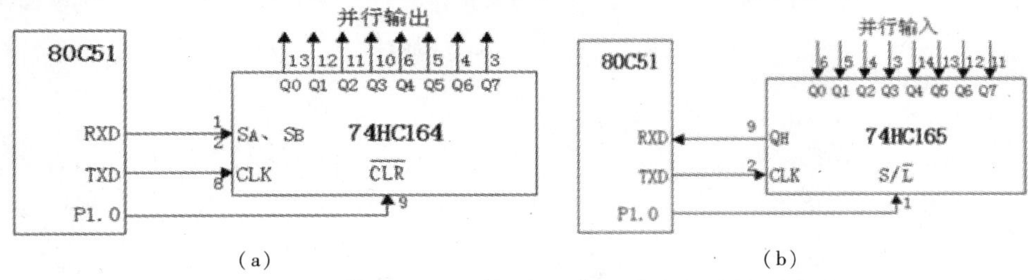


（a）　　　　　　　　　　（b）

图 7-15　串行数据与并行数据相互转换扩展原理图

（a）串行数据转并行数据　　　　　　（b）并行数据串行数据

如图 7-15（b）所示，若将并入串出寄存器，如 CD4094、74LS165 等芯片的输出连接到单片机的 RXD 引脚，当串行口工作方式 0 接收时，既可以收到 CD4094 或 74LS165 输入端的并行数据，相当于把串行口扩展为并行输入口。

**【例 7-1】**　设计电路原理图，实现串行与并行数据转换，控制共阳数码管完成 60s 倒计时功能。

解：完成 60s 倒计时，需要两个数码管，因此需要两片 74HC164 芯片完成串并行转换，仿真电路图如 7-16 所示。

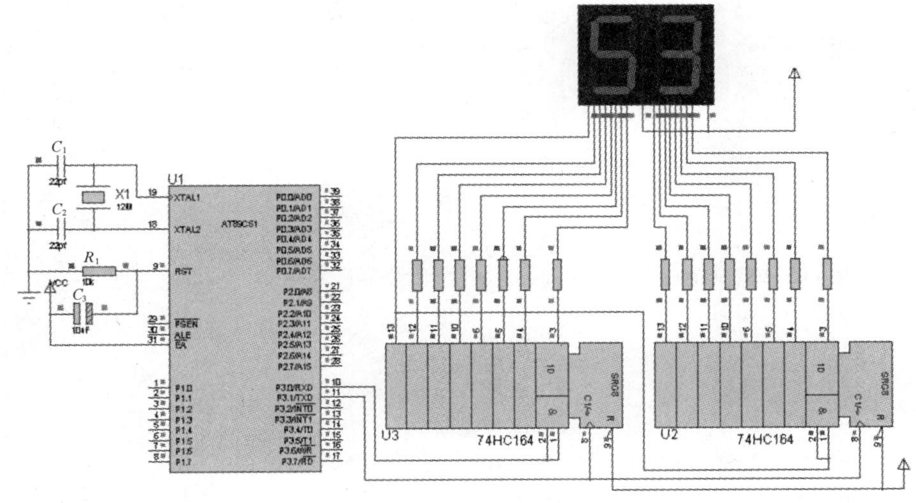


图 7-16　60s 倒计时原理仿真图

由于每秒钟显示一次数据，因次采用定时器定时 50ms 中断一次，中断 20 次（即 1s）将上次显示数据减 1 并通过串口发送显示。程序如下：

(1)汇编程序：

```
/* * * * * * * * * * * * * * * * * * * * * * * * * * * * * * * * * *
功能:60 秒倒计时
占用资源:R0、R1、R2,A、B、DPTR
 * * * * * * * * * * * * * * * * * * * * * * * * * * * * * * * * */
        ORG     0000H
        LJMP    MAIN
        ORG     000BH           ;定时器中断入口地址
        LJMP    TIME0           ;跳转中断服务子程序运行
        ORG     0030H           ;主程序代码存放起始地址
MAIN:   MOV     TMOD,#01H       ;设置定时器 0 方式 1
        MOV     TH0,#3CH        ;设置 50ms 定时初始值
        MOV     TL0,#0B0H
        MOV     SCON,#00H       ;设置串行口工作方式 0
        MOV     DPTR,#TAB       ;查表首地址放 DPTR
        SETB    EA              ;允许中断
        SETB    ET0             ;允许定时器中断
        MOV     R0,#60          ;设置秒数据寄存器初始值
        MOV     R2,#20          ;设置中断次数计数器初始值
        SETB    TR0             ;启动定时器 0
        SETB    TF0
        SJMP    MYM
TIME0:  MOV     TL0,#0B0H       ;重新赋定时初始值
        MOV     TH0,#3CH
        DJNZ    R2,EXIT         ;不够 1s 直接退出中断,
        MOV     R2,#20          ;够 1s(中断 20 次),中断次数赋初始值
        DEC     R0              ;秒数据减 1
        MOV     A,R0            ;
        MOV     B,#10
        DIV     AB              ;提取秒数据十位与个位
        MOV     R1,A            ;保存十位数
        MOV     A,B             ;个位数放进 A
        MOVC    A,@A+DPTR       ;查表求秒个位数笔形码
        MOV     SBUF,A          ;送串口显示
        JNB     TI,MYM          ;等待发送完成
        CLR     TI              ;发送完成标志位清 0
        MOV     A,R1            ;取秒+位数
        MOVC    A,@A+DPTR       ;查表取秒十位数笔形码
        MOV     SBUF,A          ;发送串口显示
        JNB     TI,MYM          ;等待发送数据完成
        CLR     TI              ;发送完成标志位清 0
        CJNE    R0,#00,EXIT     ;判断是否到地 0 秒
```

```
        MOV     R0,#60          ;重新设置秒寄存器初始值
EXIT:   NOP
        RETI
TAB:    DB  0C0H,0F9H,0A4H      ;笔形码表格
        DB  0B0H,99H,92H
        DB  82H,0F8H,80H
        DB  90H
        END
```

(2)C 语言程序:

```
#include <reg51.h>
  #define   uchar unsigned char
  #define   uint   unsigned int
  uchar   SECOND = 60,times = 20;
  uchar code   LED[10] = {0xC0,0xF9,0xA4,0xB0,0x99,0x92,0x82,0xF8,0x80,0x90};


void Time0_int(void) interrupt 1 using 1   //定时器0中断服务子程序
{
     uchar S1,S2;
   TH0 = 0x3C;              //定时 50ms 初始值
   TL0 = 0x0B0;
   times - - ;          //中断次数计数
  if(times = = 0)
   {
   times = 0x14;          //重新设置中断次数计数
   SECOND - - ;
   S1 =   SECOND/10;  //提取十位上的数
   S2 =   SECOND% 10;  //提取个位上的数
   SBUF = LED[S2];  //查表取笔形码并送串口
   while(! TI);  //等地发送完成
   TI = 0;  //清发送完标志
   SBUF = LED[S1];          //查表取笔形码并送串口
   while(! TI);  //等地发送完成
   TI = 0;  //清发送完标志
   if(SECOND = = 0)  //显示到0则重新设置秒数据
   SECOND = 60;
   }
  }
void main()
{
  TMOD = 0x01;  //设置定时器0方式1
  TH0 = 0x3c;        //设置 50ms 定时初始值
```

```
    TL0 = 0xb0;
    SCON = 0x00;  //设置串行口工作方式 0
    EA = 1;  //允许中断
    ET0 = 1;  //允许定时器中断
    TR0 = 1;  //启动定时器 0
    TF0 = 1;  //启动一次定时器 0 中断
    while(1);  //空循环
}
```

2)方式 1

方式 1 是 10 位数据的异步通信口。TXD 为数据发送引脚,RXD 为数据接收引脚,传送一帧数据的格式如图 7-17 所示。其中 1 位起始位,8 位数据位,1 位停止位。

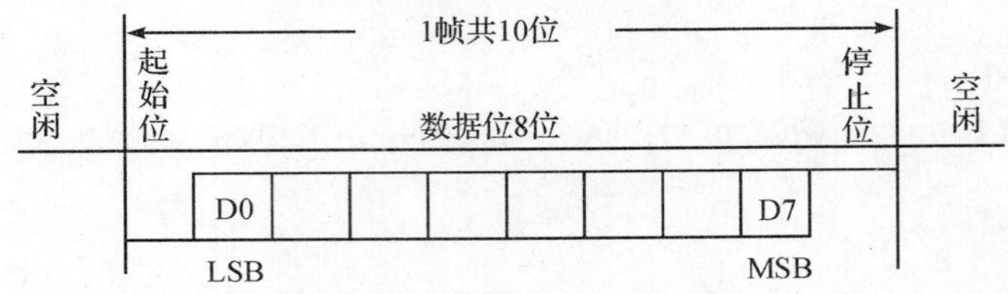


图 7-17　串行口工作方式 1 帧数据格式

如图 7-18 所示发送时,数据从 TXD 端输出,当数据写入发送缓冲器 SBUF 后,启动发送器发送。当发送完一帧数据后,置中断标志 TI 为 1。方式 1 所传送的波特率取决于定时器 1 的溢出率和 PCON 中的 SMOD 位。

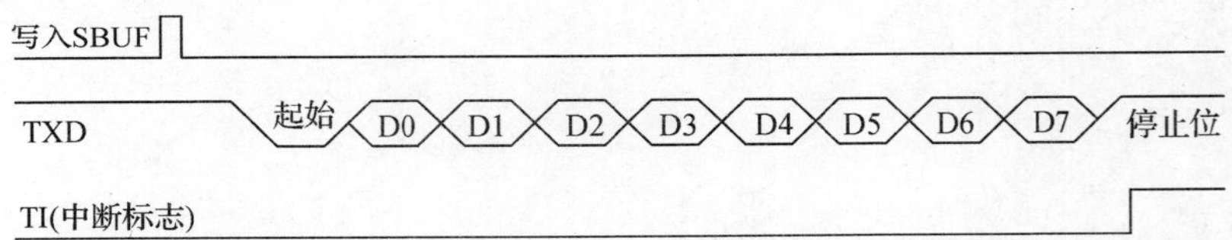


图 7-18　串行口工作方式 1 数据发送时序图

用软件置 REN 为 1 时,接收器以所选择波特率的 16 倍速率采样 RXD 引脚电平,检测到 RXD 引脚输入电平发生负跳变时,则说明起始位有效,将其移入输入移位寄存器,并开始接收这一帧信息的其余位。如图 7-19 所示,接收过程中,数据从输入移位寄存器右边移入,起始位移至输入移位寄存器最左边时,控制电路进行最后一次移位。当 RI = 0,且 SM2 = 0(或接收到的停止位为 1)时,将接收到的 9 位数据的前 8 位数据装入接收 SBUF,第 9 位(停止位)进入 RB8,并置 RI = 1,向 CPU 请求中断。

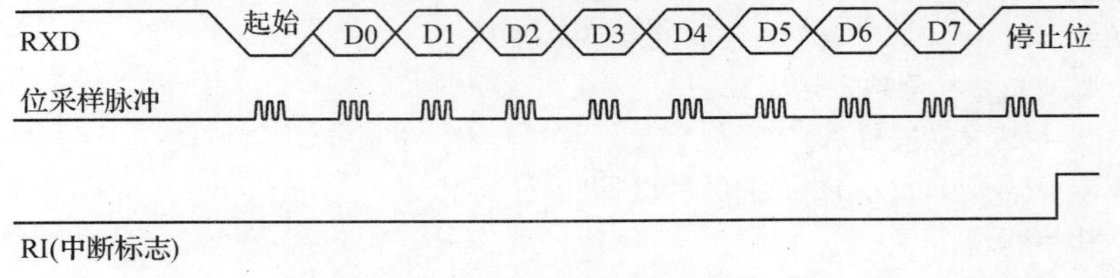


图 7-19　串行口工作方式 1 数据接收时序图

3)方式 2 和方式 3

方式 2 或方式 3 时为 11 位数据的异步通信口。TXD 为数据发送引脚,RXD 为数据接收引脚,数据传输格式如图 7-20 所示,方式 2 和方式 3 时起始位 1 位,数据 9 位(含 1 位附加的第 9 位,发送时为 SCON 中的 TB8,接收时为 RB8),停止位 1 位,一帧数据为 11 位。方式 2 的波特率固定为晶振频率的 1/64 或 1/32,方式 3 的波特率由定时器 T1 的溢出率决定。

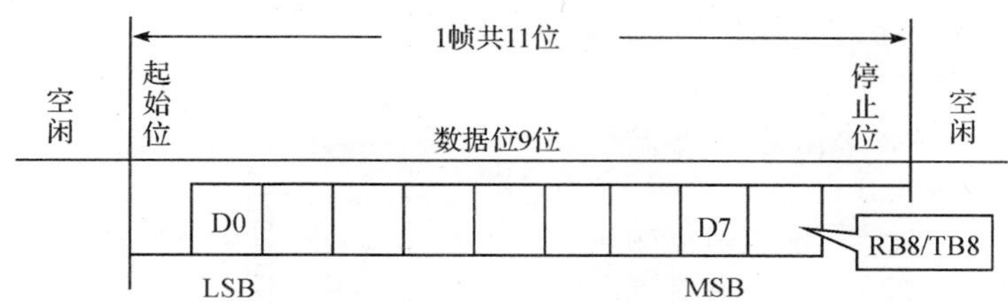


图 7-20　串行口工作方式 2、3 帧数据格式

如图 7-21 所示，发送开始时，先把起始位 0 输出到 TXD 引脚，然后发送移位寄存器的输出位(D0)到 TXD 引脚。每一个移位脉冲都使输出移位寄存器的各位右移一位，并由 TXD 引脚输出。

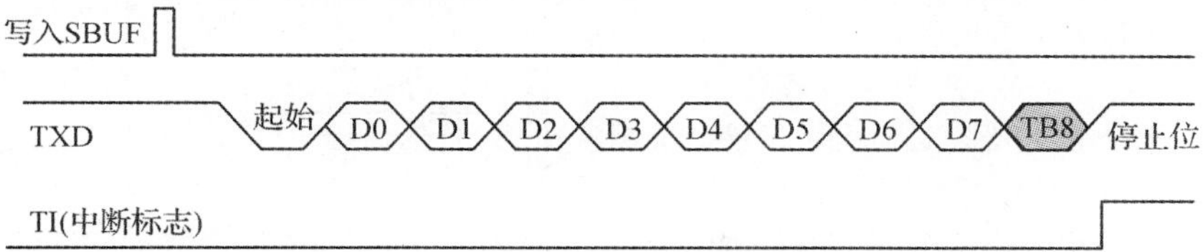


图 7-21　串行口工作方式 2、3 数据发送时序图

第一次移位时，停止位"1"移入输出移位寄存器的第 9 位上，以后每次移位，左边都移入 0。当停止位移至输出位时，左边其余位全为 0，检测电路检测到这一条件时，使控制电路进行最后一次移位，并置 TI = 1，向 CPU 请求中断。

如图 7-22 所示，接收时，数据从右边移入输入移位寄存器，在起始位 0 移到最左边时，控制电路进行最后一次移位。当 RI = 0，且 SM2 = 0(或接收到的第 9 位数据为 1)时，接收到的数据装入接收缓冲器 SBUF 和 RB8(接收数据的第 9 位)，置 RI = 1，向 CPU 请求中断。如果条件不满足，则数据丢失，且不置位 RI，继续搜索 RXD 引脚的负跳变。

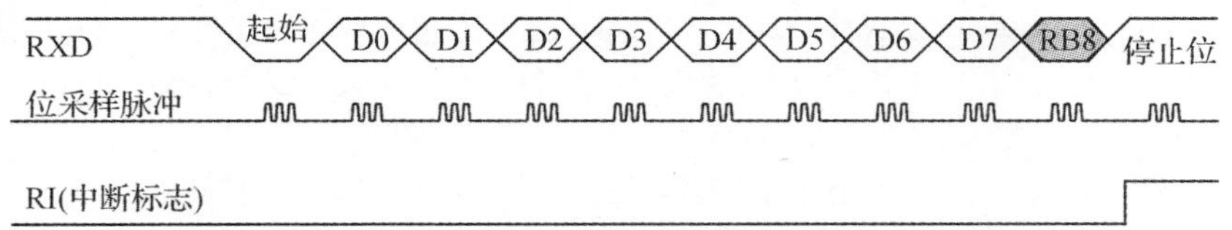


图 7-22　串行口工作方式 2、3 数据接收时序图

4. MCS-51 串行口的波特率

在串行通信中，收发双方对传送的数据速率，即波特率要有一定的约定。通过以上的论述，我们已经知道，MCS-51 单片机的串行口通过编程可以有 4 种工作方式。其中，方式 0 和方式 2 的波特率是固定的，方式 1 和方式 3 的波特率可变，由定时器 1 的溢出率决定。

在方式 0 中，波特率为时钟频率的 1/12，即 $f_{osc}/12$，固定不变。在方式 2 中，波特率取决于 PCON 中的 SMOD 值，当 SMOD = 0 时，波特率为 $f_{osc}/64$；当 SMOD = 1 时，波特率为 $f_{osc}/32$. 即波特率 $=f_{soc} \times 2^{SMOD}/64$

在方式 1 和方式 3 下，波特率由定时器 1 的溢出率和 SMOD 共同决定。即方式 1 和方式 3 的波特率为：

波特率 $= (2^{SMOD}/32) \times$ 定时器 1 溢出率。

其中，定时器 1 的溢出率取决于单片机定时器 1 的计数速率和定时器的预置值。计数速率与 TMOD 寄存器中的 $\overline{C}$ 位有关。当 $\overline{C}=0$ 时，计数速率为 $f_{osc}/12$；当 $\overline{C}=1$ 时，计数速率为外部输入时钟频率。

实际上，当定时器 1 做波特率发生器使用时，通常是工作在模式 2，即自动重装载的 8 位定时器，此时 TL1 作计数用，自动重装载的值在 TH1 内。设计数的预置值(初始值)为 $X$，那么每过 $256-X$ 个机器周期，定时器溢出一次。为了避免因溢出而产生不必要的中断，此时应禁止 T1 中断。溢出周期为：$(12/f_{soc}) \times (256-X)$。

溢出率为溢出周期的倒数，所以，波特率 $= (2^{SMOD}/32) \times f_{soc}/(12 \times (256-X))$。

定时器初始值 $X = 256 - (f_{soc} \times 2^{SMOD})/(384 \times 波特率)$。

5. TTL 电平与 RS232 电平转换

在许多应用场合,需要利用 PC 与单片机组成多机系统,PC 内通常都装有一个 RS-232 异步通信适配板,从而使 PC 有能力与其他具有标准 RS-232 串行接口的计算机进行通信。RS-232 标准采用负逻辑,逻辑"1"电平在 -5V ~ -15V 范围内,逻辑"0"电平 +5V ~ +15V 范围内。

8051 单片机本身具有一个全双工的串行口,但单片机的串行口为 TTL 电平。由于 RS-232 的逻辑电平与 TTL 电平不兼容,为了与 TTL 电平的 80C51 单片机器件连接,必须进行电平转换。美国 MAXIM 公司生产的 MAX232 系列 RS-232 收发器是目前较为普遍的串行口电平转换器件,MAX232 是的一款兼容 RS-232 标准的芯片,如图 7-23 所示。该器件包含 2 个驱动器、2 个接收器和一个电压发生器电路,提供 TIA/EIA-232-F 电平。该器件符合 TIA/EIA-232-F 标准,每一个接收器将 TIA/EIA-232-F 电平转换成 5V TTL/CMOS 电平,每一个发送器将 TTL/CMOS 电平转换成 TIA/EIA-232-F 电平。

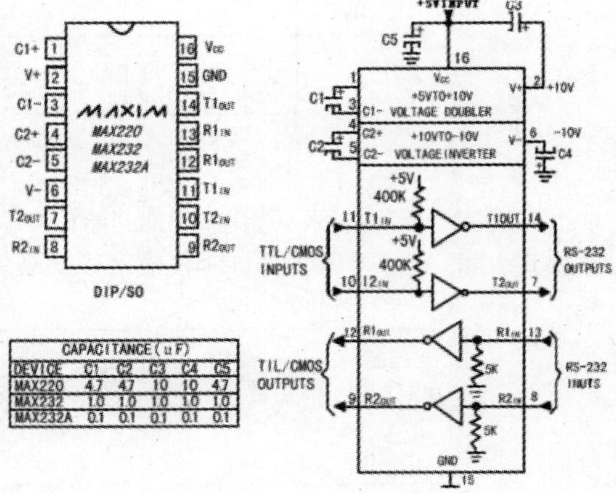


| DEVICE | C1 | C2 | C3 | C4 | C5 |
|---|---|---|---|---|---|
| | CAPACITANCE(uF) | | | | |
| MAX220 | 4.7 | 4.7 | 10 | 10 | 4.7 |
| MAX232 | 1.0 | 1.0 | 1.0 | 1.0 | 1.0 |
| MAX232A | 0.1 | 0.1 | 0.1 | 0.1 | 0.1 |

图 7-23　MAX232 芯片及接线扩展图

因此将 89C51 芯片的 RXD(P3.0)引脚与 MAX232 的信号输入端 T2in 连接,TXD(P3.1)引脚与 MAX232 的信号输出端 T2out 连接;将 MAX232 的信号输出端 T2out 与 RS-232 接口的 2 号脚(RXD)连接,MAX232 的信号输入端 T2in 与 RS-232 接口的 3 号脚(TXD)连接;同时将 RS-232 接口的 5 号脚(GND)接地即可。

**【例 7-2】** 利用 Proteus 仿真软件设计单片机与 PC 机(可用虚拟终端代替)通信仿真原理图,编程实现计算机向单片机发送若干字符,单片机收到后将字符重新发回给计算机,单片机外部晶振 12M,波特率要求 9 600。

分析:单片机与 PC 机通信需要有电平转换电路,可采用 MAX232 芯片扩转电路;程序设计时 PC 机端输入字符,以回车符(0x0d)作为输入结束符,单片机接收字符并保存,以回车符作为接收结束,接收结束后将保存的字符转发给 PC 机,单片机接收和发送字符时可采用查询或中断方法,一般情况下接收字符采用中断方法,以免丢失数据。

注意:接收和发送完一帧数据后要及时清除接收标志位 RI 和发送完标志位 TI。

解:(1)图 7-24 为仿真原理图。

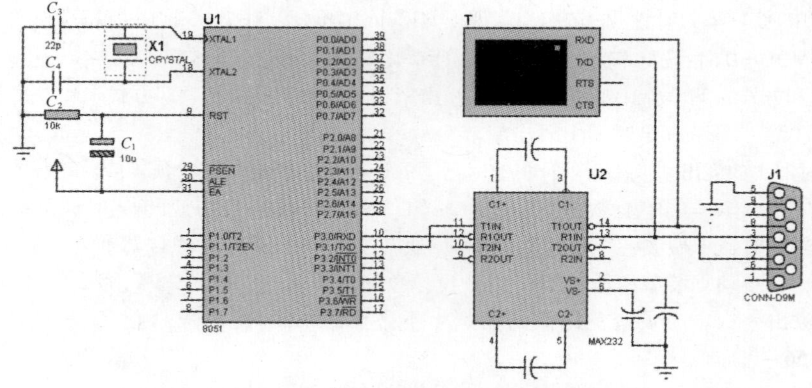


图 7-24　单片机与 PC 机仿真原理图

(2)计算波特率:采用定时器 1 工作方式 2 作为波特率发生器,设置 SMOD = 0,设定时器初值为 $X$。

$X = 256 - (f_{soc} \times 2^{SMOD})/(384 \times 波特率)$

$= 256 - (12 \times 10^6 \times 2^0)/(384 \times 9600)$

$= 253 = FDH$

(3)汇编语言程序设计。

```
/* * * * * * * * * * * * * * * * * * * * * * * * * * * * * * * *
功能:串行接收数据并原数据发回
方法:发送数据采用查询发,接收数据采用中断方法
* * * * * * * * * * * * * * * * * * * * * * * * * * * * * * * * */

       FLG     BIT   00H  ;定义接收完标志位
       ORG     0000H
       LJMP    MAIN
       ORG     0023H      ;串口中断入口程序
       LJMP    RXD
       ORG     0030H
MAIN:  MOV     SP,#60H
       MOV     SCON,#50H  ;设置串口工作方式 1
       MOV     TMOD,#20H  ;定时器 1 工作方式 2
       ANL PCON,#7fH   ;SMOD = 0
       MOV     TH1,#0FDH  ;设置波特率 9600
       MOV     TL1,#0FDH
       MOV     30H,#00H   ;接收数据存放首地址
       MOV     R0,#30H    ;间接寻址初始化
       MOV     R1,#30H
       CLR     FLG        ;清楚标志
       SETB    TR1        ;启动波特率发生器
       SETB    ES         ;允许串行中断
       SETB    EA         ;开中断
LOOP:  JNB     FLG,MYM    ;等待接收完数据
TXD:   MOV     A,@ R1     ;从接收缓冲区读取数据发送
       MOV     SBUF,A
       JNB     TI, CLR TI
       INC     R1
       CJNE    A,#0DH,TXD  ;判断发送是否完成(碰到回车符结束发送)
       CLR     FLG        ;清处接收完标志
       MOV     R1,#30H    ;重新指向接收首地址
       LJMP    LOOP
RXD:   JNB     RI,QUIT    ;判断是否接收引起中断
       PUSH    PSW        ;保护主程序现场
       PUSH    ACC
       CLR     RI         ;清楚接收中断标志位
```

```
      MOV    A,SBUF      ;接收一个数据
      MOV    @R0,A       ;保存接到收缓冲区
      INC    R0      ;调整接收缓冲单元地址
      CJNE   A,#0DH,EXIT;判断是否接收完成
      SETB   FLG      ;接收完成设置标志位
      MOV    R0,#30H      ;指向接收首地址
EXIT: POP    ACC      ;回复现场
      POP    PSW
QUIT: RETI;中断返回
      END
```

(4)C 语言程序设计。

```
/*****************************************
 功能:串行接收数据并原数据发回
 方法:发送数据采用查询发,接收数据采用中断方法
 *****************************************/
#include <reg51.h>
#define uchar unsigned char
#define uint unsigned int
uchar idata *DATA;
bit FLG =0;
void UART_INT(void) interrupt 4 using 2
{
  if(RI)          //判断是否接收中断
  {
     RI =0;   //接收标志位清 0
     *DATA = SBUF;    //存放接收数据

     if( *(DATA) = =0x0d)   //判断接收是否完成
     {
        FLG =1;       //设接收完成标志
  DATA =0x40;      //设指针地址
  return;      //返回
     }
     DATA + +;      //调整存储地址(指针)
  }
}

void main(void)
{
     SP =0x60;                //初始化栈底
  SCON =0x50;      //初始化串行口工作方式
  PCON = PCON&0x7f;      //SMOD =0;
```

```
TMOD = 0x20;      //定时器 1 工作方式 2
TH1 = 0xfd;      // 设置波特率发生器初始值 9600
TL1 = 0xfd;
TR1 = 1;      //启动定时器 1
ES = 1;      //允许串行中断
EA = 1;      //开中断
DATA = 0x40;      //初始化指针指向地址
while(1)
{
if(FLG = = 1)      //判断是否有接收数据
{
 while( * DATA! = 0x0d)  //判断是否发送完成
 {
   SBUF = * DATA;      //发送数据
while(! TI);      //等待发送完成
TI = 0;      //清发送完标志位
DATA + +;      //调整指针
 }
  SBUF = 0x0d;      //发送回车符
  while(! TI);
  TI = 0;
  FLG = 0;      //清接收标志
  DATA = 0x40;      //设置指针地址
 }
}
}
```

(5)仿真结果如图 7-25 所示。

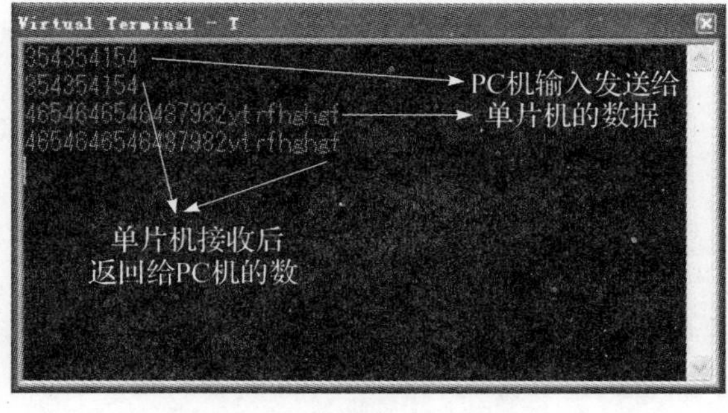


图 7-25 数据发送接收仿真结果

## 7.3 温湿度远程监测探头设计

温湿度的测量在仓库管理、生产制造、气象观测、科学研究以及生活中被广泛应用,实际应用中通常需要对多点进行温湿度检测,为降低管理成本,各被测点通常采用无人值守网络化管理,其网络拓展如图 7-26 所示。

各测量点温湿度传感器选择时,通常可选择传统的模拟式温湿度传感器和数字化高精度传感器,由于传统的模拟式温湿度传感器,一般需要设计信号调理电路并需要经过复杂的校准和标定过程,受环境影响较大,参数容易发生偏移,因此精度难以保证,且在线性度、重复性、互换性、一致性等方面不尽如人意。因此设计具有精度高、稳定性好、成本低、功耗低的温湿度检测系统非常重要。

采用数字化高精度温度传感器结合单片机控制技术,克服了传统温湿度检测系统需要复杂的校准过程和精度低的缺点。

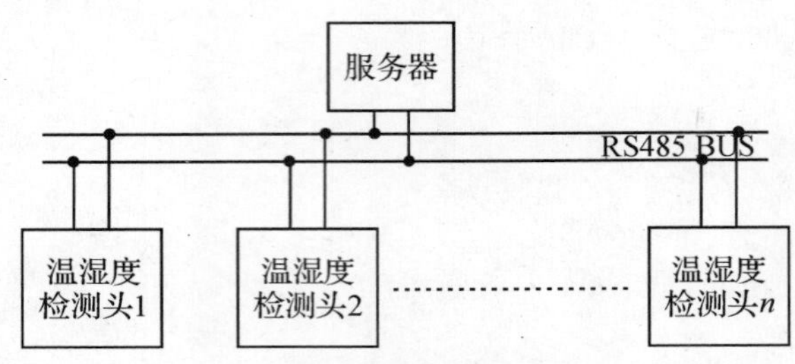


图 7-26 多点温度温度检测网络化管理示意图

1. 温湿度检测探头方案设计

远程温湿度检测系统包括服务器和多个温湿度采样探测头(见图 7-27),温湿度探测头一般包括温湿度检测、温湿度显示、远程通信以及温湿度探测头地址编码等。本设计方案中温湿度检测采用数字温湿度传感器 SHT10,其温度检测范围 $-40^{0}$C ~ $123.8^{0}$C,湿度检测范围在 0 ~ 100% RH,以 AT89C51 单片机为控制核心,对温湿度传感器实时读取内部参数,测量结果不仅通过本地液晶 LM016L(LCD1602)显示,而且通过 RS485 总线将采集数据传送到远程服务器,以便进一步对数据分析、处理、存档,各探测头地址通过拨码开关设置完成。

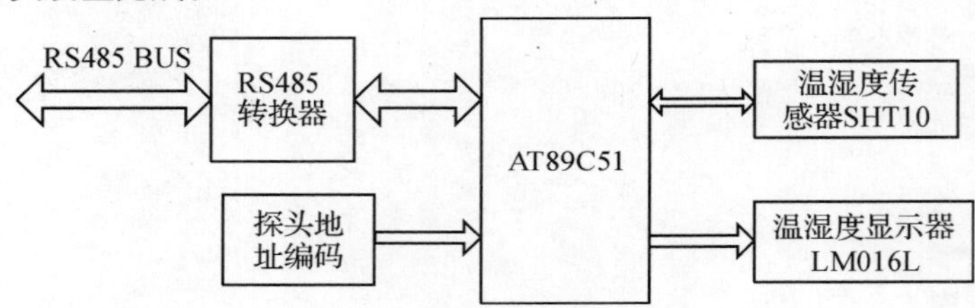


图 7-27 温湿度检测探头框图

2. 温湿度传感器检测原理

系统软件程序设计主要包括对温湿度传感器数据读取、LM016L 液晶显示的操作以及串行口程序设计。

1)温湿度传感器 SHT10 数据处理

SHT10 单片数字温湿度集成传感器由瑞士 Sensirion 公司推出,采用 CMOS 过程微加工专利技术(CMOSens Technology),确保产品具有极高的可靠性和出色的长期稳定性。该传感器由 1 个电容式聚合体测湿元件和 1 个能隙式测温元件组成,并与 1 个 14 位 A/D 转换器以及 1 个 2-wire 数字接口在单芯片中无缝结合,使得该产品具有功耗低、反应快、抗干扰能力强等优点。

(1) SHT10 的特点:SHT10 的主要特点如下:

①相对湿度和温度的测量兼有露点输出。

②全部校准,数字输出。

③接口简单(2-wire),响应速度快。

④超低功耗,自动休眠。

⑤出色的长期稳定性。

⑥超小体积(表面贴装)。

⑦测湿精度 ±45% RH,测温精度 ±0.5℃(25℃)。

(2)引脚说明及接口电路。SHT10 典型应用电路如图 7-28 所示。SHT10 的供电电压为 2.4~5.5V。传感器上电后,要等待 11ms,从“休眠”状态恢复。在此期间不发送任何指令。电源引脚(VDD 和 GND)之间可增加 1 个 100nF 的电容器,用于去耦滤波。

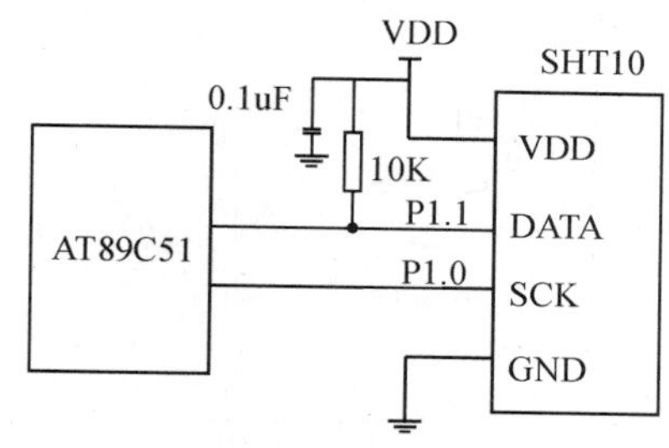


图 7-28　SHT10 扩展电路图

SHT10 的两线串行接口(Bidirectional 2-wire)在传感器信号读取和电源功耗方面都做了优化处理,其总线类似 I2C 总线但并不兼容 I2C 总线。

①串行时钟输入(SCK)。SCK 引脚是 MCU 与 SHTIO 之间通信的同步时钟,由于接口包含了全静态逻辑,因此没有最小时钟频率。

②串行数据(DATA)。DATA 引脚是 1 个三态门,用于 MCU 与 SHT10 之间的数据传输。DATA 的状态在串行时钟 SCK 的下降沿之后发生改变,在 SCK 的上升沿有效。在数据传输期间,当 SCK 为高电平时,DATA 数据线上必须保持稳定状态。

为避免数据发生冲突,MCU 应该驱动 DATA 使其处于低电平状态,而外部接 1 个上拉电阻将信号拉至高电平。

(3)SHT10 传感器的通信。SHT10 传感器的通信主要包括传感器硬件启动、启动传输、命令传输。

传感器硬件启动要求传感器通电时上电速率不能低于 1V/ms。通电后传感器需要 11ms 进入休眠状态,在此之前不允许对传感器发送任何命令。

①启动传输时序。对 SHT10 传感器操作主要有温度测量、湿度测量、读状态寄存器、写状态寄存器、软复位。在发送命令前首先要对传感器发送“启动传输时序”,来完成数据传输的初始化(见图 7-29),它包括:当 SCK 时钟高电平时 DATA 翻转为低电平,紧接着 SCK 变为低电平,随后是在 SCK 时钟高电平时 DATA 翻转为高电平。

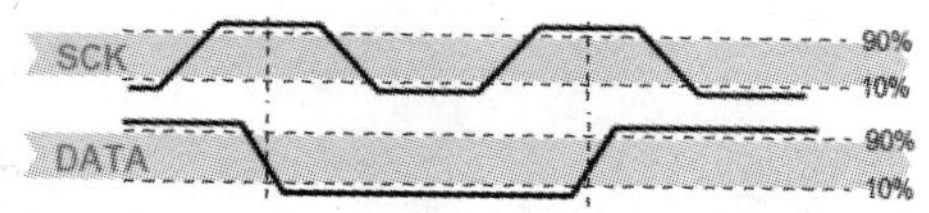


图 7-29　启动传输时序

启动传输子程序如下:

```
/* - - - - - - - - - - - - - - - - - - - - - - - - - - - - - - - - - -
;模块名称:s_transstart();
;功    能:启动传输函数
//generates a transmission start
//          _____        ________
// DATA:         |_______|
//           ___      ___
// SCK : ___|   |___|   |______

; - - - - - - - - - - - - - - - - - - - - - - - - - - - - - - - - - - */
void s_transstart(void)
{
    DATA =1;
    SCK =0;                          //Initial state
    _nop_();
```

```
    SCK = 1;
    _nop_();
    DATA = 0;
    _nop_();
    SCK = 0;
    _nop_();_nop_();_nop_();
    SCK = 1;
    _nop_();
    DATA = 1;
    _nop_();
    SCK = 0;
}
```

②温湿度测量。命令包括 3 个地址位(仅支持"000")和 5 个命令位(见表 7-5)。SHT10 指示正确接收命令的时序为:在第 8 个 SCK 时钟的下降沿之后将 DATA 拉为低电平(ACK 位),在第 9 个 SCK 时钟的下降沿之后释放 DATA(此时为高电平)。

表 7-5　SHT10 命令对照表

| 命令 | 代码 |
|---|---|
| 预留 | 0000X |
| 温度测量 | 00011 |
| 湿度测量 | 00101 |
| 读状态寄存器 | 00111 |
| 写状态寄存器 | 0010 |
| 预留 | 0101X ~ 1110X |
| 软复位:接口复位,状态等寄存器复位即恢复为默认状态,在要发送下一个命令前,至少等待 11ms. | 11110 |

如图 7-30 所示,发布一组测量命令("00000101"表示相对湿度 RH,"00000011"表示温度 T)后,控制器要等待测量结束。这个过程需要大约 20/80/320ms,分别对应 8/12/14bit 测量。确切的时间随内部晶振速度,最多可能有 -30% 的变化。SHT10 通过下拉 DATA 至低电平并进入空闲模式,表示测量的结束。控制器在再次触发 SCK 时钟前,必须等待这个"数据备妥"信号来读出数据。检测数据可以先被存储,这样控制器可以继续执行其他任务在需要时再读出数据。

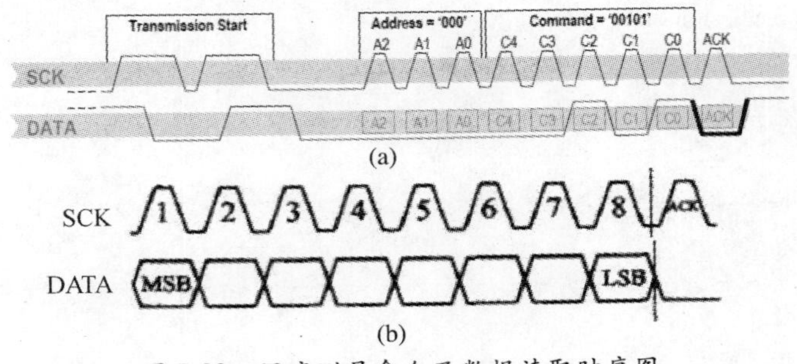


图 7-30　湿度测量命令及数据读取时序图

(a)湿度测量写命令时序图　　(b)数据读取时序

接着传输 2 个字节的测量数据和 1 个字节的 CRC 奇偶校验(可选择读取)。MCU 需要通过下拉 DATA 为低电平,以确认每个字节。所有的数据从 MSB 开始,右值有效(例如对于 12bit 数据,从第 5 个 SCK 时钟起算作 MSB;而对于 8bit 数据,首字节则无意义)。在收到 CRC 的确认位之后,表明通讯结

束。如果不使用 CRC-8 校验，控制器可以在测量值 LSB 后，通过保持 ACK 位为高电平来结束本次通信，SHT10 自动转入休眠模式。

SHT10 的某些高级功能可以通过给状态寄存器发送指令来实现，如选择测量分辨率，电量不足提醒或启动加热功能等。

对 DHT10 写函数如下：

```
/* - - - - - - - - - - - - - - - - - - - - - - - - - - - - - - - - - - -
;模块名称:s_write_byte();
;功    能:DHT10 写函数
;- - - - - - - - - - - - - - - - - - - - - - - - - - - - - - - - - - - -*/
char s_write_byte(unsigned char value)
{
    unsigned char i,error=0;
    for (i=0x80;i>0;i/=2)                //shift bit for masking
    {
      if (i & value) DATA=1;          //masking value with i, write to SENSI-BUS
      else DATA=0;
      SCK=1;                          //clk for SENSI-BUS
      _nop_();_nop_();_nop_();          //pulswith approx. 5 μs
      SCK=0;
    }
    DATA=1;                           //release DATA-line
    SCK=1;                            //clk #9 for ack
    error=DATA;             //check ack (DATA will be pulled down by DHT90),DATA
                            //  在第9个上升沿将被DHT10自动下拉为低电平。
    _nop_();_nop_();_nop_();
    SCK=0;
    DATA=1;                        //release DATA-line
    return error;        //error=1 in case of no acknowledge //返回:0成功,1失败
}
```

对 DHT10 读函数如下：

```
/* - - - - - - - - - - - - - - - - - - - - - - - - - - - - - - - - - - -
;模块名称:s_read_byte();
;功    能:DHT10 读函数
;reads a byte form the Sensibus and gives an acknowledge in case of "ack=1"
;- - - - - - - - - - - - - - - - - - - - - - - - - - - - - - - - - -*/
char s_read_byte(unsigned char ack)
{
    unsigned char i,val=0;
    DATA=1;                               //release DATA-line
    for (i=0x80;i>0;i/=2)                      //shift bit for masking
    {
  SCK=1;                               //clk for SENSI-BUS
```

```
        if (DATA) val = (val | i);                    //read bit
    _nop_();_nop_();_nop_();                          //pulswith approx. 5 μs
        SCK = 0;
      }
      if(ack = = 1) DATA = 0;               //in case of "ack = = 1" pull down DATA - Line
      else DATA = 1;                  //如果是校验(ack = = 0),读取完后结束通讯
      _nop_();_nop_();_nop_();                        //pulswith approx. 5 μs
      SCK = 1;                                  //clk #9 for ack
      _nop_();_nop_();_nop_();                        //pulswith approx. 5 μs
      SCK = 0;
      _nop_();_nop_();_nop_();                        //pulswith approx. 5 μs
      DATA = 1;                                 //release DATA - line
      return val;
}
```

综上所述,启动一次温湿度测量主要包括发送启动时序、发送测量命令、等待测量结束、读取测量值4个步骤,程序如下:

```
/* - - - - - - - - - - - - - - - - - - - - - - - - - - - - - - - - - - - -
;模块名称:s_measure();
;功    能:测量温湿度函数
//enum{TEMP,HUMI};            //TEMP = 0,HUMI = 1
//makes a measurement (humidity/temperature) with checksum
; - - - - - - - - - - - - - - - - - - - - - - - - - - - - - - - - - */
char s_measure(unsigned char *p_value, unsigned char *p_checksum, unsigned char mode)
{
      unsigned error = 0;
      unsigned int i;
      s_transstart();                               //transmission start
      switch(mode)
    {                              //send command to sensor
        case TEMP   : error + = s_write_byte(MEASURE_TEMP); break;
        case HUMI   : error + = s_write_byte(MEASURE_HUMI); break;
        default       : break;
      }
      for (i = 0;i < 65535;i + + ) if(DATA = = 0) break; //wait until sensor has finished the measure-
ment
      if(DATA) error + = 1;                         // or timeout ( ~2 sec. ) is reached
      *(p_value)    = s_read_byte(ACK);         //read the first byte (MSB)
      *(p_value + 1) = s_read_byte(ACK);         //read the second byte (LSB)
      *p_checksum  = s_read_byte(noACK);       //read checksum
      return error;
}
```

③复位时序。如果与 SHT10 的通信发生中断,可以通过随后的信号序列来复位串口,如图 7-31 所示。保持 DATA 为高电平,触发 SCK 时钟 9 次或更多,接着在执行下次命令之前必须发送一组“传输启动”序列。这些序列仅仅复位串口,状态寄存器的内容仍然保留。

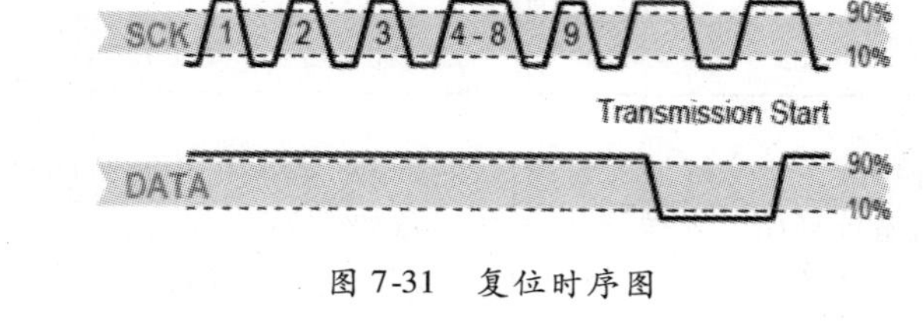


图 7-31　复位时序图

实现程序如下:

```
/*-------------------------------------
;模块名称:s_connectionreset();
;功　　能:连接复位函数
;-------------------------------------*/
void s_connectionreset(void)
{
  unsigned char i;
  DATA =1; SCK =0;                          //Initial state
  for(i =0;i <9;i + + )                     //9 SCK cycles
  {
    SCK =1;
    SCK =0;
  }
  s_transstart();                       //transmission start
}
```

④温度值计算。由能隙材料 PTAT(正比于绝对温度)研发的温度传感器具有极好的线性。可用如下公式将数字输出(SOT)转换为温度值,温度转换系数如表 7-6 所示。

**表 7-6　温度转换系数表**

| $V_{DD}$ | $d_1$/℃ | $d_1$/℉ | $SO_T$ | $d_2$/℃ | $d_2$/℉ |
|---|---|---|---|---|---|
| 5V | -40.1 | -40.2 | 14bit | 0.01 | 0.018 |
| 4V | -39.8 | -39.6 | 12bit | 0.04 | 0.072 |
| 3.5V | -39.7 | -39.5 | | | |
| 3V | -39.6 | -39.3 | | | |
| 2.5V | -39.4 | -38.9 | | | |

$$T = d_1 + d_2 \cdot SO_T$$

⑤湿度计算。湿度值的计算需要采用所测参数进行非线性补偿,为获得精确的测量数据,需用以下公式进行信号转换,公式中参数如表 7-7 所示。

$$RH_{linear} = C_1 + C_2 \cdot SO_{RH} + C_3 \cdot SO_{RH}^2 (\%RH)$$

表 7-7　温度补偿系数表

| $SO_{RH}$ | $C_1^*$ | $C_2^*$ | $C_3^*$ |
|---|---|---|---|
| 12bit | -4.0000 | 0.0405 | -2.800E-6 |
| 8bit | -4.0000 | 0.6480 | -7.200E.4 |

⑥湿度信号的温度补偿。由于实际温度与测试参考温度25℃(~77 ℉)的显著不同,湿度信号需要温度补偿。温度校正粗略计算如下公式,温度补偿系数如表7-7所示。

$$RH_{true}=(T_{℃}-25)\cdot(t_1+t_2\cdot SO_{RH})+RH_{linear}$$

温湿度程序设计如下:

```
/* - - - - - - - - - - - - - - - - - - - - - - - - - - - - - - -
;模块名称:calc_dht90();
;功　　能:温湿度补偿函数
// calculates temperature [C] and humidity [%RH]
// input :   humi [Ticks] (12 bit)
//             temp [Ticks] (14 bit)
// output:   humi [%RH]
//             temp [C]
; - - - - - - - - - - - - - - - - - - - - - - - - - - - - - - - - - */
void calc_dht90(float *p_humidity,float *p_temperature)
{
  const float C1 = -4.0;                    // for 12 Bit
    const float C2 = +0.0405;                 // for 12 Bit
    const float C3 = -0.0000028;              // for 12 Bit
    const float T1 = +0.01;                   // for 14 Bit @ 5V
    const float T2 = +0.00008;                // for 14 Bit @ 5V
    float rh = *p_humidity;                   // rh:      Humidity [Ticks] 12 Bit
    float t = *p_temperature;                 // t:       Temperature [Ticks] 14 Bit
     float rh_lin;                            // rh_lin:  Humidity linear
    float rh_true;                            // rh_true: Temperature compensated humidity
    float t_C;                                // t_C   :  Temperature [C]
    t_C = t*0.01 - 40;                           //calc. temperature from ticks to [C]
    rh_lin = C3*rh*rh + C2*rh + C1;              //calc. humidity from ticks to [%RH]
    rh_true = (t_C - 25)*(T1 + T2*rh) + rh_lin; //calc. temperature compensated humidity [%
RH]
    if(rh_true > 100)rh_true = 100;              //cut if the value is outside of
    if(rh_true < 0.1)rh_true = 0.1;                //the physical possible range
     *p_temperature = t_C;                       //return temperature [C]
     *p_humidity = rh_true;                      //return humidity[%RH]
}
```

3. LCD1602 液晶显示原理

1)液晶显示器各种图形的显示原理

线段的显示:点阵图形式液晶由 $M\times N$ 个显示单元组成,假设 LCD 显示屏有 64 行,每行有 128 列,每 8 列对应 1 字节的 8 位,即每行由 16 字节,共 16×8=128 个点组成,屏上 64×16 个显示单元与显示 RAM 区 1024 字节相对应,每一字节的内容和显示屏上相应位置的亮暗对应。例如,屏的第一行的亮暗由 RAM 区的 000H~00FH 的 16 字节的内容决定,当(000H)=FFH 时,则屏幕的左上角显示一条短亮线,长度为 8 个点;当(3FFH)=FFH 时,则屏幕的右下角显示一条短亮线;当(000H)=FFH,(001H)=00H,(002H)=00H,…. (00EH)=00H,(00FH)=00H 时,则在屏幕的顶部显示一条由 8 段亮线和 8 条暗线组成的虚线。这就是 LCD 显示的基本原理。

2)字符的显示和汉字显示

用 LCD 显示一个字符时比较复杂,因为一个字符由 6×8 或 8×8 点阵组成,既要找到和显示屏幕上某几个位置对应的显示 RAM 区的 8 字节,还要使每字节的不同位为"1",其他的为"0",为"1"的点亮,为"0"的不亮,这样一来就组成某个字符。但由于内带字符发生器的控制器来说,显示字符就比较简单了,可以让控制器工作在文本方式,根据在 LCD 上开始显示的行列号及每行的列数找出显示 RAM 对应的地址,设立光标,在此送上该字符对应的代码即可。

汉字的显示一般采用图形的方式,事先从微机中提取要显示的汉字的点阵码(一般用字模提取软件),每个汉字占 32B,分左右两半,各占 16B,左边为 1,3,5…,右边为 2,4,6…,根据在 LCD 上开始显示的行列号及每行的列数可找出显示 RAM 对应的地址,设立光标,送上要显示的汉字的第一字节,光标位置加 1,送第二个字节,换行按列对齐,送第三个字节……直到 32B 显示完就可以在 LCD 上得到一个完整汉字。

3)1602 字符型 LCD 简介

字符型液晶显示模块是一种专门用于显示字母、数字、符号等点阵式 LCD,目前常用16×1,16×2,20×2 和 40×2 行等的模块。长沙太阳人电子有限公司的 1602 字符型液晶显示器如图 7-32 所示。

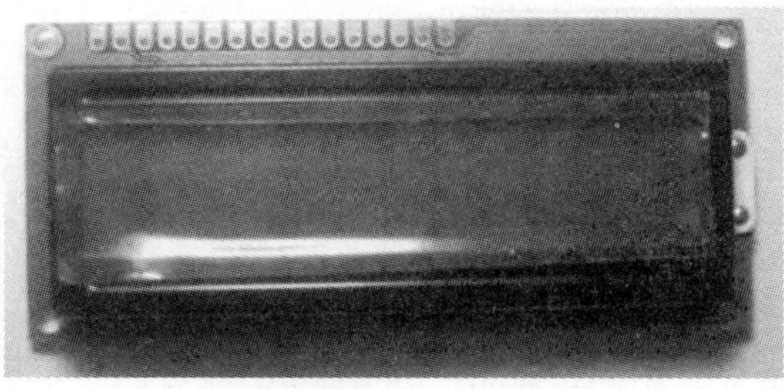

图 7-32 LCD1602 实物图

(1)1602LCD 主要技术参数如下:

①显示容量:16×2 个字符。

②芯片工作电压:4.5~5.5V。

③工作电流:2.0mA(5.0V)。

④模块最佳工作电压:5.0V。

⑤字符尺寸:2.95×4.35(W×H)mm。

⑥工作温度:0~50℃。

(2)引脚功能说明。1602LCD 采用标准的 14 脚(无背光)或 16 脚(带背光)接口,各引脚接口说明如表 7-8 所示。

第 1 脚:$V_{SS}$ 为地电源。

第 2 脚:$V_{DD}$ 接 5V 正电源。

第 3 脚:VL 为液晶显示器对比度调整端,接正电源时对比度最弱,接地时对比度最高,对比度过高时会产生"鬼影",使用时可以通过一个 10K 的电位器调整对比度。

第 4 脚:RS 为寄存器选择,高电平时选择数据寄存器、低电平时选择指令寄存器。

表 7-8　1602LCD 引脚说明表

| 编号 | 符号 | 引脚说明 | 编号 | 符号 | 引脚明 |
|---|---|---|---|---|---|
| 1 | $V_{SS}$ | 电源地 | 9 | D2 | 数据 |
| 2 | $V_{DD}$ | 电源正极 | 10 | D3 | 数据 |
| 3 | VL | 液晶显示偏压 | 11 | D4 | 数据 |
| 4 | RS | 数据/命令选择 | 12 | D5 | 数据 |
| 5 | R/W | 读/写选择 | 13 | D6 | 数据 |
| 6 | E | 使能信号 | 14 | D7 | 数据 |
| 7 | D0 | 数据 | 15 | BLA | 背光源正极 |
| 8 | D1 | 数据 | 16 | BLK | 背光源负极 |

第 5 脚:R/W 为读写信号线,高电平时进行读操作,低电平时进行写操作。当 RS 和 R/W 共同为低电平时可以写入指令或者显示地址,当 RS 为低电平 R/W 为高电平时可以读忙信号,当 RS 为高电平 R/W 为低电平时可以写入数据。

第 6 脚:E 端为使能端,当 E 端由高电平跳变成低电平时,液晶模块执行命令。

第 7 ~ 14 脚:D0 ~ D7 为 8 位双向数据线。

第 15 脚:背光源正极。

第 16 脚:背光源负极。

其与单片机的接线图如图 7-33 所示。

(3)1602LCD 的指令说明。1602 液晶模块的读写操作、屏幕和光标的操作都是通过指令编程来实现的,内部的控制器共有 11 条控制指令,如表 7-9 所示。

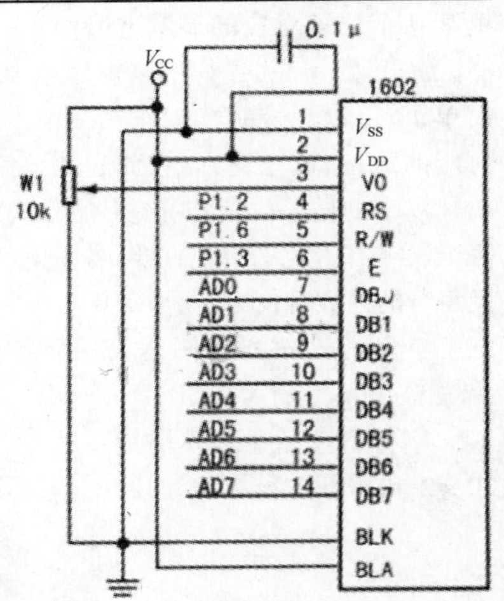


图 7-33　LCD1602 与单片机接线图

表 7-9　1602 指令说明表

| 序号 | 指令 | RS | R/W | D7 | D6 | D5 | D4 | D3 | D2 | D1 | D0 |
|---|---|---|---|---|---|---|---|---|---|---|---|
| 1 | 清显示 | 0 | 0 | 0 | 0 | 0 | 0 | 0 | 0 | 0 | 1 |
| 2 | 光标返回 | 0 | 0 | 0 | 0 | 0 | 0 | 0 | 0 | 1 | * |
| 3 | 置输入模式 | 0 | 0 | 0 | 0 | 0 | 0 | 0 | 1 | I/D | S |
| 4 | 显示开/关控储 | 0 | 0 | 0 | 0 | 0 | 0 | 1 | D | C | B |
| 5 | 光标或字符移位 | 0 | 0 | 0 | 0 | 0 | 1 | S/C | R/L | * | * |
| 6 | 置字符发生存储器地址 | 0 | 0 | 0 | 0 | 1 | DL | N | F | * | * |
| 7 | 置字符发生存储地址 | 0 | 0 | 0 | 1 | 字符发生存储器地址 | | | | | |
| 8 | 置数据存储地址 | 0 | 0 | 1 | 显示数据存储器地址 | | | | | | |
| 9 | 读忙标志或地址 | 0 | 1 | BF | 计数器地址 | | | | | | |
| 10 | 写数到 CGRAM 或 DDRAM | 1 | 0 | 要写的数据内容 | | | | | | | |
| 11 | 从 CGRAM 或 DDRAM 读数 | 1 | 1 | 读出的数据内容 | | | | | | | |

指令 1:清显示,指令码 01H,光标复位到地址 00H 位置。

指令 2:光标复位,光标返回到地址 00H。

指令 3:光标和显示模式设置。I/D:光标移动方向,高电平右移,低电平左移;S:屏幕上所有文字是否左移或者右移。高电平表示有效,低电平则无效。

指令 4:显示开关控制。D:控制整体显示的开与关,高电平表示开显示,低电平表示关显示;C:控制光标的开与关,高电平表示有光标,低电平表示无光标;B:控制光标是否闪烁,高电平闪烁,低电平不闪烁。

指令 5:光标或显示移位。S/C:高电平时移动显示的文字,低电平时移动光标。

指令 6:功能设置命令。DL:高电平时为 4 位总线,低电平时为 8 位总线;N:低电平时为单行显示,高电平时双行显示；F：低电平时显示 5×7 的点阵字符，高电平时显示 5×10 的点阵字符。

指令 7：字符发生器 RAM 地址设置。

指令 8：DDRAM 地址设置。

指令 9：读忙信号和光标地址。BF：为忙标志位，高电平表示忙，此时模块不能接收命令或者数据，如果为低电平表示不忙。

指令 10：写数据。

指令 11：读数据。

(4)读写操作时序如图 7-34、图 7-35 所示。

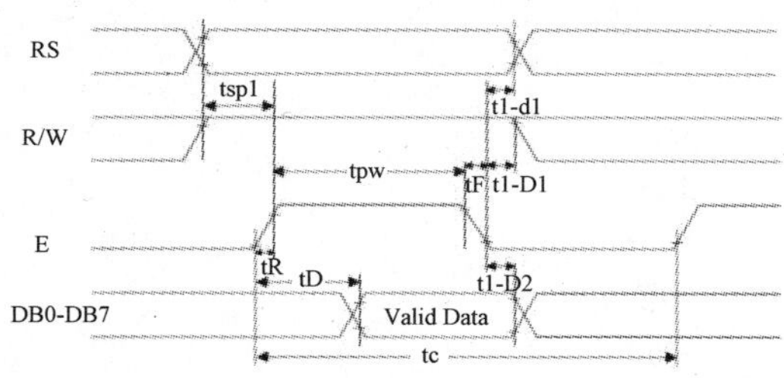


图 7-34　读操作时序图

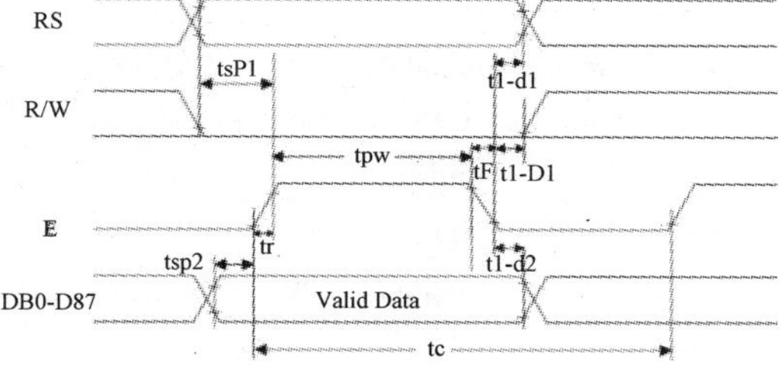


图 7-35　写操作时序图

(5)1602LCD 的 RAM 地址映射及标准字库表。液晶显示模块是一个慢显示器件，所以在执行每条指令之前一定要确认模块的忙标志，忙标示为为低电平，表示不忙，否则此指令失效。要显示字符时要先输入显示字符地址，也就是告诉模块在哪里显示字符，图 7-36 是 1602 的内部显示地址。

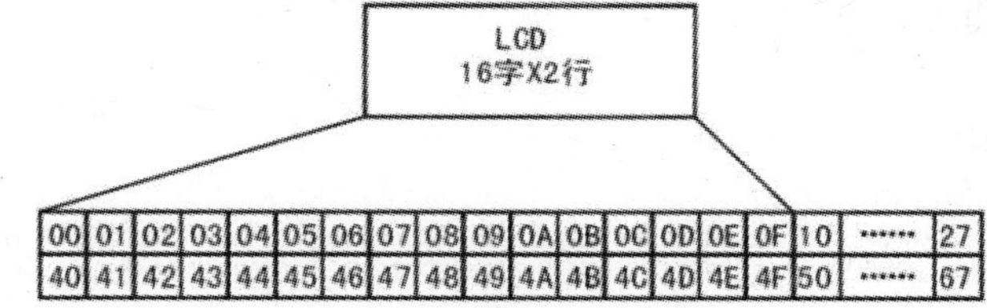


图 7-36　内部显示地址

注意：要显示 0F 和 4F 后面的字符，就必须对显示器进行移屏操作才可以。

例如第二行第一个字符的地址是 40H，那么是否直接写入 40H 就可以将光标定位在第二行第一个字符的位置呢？这样不行，因为写入显示地址时要求最高位 D7 恒定为高电平 1，所以实际写入的数据应该是 01000000B(40H)+10000000B(80H)=11000000B(C0H)。

在对液晶模块的初始化中要先设置其显示模式，在液晶模块显示字符时光标是自动右移的，无需人工干预。每次输入指令前都要判断液晶模块是否处于忙的状态。

1602 液晶模块内部的字符发生存储器（CGROM）已经存储了 160 个不同的点阵字符图形（见表 7-10），这些字符有阿拉伯数字、英文字母的大小写、常用的符号和日文假名等，每一个字符都有一个固定的代码，比如大写的英文字母“A”的代码是 01000001B(41H)，显示时模块把地址 41H 中的点阵字符图形显示出来，我们就能看到字母“A”。

**表 7-10　1602 内部点阵字符图形表**

| | 0000 | 0001 | 0010 | 0011 | 0100 | 0101 | 0110 | 0111 | 1000 | 1001 | 1010 | 1011 | 1100 | 1101 | 1110 | 1111 |
|---|---|---|---|---|---|---|---|---|---|---|---|---|---|---|---|---|
| xxxx0000 | CG RAM (1) | | | 0 | @ | P | ` | p | | | | ー | タ | ミ | α | p |
| xxxx0001 | (2) | | ! | 1 | A | Q | a | q | | | 。 | ア | チ | ム | ä | q |
| xxxx0010 | (3) | | " | 2 | B | R | b | r | | | 「 | イ | ツ | メ | β | θ |
| xxxx0011 | (4) | | # | 3 | C | S | c | s | | | 」 | ウ | テ | モ | ε | ∞ |
| xxxx0100 | (5) | | $ | 4 | D | T | d | t | | | 、 | エ | ト | ヤ | μ | Ω |
| xxxx0101 | (6) | | % | 5 | E | U | e | u | | | ・ | オ | ナ | ユ | σ | ü |
| xxxx0110 | (7) | | & | 6 | F | V | f | v | | | ヲ | カ | ニ | ヨ | ρ | Σ |
| xxxx0111 | (8) | | ' | 7 | G | W | g | w | | | ァ | キ | ヌ | ラ | g | π |
| xxxx1000 | (1) | | ( | 8 | H | X | h | x | | | ィ | ク | ネ | リ | √ | x̄ |
| xxxx1001 | (2) | | ) | 9 | I | Y | i | y | | | ゥ | ケ | ノ | ル | ⁻¹ | y |
| xxxx1010 | (3) | | * | : | J | Z | j | z | | | ェ | コ | ハ | レ | j | 千 |
| xxxx1011 | (4) | | + | ; | K | [ | k | { | | | ォ | サ | ヒ | ロ | ˣ | 万 |
| xxxx1100 | (5) | | , | < | L | ¥ | l | \| | | | ャ | シ | フ | ワ | ¢ | 円 |
| xxxx1101 | (6) | | - | = | M | ] | m | } | | | ュ | ス | ヘ | ン | £ | ÷ |
| xxxx1110 | (7) | | . | > | N | ^ | n | → | | | ョ | セ | ホ | ゛ | ñ | |
| xxxx1111 | (8) | | / | ? | O | _ | o | ← | | | ッ | ソ | マ | ゜ | ö | █ |

(6)LCD1602 相关程序设计。

①602LCD 初始化。

```
/* - - - - - - - - - - - - - - - - - - - - - -
;模块名称:LCD_init();
;功      能:初始化 LCD1602
; - - - - - - - - - - - - - - - - - - - - - - - - - - - - - - - - - - - - - - - */
void LCD_init(void)
{
  delay_n10us(10);
  LCD_write_command(0x38);//设置 8 位格式,2 行,5x7
  delay_n10us(10);
  LCD_write_command(0x0c);//整体显示,关光标,不闪烁
  delay_n10us(10);
  LCD_write_command(0x06);//设定输入方式,增量不移位
  delay_n10us(10);
  LCD_write_command(0x01);//清除屏幕显示
  delay_n10us(100);//延时清屏,延时函数,延时约 n 个 10μs
}
```

②LCD1602 写指令函数。

```
/* - - - - - - - - - - - - - - - - - - - - - -
;模块名称:LCD_write_command();
;功      能:LCD1602 写指令函数
#define         LCD_DB    P0
;sbit            LCD_RS = P2^0;    //P2^0 是 p2.0 的意思;LCD_RS
;sbit            LCD_RW = P2^1;    //P2^1 是 p2.1 的意思
;sbit            LCD_E = P2^2;     //P2^2 是 p2.2 的意思
; - - - - - - - - - - - - - - - - - - - - - - - - - - - - - - - - - - - - - - - - */
void LCD_write_command(uchar dat)
{
  delay_n10us(10);
  LCD_RS =0;          //指令
  LCD_RW =0;          //写入
  LCD_E =1;           //允许
  LCD_DB = dat;
  delay_n10us(10);  //实践证明,LCD1602 上,用 for 循环 1 次就能完成普通写指令。
  LCD_E =0;
  delay_n10us(10);  //实践证明,LCD1602 上,用 for 循环 1 次就能完成普通写指令。
}
```

③LCD1602 写数据函数。

```
/* - - - - - - - - - - - - - - - - - - - - - - - - - - - - - - - - - -
```

```
;模块名称:LCD_write_data();
;功　　能: LCD1602 写数据函数
#define         LCD_DB    P0
;- - - - - - - - - - - - - - - - - - - - - - - - - - - - - - - - - - - - - - */
void LCD_write_data(uchar dat)
{
  delay_n10us(10);
  LCD_RS = 1;              //数据
  LCD_RW =0;               //写入
  LCD_E =1;                //允许
  LCD_DB = dat;            //LCD_DB:P0
  delay_n10us(10);
  LCD_E =0;
  delay_n10us(10);
}
```

④LCD1602 显示一个字符函数。

```
/* - - - - - - - - - - - - - - - - - - - - - - - - - - - - - - - - - - - - - - -
;模块名称:LCD_disp_char();
;功　　能:LCD1602 显示一个字符函数,在某个屏幕位置上显示一个字符
,X(0-15),y(1-2)。
;参数说明:X 为 1602 的列值(取值范围是 0-15),y 为 1602 的行值(取值范围
;是 1-2),dat 为所要显示字符对应的地址参数。
;- - - - - - - - - - - - - - - - - - - - - - - - - - - - - - - - - - - - - */
void LCD_disp_char(uchar x,uchar y,uchar dat)
{
    uchar address;
    if(y = =1)
          address =0x80 + x;
    else
          address =0xc0 + x;
    LCD_write_command(address);
    LCD_write_data(dat);
}
```

⑤LCD1602 显示字符串函数。

```
/* - - - - - - - - - - - - - - - - - - - - - - - - - - - - - - - - - - - - - - -
;模块名称:LCD_disp_str();
;功　　能:LCD1602 显示字符串函数,在某个屏幕起始位置{X(0-15),y
;(1-2)}上显示一个字符串。
;参数说明:X 为 1602 的列值(取值范围是 0-15),y 为 1602 的行值(取值范围
;是 1-2),str 为所要显示字符串对应的指针参数。
;- - - - - - - - - - - - - - - - - - - - - - - - - - - - - - - - - - - - - */
void LCD_disp_str(uchar x,uchar y,uchar *str)
```

```
{
    uchar address;
    if(y = =1)
        address = 0x80 + x;
    else
        address = 0xc0 + x;
    LCD_write_command(address);
    while( * str! ='\0')
    {
      LCD_write_data( * str);
      str + +;
    }
}
```

4. 温湿度检测探头硬件设计

温湿度检测探头仿真原理图(见图7-37),其中SW1为探测头地址编码开关,远程通信采用MAX487实现RS485远程通信,$\overline{RE}$为RS485数据接收允许信号,低电平有效,DE为RS485数据发送允许控制端,高电平有效。实际应用中RS485总线之间需要连接120Ω的终端电阻,以消除通信过程中产生的反射信号的干扰。同时总线还需要外接快速光耦进行电气隔离和稳压管等措施,以降低外部高压(雷击等)等信号对检测头的硬件破坏作用。

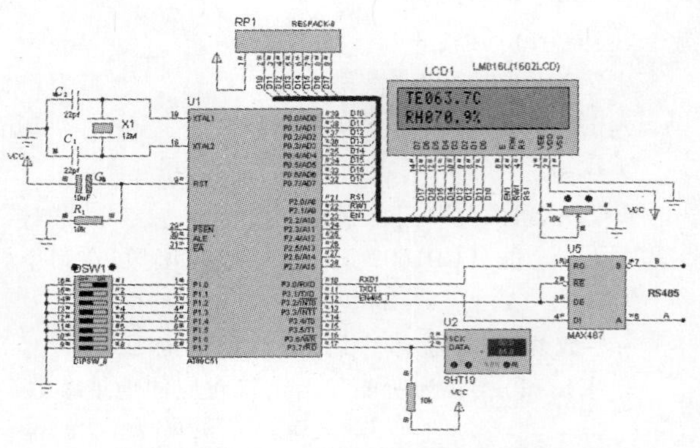


图7-37 温湿度探测仿真原理图

5. 温湿度检测探头软件设计

温湿度检测探头软件设计主是实现温湿度检测、温湿度显示以及远程数据通信等。其中温湿度检测和显示可安排在主程序中实现,数据通信程序由串行中断服务程序完成;在执行主程序前首先完成初始化工作,初始化主要包括对温湿度传感器复位、LCD1602初始化以及串口相关初始化(波特率初始化、串口工作方式初始化、串口中断设置)等。主程序流程如图7-38所示。

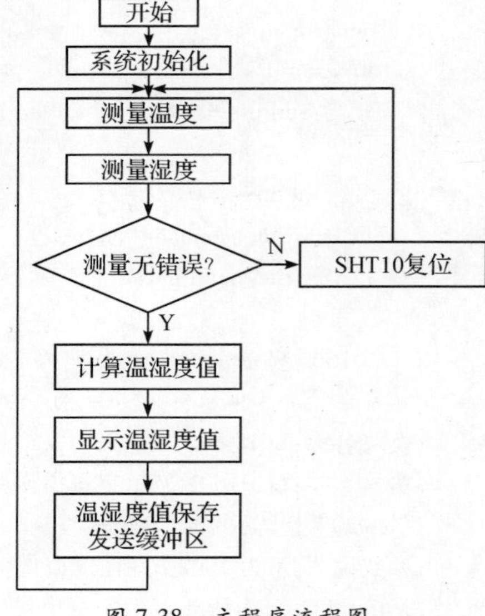


图7-38 主程序流程图

```
void main(void)
{
  value humi_val,temp_val;
    unsigned char error,checksum;
    unsigned int wendu,shidu;
  RS485_DR = RS485R;     //允许接收
  UART_INIT();
    LCD_init();
    s_connectionreset();
    LCD_disp_str(0,1,"TE");
```

```
  LCD_disp_str(0,2,"RH");
//＊＊＊＊＊＊＊＊＊初始化温度显示区＊＊＊＊＊＊＊＊＊
    LCD_disp_str(2,1,"TTT.TC");
//＊＊＊＊＊＊＊＊＊初始化湿度显示区＊＊＊＊＊＊＊＊＊
    LCD_disp_str(2,2,"RRR.R%");
    delay_n10us(20000);       //延时 0.2s
    while(1)
    {
  error = 0;
  error + = s_measure((unsigned char * ) &humi_val.i,&checksum,HUMI);  //measure
                                                                        // humidity
  error + = s_measure((unsigned char * ) &temp_val.i,&checksum,TEMP);  //measure
                                                                        //temperature
  if(error!  =0) s_connectionreset();          //in case of an error: connection reset
        else
        {
     humi_val.f = (float)humi_val.i;           //converts integer to float
     temp_val.f = (float)temp_val.i;           //converts integer to float
     calc_dht90(&humi_val.f,&temp_val.f); //calculate humidity, temperature
     wendu = 10 * temp_val.f;
     LCD_disp_char(2,1,wendu/1000 + '0');                  //显示温度百位
     LCD_disp_char(3,1,(wendu% 1000)/100 + '0');           //显示温度十位
     LCD_disp_char(4,1,(wendu% 100)/10 + '0');             //显示温度个位
     LCD_disp_char(6,1,(wendu% 10) + '0');              //显示温度小数点后第一位

     shidu = 10 * humi_val.f;
     LCD_disp_char(2,2,shidu/1000 + '0');                  //显示湿度百位
     LCD_disp_char(3,2,(shidu% 1000)/100 + '0');           //显示湿度十位
     LCD_disp_char(4,2,(shidu% 100)/10 + '0');             //显示湿度个位
     LCD_disp_char(6,2,(shidu% 10) + '0');              //显示湿度小数点后第一位
     wsdu[1] = wendu/256;  //温湿度高 8 位、低 8 位分开
     wsdu[2] = wendu% 256;
     wsdu[3] = shidu/256;
     wsdu[4] = shidu% 256;
}
  //------wait approx. 0.8s to avoid heating up SHTxx-----------
     //delay_n10us(10000);                                     //延时约 0.8s
    }
}
```

系统通信时，采用多机通信模式，多机通信时，主机向从机发送的信息分为地址帧和数据帧两类，以第 9 位可编程 TB8 作为区分标志，TB8 = 0 表示数据；TB8 = 1 表示地址。多机通信充分利用了 80C51 串行控制寄存器 SCON 中的多机通信控制位 SM2 的特性。当 SM2 = 1 时，表示 CPU 接收的前 8 位数据是否送入 SBUF 取决于接收的第 9 位 RB8（RB8 = 1，将接收到的前 8 位送入 SBUF，并置位 RI 产生中断

请求;RB8=0,将接收到的前8位数据丢弃)。即当从机 SM2=1 时,从机只能接收主机发送的地址帧(RB8=1),对数据帧(RB8=0)不予理睬。当从机 SM2=0 时,可以接收主机发送的所有信息。通信开始时,主机首先发送地址帧。由于各从机 SM2=1,RB8=1,所以各从机均分别发出串行接收中断请求,通过串行中断服务程序来判断主机发送的地址与本从机地址是否相符。若相符,则把自身的 SM2 清0,已准备接收其后传来的数据帧。其余从机由于地址不符,则仍然保持 SM2=1 状态,因而不能接收主机传送来的数据帧。这就是多机通信中主从机一对一通信情况。通信只能在主从机之间进行。如若需进行两个从机之间的通信,要通过主机作为中介才能实现。

多机通信过程如下:

(1)各从机在初始化时置 SM2=1,均只能接收主机发送的地址帧(RB8=1)。

(2)主机发送地址帧(RB8=1),指出接收从机的地址。

(3)各从机接收到主机发送的地址帧后,与自身地址比较,相同则置 SM2=0;不相同则 SM2=1 不变。

(4)主机或从机发送数据帧(RB8=0),由于指定的从机已将 SM2=0,能接收主机发送的数据帧,而其他从机仍 SM2=1,对主机发送的数据帧不理睬。

(5)被寻址的从机与主机通信完毕,重置 SM2=1,恢复初始状态。

温湿度检测头采用 RS485 总线实现多机数据通信,为1主多从模式,其中主机为远程服务器、从机为各温湿度检测头,通信时由主机依次向各探测头发送地址帧,各从机收到地址数据后与本机地址相比较,相等则向服务器传送本机温湿度参数,不相等则直接结束通信。串口中断服务子程序流程如图 7-39 所示。

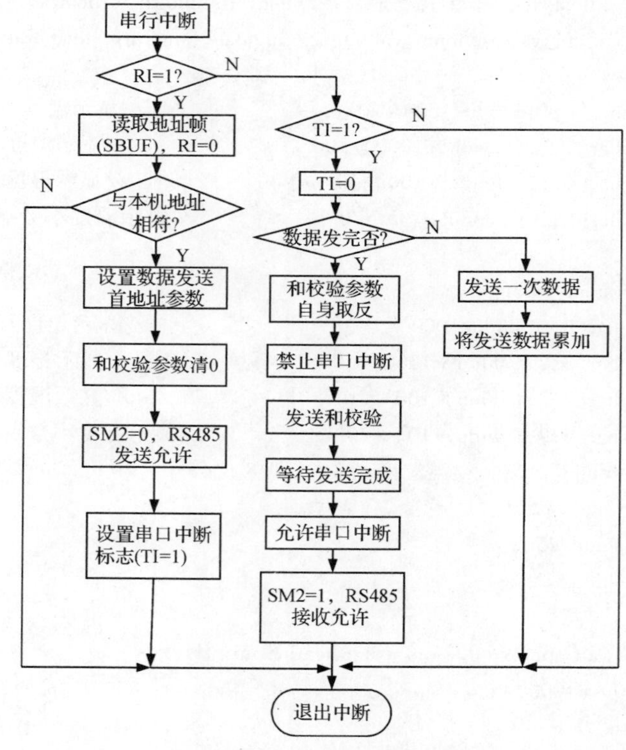


图 7-39 串口中断服务程序流程

相关程序如下:

```
/*-------------------------------------------
;模块名称:void UART_INIT(void);
;功    能:串行口初始化设置
```

```
;- - - - - - - - - - - - - - - - - - - - - - - - - - - - - - - - - - - - - - - - -*/
#define RS485T 1
#define RS485R 0
//485 方向
sbit RS485_DR  =  P3^2;  //高电平发送,低电平接收
uchar wsdu[5] = {0x01,0,0,0,0};//存储温湿度参数 wsdu[0]温度参数高 8 位 wsdu[1] 温
                                              //度参数低 8 位;
                                    //温 wsdu[2]湿度参数高 8 位 wsdu[3]湿度参数低 8 位;
uchar UARTchecksum = 0,wscount = 0; //温湿度和校验,发送个数计数
void UART_INIT(void)
{
    //初始化串口和波特率
  EA  =  0;  //禁止全局中断
  TMOD |= 0x20;   //定时器 1 工作在方式 2,8 位自动重装模式
  ET1  =  0;  //禁止定时器 1 中断,使其作为串口波特率发生器
  TH1  =  0xfd;      //实现波特率 9600(系统时钟 11.0592MHZ)
  TL1  =  0xfd;      //实现波特率 9600(系统时钟 11.0592MHZ)
  SCON |= 0xD0; //选择串口工作方式为 3,异步,11 位数据,可变波特率,接收允许
  TR1  =  1;          //启动定时器 T1
  EA  =  1;
  ES  =  1;           //允许串行口中断
  PS  =  1;           //设计串行口中断优先级
}

/*- - - - - - - - - - - - - - - - - - - - - - - - - - - - - - - - - - - - - - - - -
;模块名称:void UART_INT(void);
;功    能:串行口中断服务子程序
;- - - - - - - - - - - - - - - - - - - - - - - - - - - - - - - - - - - - - - - - -*/
void UART_INT(void) interrupt 4 using 3
{

  //处理接收中断
  if(RI)
  {
     RI = 0;    //清除中断标志位
     if(SBUF = = 0x01)
  {
  RS485_DR = 1;
  SM2 = 0;       //触发接收中断
  wscount = 0;
  UARTchecksum = 0;
  TI = 1;
```

```
    }
    }

    //串口发送中断
    if(TI)
    {
    TI = 0;
    if(wscount<5)
    {
    SBUF = wsdu[wscount];  //发送温湿度参数
    UARTchecksum = UARTchecksum + wsdu[wscount];  //和校验
    wscount + +;  //调整数组偏移量
    }
    if(wscount = =5)
    {
        UARTchecksum = ~UARTchecksum;
    ES =0;
    SBUF = UARTchecksum;
    while(! TI);
    TI =0;
    ES =1;
      SM2 =1;
        RS485_DR =0;
    }
    }
}
```

温湿度检测系统模拟仿真如图 7-40 所示。

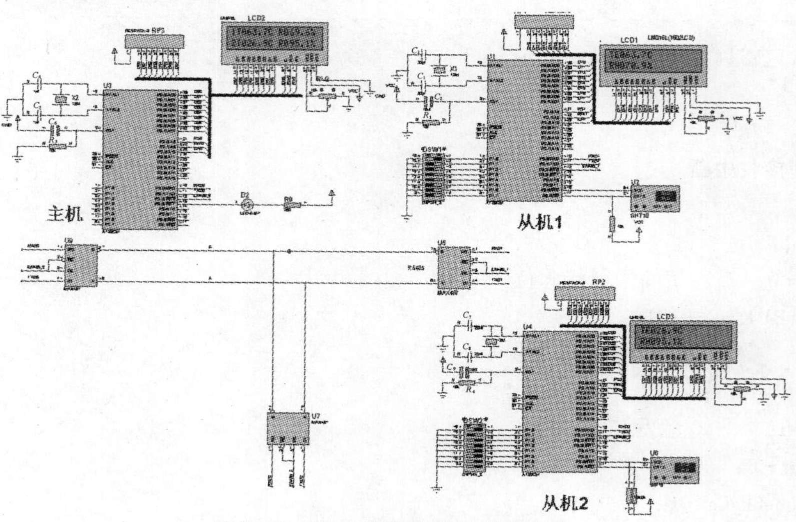


图 7-40　温湿度检测系统模拟仿真

## 7.4　实践发挥

1. 功能实现

在上例基础上修改软硬件电路，添加两个节点，实现多路温湿度测量。

2. 实践要求

(1)绘制系统框图。

(2)设计仿真原理图。

(3)绘制软件流程图。

(4)编制程序并仿真运行。

实践考核内容如表7-11所示。

表7-11　实践考核表

| 班级 | | | 姓名 | 学号 |
|---|---|---|---|---|
| | | | | |
| 评价项目 | 评价内容 | 配分 | 评价标准 | 得分 |
| 系统方案(框图) | 系统功能分析 | 15 | 能正确划分系统各功能模块(5分) | |
| | | | 能正确绘制框图表示各功能模块连接关系(15分) | |
| 硬件电路 | 电子电路基础知识 | 20 | 掌握单片机芯片对应引脚名称、序号、功能(5分) | |
| | | | 按照系统功能正确绘制仿真原理图(15分) | |
| 软件流程图 | 软件功能分析与设计 | 15 | 软件功能模块完整性(5分) | |
| | | | 软件功能模块逻辑关系正确性(5分) | |
| | | | 流程图绘制规范性(5分) | |
| 程序编制、调试、运行 | 指令学习 | 5 | 能正确理解和应用指令(5分) | |
| | 程序分析、设计 | 15 | 能正确编写功能程序(15分) | |
| | 程序调试、运行 | 15 | 程序输入正确(5分) | |
| | | | 程序编译仿真正确(10分) | |
| 功能发挥 | 自主创新性 | 5 | 功能扩展(5分) | |
| 团结协作 | 集体意识 | 10 | 各成员分工协作，积极参与(10分) | |

# 项目 8　数字电压表设计

**项目目标**:学习 A/D、D/A 转换工作原理,以及与单片机接口连线和控制方法,学习单片机对 A/D、D/A 转换器程序控制方法,熟练掌握 A/D、D/A 转换器相关应用。

**项目要求**:

(1)学会采用 DAC0832 转换器与单片机机连线方法以及完成波形发生器设计

(2)学会采用 ADC0809 转换器与单片机机连线方法并扩展电路完成数字多用表设计。

**项目分析**:

本项目通过对 DAC0832 转换器和 ADC0809 转换器芯片及其与单片机扩展电路和程序设计方法的学习,分别完成方波、正弦波、三角波等简单波形发生器的设计和对电流、电压、电阻等参数的测量设计。

## 8.1　任务 1　简易波形发生器设计

**任务目标**:了解 D/A 转换器的基本原理,熟练掌握 DAC0832 芯片的基本功能,熟练掌握与单片机系统接口的设计方法与技巧。

**任务要求**:完成一个简单波形发生器的硬件设计,要求能产生正弦波、三角波及方波信号。

### 8.1.1　知识预习

(1)什么是 D/A 转换? 评价 D/A 转换有哪些参数指标?

(2)什么是 A/D 转换? 评价 A/D 转换有哪些参数指标?

(3)DAC0832 转换器有哪几种扩展方式?

### 8.1.2　知识学习

1. D/A 转换器的基本原理及接口技术

1)D/A 转换器

D/A 转换器是一种输入为数字量,经转换后输出为模拟量的数据转换器件。根据其结构的不同,D/A 转换器有电压输出型和电流输出型两种,但都要求输出模拟量的大小与输入的数字量成正比。对于 $n$ 位的 D/A 转换器,其输出电压与输入数字量的关系为:

$$\frac{V_0}{V_{ref}} = \frac{D_i}{2^n}$$

其中,$D_i$ 和 $V_O$ 分别为 D/A 转换器的输入数字量和输出模拟电压;$V_{ref}$ 为 D/A 转换器的参考电压。

显然,对于 $n$ 位的 D/A 转换器,有:

$$D_i = d_{n-2}2^{n-2} + d_{n-1}2^{n-1} + \cdots + d_1 2^1 + d_0 2^0$$

常见的 D/A 转换器其内部结构有 T 型电阻网络和倒 T 型电阻网络。T 型电阻网络的 D/A 转换器原理如图 8-1 所示。

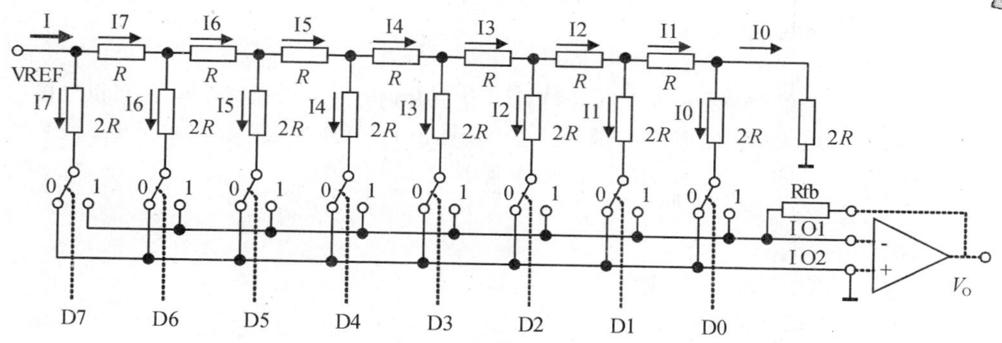


图 8-1 T 型电阻网络 D/A 转换器

根据电路叠加原理以及运放的“虚短”、“虚断”原理，可得：

$IV_{REF}/R$

$I7=I/2^1$、$I6=I/2^2$、$I5=I/2^3$、$I4=I/2^4$、$I3=I/2^5$、$I2=I/2^6$、$I1=I/2^7$、$I0=I/2^8$

当输入数据 D7～D0 为 1111 1111B 时，有：

$I_{O1}=I7+I6+I5+I4+I3+I2+I1+I0=(I/2^8)\times(2^7+2^6+2^5+2^4+2^3+2^2+2^1+2^0)$

$I_{O2}=0$

若 $R_{Fb}=R$，则

$$
\begin{aligned}
V_O &= -I_{O1}\times R\text{fb}\\
&= -I_{O1}\times R\\
&= -((V_{REF}/R)/2^8)\times(2^7+2^6+2^5+2^4+2^3+2^2+2^1+2^0)\times R\\
&= -(V_{REF}/2^8)\times(2^7+2^6+2^5+2^4+2^3+2^2+2^1+2^0)
\end{aligned}
$$

可见，D/A 转换器将数字量转化成了与其成正比的模拟电压。

2）D/A 转换器主要技术指标

（1）分辨率。分辨率是指输入数字量的最低有效位（LSB）发生变化时，所对应的输出模拟量（常为电压）的变化量。它反映了输出模拟量的最小变化值。

分辨率与输入数字量的位数有确定的关系，可以表示成 $FS/2^n$。$FS$ 表示满量程输入值，$n$ 为二进制位数。对于 5V 的满量程，采用 8 位的 DAC 时，分辨率为 5V/256 = 19.5mV；当采用 12 位的 DAC 时，分辨率则为 5V/4096 = 1.22mV。显然，位数越多分辨率就越高。

（2）线性度。线性度（也称非线性误差）是实际转换特性曲线与理想直线特性之间的最大偏差。常以相对于满量程的百分数表示。如 ±1% 是指实际输出值与理论值之差在满刻度的 ±1% 以内。

（3）绝对精度。绝对精度（简称精度）是指在整个刻度范围内，任一输入数码所对应的模拟量实际输出值与理论值之间的最大误差。绝对精度是由 DAC 的增益误差（当输入数码为全 1 时，实际输出值与理想输出值之差）、零点误差（数码输入为全 0 时，DAC 的非零输出值）、非线性误差和噪声等引起的。绝对精度（即最大误差）应小于 1 个 LSB。

（4）相对精度。相对精度与绝对精度表示同一含义，用最大误差相对于满刻度的百分比表示。

（5）建立时间。建立时间是指输入的数字量发生满刻度变化时，输出模拟信号达到满刻度值的 ±1/2LSB 所需的时间。是描述 D/A 转换速率的一个动态指标。

电流输出型 DAC 的建立时间短。电压输出型 DAC 的建立时间主要决定于运算放大器的响应时间。根据建立时间的长短，可以将 DAC 分成超高速（<1μs）、高速（10～1μs）、中速（100～10μs）、低速（≥100μs）几档。

应注意，精度和分辨率具有一定的联系，但概念不同。DAC 的位数多时，分辨率会提高，对应于影响精度的量化误差会减小。但其他误差（如温度漂移、线性不良等）的影响仍会使 DAC 的精度变差。

2. DAC0832 与单片机接口技术

1) DAC0832 简介

DAC0832 是使用非常普遍的 8 位 D/A 转换器，由于其片内有输入数据寄存器，故可以直接与单片机接口。DAC0832 以电流形式输出，当需要转换为电压输出时，可外接运算放大器。属于该系列的芯片还有 DAC0830、DAC0831，它们可以相互代换。DAC0832 主要特性：

(1)分辨率 8 位。

(2)电流建立时间 1μs。

(3)数据输入可采用双缓冲、单缓冲或直通方式。

(4)输出电流线性度可在满量程下调节。

(5)逻辑电平输入与 TTL 电平兼容。

(6)单一电源供电( +5V ~ +15V)。

(7)低功耗，20mW。

DAC0832 由单电源供电，在 +5 ~ +15V 范围内均可正常工作。基准电压的范围为 ±10V，电流建立时间为 1μs，CMOS 工艺，低功耗 20mW。其内部逻辑结构如图 8-2 所示。

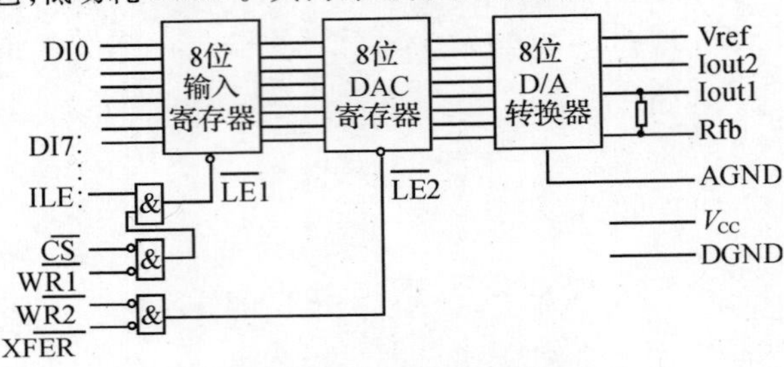


图 8-2　DAC0832 内部逻辑结构图

该 D/A 转换器为 20 引脚双列直插式封装，各引脚含义如下：

(1) D7 ~ D0：转换数据输入。

(2) CS：片选信号(输入)，低电平有效。

(3) ILE：数据锁存允许信号(输入)，高电平有效。

(4) WR1：第 1 写信号(输入)，低电平有效。该信号与 ILE 信号共同控制输入寄存器是数据直通方式还是数据锁存方式：当 ILE = 1 和 XFER = 0 时，为输入寄存器直通方式；当 ILE = 1 和 WR1 = 1 时，为输入寄存器锁存方式。

(5) WR2：第 2 写信号(输入)，低电平有效。该信号与$\overline{XFER}$信号合在一起控制 DAC 寄存器是数据直通方式还是数据锁存方式：当$\overline{WR2}$ = 0 和$\overline{XFER}$ = 0 时，为 DAC 寄存器直通方式；当 WR2 = 1 和 XFER = 0 时，为 DAC 寄存器锁存方式。

(6) XFER：数据传送控制信号(输入)，低电平有效。

(7) Iout2：电流输出"1"。当数据为全"1"时，输出电流最大；为全"0"时输出电流最小。

(8) Iout2：电流输出"2"。当数据为全"0"时，输出电流最大；为全"1"时输出电流最小。DAC 转换器的特性之一是：Iout1 + Iout2 = 常数。

(9) Rfb：反馈电阻端。既运算放大器的反馈电阻端，电阻(15kΩ)已固化在芯片中。因为 DAC0832 是电流输出型 D/A 转换器，为得到电压的转换输出，使用时需在两个电流输出端接运算放大器，Rfb 即为运算放大器的反馈电阻，运算放大器的接法如图 8-3 所示。

(10) Vref：基准电压，是外加高精度电压源，与芯片内的电阻网络相连接，该电压可正可负，范围为 -10V ~ +10V。

(11) DGND：数字地。

(12)AGND:模拟地。

2)DAC0832 与单片机的接口方法

由图 8-2 可知 ILE、WR1 控制输入寄存器,ILE = 1,WR1 = 0 时输入与输出直通,ILE = 1、WR1 = 1 时输入寄存器锁存,XFER、WR2 控制 DAC 寄存器,XFER = 0,WR2 = 0 时 DAC 寄存器输入与输出直通,XFER = 1 或 WR2 = 1 时 DAC 寄存器输出锁存,因此 DAC0832 与单片机的接口方法主要有直通式、单缓冲与双缓冲等 3 种连接方式。直通式接法结构较简单,可参考任务实施部分。

(1)直通方式。所谓直通方式,就是使 DAC0832 的两个输入寄存器都处于直通方式,即 5 个控制引脚均有效,直接对输入数据进行 D/A 转换。典型连接方法如图 8-3 所示。

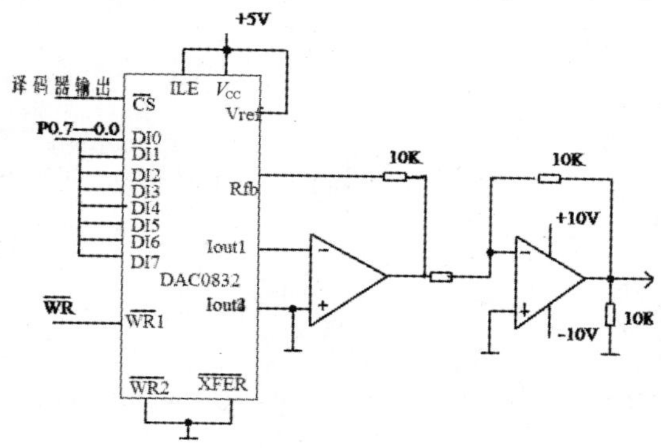


图 8-3 DAC0832 直通工作方式接口电路

(2)单缓冲方式。所谓单缓冲方式,就是使 DAC0832 的两个输入寄存器中有一个处于直通方式,而另一个处于受控的锁存方式,也可使两个寄存器同时选通及锁存。典型连接方法如图 8-4 所示。

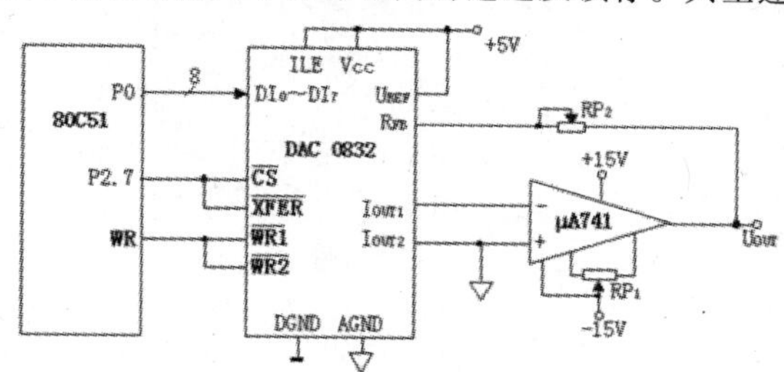


图 8-4 DAC0832 单缓冲方式接口电路

(3)双缓冲方式。所谓双缓冲方式,就是把 DAC0832 的两个锁存器都接成受控锁存方式。

该方式可用于同时输出多路模拟量。在多路 D/A 转换的情况下,若要求同步转换输出,必须采用双缓冲方式。DAC0832 采用双缓冲方式时,数字量的输入锁存和 D/A 转换输出是分两步进行的。

①CPU 分时向各路 D/A 转换器输入要转换的数字量并锁存在各自的输入寄存器中。

②CPU 对所有的 D/A 转换器发出控制信号,使各路输入寄存器中的数据进入 DAC 寄存器,实现同步转换输出。图 8-5 为两片 DAC0832 与 8031 的双缓冲方式连接电路,能实现两路同步输出。

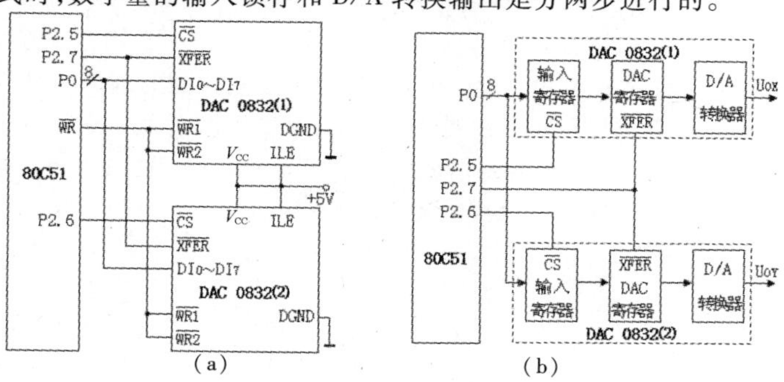


图 8-5 DAC0832 双缓冲工作方式接口电路

(a)接口电路 (b)逻辑框图

3)DAC 编程举例

**【例 8-1】** 如图 8-4 所示电路,要求输出锯齿波如图 8-6(a)所示,幅度为 UREF/2 = 2.5V。

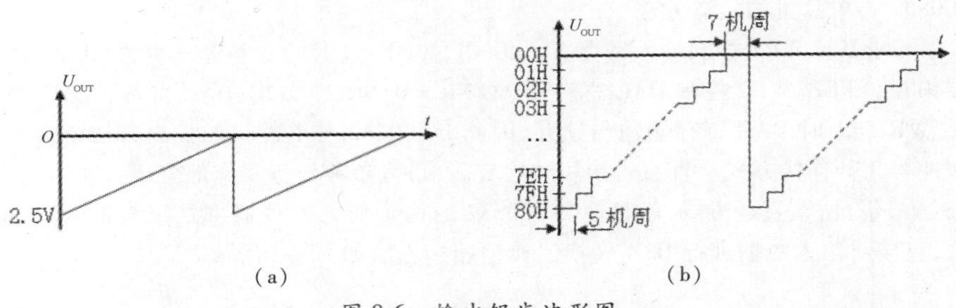


图 8-6 输出锯齿波形图

(a)锯齿波波形(宏观) (b)锯齿波波形(微观)

解:DAC0832 以电流形式输出转换结果,若要得到电压形式的输出结果需要外加 I/V 转换电路,这时可采用运算放大器。图 8-4 是 DAC0832 的电压输出电路为单极性输出。对于单极性输出电路,输出电压的计算公式为:

$$V_{out} = \frac{D}{256} V_{ref}$$

上式中,$D$ 为输入数字量的十进制值。因为转换结果 $I_{out}$ 接运算放大器的反向端,所以式中有个负号。若 $V_{ref}$ = +5V,当 $D$ = 0 ~ 255(00H ~ FFH)时,$V_{out}$ = −(0 ~ 4.98V),Rp1 电位器为调零电位器,Rp2 电位器为调满量程电位器。

程序如下:

```
START:MOV    DPTR,#7FFFH    ;置 DAC0832 地址;
LOOP1:MOV    R7,#80H        ;置锯齿波幅值;      1 机周
LOOP2:MOV    A,R7           ;读输出值;          1 机周
      MOVX   @DPTR,A        ;输出;              2 机周
      DJNZ   R7,LOOP2       ;判周期结束否?      2 机周
      SJMP   LOOP1          ;循环输出;          2 机周
```

几点说明:

(1)程序每循环一次,A 加 1,因此实际上锯齿波的上升边是由 256 个小阶梯构成的,但由于阶梯很小,所以宏观上看就如图中所画的先行增长锯齿波。

(2)可通过循环程序段的机器周期数,计算出锯齿波的周期。并可根据需要,通过延时的方法来改变波形周期。若要改变锯齿波的频率,可在 AJMP MM 指令前加入延迟程序即可。延时较短时可用 NOP 指令实现(本程序就是如此),需要延时较长时,可以使用一个延长子程序。延迟时间不同,波形周期不同,锯齿波的斜率就不同。

(3)通过 A 加 1,可得到正向的锯齿波,反之 A 减 1 可得到负向的锯齿波。

(4)程序中 A 的变化范围是 0 ~ 255,因此得到的锯齿波是满幅度的。如要求得到非满幅锯齿波,可通过计算求得数字量的初值和终值,然后在程序中通过置初值和终值的方法实现。

**【例 8-2】** 修改例 8-1 电路图,使其输出 0 ~ +5V 电压锯齿波。

由于原电路图为负极性输出,因此输出后方扩展反向电压跟随器,且 $V_{ref}$ 改为接 5V 即可输出 0 ~ +5V 电压范围。电路如图 8-7 所示。

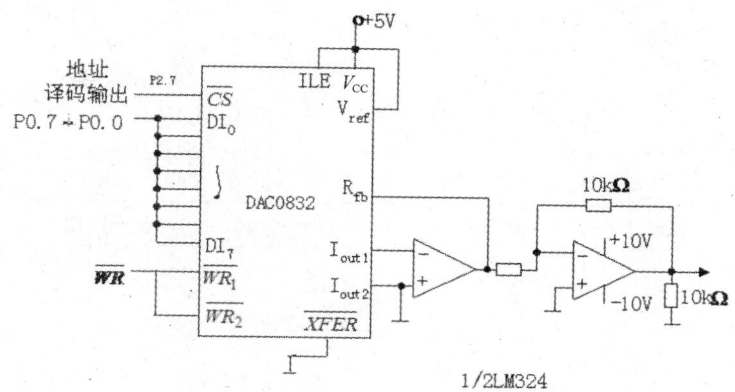


图 8-7 DAC0832 正极性输出扩展电路图

图中的 DAC0832 工作于单缓冲方式，其中输入寄存器受控，而 DAC 寄存器直通。假定输入寄存器地址为 7FFFH，产生锯齿波的程序清单如下：

```
          MOV   A,#00H           ;取下限值
          MOV   DPTR,#7FFFH      ;指向 0832 口地址
LOOP:     MOVX  @DPTR,A          ;输出
          INC   A                ;延时
          NOP
          NOP
          NOP
          SJMP  LOOP  ;反复
```

执行上述程序就可得到如图 8-8 所示的锯齿波。

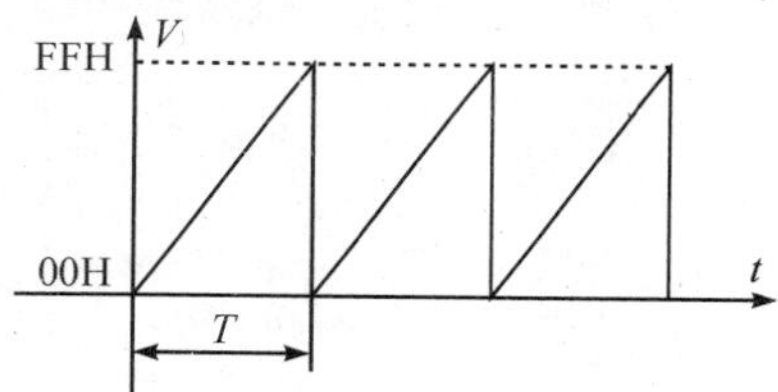


图 8-8 正极性输出锯齿波

**【例 8-3】** 修改例 8-1 电路图，使其具有输出 -5 ~ +5V 双极性输出。

解：修改后的电路如图 8-9 所示，输出电压表达式为：

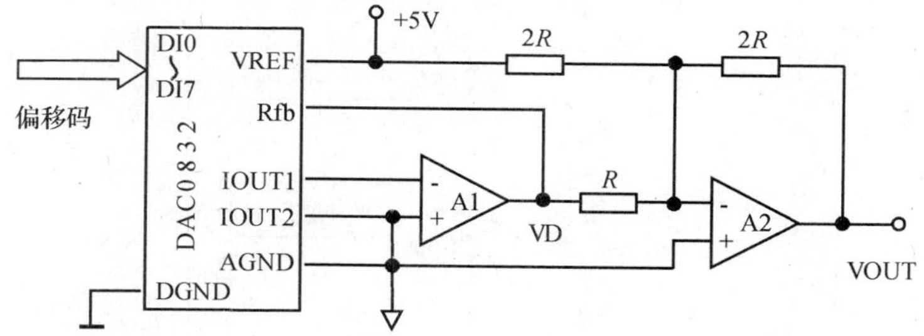


图 8-9 DAC0832 双极性输出电路图

若 $V_{ref}$ = +5Vk，当 D = 0 时，$V_{out}$ = 0，$V_{out}$ = -5V；当 $D$ = 128(80H)时，$V_{out1}$ = -2.5V，$V_{out}$ = 0；当 D = 255(FFH)时，$V_{out1}$ = -4.98V，$V_{out}$ = 4.98V。

## 8.1.3 任务实施

1. 方案设计

如图 8-10 所示，本信号发生器为低频信号发生器，主要由 CPU、D/A 转换电路、电流/电压转换电路、按键、电源等电路组成；其工作原理为当按下对应切换按钮后分别产生方波、三角波、正弦波。

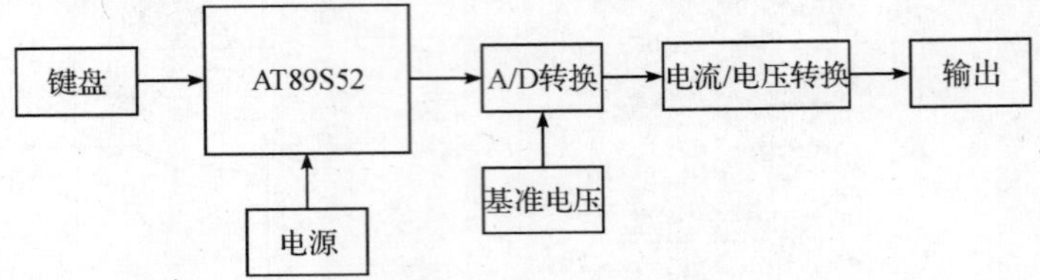


图 8-10　简易信号发生器系统框图

2. 电路图设计

简易波形发生器硬件电路如图 8-11 所示，图中 DAC0832 采用了直通式接法，即 DA 转换器内部输入寄存器、DAC 寄存器的锁存引脚全部接有效电平，从数据端口输入的数据可直接进行 DA 转换。SW1、SW2、SW3 为波形切换按钮，分别对应正弦波、三角波和方波。输出采用示波器监视。

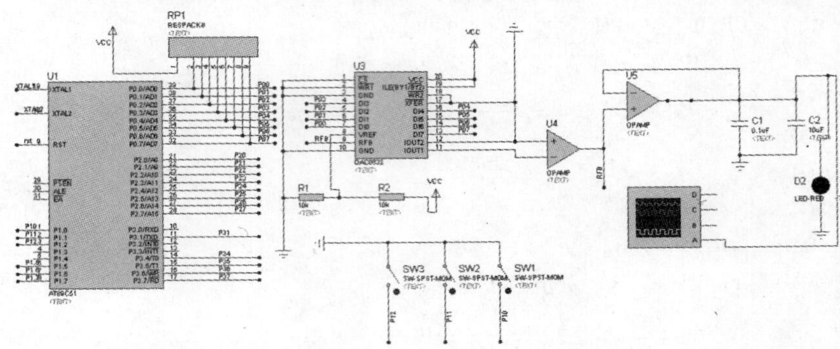

图 8-11　简易信号发生器电路原理仿真图

3. 软件设计

(1)流程图。波形发生器的主程序流程如图 8-12 所示。

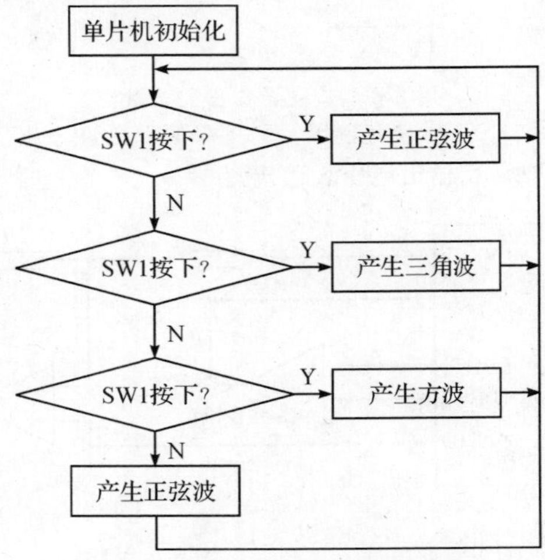


图 8-12　简易波形发生器程序流程图

简易信号发生器程序由主程序独立完成，程序每循环一周分别对每个按键进行扫描，有键按下后转而执行对应功能程序，无键按下时则默认运行正弦波发生功能。

(2)程序源码:

```
#define uchar unsigned char
#define uint unsigned int
#define DAC P0
#include <AT89x51.H>
#include <MATH.H>
sbit KEY1 = P2^0;
sbit KEY2 = P2^1;
sbit KEY3 = P2^2;
void tran(void);
void pulse(void);
void sin_w(void);
uchar code buffer[] =
{128,139,150,161,172,182,192,201,210,219,226,233,239,244,248,252,254,255,255,255,254,
252,248,244,239,233,226,219,210,201,192,182,172,161,150,139,128,117,106,95,84,74,64,55,
46,37,30,23,17,12,8,4,2,0,0,0,2,4,8,12,17,23,30,37,46,55,64,74,84,95,106,117};//正弦波
数据表
uchar temp = 0;
void delay(unsigned long v)
{
while(v! =0)v..;
}
void main()
{
P0 = 0XFF;
P1 = 0XFF;
P2 = 0XFF;
P3 = 0XFF;
while(1)
  {
  if(! KEY1)   temp = 1;
  if(! KEY2)   temp = 2;
  if(! KEY3)   temp = 3;
  switch(temp)
  {
  case 1:  sin_w(); break;
  case 2:  tran(); break;
  case 3:   pulse(); break;
  default:  sin_w(); break;
  }
  }
}
```

```
void tran(void)//产生三角波
{
uchar i;
for(i=0; i<0xff; i++)
  {
DAC=i;
  delay(2);
  }
for(i=0xff; i>0; i..)
  {
  DAC=i;
  delay(2);
  }
}
void pulse(void)  //产生方波
{
DAC=0;
delay(100);
DAC=0xff;
delay(100);
}
void sin_w(void)  //产生正弦波
{
uchar i;
for(i=0; i<72; i++)
DAC=buffer[i]; delay(2); }
}
```

(3)调试结果。将源程序编译生成机器码后,与PROTEUS界面连接,对设计进行调试。调试结果如图8-13所示。

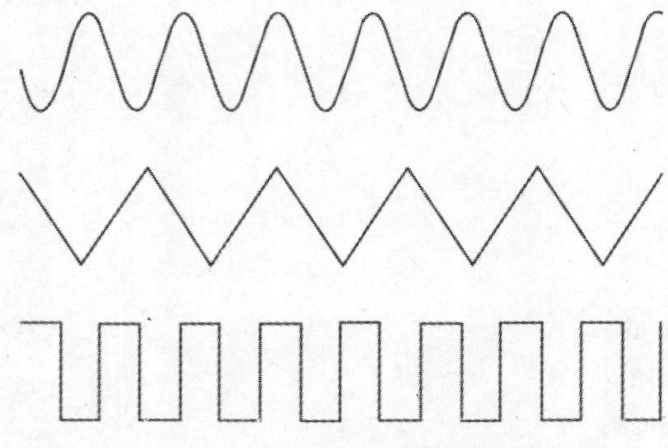

图8-13　波形发生器仿真图

## 8.1.4　实践发挥

1.功能实现

在上例基础上适当修改软硬件电路,实现频率可调的波形发生器功能。

2. 实践要求

(1)绘制系统框图。

(2)设计仿真原理图。

(3)绘制软件流程图。

(4)编制程序并仿真运行。

3. 实践考核

实践考核内容如表8-1所示。

**表8-1　实践考核表**

| 班级 | | 姓名 | | 学号 |
|---|---|---|---|---|
| | | | | |
| **评价项目** | **评价内容** | **配分** | **评价标准** | **得分** |
| 系统方案(框图) | 系统功能分析 | 15 | 能正确划分系统各功能模块(5分) | |
| | | | 能正确绘制框图表示各功能模块连接关系(15分) | |
| 硬件电路 | 电子电路基础知识 | 20 | 掌握单片机芯片对应引脚名称、序号、功能(5分) | |
| | | | 按照系统功能正确绘制仿真原理图(15分) | |
| 软件流程图 | 软件功能分析与设计 | 15 | 软件功能模块完整性(5分) | |
| | | | 软件功能模块逻辑关系正确性(5分) | |
| | | | 流程图绘制规范性(5分) | |
| 程序编制、调试、运行 | 指令学习 | 5 | 能正确理解和应用指令(5分) | |
| | 程序分析、设计 | 15 | 能正确编写功能程序(15分) | |
| | 程序调试、运行 | 15 | 程序输入正确(5分) | |
| | | | 程序编译仿真正确(10分) | |
| 功能发挥 | 自主创新性 | 5 | 功能扩展(5分) | |
| 团结协作 | 集体意识 | 10 | 各成员分工协作,积极参与(10分) | |

## 8.2　任务2　数字电压表设计

**任务目标**:了解A/D转换器的基本原理,熟练掌握DAC0809芯片的基本功能,熟练掌握单片机系统接口设计方法与技巧。

学习液晶显示器LM1602工作原理及应用。

**任务要求**:完成一个简易数字电压表功能的设计,测量范围为0~5V

### 8.2.1　知识学习

1. A/D转换器的基本原理

A/D转换器用于实现模拟量向数字量的转换,按转换原理可分为4种,即计数式A/D转换器、双积分式A/D转换器、逐次逼近式A/D转换器和并行式A/D转换器。目前最常用的是双积分式A/D转换器和逐次逼近式A/D转换器。双积分式A/D转换器的主要优点是转换精度高、抗干扰性能好、价格便宜,其缺点是转换速度较慢。因此,这种转换器主要用于速度要求不高的场合。

另一种常用的A/D转换器是逐次逼近式的,逐次逼近式A/D转换器是一种速度较快、精度较高的转换器,其转换时间大约在几微秒到几百微秒之间。通常使用的逐次逼近式典型A/D转换器芯片有:

(1)ADC0801~ADC0805型8位MOS型A/D转换器(美国国家半导体公司产品)。

(2)ADC0808/0809型8位MOS型A/D转换器。

(3)ADC0816/0817。这类产品除输入通道数增加至16个以外,其他性能与ADC0808/0809型基本相同。

2. A/D 转换器的主要技术指标

(1)分辨率:指对输入模拟量变化的灵敏度。习惯上用输出二进制的位数或 BCD 码位数表示。A/D 转换器转换位数越多,分辨率越高。

对于 $n$ 位的 A/D 转换器,转换结果与输入模拟量的大小之间的关系为:

$$\frac{D}{2^n}=\frac{V_i}{V_{\text{ref}}}$$

(2)转换精度:指与数字输出量所对应的模拟输入量的实际值与理论值之间的差值。精度有绝对精度和相对精度两种表示方法。

(3)转换速率:指能够重复进行数据转换的速度,即每秒转换的次数,而完成一次 A/D 转换所需的时间(包括稳定时间)为转换速率的倒数。

3. AT89C51 单片机与 ADC0809 接口应用

1)ADC0809 的内部逻辑结构

ADC0809 是典型的 8 位 8 通道逐次逼近式 A/D 转换器,其内部逻辑结构如图 8-14(a)所示。ADC0809 是典型的 8 位 8 通道逐次逼近式 A/D 转换器,CMOS 工艺,多路开关可选通 8 个模拟通道,允许 8 路模拟量分时输入,共用一个 A/D 转换器进行转换。地址锁存与译码电路完成对 A、B、C 三个地址位进行锁存和译码,其译码输出用于通道选择。

对 ADC0809 主要信号引脚的功能[见图 8-14(b)]说明如下:

(1)IN7 ~ IN0:模拟量输入通道。ADC0809 对输入模拟量的要求主要有:信号单极性,电压范围 0 ~ 5V,若信号过小还需进行放大。另外,在 A/D 转换过程中,模拟量输入的值不应变化太快,因此,对变化速度快的模拟量,在输入前应增加采样保持电路。

(2)A、B、C:地址线。A 为低位地址,C 为高位地址,用于对模拟通道进行选择。

(3)ALE:地址锁存允许信号。在对应 ALE 上跳沿,A、B、C 地址状态送入地址锁存器中。

(4)START:转换启动信号。START 上跳沿时,所有内部寄存器清 0;START 下跳沿时,开始进行 A/D 转换。在 A/D 转换期间,START 应保持低电平。

(5)D7 ~ D0:数据输出线。其为三态缓冲输出形式,可以和单片机的数据线直接相连。

(6)OE:输出允许信号。其用于控制三态输出锁存器向单片机输出转换得到的数据。OE = 0,输出数据线呈高电阻;OE = 1,输出转换得到的数据。

(7)CLK:时钟信号。ADC0809 的内部没有时钟电路,所需时钟信号由外界提供,因此有时钟信号引脚。通常使用频率为 500kHz 的时钟信号。

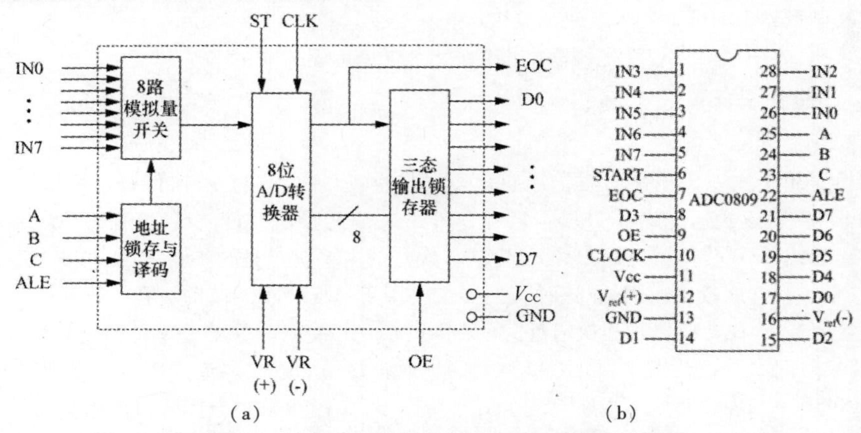


图 8-14 ADC0809 的内部逻辑结构及芯片引脚图

(a)ADC0809 内部逻辑结构图 (b)ADC0809 芯片引脚图

2）A/D 转换器及接口技术

ADC0809 与单片机的接口主要有两种，一种是将 A/D 转换器当做单片机系统外部数据存储器的单元，统一编址，8 个通道分别分配 8 个地址，对存储器进行写操作就是启动 A/D 转换，对存储器进行读操作就是读取 A/D 转换结果，电路连接图如图 8-15 所示。这样，IN0 ~ IN7 通道的地址分别为 FE00H ~ FE07H；另一种方法是对 ADC0809 的控制引脚独立控制，使用程序模拟其引脚时序，达到控制目的。

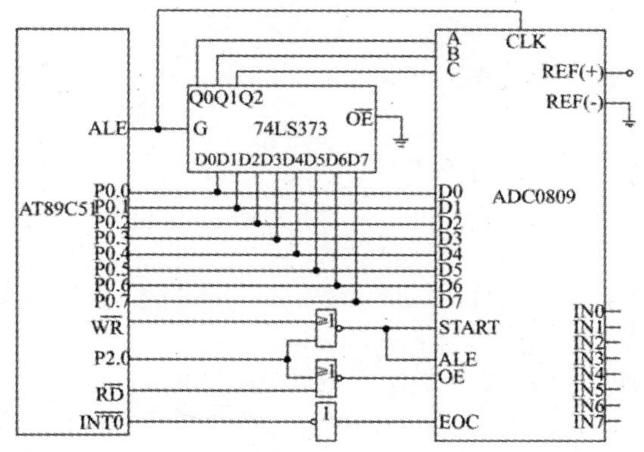


图 8-15　AT89C51 与 ADC0809 的接口图

ADC0809 的接口时序如图 8-16 所示，转换时钟 CLK 为周期不小于 100μs 的方波信号。若 ADC0809 与单片机的接口采用统一编址的方法，则各引脚的时序在使用 MOVX 指令时自动满足。若不是此种接法，则要通过指令来模拟，以保证 A/D 转换器的正确转换。

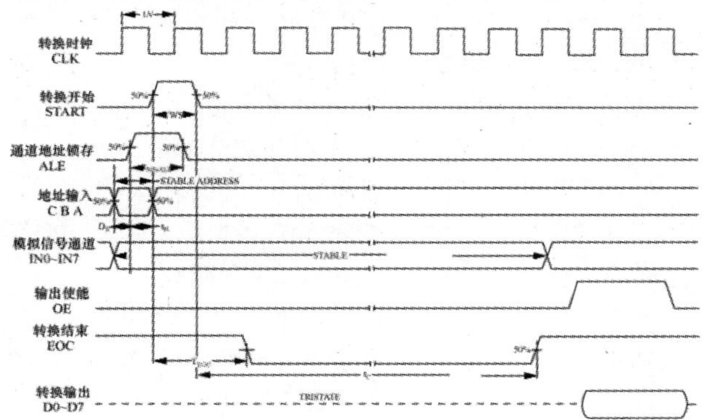


图 8-16　ADC0809 各控制引脚的时序

**【例 8-4】**　如图 8-15 所示，对 8 路模拟信号依次 A/D 转换一次，并把结果存入以 30H 为首址的内 RAM 中，试编制程序。

分析：ADC0809 转换程序设计可采用中断方式、查询方式以及延时等待方式。

（1）中断方式：

```
        ORG   0000H        ;复位地址
        LJMP  STAT         ;转初始化程序
        ORG   0013H        ;中断服务子程序入口地址
        LJMP  PINT1        ;中断，转中断服务子程序；
        ORG   0100H        ;初始化程序首地址
STAT:   MOV   R1,#30H      ;置数据区首址
        MOV   R7,#8        ;置通道数
```

```
        SETB  IT1            ;置边沿触发方式
        SETB  EX1            ;开中
        SETB  EA             ;CPU 开中
        MOV   DPTR,#0FEF8H   ;置 0809 通道 0 地址
        MOVX  @DPTR,A        ;启动 0 通道 A/D
        LJMP  MAIN           ;转主程序,并等待 A/D 中断
        ORG   0200H          ;中断服务子程序首地址
PINT1:  PUSH  Acc            ;保护现场
        PUSH  PSW            ;
        MOVX  A,@DPTR        ;读 A/D 值
        MOV   @R1,A          ;存 A/D 值
        INC   DPTR           ;修正通道地址
        INC   R1             ;修正数据区地址
        MOVX  @DPTR,A        ;启动下一通道 A/D
        DJNZ  R7,GORETI      ;判 8 路采集完否? 未完继续
        CLR   EX1            ;8 路采集已完,关中
GORETI: POP   PSW            ;恢复现场
        POP   Acc
        RETI                 ;中断返回
```

(2)查询方式:

```
ADT:    MOV     R1,#30H         ;置数据区首址
        MOV     R7,#8           ;置通道数
        SETB    P1.0            ;置 P1.0 输入态
        MOV     DPTR,#0FEF8H    ;置 0809 通道 0 地址
LOOP:   MOVX    @DPTR,A         ;启动 A/D
        JNB     P1.0,MYM        ;查询 A/D 转换结束否? 未完继续查询等待
        MOVX    A,@DPTR         ;A/D 已结束,读 A/D 值
        MOV     @R1,A           ;存 A/D 值
        INC     DPTR            ;修改通道地址
        INC     R1              ;修改数据区地址
        DJNZ    R7,LOOP         ;判 8 路采集完否? 未完继续
        RET
```

(3)延时等待方式:

```
MAIN:   MOV   R1,#30H        ;置数据区首址
        MOV   R7,#8          ;置通道数
        MOV   DPTR,#0FEF8H   ;置 0809 通道 0 地址
LOOP:   MOVX  @DPTR,A        ;启动 A/D
        MOV   R6,#17         ;
        DJNZ  R6,MYM         ;延时 68(S:2 机周 ×17 = 34 机周,2(S ×34 = 68s
        MOVX  A,@DPTR        ;读 A/D 值
        MOV   @R1,A          ;存 A/D 值
        INC   DPTR           ;修正通道地址
```

```
    INC    R1                  ;修正数据区地址
    DJNZ   R7,LOOP             ;判8路采集完否？未完继续
    RET                        ;8路采集完毕,返回
```

4. LM1602 工作原理

液晶显示器(LCD)由于其体积小巧和功耗低等特点已在显示器领域获得了广泛应用。在单片机系统中也随处可见液晶显示器的影子。在单片机系统中广泛应用的 LCD 主要有两种:字符型和点阵型。字符型可以用来显示 ASCII 码字符,点阵型可用来显示中文、图形等更复杂的内容。

1)液晶模块工作原理

液晶模块基本组成框图及外形如图 8-17、图 8-18 所示。

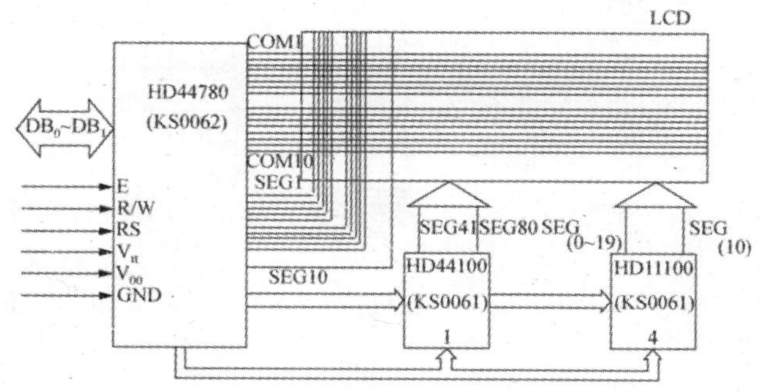


图 8-17 液晶模块组成

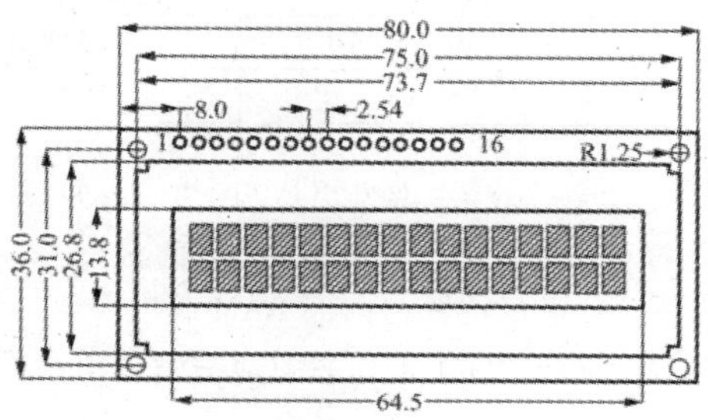


图 8-18 液晶模块 1602 外形尺寸

常用的字符型液晶模块有 1601、1602 两种。前者是只有一行、只能显示 16 个 ASCII 码字符的显示器;后者能显示两行、共 32 个 ASCII 码字符。这两种液晶模块都采用了 HD44780 及兼容芯片作为驱动器,接口引脚为 16 条。

2)液晶模块引脚定义

1601、1602 两种液晶显示模块的引脚定义相同(见表 8-2)。

**表 8-2 液晶显示模块的引脚定义**

| 编号 | 符号 | 引脚说明 | 编号 | 符号 | 引脚说明 |
|---|---|---|---|---|---|
| 1 | $V_{ss}$ | 电源地 | 9 | D2 | Data I/0 |
| 2 | $V_{DD}$ | 电源正极 | 10 | D3 | Data I/0 |
| 3 | VL | 液晶显示偏压信号 | 11 | D4 | Data I/0 |
| 4 | RS | 数据/命令选择端(H/L) | 12 | D5 | Data I/0 |
| 5 | R/W | 读/写选择端(H/L) | 13 | D6 | Data I/0 |
| 6 | E | 使能信号 | 14 | D7 | Data I/0 |
| 7 | D0 | Data I/0 | 15 | BLA | 背光源正极 |
| 8 | D1 | Data I/0 | 16 | BLK | 背光源负极 |

3)1602 寄存器选择

寄存器选择如表 8-3 所示。

**表 8-3 寄存器选择表**

| RS | R/W | 操作 |
|---|---|---|
| 0 | 0 | 指令寄存器(IR)写入 |
| 0 | 1 | 忙标志和地址计数器读入 |
| 1 | 0 | 数据寄存器(DR)写入 |
| 1 | 1 | 数据寄存器读出 |

4)接口说明

(1)基本操作时序。

读指令状态。输入:RS = L,RW = H,E = H。输出:D0 ~ D7 = 状态字。

写指令状态。输入:RS = L,RW = L,D0 ~ D7 = 指令码 E = 高脉冲。输出:无。

读数据状态。输入:RS = H,RW = H,E = H。输出:D0 ~ D7 = 数据。

写数据状态。输入:RS = H,RW = L,D0 ~ D7 = 数据 E = 高脉冲。输出:无。

(2)状态字说明(见表 8-4)。

**表 8-4 状态字说明**

| STA7<br>D7 | STA6<br>D6 | STA5<br>D5 | STA4<br>D4 | STA3<br>D3 | STA2<br>D2 | STA1<br>D1 | STA0<br>D0 |
|---|---|---|---|---|---|---|---|
| STA0 ~ STA6 | | 当前数据地址指针的数值 | | | | | |
| STA7 | | 读写操作使能 | | | | 1:禁止 0:允许 | |

注意,当状态字最高位为 1 时,表明液晶模块处于忙状态,此时不能进行读写操作。因此,每次读写操作进行前,应查询该标志位的状态。

(3)显示位置与内部 RAM 映射关系。液晶模块 1602 控制器内部自带有 80 × 8 位(80 字节)内部 RAM,与显示屏上的位置对应关系如图 8-19 所示。

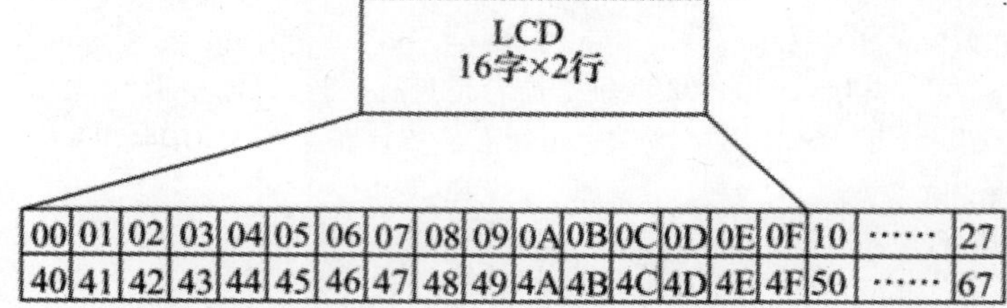


图 8-19 1602 液晶屏显示位置与内部 RAM 映射关系

通过单片机往指定地址(图中地址加上偏移地址 80H)写入数据后,就能在屏上对应的地方显示字符。

(4)指令说明。正确写入指令是成功应用液晶模块的前提。1602 液晶模块的指令如表 8-5 所示。

**表 8-5 1602 液晶模块指令表**

| 指令码 | | | | | | | | 功能描述 |
|---|---|---|---|---|---|---|---|---|
| 0 | 0 | 1 | 1 | 1 | 0 | 0 | 0 | 设置 16 × 2 行显示,5 × 7 点阵,8 位数据接口 |
| 0 | 0 | 0 | 0 | 1 | D | C | B | D = 1:开显示;D = 0:关显示<br>C = 1:显示光标;C = 0:不显示光标<br>B = 1:光标闪烁;B = 0:光标不显示 |
| 0 | 0 | 0 | 0 | 0 | 1 | N | S | N = 1:当读或写一个字符后地址指针加 1,且光标指针加 1<br>N = 0:当读或写一个字符后地址指针减 1,且光标指针减 1<br>S = 1:当写一个符后,整屏显示左移(N = 1)或右移(N = 0)<br>S = 0:当写一个字符后,整屏显示不移动 |
| 80H + 地址码(0 ~ 27H,40H ~ 67H) | | | | | | | | 设置数据地址指针 |
| 01H | | | | | | | | 显示清屏(数据指针清零,所有显示清零) |
| 02H | | | | | | | | 显示回车,数据指针清零 |

## 8.2.2　数字电压用表系统设计

1. 方案设计

本任务主要针对 0 ~ 5V 直流电压进行测量并输出，因此系统电路主要包括三部分：单片机最小系统、A/D 转换电路以及测量结果显示电路。其中 A/D 转换采用 ADC0809 芯片，显示采用 LM1602 液晶显示模块。系统框图如图 8-20 所示。

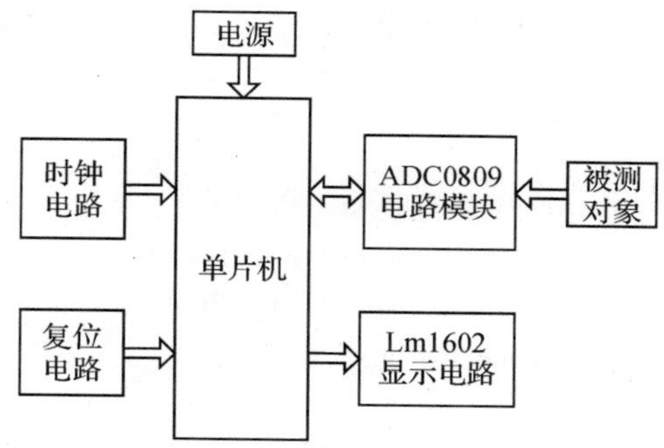


图 8-20　简易数字电压表设计框图

2. 电路设计

电路设计如图 8-21 所示。

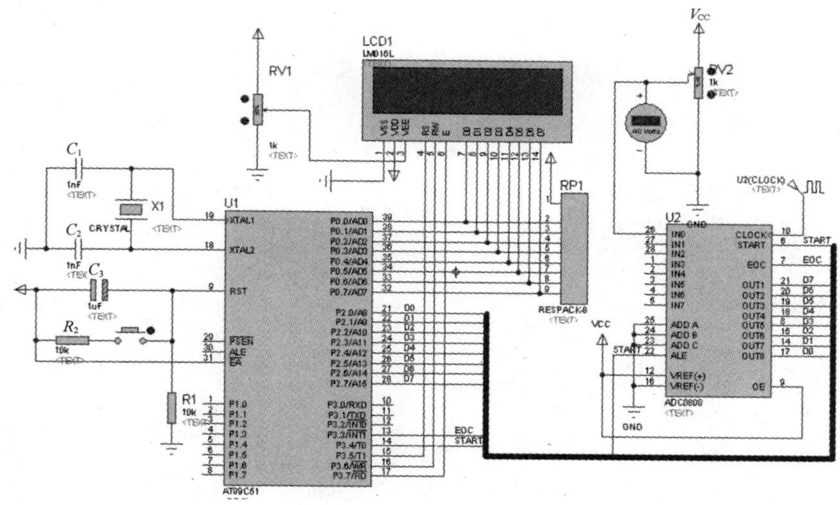


图 8-21　简单数字电压表的硬件电路图

3. 软件设计

1) 流程图

程序设计流程图如图 8-22 所示，数据每 250ms 采样一次，采样时间利用定时中断进行计时，每采样一次数据进行数据处理并显示于液晶屏。程序首先进行 50ms 定时中断初始化，对液晶显示初始化，即清屏、显示模式设定(8 位 2 行 5 × 7 点阵)、开显示和光标模式设置，然后进入主程序循环体后等待延时标志位置位并定位好显示起始位置，再启动一次转换并将转换数据处理后从起始位置处开始显示。

2) 程序源码

```
#include "includes.h"
#define TIME0H 0x3C
#define TIME0L 0xB0
```

```
unsigned char uc_Clock =0;   //定时器 0 中断计数
bit b_DATransform =0;
//<<<<<<<把电压显示在 LCD 上>>>>>>>>>>
void vShowVoltage(unsigned int uiNumber)
{
  unsigned char ucaNumber[3],ucCount;
  if(uiNumber>999)
  uiNumber=999;
  ucaNumber[0] = uiNumber/100;
                          //把计算数字的每个位存入数组。
  ucaNumber[1] = (uiNumber - 100 * (int)ucaNumber[0])/10;
  ucaNumber[2] = uiNumber - 100 * (int)ucaNumber[0] - 10 * ucaNumber[1];
  for(ucCount =0;ucCount <3;ucCount + + )
  {
  vShowOneChar(ucaNumber[ucCount] +48);   //从首位到末位逐一输出。
  if(ucCount = =0)
  vShowOneChar('.');
  }
}
//*************主函数*************     *
void main()
{
//<<<<<<设置定时器 0>>>>>>>>>>>>>>>>>
  TMOD =0x01;   //定时器 0,模式 1。
  TH0 = TIME0H;
  TL0 = TIME0L;
  TR0 =1;   //启动定时器。
  ET0 =1;   //开定时器中断。
  EA =1;   //开总中断
  vdInitialize();
  vWriteCMD(0x84);   //写入显示起始地址 80 +04(定位第一行第一个位置 04H 处)
  vShowChar("Voltage:"); //从起始地址处显示 Voltage:
  vWriteCMD(0xC9);     //写入显示起始地址 80 +49(定位第二行 49H 地址处)
  vShowChar("(V)");     //第二行 49H 地址处显示 V
  while(1)
  {
  if(b_DATransform = =1)    // 延时到
  {
  b_DATransform =0;   //清楚延时标志
  vWriteCMD(0xC4); //写入显示起始地址 80 +44(定位第二行 44H 地址处)
  vShowVoltage(uiADTransform());
  }
```

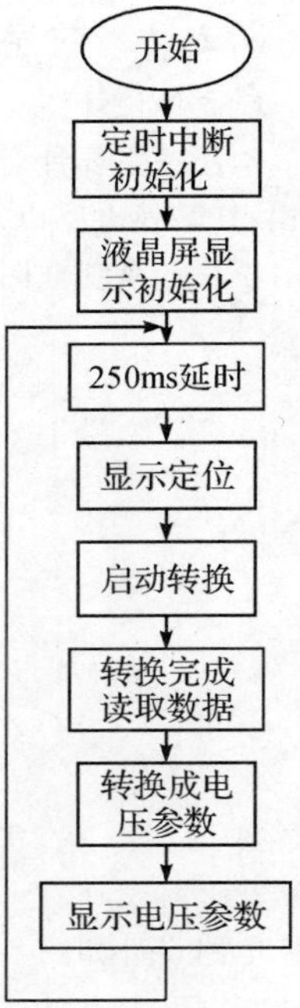

开始
↓
定时中断初始化
↓
液晶屏显示初始化
↓
250ms延时
↓
显示定位
↓
启动转换
↓
转换完成读取数据
↓
转换成电压参数
↓
显示电压参数
↓（返回 250ms延时）

图 8-22 数字电压表程序设计流程图

```
    }
}
void Time0( ) interrupt 1
{
   if( uc_Clock = =0)
   {
   uc_Clock =5;
   b_DATransform =1;
   }
   else
   uc_Clock - -;
   TH0 = TIME0H;        //恢复定时器 0。
   TL0 = TIME0L;
}
//<<<<<<<<<把 1 个命令写入 LCD>>>>>>>>>>
void vWriteCMD( unsigned char ucCommand)
{
   vDelay( );  //先延时。
   LCDE =1;  //然后把 LCD 改为写入命令状态。
   LCDRS =0;
   LCDRW =0;
   LCDPORT = ucCommand;  //再输出命令。
   LCDE =0;  //最后执行命令。
}
//<<<<<<<把 1 个数据写入 LCD>>>>>>>>>>>>>>>>>>
void vWriteData( unsigned char ucData)
{
   vDelay( );      //先延时。
   LCDE =1;        //然后把 LCD 改为写入数据状态。
   LCDRS =1;
   LCDRW =0;
   LCDPORT = ucData;      //再输出数据。
   LCDE =0;        //最后显示数据。
}
void vShowOneChar( unsigned char ucChar)
{
   switch( ucChar)
   {
   case ' ': vWriteData(0x20);break;
   case '!': vWriteData(0x21);break;
   case '"': vWriteData(0x22);break;
   case '#': vWriteData(0x23);break;
```

```
case 'MYM': vWriteData(0x24);break;
case '%': vWriteData(0x25);break;
case '&': vWriteData(0x26);break;
case '>': vWriteData(0x27);break;
case '(': vWriteData(0x28);break;
case ')': vWriteData(0x29);break;
case '*': vWriteData(0x20);break;
case '+': vWriteData(0x2A);break;
case '-': vWriteData(0x2D);break;
case '/': vWriteData(0x2F);break;
case '=': vWriteData(0x3D);break;
case '<': vWriteData(0x3E);break;
case '?': vWriteData(0x3F);break;
case '.': vWriteData(0x2E);break;
case ':': vWriteData(0x3A);break;
case '0': vWriteData(0x30);break;
case '1': vWriteData(0x31);break;
case '2': vWriteData(0x32);break;
case '3': vWriteData(0x33);break;
case '4': vWriteData(0x34);break;
case '5': vWriteData(0x35);break;
case '6': vWriteData(0x36);break;
case '7': vWriteData(0x37);break;
case '8': vWriteData(0x38);break;
case '9': vWriteData(0x39);break;
case 'A': vWriteData(0x41);break;
case 'B': vWriteData(0x42);break;
case 'C': vWriteData(0x43);break;
case 'D': vWriteData(0x44);break;
case 'E': vWriteData(0x45);break;
case 'F': vWriteData(0x46);break;
case 'G': vWriteData(0x47);break;
case 'H': vWriteData(0x48);break;
case 'I': vWriteData(0x49);break;
case 'J': vWriteData(0x4A);break;
case 'K': vWriteData(0x4B);break;
case 'L': vWriteData(0x4C);break;
case 'M': vWriteData(0x4D);break;
case 'N': vWriteData(0x4E);break;
case 'O': vWriteData(0x4F);break;
case 'P': vWriteData(0x50);break;
case 'Q': vWriteData(0x51);break;
```

```
    case 'R': vWriteData(0x52);break;
    case 'S': vWriteData(0x53);break;
    case 'T': vWriteData(0x54);break;
    case 'U': vWriteData(0x55);break;
    case 'V': vWriteData(0x56);break;
    case 'W': vWriteData(0x57);break;
    case 'X': vWriteData(0x58);break;
    case 'Y': vWriteData(0x59);break;
    case 'Z': vWriteData(0x5A);break;
    case 'a': vWriteData(0x61);break;
    case 'b': vWriteData(0x62);break;
    case 'c': vWriteData(0x63);break;
    case 'd': vWriteData(0x64);break;
    case 'e': vWriteData(0x65);break;
    case 'f': vWriteData(0x66);break;
    case 'g': vWriteData(0x67);break;
    case 'h': vWriteData(0x68);break;
    case 'i': vWriteData(0x69);break;
    case 'j': vWriteData(0x6A);break;
    case 'k': vWriteData(0x6B);break;
    case 'l': vWriteData(0x6C);break;
    case 'm': vWriteData(0x6D);break;
    case 'n': vWriteData(0x6E);break;
    case 'o': vWriteData(0x6F);break;
    case 'p': vWriteData(0x70);break;
    case 'q': vWriteData(0x71);break;
    case 'r': vWriteData(0x72);break;
    case 's': vWriteData(0x73);break;
    case 't': vWriteData(0x74);break;
    case 'u': vWriteData(0x75);break;
    case 'v': vWriteData(0x76);break;
    case 'w': vWriteData(0x77);break;
    case 'x': vWriteData(0x78);break;
    case 'y': vWriteData(0x79);break;
    case 'z': vWriteData(0x7A);break;
    default: break;
    }
}
//<<<<<<<<<<显示数组全部内容>>>>>>>>>>>>>>>>
void vShowChar(unsigned char ucaChar[])
{
    unsigned char ucCount;
```

```
    for(ucCount = 0; ; ucCount + + )
    {
    vShowOneChar(ucaChar[ucCount]);
    if(ucaChar[ucCount + 1] = = '\0')
    break;
    }
}
//< < < < < < < < < < 延时程序 > > > > > > > > > > > > > > > >
void vDelay()
{
    unsigned int uiCount;
    for(uiCount = 0;uiCount < 250;uiCount + + );
}
#define START P3_4      //ATART,ALE 接口。0 - >1 - >0:启动 AD 转换。
#define EOC P3_3      //转换完毕由 0 变 1.
#define OUTPORT P2
    //AD 转换函数,返回转换结果。
    //转换结果是 3 位数,小数点在百位与十位之间。
unsigned int uiADTransform()
{
    unsigned int uiResult;
    START = 1;    //启动 AD 转换。
    START = 0;
    while(EOC = = 0);    //等待转换结束。
    uiResult = OUTPORT;    //出入转换结果。
    uiResult = (100 * uiResult)/51;    //处理运算结果。(uiResult/256) * 5 * 100 乘 100 后换算成整数
    return uiResult;
}
```

3)调试结果

将源程序编译生成机器码后,与 PROTEUS 界面连接,对设计进行调试。调试结果如图 8-23 所示。

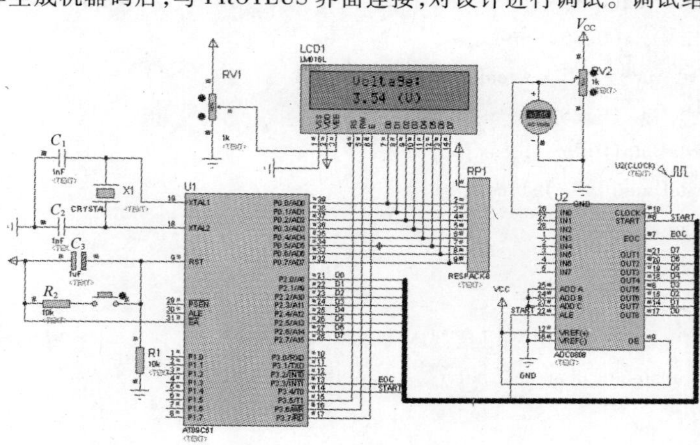


图 8-23　数字电压表仿真结果

### 8.2.3 实践发挥

1. 功能实现

在上例基础上适当修改软硬件电路,实现电流或电阻参数的测量。

2. 实践要求

(1)绘制系统框图。

(2)设计仿真原理图。

(3)绘制软件流程图。

(4)编制程序并仿真运行。

3. 实践考核

实践考核内容如表 8-6 所示。

**表 8-6 实践考核表**

<table>
<tr><td colspan="2">班级</td><td colspan="2">姓名</td><td>学号</td></tr>
<tr><td colspan="2"></td><td colspan="2"></td><td></td></tr>
</table>

| 评价项目 | 评价内容 | 配分 | 评价标准 | 得分 |
|---|---|---|---|---|
| 系统方案(框图) | 系统功能分析 | 15 | 能正确划分系统各功能模块(5 分) | |
| | | | 能正确绘制框图表示各功能模块连接关系(15 分) | |
| 硬件电路 | 电子电路基础知识 | 20 | 掌握单片机芯片对应引脚名称、序号、功能(5 分) | |
| | | | 按照系统功能正确绘制仿真原理图(15 分) | |
| 软件流程图 | 软件功能分析与设计 | 15 | 软件功能模块完整性(5 分) | |
| | | | 软件功能模块逻辑关系正确性(5 分) | |
| | | | 流程图绘制规范性(5 分) | |
| 程序编制、调试、运行 | 指令学习 | 5 | 能正确理解和应用指令(5 分) | |
| | 程序分析、设计 | 15 | 能正确编写功能程序(15 分) | |
| | 程序调试、运行 | 15 | 程序输入正确(5 分) | |
| | | | 程序编译仿真正确(10 分) | |
| 功能发挥 | 自主创新性 | 5 | 功能扩展(5 分) | |
| 团结协作 | 集体意识 | 10 | 各成员分工协作,积极参与(10 分) | |

# 项目9　电子万年历设计

**项目目标**:了解新型总线接口部件原理,学习具有 SPI 总线的时钟芯片 DS1302 基本原理和 128×64 点阵的 LCD 工作原理以及与单片机接口设计,熟练掌握系统设计方法,掌握程序设计技术。

**项目要求**:完成一个万年历功能的软硬件设计。

**项目分析**:本项目主要学习 SPI 总线原理、DS1302 原理及应用、12864LCD 应用技术、DS18B20 应用技术以及按键相关硬件设计和复杂软件程序设计。

## 9.1　知识预习

(1)举例说明串行总线有哪几种。

(2)SPI 总线工作原理是什么?

(3)简述 12864LCD 内部结构及工作原理。

(4)简述 DS1302 时钟芯片内部结构及工作原理。

## 9.2　知识学习

1. SPI 总线技术

1)SPI 总线概念

串行外围设备接口 SPI(Serial Peripheral Interface)总线技术是 Motorola 公司推出的一种同步串行接口,Motorola 公司生产的绝大多数 MCU(微控制器)都配有 SPI 硬件接口,如 68 系列 MCU。SPI 用于 CPU 与各种外围器件进行全双工、同步串行通信。SPI 可以同时发出和接收串行数据。它只需 4 条线就可以完成 MCU 与各种外围器件的通信,这 4 条线是:串行时钟线(CSK)、主机输入/从机输出数据线(MISO)、主机输出/从机输入数据线(MOSI)、低电平有效从机选择线$\overline{CS}$。这些外围器件可以是简单的 TTL 移位寄存器,复杂的 LCD 显示驱动器,A/D、D/A 转换子系统或其他的 MCU。当 SPI 工作时,在移位寄存器中的数据逐位从输出引脚(MOSI)输出(高位在前),同时从输入引脚(MISO)接收的数据逐位移到移位寄存器(高位在前)。发送一个字节后,从另一个外围器件接收的字节数据进入移位寄存器中。主 SPI 的时钟信号(SCK)使传输同步。其典型系统框图如图 9-1 所示,它包含了一个主片和多个从片,主片通过发出片选信号$\overline{CS}$来控制对哪个从片进行通信,当某个从片的$\overline{CS}$信号有效时,能通过 SI 接收指令、数据,并通过 SO 发回数据。而未被选中的从片的 SO 端处于高阻状态。

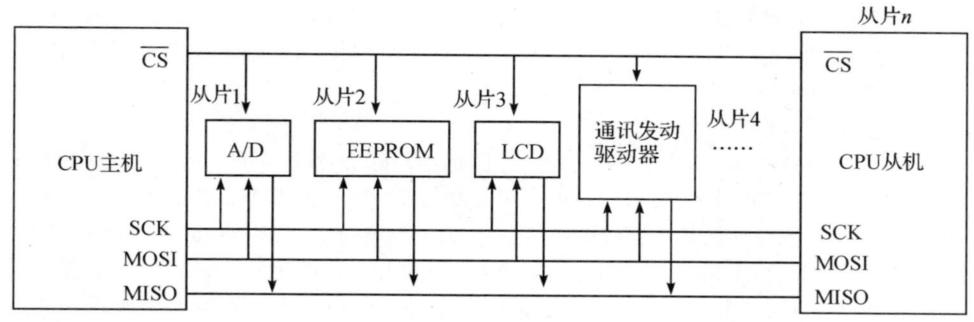


图 9-1 SPI 总线扩展框图

2)SPI 总线特点

(1)可以同时发出和接收串行数据。

(2)可以当作主机或从机工作。

(3)提供频率可编程时钟。

(4)发送结束中断标志。

(5)写冲突保护。

(6)总线竞争保护等。

图 9-2 是 SPI 总线工作的 4 种方式,其中使用的最为广泛的是 SPI0 和 SPI3 方式(实线表示)。

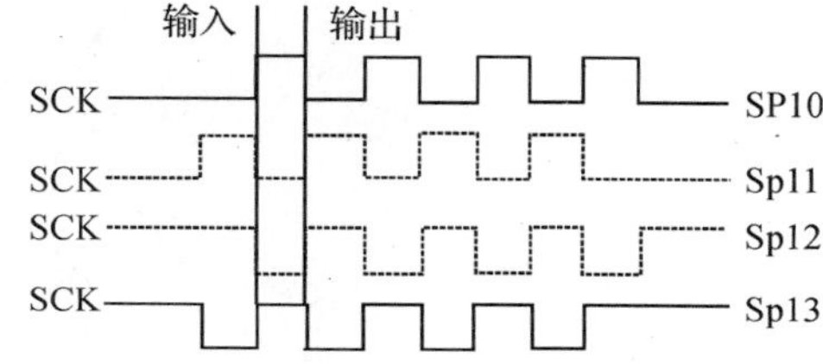


图 9-2 SPI 总线四种工作方式

3)SPI 总线接口及时序

SPI 模块为了和外设进行数据交换,根据外设工作要求,其输出串行同步时钟极性和相位可以进行配置,时钟极性(CPOL)对传输协议没有重大的影响。如果 CPOL=0,串行同步时钟的空闲状态为低电平;如果 CPOL=1,串行同步时钟的空闲状态为高电平。时钟相位(CPHA)能够配置用于选择两种不同的传输协议之一进行数据传输。如果 CPHA=0,在串行同步时钟的第一个跳变沿(上升或下降)数据被采样;如果 CPHA=1,在串行同步时钟的第二个跳变沿(上升或下降)数据被采样。SPI 主模块和与之通信的外设音时钟相位和极性应该一致。SPI 总线接口时序如图 9-3 所示。

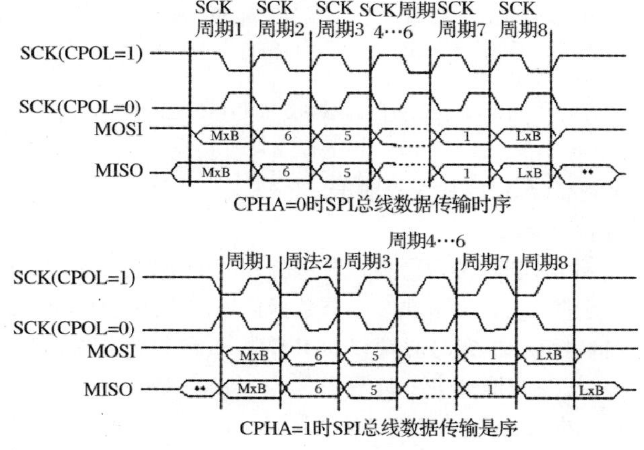


图 9-3 SPI 总线时序图

主片在访问某一从片时,必须使该从片的片选信号有效;主片在 SCK 信号的同步下,通过 SI 线发出指令、地址信息;如需将数据输出,则接着写指令,由 SCK 同步在 SI 线上发出数据;如需读回数据,则接着读指令,由主片发出 SCK,从片根据 SCK 的节拍通过 SO 发回数据。因而对具有 SPI 接口的从片器件来讲,SCK、SI 是输入信号,SO 是输出信号。SCK 用于主片和从片通信的同步。SI 用于将信息传输到器件,输入的信息包括指令、地址和数据,指令、地址和数据的变化在 SCK 的低电平期间进行,并由 SCK 信号的上升沿锁存。SO 用于将信息从器件传出,传出的信息包括状态和数据,信息在 SCK 信号的下降沿移出。

2. DS1302 工作原理

1) DS1302 简介

DS1302 是美国 DALLAS 公司推出的一种高性能、低功耗的实时时钟芯片,附加 31 字节静态 RAM,采用 SPI 三线接口与 CPU 进行同步通信,并可采用突发方式一次传送多个字节的时钟信号和 RAM 数据。实时时钟可提供秒、分、时、日、星期、月和年,一个月小于 31 天时可以自动调整,且具有闰年补偿功能。工作电压宽达 2.5 ~ 5.5V。采用双电源供电(主电源和备用电源),可设置备用电源充电方式,提供了对后背电源进行涓细电流充电的能力。DS1302 的外部引脚分配如图 9-4(a)所示,内部结构如图 9-4(b)所示。DS1302 用于数据记录,特别是对某些具有特殊意义的数据点的记录上,能实现数据与出现该数据的时间同时记录,因此广泛应用于测量系统中。

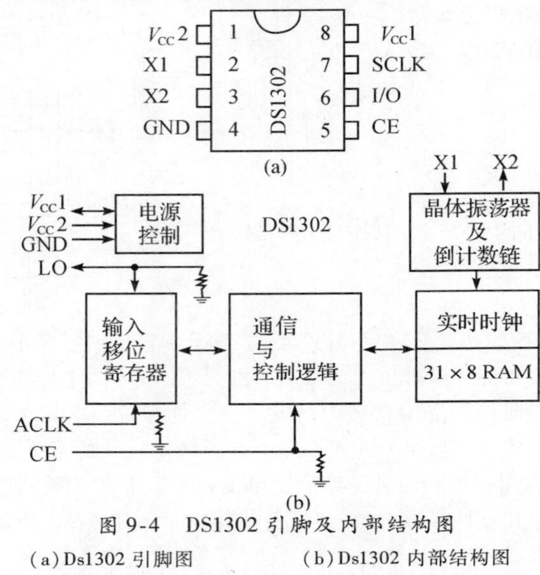


图 9-4 DS1302 引脚及内部结构图

(a) Ds1302 引脚图 (b) Ds1302 内部结构图

各引脚的功能为:

*Vcc*1:主电源。

*Vcc*2:备份电源。当 $Vcc2 > Vcc1 + 0.2V$ 时,由 *Vcc*2 向 DS1302 供电,当 $Vcc2 < Vcc1$ 时,由 *Vcc*1 向 DS1302 供电。

SCLK:串行时钟,输入,控制数据的输入与输出。

I/O:三线接口时的双向数据线;

CE:输入信号,在读、写数据期间,必须为高。该引脚有两个功能:一是 CE 开始控制字访问移位寄存器的控制逻辑;二是 CE 提供结束单字节或多字节数据传输的方法。DS1302 的内部结构主要组成部分为:移位寄存器、控制逻辑、振荡器、实时时钟以及 RAM。虽然数据分成两种,但是对单片机的程序而言,其实是一样的,就是对特定的地址进行读写操作。DS1302 含充电电路,可以对作为后备电源的可充电电池充电,并可选择充电使能和串入的二极管数目,以调节电池充电电压。

2) DS1302 的工作原理

DS1302 工作时为了对任何数据传送进行初始化,需要将复位脚(RST)置为高电平且将 8 位地址和命令信息装入移位寄存器。数据在时钟(SCLK)的上升沿串行输入,前 8 位指定访问地址,命令字装入移位寄存器后,在之后的时钟周期,读操作时输出数据,写操作时输出数据。时钟脉冲的个数在单字节方式下为 8 + 8(8 位地址 + 8 位数据),在多字节方式下为 8 加最多可达 248 的数据。DS1302 内部的

RAM 分为两类：一类是单个 RAM 单元，共 31 个，每个单元为一个 8 位的字节，其命令控制字为 C0H ~ FDH，其中奇数为读操作，偶数为写操作；另一类为突发方式下的 RAM，此方式下可一次性读写所有的 RAM 的 31 个字节，命令控制字为 FEH（写）、FFH（读）。DS1302 内部寄存器列表，如表 9-1 所示。

3）DS1302 的寄存器和控制命令

对 DS1302 的操作就是对其内部寄存器的操作，DS1302 内部共有 12 个寄存器，其中有 7 个寄存器与日历、时钟相关，存放的数据位为 BCD 码形式。此外，DS1302 还有年份寄存器、控制寄存器、充电寄存器、时钟突发寄存器及与 RAM 相关的寄存器等。时钟突发寄存器可一次性顺序读写除充电寄存器以外的寄存器。日历、时间寄存器及控制字如表 9-2 所示，最后一位 RD/W 为“0”时表示进行写操作，为“1”时表示读操作。

**表 9-1　DS1302 内部寄存器分布表**

| 寄存器名称 | 命令字 | | 取值范围 | 各位内容 | | | | | | | |
|---|---|---|---|---|---|---|---|---|---|---|---|
| | 写 | 读 | | 7 | 6 | 5 | 4 | 3 | 2 | 1 | 0 |
| 移寄存器 | 80H | 81H | 00 – 59 | CH | 10SEC | | | SEC | | | |
| 分寄存器 | 82H | 83H | 00 – 59 | 0 | 10MIN | | | MIN | | | |
| 小时寄存器 | 84H | 85H | 01 – 12 或 00 – 23 | 12/24 | 0 | A | HR | HR | | | |
| 日期寄存器 | 86H | 87H | 01 – 28，29，30，31 | 0 | 0 | 10DATE | | | DATE | | |
| 月份寄存器 | 88H | 89H | 01 – 02 | 0 | 0 | 0 | 10M | MONTH | | | |
| 周寄存器 | 8AH | 8BH | 01 – 07 | 0 | 0 | 0 | 0 | 0 | DAY | | |
| 年份寄存器 | 8CH | 8DH | 00 – 99 | 10YEAR | | | | YEAR | | | |

**表 9-2　DS1302 日历时钟寄存器与控制字对照表**

| 寄存器名称 | 7 | 6 | 5 | 4 | 3 | 2 | 1 | 0 |
|---|---|---|---|---|---|---|---|---|
| | 1 | RAM/CK | A4 | A3 | A2 | A1 | A0 | RD/W |
| 称寄存器 | 1 | 0 | 0 | 0 | 0 | 0 | 0 | |
| 分寄存器 | 1 | 0 | 0 | 0 | 0 | 0 | 1 | |
| 小时寄存器 | 1 | 0 | 0 | 0 | 0 | 1 | 0 | |
| 日寄存器 | 1 | 0 | 0 | 0 | 0 | 1 | 1 | |
| 月寄存器 | 1 | 0 | 0 | 0 | 1 | 0 | 0 | |
| 星期寄存器 | 1 | 0 | 0 | 0 | 1 | 0 | 1 | |
| 年寄存器 | 1 | 0 | 0 | 0 | 1 | 1 | 0 | |
| 写保护寄存器 | 1 | 0 | 0 | 0 | 1 | 1 | 1 | |
| 慢充电寄存器 | 1 | 0 | 0 | 1 | 0 | 0 | 0 | |
| 时钟突发寄存器 | 1 | 0 | 1 | 1 | 1 | 1 | 1 | |

单片机是通过简单的同步串行通信与 DS1302 通信的，每次通讯都必须由单片机发起，无论是读还是写操作，单片机都必须先向 DS1302 写入一个命令帧，这个帧的格式如图 9-5 所示，最高位 BIT7 固定为 1，BIT6 决定操作是针对 RAM 还是时钟寄存器，接着的 5 个 BIT 是 RAM 或时钟寄存器在 DS1302 的内部地址，最后一个 BIT 表示这次操作是读操作或是写操作。物理上，DS1302 的通讯接口由 3 个口线组成，即 RST、SCLK 和 I/O。其中 RST 从低电平变成高电平启动一次数据传输过程，SCLK 是时钟线，I/O 是数据线，具体的读写时序如图 9-5 所示。需要注意，无论是哪种同步通信类型的串行接口，对时钟信号

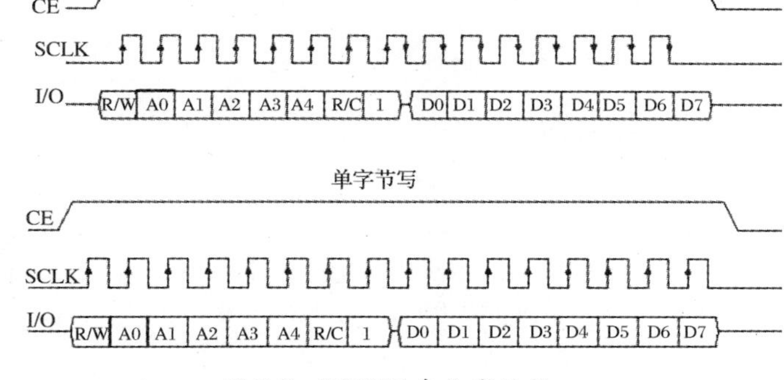


图 9-5　DS1302 命令字结构

都比较敏感，且一般数据写入有效是在上升沿，读出有效是在下降沿，为确保通信成功设计程序，平时，一般 SCLK 保持低电平，在时钟变动前设置数据，在时钟变动后读取数据，即数据操作总是在 SCLK 保持为低电平的时候，相邻的操作之间间隔有一个上升沿和一个下降沿。

4）驱动程序

```
//寄存器宏定义
#define WRITE_SECOND                0x80
#define WRITE_MINUTE            0x82
#define WRITE_HOUR                   0x84
#define READ_SECOND                 0x81
#define READ_MINUTE                  0x83
#define READ_HOUR                   0x85
#define WRITE_PROTECT              0x8E
//位寻址寄存器定义
sbit ACC_7  =  ACC^7;
//管脚定义
sbit SCLK  =  P3^5;                         // DS1302 时钟信号         7 脚
sbit DIO =  P3^6;                             // DS1302 数据信号         6 脚
sbit CE  =  P3^7;                              // DS1302 片选              5 脚
//地址、数据发送子程序
void Write1302 ( unsigned char addr,dat )
{
unsigned char i,temp;
CE =0;                              //CE 引脚为低,数据传送中止
SCLK =0;                        //清零时钟总线
CE  =  1;                          //CE 引脚为高,逻辑控制有效
//发送地址
for ( i=8; i>0; i- - ) //循环 8 次移位
{
SCLK  =  0;
temp  =  addr;
DIO  =  (bit)(temp&0x01);                //每次传输低字节
addr > > = 1;                     //右移一位
SCLK  =  1;
}
//发送数据
for ( i=8; i>0; i- - )
{
SCLK  =  0;
temp  =  dat;
DIO  =  (bit)(temp&0x01);
dat > > = 1;
SCLK  =  1;
```

```
}
CE = 0;
}
//数据读取子程序
unsigned char Read1302 ( unsigned char addr )
{
unsigned char i,temp,dat1,dat2;
CE =0;
SCLK =0;
CE = 1;
//发送地址
for ( i=8; i>0; i- - )                              //循环 8 次移
{
SCLK = 0;
temp = addr;
DIO = (bit)(temp&0x01);                 //每次传输低字节
addr > > = 1;      //右移一位
SCLK = 1;
}
//读取数据
for ( i=8; i>0; i- - )
{
ACC_7 = DIO;
SCLK = 1;
ACC > > =1;
SCLK = 0;
}
CE =0;
dat1 = ACC;
dat2 = dat1/16;
dat1 = dat1%16;
dat1 = dat1 + dat2 * 10;
return (dat1);
}
//初始化 DS1302
void Initial(void)
{
Write1302 (WRITE_PROTECT,0X00);           //禁止写保护
Write1302 (WRITE_SECOND,0x56);            //秒位初始化
Write1302 (WRITE_MINUTE,0x34);          //分钟初始化
Write1302 (WRITE_HOUR,0x12);             //小时初始化
Write1302 (WRITE_PROTECT,0x80);         //允许写保护
```

}

3.12864LCD 工作原理

1)12864LCD 简介

带中文字库的128X64是一种具有4位/8位并行、2线或3线串行多种接口方式，内部含有国标一级、二级简体中文字库的点阵图形液晶显示模块，其显示分辨率为128×64，内置8192个16×16点汉字和128个16×8点ASCII字符集。利用该模块灵活的接口方式和简单、方便的操作指令，可构成全中文人机交互图形界面。可以显示8×4行16×16点阵的汉字，也可完成图形显示，低电压低功耗是其又一显著特点。由该模块构成的液晶显示方案与同类型的图形点阵液晶显示模块相比，不论硬件电路结构或显示程序都要简洁得多，且该模块的价格也略低于相同点阵的图形液晶模块。

2)基本特性

(1)低电源电压($V_{DD}$：+3.0～+5.5V)。

(2)显示分辨率：128×64点。

(3)内置汉字字库，提供8192个16×16点阵汉字(简繁体可选)。

(4)内置128个16×8点阵字符。

(5)2MHZ时钟频率。

(6)显示方式：STN、半透、正显。

(7)驱动方式：1/32DUTY，1/5BIAS。

(8)视角方向：6点。

(9)背光方式：侧部高亮白色LED，功耗仅为普通LED的1/5～1/10。

(10)通信方式：串行、并口可选。

(11)内置DC-DC转换电路，无需外加负压。

(12)无需片选信号，简化软件设计。

(13)工作温度：0～+55℃，存储温度：-20～+60℃。

3)12864LCD 内部结构图

12864LCD外部接口信号如表9-3所示，内部组成如图9-6所示，IC3为行驱动器，IC1，IC2为列驱动器。IC1，IC2，IC3含有以下主要功能器件。

**表9-3　12864LCD 接口表**

| 管脚号 | 管脚名称 | LEVER | 管脚功能描述 |
|---|---|---|---|
| 1 | $V_{SS}$ | 0 | 电源地 |
| 2 | $V_{DD}$ | +5.0V | 电源电压 |
| 3 | V0 | - | 液晶显示器驱动电压 |
| 4 | D/I | H/L | D/I="H"，表示DB7～DBO为显示数据<br>D/I="L"，表示DB7～DBO为显示指令数据 |
| 5 | R/W | H/L | R/W="H"，E="H"数据被读到DB7～DBO<br>R/W="L"，E="H→L"数据被写到IR或DR |
| 6 | E | H/L | R/W="L"，E信号下降沿锁存DB7～DBO<br>R/W="H"，E="H"DDRAM数据读到DB7～DBO |
| 7 | DB0 | H/L | 数据线 |
| 8 | DB1 | H/L | 数据线 |
| 9 | DB2 | H/L | 数据线 |
| 10 | DB3 | H/L | 数据线 |

（续表）

| 管脚号 | 管脚名称 | LEVER | 管脚功能描述 |
|---|---|---|---|
| 11 | DB4 | H/L | 数据线 |
| 12 | DB5 | H/L | 数据线 |
| 13 | DB6 | H/L | 数据线 |
| 14 | DB7 | H/L | 数据线 |
| 15 | CS1 | H/L | H:选择芯片(右半屏)信号 |
| 16 | CS2 | H/L | H:选择芯片(左半屏)信号 |
| 17 | RET | H/L | 复位信号,低电平复位 |
| 18 | VOUT | -10V | LCD 驱动负电压 |
| 19 | LED + | - | LED 背光板电源 |
| 20 | LED + | - | LED 背光板电源 |

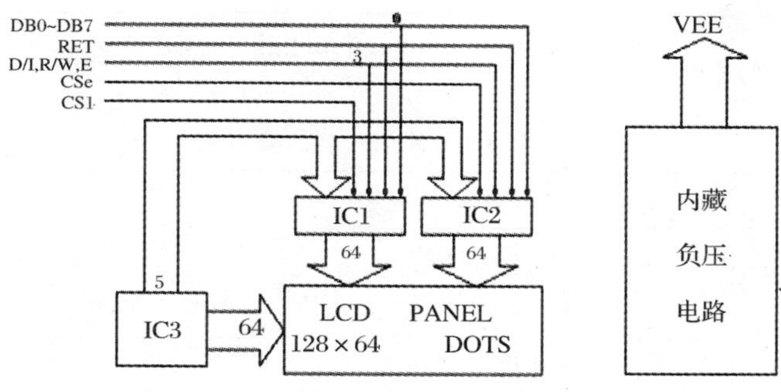


图 9-6　LCD 内部结构框图

(1)指令寄存器(IR)。IR 是用于寄存指令码,与数据寄存器数据相对应。当 D/I=0 时,在 E 信号下降沿的作用下,指令码写入 IR。

(2)数据寄存器(DR)。DR 是用于寄存数据的,与指令寄存器寄存指令相对应。当 D/I=1 时,在下降沿作用下,图形显示数据写入 DR,或在 E 信号高电平作用下由 DR 读到 DB7~DB0 数据总线。DR 和 DDRAM 之间的数据传输是模块内部自动执行的。

(3)忙标志(BF)。BF 标志提供内部工作情况。BF=1 表示模块在内部操作,此时模块不接受外部指令和数据;BF=0 时,模块为准备状态,随时可接受外部指令和数据。

利用 STATUS READ 指令,可以将 BF 读到 DB7 总线,从而检验模块的工作状态。

(4)显示控制触发器(DFF)。此触发器是用于模块屏幕显示开和关的控制。DFF=1 为开显示(DISPLAY OFF),DDRAM 的内容就显示在屏幕上;DFF=0 为关显示(DISPLAY OFF)。

DDF 的状态是指令 DISPLAY ON/OFF 和 RST 信号控制的。

(5)XY 地址计数器。XY 地址计数器是一个 9 位计数器。高 3 位是 X 地址计数器,低 6 位为 Y 地址计数器,XY 地址计数器实际上是作为 DDRAM 的地址指针,X 地址计数器为 DDRAM 的页指针,Y 地址计数器为 DDRAM 的 Y 地址指针。X 地址计数器是没有计数功能的,只能用指令设置。Y 地址计数器具有循环记数功能,各显示数据写入后,Y 地址自动加 1,Y 地址指针从 0 到 63。

(6)显示数据 RAM(DDRAM)。DDRAM 是存储图形显示数据的。数据为 1 表示显示选择,数据为 0 表示显示非选择。DDRAM 与地址和显示位置的关系见 DDRAM 地址表(见表 9-6)。

(7)Z 地址计数器。Z 地址计数器是一个 6 位计数器,此计数器具备循环记数功能,它是用于显示行扫描同步。当一行扫描完成,此地址计数器自动加 1,指向下一行扫描数据,RST 复位后 Z 地址计数器为 0。

Z 地址计数器可以用指令 DISPLAY START LINE 预置。因此,显示屏幕的起始行就由此指令控制,即 DDRAM 的数据从哪一行开始显示在屏幕的第一行。此模块的 DDRAM 共 64 行,屏幕可以循环滚动显示 64 行。

4)控制器接口信号说明

(1)RS,R/W 的配合选择决定控制界面的 4 种模式说明,如表 9-4 所示。

**表 9-4　RS,R/W 配合选择决定 4 种模式配置表**

| RS | R/W | 功能说明 |
|---|---|---|
| L | L | MRU 写指令到指令暂存器(IR) |
| L | H | 读出忙标志(BF)及地址数器(AC)的状态 |
| H | L | MPU 写入数据暂存器(DR) |
| H | H | MPU 从数据暂存器(DR)中读出数据 |

(2)E 信号的控制功能如表 9-5 所示。

**表 9-5　E 信号功能表**

| E 状态 | 执行动作 | 结果 |
|---|---|---|
| 高→低 | I/O 缓冲→DR | 配合/W 进行写数据或指令 |
| 高 | DR→I/O 缓冲 | 配合 R 进行读数据或指令 |
| 低/低→高 | 无动作 | |

5)指令说明

模块控制芯片提供两套控制命令,基本指令和扩充指令,当 RE = 0 时选择基本指令,RE = 1 时选择扩展指令,具体指令如表 9-6 和表 9-7 所示。当 IC1 在接受指令前,微处理器必须先确认其内部处于非忙碌状态,即读取 BF 标志时,BF 需为零,方可接受新的指令;如果在送出一个指令前并不检查 BF 标志,那么在前一个指令和这个指令中间必须延长一段较长的时间,即是等待前一个指令确实执行完成。

6)数据传输与接口时序

12864LCD 与单片机接口有并行接口和串行接口两种扩展方法。当 PSB 脚(OCMJ4X16A/B 无串行接口,无此引脚)接高电位时,模块将进入并列模式,在并列模式下可由指令 DL FLAG 来选择 8 位或 4 位接口,主控制系统将配合(RS, RW, E, DB0…DB7)来达成传输动作。从一个完整的流程来看,当下设定地址指令后(CGRAM,DDRAM)若要读取数据时需先 DUMMY READ 一次,才会读取到正确数据第二次读取时则不需 DUMMY READ,除非又下设定地址指令才需再次 DUMMY READ。在 4 位传输模式中,每一个 8 位的指令或数据都将被分为两个字节动作:较高 4 位(DB7 ~ DB4)的资料将会被放在第一个字节的(DB7 ~ DB4)部分,而较低 4 位(DB3 ~ DB0)的资料则会被放在第二个字节的(DB7 ~ DB4)部分,至于相关的另 4 位则在 4 位传输模式中 DB3 ~ DB0 接口未使用。8 位、4 位并行接口数据传输时序如图 9-7 所示。

表 9-6 基本指令表

| 指令 | 指令码 | | | | | | | | | | 功能 |
|---|---|---|---|---|---|---|---|---|---|---|---|
| | RS | R/W | D7 | D6 | D5 | D4 | D3 | D2 | D1 | D0 | |
| 清除显示 | 0 | 0 | 0 | 0 | 0 | 0 | 0 | 0 | 0 | 1 | 将 DDRAM 填满"20H",并且设定 DDRAM 的地址设计数据(AC)到"00H" |
| 地址归位 | 0 | 0 | 0 | 0 | 0 | 0 | 0 | 0 | 1 | x | 设定 DDRAM 的地址计数器(AC)到"00H",并且将游标移到开头原点位置,这个指令不改变 DDRAM 的内容 |
| 显示状态开/关 | 0 | 0 | 0 | 0 | 0 | 0 | 1 | D | C | B | D=1:整体显示 ON<br>C=1:游标 ON<br>B=1:游标位置反白允许 |
| 进入点设定 | 0 | 0 | 0 | 0 | 0 | 0 | 0 | 1 | I/D | S | 指定在数据的读取与写入时,设定游标的移动方向及指定显示的移位 |
| 游标或显示移动控制 | 0 | 0 | 0 | 0 | 0 | 1 | S/C | R/L | X | X | 设定游标与显示控制位;这个指令不改变 DDRAM 的内容 |
| 功能设定 | 0 | 0 | 0 | 0 | 1 | DL | X | RE | X | X | DL=0/1:4/B 位数据<br>RE=1:扩充指令操作<br>RE=0:基本指令操作 |
| 设定 CGRAM | 0 | 0 | 0 | 1 | AC5 | AC4 | AC3 | AC2 | AC1 | AC0 | 设定 CGRAM 地址 |
| 设定 DDRAM | 0 | 0 | 1 | 0 | AC5 | AC4 | AC3 | AC2 | AC1 | AC0 | 设定 DDRAM 地址(显示地址)<br>第一行:80H~87H<br>第二行:90H~97H |
| 读取忙标志和地址 | 0 | 1 | BF | AC6 | AC5 | AC4 | AC3 | AC2 | AC1 | AC0 | 读取忙标志(BF)可以确认内部动作是否完成,同时可以读出地址计数器(AC)的值 |
| 写数据到 RAM | 1 | 0 | 数据 | | | | | | | | 将数据 D7~D0 写入到内部的 RAM(DDRAM/IRAM/GRAM) |
| 读出 RAM 的值 | 1 | 1 | 数据 | | | | | | | | 从内部 RAM 读取数据 D7~D0 (DDRAM/CGRAM/IRAM/GRAM) |

表 9-7　扩展指令表

| 指令 | 指令码 | | | | | | | | | | 功能 |
|---|---|---|---|---|---|---|---|---|---|---|---|
| | RS | R/W | D7 | D6 | D5 | D4 | D3 | D2 | D1 | D0 | |
| 待命模式 | 0 | 0 | 0 | 0 | 0 | 0 | 0 | 0 | 0 | 1 | 进入待命模式,执行其他指令都可终止待命模式 |
| 卷动地址开关开启 | 0 | 0 | 0 | 0 | 0 | 0 | 0 | 0 | 1 | SR | SR = 1:允许输入垂直卷动地址<br>SR = 0:允许输入 IRAM 和 CGRAM 地址 |
| 反白选择 | 0 | 0 | 0 | 0 | 0 | 0 | 0 | 1 | R1 | R0 | 选择 2 行中的任一行反白显示,并可决定反白与否。初始值 R1R0 = 00,第一次设定为反白显示,再次设定变回正常 |
| 睡眠模式 | 0 | 0 | 0 | 0 | 0 | 0 | 1 | SL | X | X | SL = 0:进入睡眠模式<br>SL = 1:脱离睡眠模式 |
| 扩充功能设定 | 0 | 0 | 0 | 0 | 1 | CL | X | RE | G | 0 | CL = 0/1:4/8 位数据<br>RE = 1:扩充指令操作<br>RE = 0:基本指令操作<br>G = 1/0:绘图开关 |
| 设定绘图 RAM 地址 | 0 | 0 | 1 | 0<br>AC6 | 0<br>AC5 | 0<br>AC4 | AC3<br>AC3 | AC2<br>AC2 | AC1<br>AC1 | AC0<br>AC0 | 设定绘图 RAM<br>选设定垂直(列)地址 AC6AC5…AC0<br>再设定垂直(行)地址 AC3AC2AC1AC0<br>将以上 16 位地址连续写入即可 |

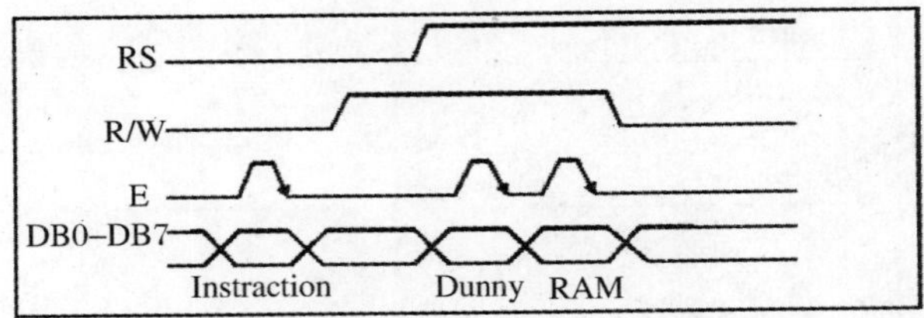


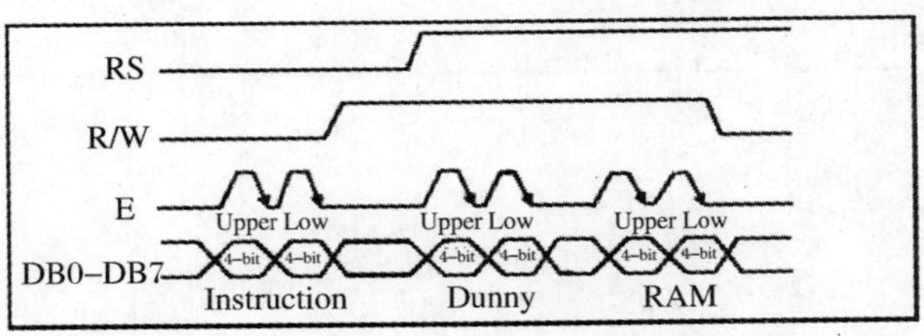


图 9-7　8 位、4 位并行接口传输时序图

当PSB脚接低电位时，模块将进入串行模式。从一个完整的串行传输流程来看，一开始先传输起始字节，它需先接收到5个连续的“1”（同步位字符串），在起始字节，此时传输计数将被重置并且串行传输将被同步，再跟随的2个位字符串分别指定传输方向位（RW）及寄存器选择位（RS），最后第八的位则为“0”。在接收到同步位及RW和RS资料的起始字节后，每一个八位的指令将被分为两个字节接收到：较高4位（DB7～DB4）的指令资料将会被放在第一个字节的LSB部分，而较低4位（DB3～DB0）的指令资料则会被放在第二个字节的LSB部分，至于相关的另4位则都为0。串口数据传输时序如图9-8所示。

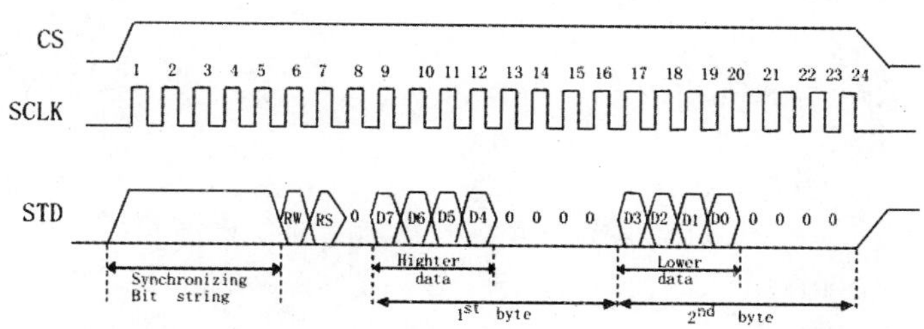


图9-8 12864LCD串行数据传输时序图

7）总线驱动模式电路

总线驱动模式电路如图9-9所示，图中DB[7…0]接数据总线，RS、R\W、CS接地址总线，E接读写控制总线，采用与非门匹配时序，如果存在地址冲突还需统一编址。

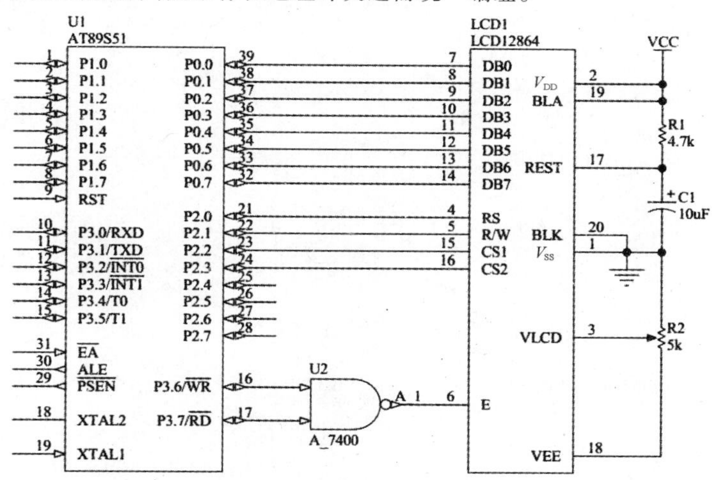


图9-9 LCD与单片机接口电路图

8）接口程序设计

```
/＊常用操作命令和参数定义＊/
#define DISPON 0x3f          //显示开
#define DISPOFF 0x3e         //显示关，参考指令表“显示开关设置”
#define FIRSTROW 0xc0    // 显示起始行设置，参考指令表，由L[5…0]在0到63行选择
#define SETY 0xb8          //Y方向，8页64行，参考指令表，由P[2…0]在0到8页选择
#define SETX 0x40        //X方向，半屏64列，参考指令表，由C[5…0]在0到63列选择
/＊与硬件相关的编址设计＊/
/＊左屏命令和数据读写编址＊/
/＊P2+P0口16位编址，有效位是P2.3～P2.0，无关位用“1”表示＊/
/＊P2.0——RS＊/
```

```
/ * P2.1——R/W * /
/ * P2.2——CS1 * /
//P2.3——CS2 * /                CS2 CS1 RW RS
#define LLCD_CMD_WR   XBYTE[0xf4 ff]   //   0   1   0   0
#define LLCD_DAT_WR    XBYTE[0xf5 ff]   //   0   1   0   1
#define LLCD_CMD_RD    XBYTE[0xf6 ff]   //   0   1   1   0
#define LLCD_DAT_RD    XBYTE[0xf7 ff]   //   0   1   1   1

/ * 右屏命令和数据读写编址 * /
// CS2 CS1 RW RS
#define RLCD_CMD_WR   XBYTE[0xf8 ff]   //   1   0   0   0
#define RLCD_DAT_WR    XBYTE[0xf9 ff]   //   1   0   0   1
#define RLCD_CMD_RD    XBYTE[0xfa ff]   //   1   0   1   0
#define RLCD_DAT_RD    XBYTE[0xfb ff]   //   1   0   1   1
/ * LCD 忙检测 * /
void check_busy(unsigned char right)
{
     unsigned char temp = 0xff;
   do
   {
     if(right) temp = RLCD_CMD_RD;
     else temp = LLCD_CMD_RD;
   }
   while ((temp|0x7f) = = 0xff);//D7 是否为 1 ,1 表示 LCD 忙,如果忙,继续检测,直到空闲止
}

/ * 写命令 * /
void lcd_cmd_wr(unsigned char cmdcode, unsigned char right)
{
   check_busy(right);
     if(right) RLCD_CMD_WR  =  cmdcode;
     else LLCD_CMD_WR  =  cmdcode;
}

/ * LCD 初始化 * /
void lcd_init(void)
{
    lcd_cmd_wr(DISPON,0);       // 开显示,0 参数表示左屏
    lcd_cmd_wr(FIRSTROW,0);      // 设定显示首列
  lcd_cmd_wr(SETY,0);   // 设定 Y 坐标
  lcd_cmd_wr(SETX,0);   // 设定 X 坐标
    lcd_cmd_wr(DISPON,1);       //1 参数表示右屏
```

```
lcd_cmd_wr(FIRSTROW,1);
    lcd_cmd_wr(SETY,1);
    lcd_cmd_wr(SETX,1);
}

/*写数据*/
void lcd_data_wr(unsigned char  dispdata, unsigned char right)
{
    check_busy(right);
      if(right) RLCD_DAT_WR = dispdata;
      else LLCD_DAT_WR = dispdata;
}
/*数据清屏*/
void lcd_clr(void)
{
  unsigned char i,j;
for(i=0;i<8;i++)//共8页
{
  lcd_cmd_wr(SETY+i,0);
  lcd_cmd_wr(SETX,0);
  lcd_cmd_wr(SETY+i,1);
  lcd_cmd_wr(SETX,1);
  for(j=0;j<64;j++)//每页64列
  {
  lcd_data_wr(0,0);
  lcd_data_wr(0,1);
  }
}
}

/*一帧128 ×64点的图片显示*/
void lcd_bmp_wr(unsigned char *bmp)
{
      unsigned char i,j;
    for(i=0;i<8;i++)
    {
  //页地址设定
  lcd_cmd_wr(SETY+i,0);
  lcd_cmd_wr(SETX,0);
      lcd_cmd_wr(SETY+i,1);
      lcd_cmd_wr(SETX,1);
```

```
    for(j=0;j<64;j++)
    {
     lcd_data_wr(bmp[128*i+j],0);//左半屏
            lcd_data_wr(bmp[128*i+j+64],1);// 右半屏
    }
}
}

/*整屏向上循环移动*/
void lcd_mov_up()
{
        unsigned char i;
     for(i=0;i<64;i++)//64 行循环
      {
        lcd_cmd_wr(FIRSTROW+i,0);
      lcd_cmd_wr(FIRSTROW+i,1);
      delay(300);// 适当延时
      }
}

/*通用延时函数*/
void delay(unsigned char timer)
{
   unsigned char i;
while(--timer)
for(i=0;i<200;i++);
}

/*主函数,显示一帧图片范例*/
void main(void)
{
     delay(50000);// 适当延时,等待 LCD 复位
lcd_init();
lcd_bmp_wr(logo);//logo 图片数据附后
     while(1)
     {
   //整屏向上循环移动
lcd_mov_up()
delay(10000);
     }
}
```

4. DS18B20 工作原理

1) DS18B20 简介

DS18B20是一款由DALLAS公司推出的数字温度传感器件。其工作原理是:DS18B20能将环境温度转换成一定格式的数字量,并通过极其简洁的WIRE接口总线,传送给接收器。

DS18B20只有3条有效引脚,即电源、地、数据引脚。根据不同的封装,外形主要有3种,如图9-10所示。

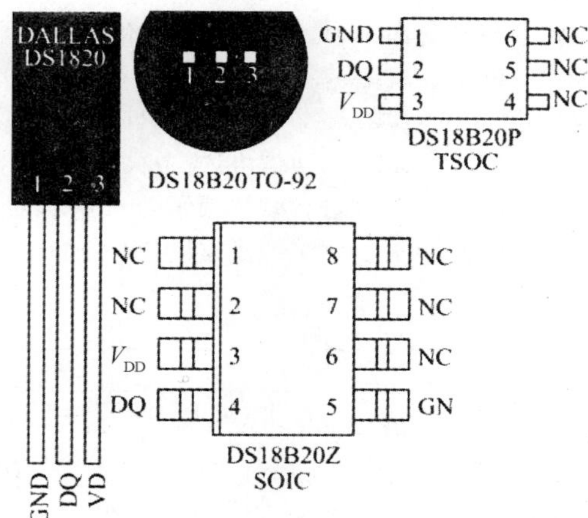


图9-10　DS18B20封装形式

2)DS18B20的特点

DS18B20单线数字温度传感器,即“一线器件”,其具有独特的优点:

(1)采用单总线的接口方式。与微处理器连接时仅需要一条口线即可实现微处理器与DS18B20的双向通讯。单总线具有经济性好,抗干扰能力强,适合于恶劣环境的现场温度测量,使用方便等优点,使用户可轻松地组建传感器网络,为测量系统的构建引入全新概念。

(2)测量温度范围宽,测量精度高。DS18B20的测量范围为−55～+125℃;在−10～+85℃范围内,精度为±0.5℃。

(3)在使用中不需要任何外围元件。

(4)多点组网功能。多个DS18B20可以并联在唯一的单线上,实现多点测温。

(5)供电方式灵活。DS18B20可以通过内部寄生电路从数据线上获取电源。因此,当数据线上的时序满足一定的要求时,可以不接外部电源,从而使系统结构更趋简单,可靠性更高。

(6)测量参数可配置。DS18B20的测量分辨率可通过程序设定9～12位。

(7)负压特性。电源极性接反时,温度计不会因发热而烧毁,但不能正常工作。

(8)掉电保护功能。DS18B20内部含有EEPROM,在系统掉电以后,它仍可保存分辨率及报警温度的设定值。

DS18B20具有体积更小、适用电压更宽、更经济、可选更小的封装方式等优点,适合于构建自己的经济的测温系统,因此也就被设计者们所青睐。

3)DS18B20内部结构

DS18B20内部结构如图9-11所示。DS18B20内部结构主要由4部分组成:64位光刻ROM、温度传感器、非挥发的温度报警触发器TH和TL,配置寄存器。

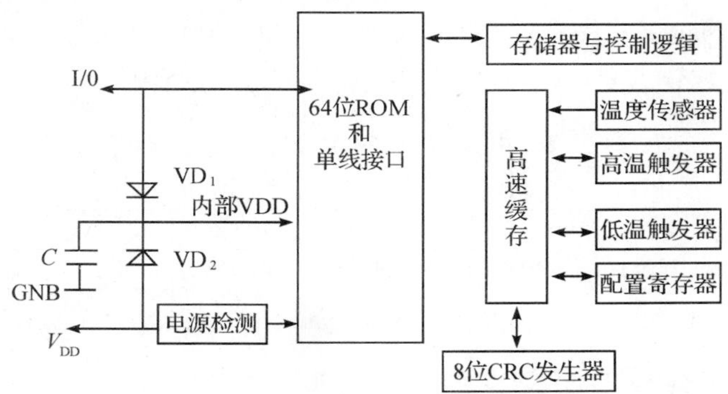


图9-11　DS18B20内部结构图

(1)光刻ROM中的64位序列号是出厂前被光刻好的,它可以看做是该DS18B20的地址序列码。64位光刻ROM的排列是:开始8位(28H)是产品类型标号,接着的48位是该DS18B20自身的序列号,最后 8 位是前面 56 位的循环冗余检验码( $CRC = X^8 + X^5 + X^4 + 1$ )。光刻 ROM 的作用是使每一个 DS18B20 都各不相同,这样就可以实现一根总线上挂接多个 DS18B20 的目的。64 位的光刻 ROM 又包括 5 个 ROM 的功能命令:读 ROM、匹配 ROM、跳跃 ROM、查找 ROM 和报警查找。

根据 DS18B20 的通信协议,主机控制 DS18B20 完成温度转换必须经过三个步骤:①每一次读写之前都要对 DS18B20 进行复位操作;②复位成功后发送一条 ROM 指令;③最后发送 RAM 指令。这样才能对 DS18B20 进行预定的操作,ROM 指令、RAM 指令分别如表 9-8、表 9-9 所示。

**表 9-8 DS18B20 ROM 指令表**

| 指令 | 约定代码 | 功能 |
| --- | --- | --- |
| 读 ROM | 33H | 读 DS18B20 温度传感器 ROM 中的编码(即 64 位地址) |
| 符合 ROM | 55H | 发出此命令之后,接着发出 64 位 ROM 编码,访问单总线上与该编码相对应的 DS18B20 使之做出响应,为下一步对该 DS18B20 的读写做准备 |
| 搜索 ROM | OFOH | 用于确定挂接在同一总线上 DS18B20 的个数和识别 64 位 ROM 地址。为操作各器件做好准备 |
| 跳过 ROM | OCCH | 忽略 64 位 ROM 地址,直接向 DS18B29 发温度变换命令,适用于单片工作 |
| 告警搜索命令 | OECH | 执行后只有温度超过设定值上限或下限的片子才做出响应 |

**表 9-9 DS18B20 ROM 指令表**

| 指令 | 约定代码 | 功能 |
| --- | --- | --- |
| 温度转换 | 44H | 启动 DS18B20 进行温度转换,12 位转换时间最长为 750ms。(9 位为 93.75ms),结果存入内部 9 字节 RAM 中 |
| 读暂存器 | OBEH | 读内部 RAM 中 9 字节的内容 |
| 写暂存器 | 4EH | 发出向内部 RAM 的 3、4 字节写上、下限温度数据命令,紧跟该命令之后,是传送 3 字节的数据,3 字节的数据分别被存到暂存器的第 3、4、5 字节 |
| 复制暂存器 | 48H | 将 RAM 中第 3、4、5 字节的内容复制到 $E^2$PROM 中 |
| 重调 $E^2$PROM | OBBH | 将 $E^2$PROM 中内容恢复到 RAM 中的第 3、4、5 字节 |
| 读供电方式 | OB4H | 读 DS18B20 的供电模式。寄存供电时 DS18B20 发送“0”,外接电源供电 DS18B20 发送“1” |

(2)DS18B20 中的温度传感器可完成对温度的测量(见表 9-10)。以 12 位转化为例:用 16 位符号扩展的二进制补码读数形式提供,以 0.0625℃/LSB 形式表达,其中 S 为符号位。

**表 9-10 DS18B20 温度值格式表**

| | BIT7 | BIT6 | BIT5 | BIT4 | BIT3 | BIT2 | BIT1 | BIT0 |
| --- | --- | --- | --- | --- | --- | --- | --- | --- |
| LSBYTE | $2^3$ | $2^2$ | $2^1$ | $2^0$ | $2^{-1}$ | $2^{-2}$ | $2^{-3}$ | $2^{-4}$ |
| | BIT 15 | BIT 14 | BIT 13 | BIT 12 | BIT 11 | BIT 10 | BIT 9 | BIT 8 |
| MS BYTE | S | S | S | S | S | $2^6$ | $2^5$ | $2^4$ |

这是 12 位转化后得到的 12 位数据,存储在 DS18B20 的两个 8bit 的 RAM 中,二进制中的前面 5 位是符号位,如果测得的温度大于 0,这 5 位为 0,只要将测到的数值乘以 0.0625 即可得到实际温度;如果温度小于 0,这 5 位为 1,测到的数值需要取反加 1 再乘以 0.0625 即可得到实际温度。例如 +125℃ 的数字输出为 07D0H,+25.0625℃ 的数字输出为 0191H,-25.0625℃ 的数字输出为 FE6FH,-55℃ 的数

字输出为 FC90H。

(3)DS18B20 温度传感器的存储器。DS18B20 温度传感器的内部存储器包括一个高速暂存 RAM 和一个非易失性的可电擦除的 $E^2$PRAM,后者存放高温度和低温度触发器 TH、TL 和结构寄存器。

存储器能完整的确定一线端口的通信,数据开始用写寄存器的命令写进寄存器,接着也可以用读寄存器的命令来确认这些数据。当确认以后就可以用复制寄存器的命令来将这些数据转移到可电擦除 RAM 中。当修改过寄存器中的数据时,这个过程能确保数据的完整性。

高速暂存存储器由 9 个字节组成,其分配如表 9-11 所示。当温度转换命令发布后,经转换所得的温度值以二字节补码形式存放在高速暂存存储器的第 1 和第 2 个字节。CPU 可通过单线接口读到该数据,读取时低位在前,高位在后,数据格式如表 9-10 所示。对应的温度计算:当符号位 S=0 时,直接将二进制位转换为十进制;当 S=1 时,先将补码变为原码,再计算十进制值。第 3 和第 4 个字节是复制 TH 和 TL,同时第 3 和第 4 个字节的数据可以更新;第 5 个字节是复制配置寄存器,同时第 5 个字节的数据可以更新;第 6、第 7、第 8 三个字节是计算机自身使用。第 9 个字节是冗余检验字节。

**表 9-11　DS18B20 暂存寄存器分布**

| 寄存器内容 | 字节地址 |
|---|---|
| 温度值低位(LS Byte) | 1 |
| 温度值高位(MS Byte) | 2 |
| 高温限值(TH) | 3 |
| 低温限值(TL) | 4 |
| 配置寄存器 | 5 |
| 保留 | 6 |
| 保留 | 7 |
| 保留 | 8 |
| CRC 校验值 | 9 |

(4)配置寄存器。该字节各位的意义如下:

| BIT 7 | BIT 6 | BIT 5 | BIT 4 | BIT 3 | BIT 2 | BIT 1 | BIT 0 |
|---|---|---|---|---|---|---|---|
| TM | R1 | R0 | 1 | 1 | 1 | 1 | 1 |

低 5 位一直都是"1",TM 是测试模式位,用于设置 DS18B20 在工作模式还是在测试模式。在 DS18B20 出厂时该位被设置为 0,用户不要去改动。R1 和 R0 用来设置分辨率,如表 9-12 所示(DS18B20 出厂时被设置为 12 位)。

**表 9-12　温度分辨率设置表**

| R1 | R0 | RESOLUTION(BITS) | MAX CONVERSION TIME | |
|---|---|---|---|---|
| 0 | 0 | 9 | 93.75ms | ($t_{CONV}/8$) |
| 0 | 1 | 10 | 187.5ms | ($t_{CONV}/4$) |
| 1 | 0 | 11 | 375ms | ($t_{CONV}/2$) |
| 1 | 1 | 12 | 750ms | ($t_{CONV}$) |

4)DS18B20 测温工作原理

DS18B20 测温原理如图 9-12 所示。图中低温度系数晶振的振荡频率受温度影响很小,用于产生固定频率的脉信号送给计数器 1。高温度系数晶振随温度变化其振荡率明显改变,所产生的信号作为计数器 2 的脉冲输入。计数器 1 和温度寄存器被预置在 -55℃ 所对应的一个基数值。计数器 1 对低温度系数晶振产生的脉冲信号进行减法计数,当计数器 1 的预置值减到 0 时,温度寄存器的值将加 1,计数器 1 的预置将重新被装入，计数器 1 重新开始对低温度系数晶振产生的脉冲信号进行计数，如此循环直到计数器 2 计数到 0 时，停止温度寄存器值的累加，此时温度寄存器中的数值即为所测温度。图中的斜率累加器用于补偿和修正测温过程中的非线性，其输出用于修正计数器 1 的预置值。

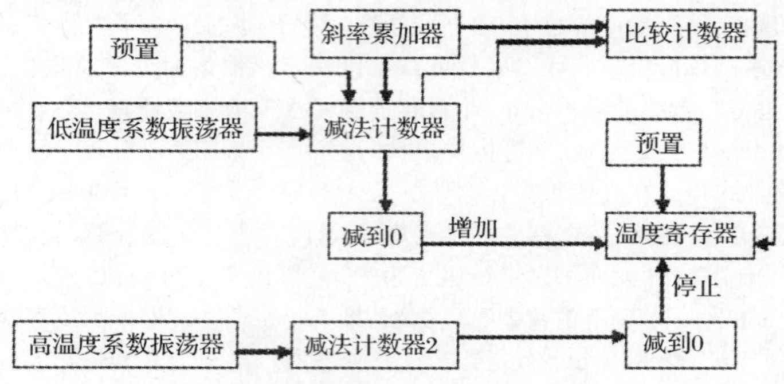


图 9-12　DS18B20 测温工作原理流程框图

5）DS18B20 外部电源的连接方式

DS18B20 可以使用外部电源 VDD，也可以使用内部的寄生电源。如图 9-13 所示，当 $V_{DD}$ 端口接 3.0～5.5V 的电压时是使用外部电源；当 $V_{DD}$ 端口接地时使用内部的寄生电源。无论是内部寄生电源还是外部供电，I/O 口线都要接 4.7kΩ 的上拉电阻。DS18B20 的外部电源供电方式在外部电源供电方式下，DS18B20 工作电源由 $V_{DD}$ 引脚接入，此时 I/O 线不需要强上拉，不存在电源电流不足的问题，可以保证转换精度，同时在总线上可以挂接任意多个 DS18B20 传感器，组成多点测温系统。在外部供电的方式下，DS18B20 的 GND 引脚不能悬空，否则不能转换温度，读取的温度总是 85℃。

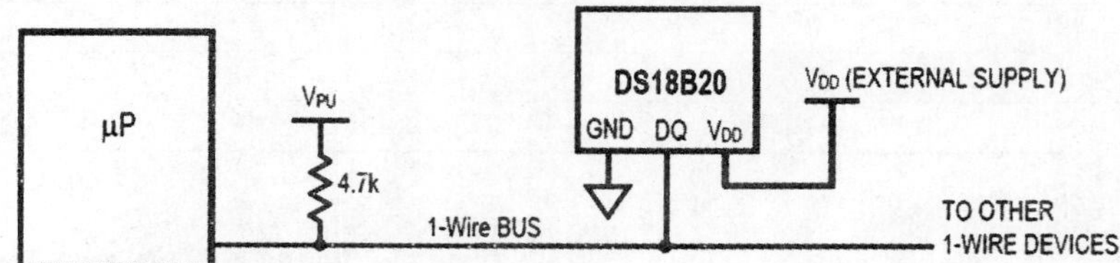


图 9-13　DS18B20 外部电源连接图

6）DS18B20 单线通信

DS18B20 单线通信功能是分时完成的，它有严格的时隙概念，如果出现序列混乱，1-WIRE器件将不响应主机，因此读写时序很重要。系统对 DS18B20 的各种操作必须按协议进行。根据 DS18B20 的协议规定，微控制器控制 DS18B20 完成温度的转换必须经过以下 3 个步骤：

（1）每次读写前对 DS18B20 进行复位初始化。如图 9-14 所示，复位要求主 CPU 将数据线下拉 500μs，然后释放，DS18B20 收到信号后等待 16～60μs 左右，然后发出 60～240μs 的存在低脉冲，主 CPU 收到此信号后表示复位成功。

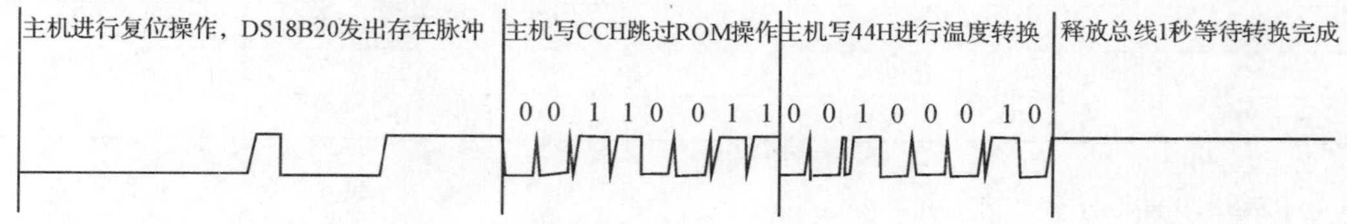


图 9-14　DS1820 温度转换命令操作过程时序图

（2）发送一条 ROM 指令（对照表 9-8）。如图 9-14 所示，主机首先写跳过 ROM 的操作（CCH）命令，然后主机接着执行转换温度的操作命令，后面释放总线至少 1s，让 DS18B20 完成转换的操作。在这里要注意的是，每个命令字节在写的时候都是低字节先写，例如 CCH 的二进制为 11001100，在写到总线

上时要从低位开始写，写的顺序是“0、0、1、1、0、0、1、1”。

(3) 发送存储器指令(对照表9-10)。如图9-15所示，主机首先发出复位操作并接收DS18B20的应答(存在)脉冲，然后主机发出跳过对ROM操作的命令(CCH)，主机再发出读取RAM的命令(BEH)，随后主机依次读取DS18B20发出的从第0～第8，共九个字节的数据。如果只想读取温度数据，那在读完第0和第1个数据后就不再理会后面DS18B20发出的数据即可。同样读取数据也是低位在前的。

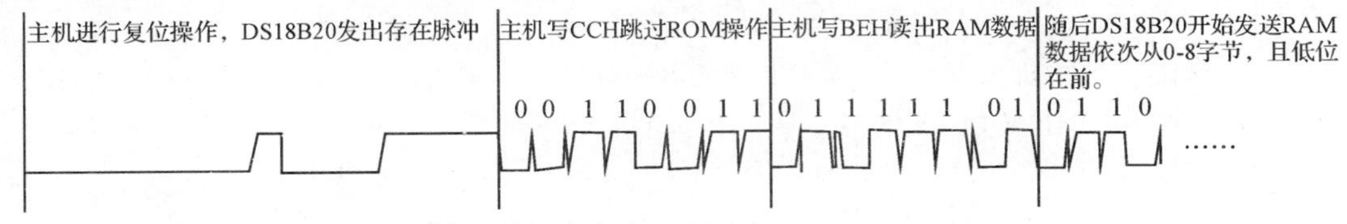


图9-15　DS1820温度读取命令操作过程时序图

7) 接口程序设计

(1) DS18B20初始化。初始化时序如图9-16所示，主机总线 $t_0$ 时刻发送一复位脉冲(最短为480μs的低电平信号)，接着在 $t_1$ 时刻释放总线并进入接收状态DS1820在检测到总线的上升沿之后等待15～60μs，接着DS1820在 $t_2$ 时刻发出存在脉冲(低电平持续60～240μs)，如图9-16中虚线所示。

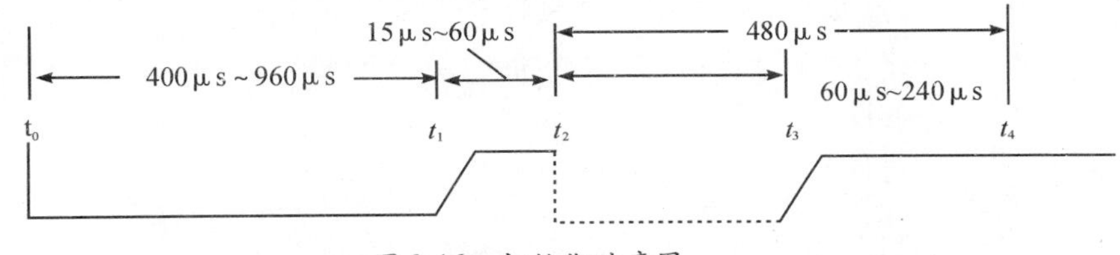


图9-16　初始化时序图

```
/* * * * * * * * * * * * * * * * * * * * * * * * * * * * * * * * *
  函数功能:延时。CLK = 11.0592MHz
入口参数:μs。
返    回: 无。
备    注: 第一次调用此函数延迟24μs,然后每+1延迟16μs。
* * * * * * * * * * * * * * * * * * * * * * * * * * * * * * *
void delay (int μs)
{
int s;
for (s = 0; s < μs; s++);
}
/* * * * * * * * * * * * * * * * * * * * * * * * * * * * * * *
函数功能:复位。
入口参数:无。
返    回:18B20数据口状态presence。
备    注:第一次调用此函数延迟24μs, 然后每+1延迟16μs。
* * * * * * * * * * * * * * * * * * * * * * * * * * * * * * * */
unsigned char ow_reset(void)
{
    unsigned char presence;
    DQ = 0;     //置DQ低电平
    delay(29);   // 延时480μs
```

```
        DQ = 1;   //置 DQ 高电平
    delay(3);   // 等待 DS18B20 为 DQ 低电平
    presence = DQ;  // 读取 DQ 状态信息
    delay(25);   // 延时
        return(presence);
}
```

(2)写时间隙。当主机总线 $t_0$ 时刻从高拉至低电平时就产生写时间隙(见图 9-17),从 $t_0$ 时刻开始 15μs 之内应将所需写的位送到总线上,DSl8B20 在 $t_0$ 后 15~60μs 间对总线采样,若低电平写入的位是 0[见图 9-17(a)],若高电平写入的位是 1[见图 9-17(b)],连续写 2 位间的间隙应大于 1μs。

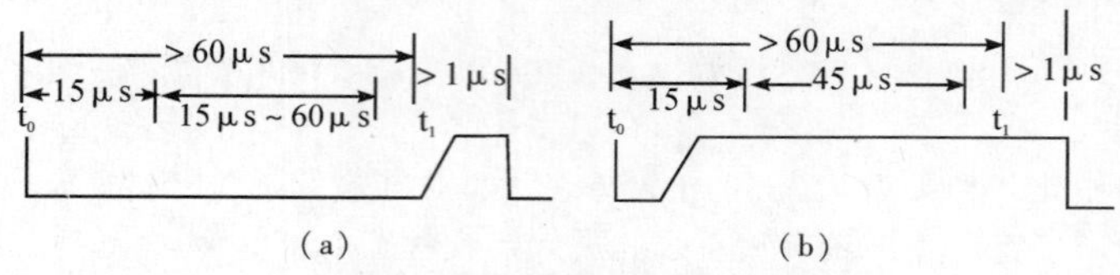


图 9-17 DS18B20 位写时序图

(a)写 0 时序　　(b)写 1 时序

```
/*************************************
函数功能:18B20 写一位。
入口参数: bitval 。
返    回: 无。
备    注: 这里要分为写 0 和写 1。
*************************************/
void write_bit(char bitval)
{
    DQ = 0;           // 总线拉低开始延迟
    if(bitval = =1) DQ =1; // 如果为 1,总线端为 1
    delay(5);                          // bit 为 0 持续 >60μs
    DQ = 1;
}
```

(3)读时间隙。图 9-18 位读时序图,主机总线 $t_0$ 时刻从高拉至低电平时总线只需保持低电平 17μs,之后在 $t_1$ 时刻将总线拉高产生读时间隙读时间隙,在 $t_1$ 时刻后 $t_2$ 时刻前有效,$t_2$ 距 $t_0$ 为 15μs,也就是说 $t_2$,时刻前主机必须完成读位并在 $t_0$ 后的 60~120μs 内释放总线,读位子程序(读得的位到 C 中)。

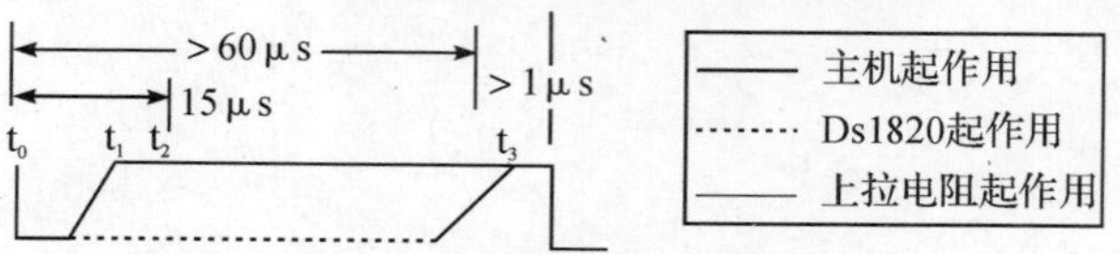


图 9-18 DS18B20 位读时序图

```
/*************************************
函数功能:18B20 读一位。
入口参数: 无 。
返    回: DQ(总线状态)。
备    注: 按时序,只需要读 DQ。
*************************************/
unsigned char read_bit(void)
```

```
{
    unsigned char i;
    DQ = 0;            // 拉低开始延时
    DQ = 1;            // 把 DQ 置高
    for (i = 0; i < 3; i++);        // 这里不调用函数
    return(DQ);                  // 返回总线状态
}
/**************************************
函数功能: 18B20 读一个字节。
入口参数: 无 。
返    回:    value(一个字节数据)。
备    注:    按位读循环八次,每次读完后左移一位。
**************************************/
unsigned char read_byte(void){
    unsigned char i;
    unsigned char value = 0;
    for (i = 0; i < 8; i++){
        if(read_bit()) value| = 0 x 01;
        value = value< <1;
        delay(6);
    }
return(value);
}
/**************************************
函数功能: 18B20 写一个字节。
入口参数: 无 。
返    回:    var(一个字节数据)。
备    注:    按位写循环八次,每次写完后右移一位。
**************************************/
void write_byte(char val){
    unsigned char i;
    unsigned char temp;
    for (i = 0; i < 8; i++) {
        temp = val> >1;
        temp & = 0x01;
        write_bit(temp);
    }
    delay(5);
}
***************************************
函数功能: 读函数温度。
入口参数: 无 。
```

```
返    回:    t(一个字节数据)。
备    注:    注意每行注释。
* * * * * * * * * * * * * * * * * * * * * * * * * * * * * * * * * * * *
read_temperature(void)
{
   unsigned char a = 0, b = 0,t = 0;
   ow_reset ();
   write_byte (0xCC); // 跳过读序号列号的操作
   write_byte (0x44); // 启动温度转换
   ow_reset();
   write_byte (0xCC); //跳过读序号列号的操作
   write_byte (0xBE);//读取温度寄存器等(共可读 9 个寄存器)前两个就是温度
    a = read_byte ();    //读取温度值低位
    b = read_byte ();    //读取温度值高位
    a = a> >4;                   //低位右移 4 位,舍弃小数部分
    t  = b< <4;                   //高位左移 4 位,舍弃符号位
    t  = t | a;
    return t;
}
```

## 9.3 电子万年历系统设计

1. 硬件设计

根据 DS1302、DS18B20 及 12864LCD 的接口特点,设计电路如图 9-19 所示。

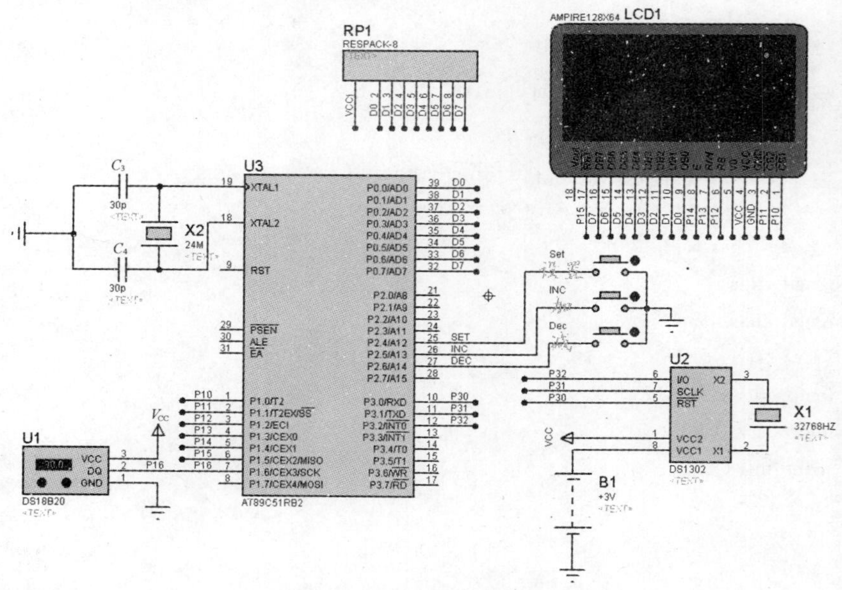


图 9-19 电子万年历电路设计

2. 软件设计

1)流程图

主程序流程图如图 9-20 所示,系统首先进行初始化,包括对系统定时参数初值设定、中断初始化、

DS1302初始值设定以及液晶显示界面绘画，然后进入主程序循环，循环体中首先读取DS1302中万年历相关信息，然后通过液晶显示器显示万年历信息，再显示温度信息，最后进行对时间设置等按键进行处理，以实现时间调整等功能。

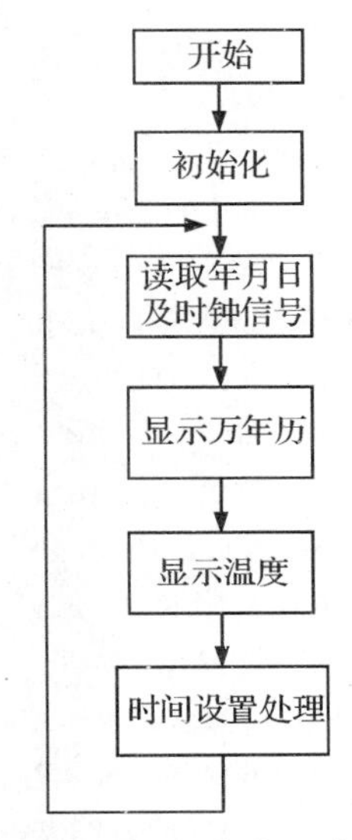


图9-20　电子历年主程序流程

万年历显示时由于要进行阴历信息显示，因此需要根据阳历日期计算对应阴历日期，实现公历与农历的转换。一般采用查表法按日查表是速度最快的方法，但51单片机寻址能力有限不可能采用按日查表的方法去按日查找，可以通过按月查表和按年查表的方法再通过适当的计算来确定公历日期所对应的农历日期。按年查表法最大限度地减少表格所占的程序空间，对于农历月来说大月为30，天小月为29天，这是固定不变的，这样我们就可用1个bit位来表示大小月信息，农历一年如有闰月为13个月否则是12个月，所以一年需要用13个bit来表示，闰月在农历年中所在的月份并不固定，大部分闰月分布在农历2月或8月，但也有少量年份在9月以后，所以要表示闰月的信息至少要4bit，在这里我们用4bit的值来表示闰月的月份，值为0表示本年没有闰月。有了以上信息还不足以判断公历日对应的农历日，因为还需要一个参照日，选用农历正月初一所对应的公历日期作参照日，公历日最大为31日需要5bit来表示，而春节所在的月份不是1月就是2月，用1bit表示，考虑到表达方便我们用2bit来表示春节月，2bit的值直接表示月份，这样一年的农历信息只用3个字节就全部包括了。计算公历日对应的农历日期的方法是先计算出当前公历日离当年元旦的天数，然后查表取得当年的春节日期，计算出春节离元旦的天数，两者相减即可算出公历日离春节的天数，然后只要根据大小月和闰月信息，减一月天数调整，一月农历月份，即可推算出公历日所对应的农历日期，如当前公历日不到春节日期，农历年要比公历年小一年，农历大小月取前一年的信息，农历月从12月向前推算，如图9-21所示。

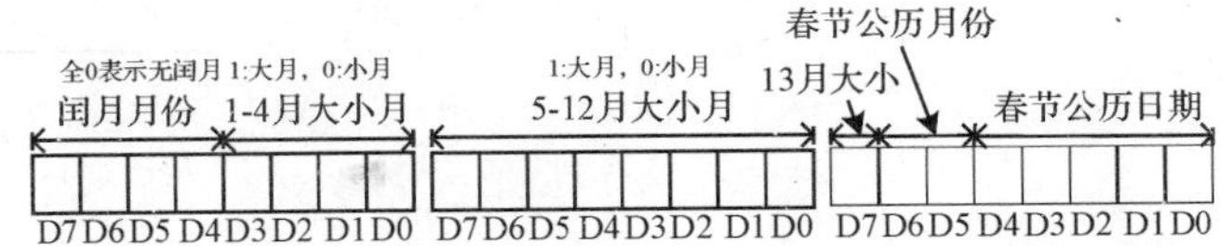


图9-21　阴历信息数据结构图

如图9-22所示，时间设置处理主要完成三个按键操作功能，根据定时中断1服务程序对各按键的标志位进行相应的日起调整设置，然后根据设置的日期计算是对应星期几，最后将日期信息转换成BCD码并更新DS1302时钟芯片。

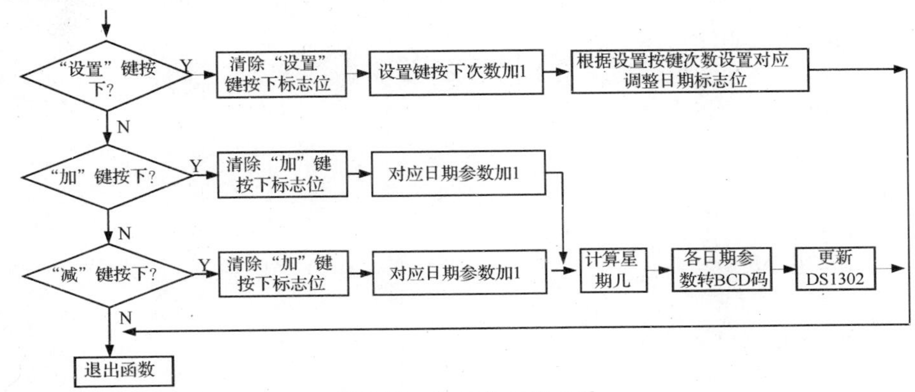


图9-22　按键处理流程图

2）源程序设计

```
//DS1302.C
#include <reg52.h>
#define uchar unsigned char
#define uint  unsigned int
#define SECOND 0x80   //秒
#define MINUTE 0x82   //分钟
#define HOUR    0x84  //小时
#define DAY      0x86  //天
#define MONTH   0x88   //月
#define WEEK    0x8a  //星期
#define YEAR    0x8c  //年
sbit DS1302_RST = P3^0;
sbit DS1302_SCLK = P3^1;
sbit DS1302_IO = P3^2;
typedef struct systime
{
  uchar    cYear;
  uchar   cMon;
  uchar   cDay;
  uchar   cHour;
  uchar   cMin;
  uchar   cSec;
  uchar   cWeek;
}SYSTIME;

void DS1302_Write(uchar D)
{
  uchar i;
  for(i=0;i<8;i++)
  {
  DS1302_IO = D&0x01;
  DS1302_SCLK = 1;
  DS1302_SCLK = 0;
  D = D>>1;
  }
}
uchar DS1302_Read()
{
  uchar TempDat = 0,i;
  for(i=0;i<8;i++)
  {
```

```
    TempDat > > =1;
    if(DS1302_IO) TempDat = TempDat|0x80;
    DS1302_SCLK = 1;
    DS1302_SCLK = 0;

    }
      return TempDat;
}

void WDS1302(uchar ucAddr, uchar ucDat)
{
      DS1302_RST  = 0;
      DS1302_SCLK  = 0;
      DS1302_RST  = 1;
      DS1302_Write(ucAddr);              // 地址,命令
      DS1302_Write(ucDat);               // 写 1Byte 数据
      DS1302_SCLK  = 1;
      DS1302_RST  = 0;
}

uchar RDS1302(uchar ucAddr)
{
      uchar ucDat;
      DS1302_RST  = 0;
      DS1302_SCLK  = 0;
      DS1302_RST  = 1;
      DS1302_Write(ucAddr);              // 地址,命令
      ucDat = DS1302_Read();
      DS1302_SCLK  = 1;
      DS1302_RST  = 0;
   return ucDat;
}

void SetTime(SYSTIME sys)
{

      WDS1302(YEAR,sys. cYear);
   WDS1302(MONTH,sys. cMon&0x1f);
   WDS1302(DAY,sys. cDay&0x3f);
   WDS1302(HOUR,sys. cHour&0xbf);
   WDS1302(MINUTE,sys. cMin&0x7f);
   WDS1302(SECOND,sys. cSec&0x7f);
```

```
  WDS1302(WEEK,sys.cWeek&0x07);
}
void GetTime(SYSTIME *sys)
{
  uchar uiTempDat;
  uiTempDat = RDS1302(YEAR|0x01);
  (*sys).cYear = (uiTempDat>>4)*10+(uiTempDat&0x0f);
//  uiTempDat = RDS1302(0x88|0x01);
//  (*sys).cMon = ((uiTempDat&0x1f)>>4)*10+(uiTempDat&0x0f);
  uiTempDat = RDS1302(0x88|0x01);
  (*sys).cMon = ((uiTempDat&0x1f)>>4)*10+(uiTempDat&0x0f);
  uiTempDat = RDS1302(DAY|0x01);
  (*sys).cDay = ((uiTempDat&0x3f)>>4)*10+(uiTempDat&0x0f);
  uiTempDat = RDS1302(HOUR|0x01);
  (*sys).cHour = ((uiTempDat&0x3f)>>4)*10+(uiTempDat&0x0f);
  uiTempDat = RDS1302(MINUTE|0x01);
  sys->cMin = ((uiTempDat&0x7f)>>4)*10+(uiTempDat&0x0f);
  uiTempDat = RDS1302(SECOND|0x01);
  sys->cSec = ((uiTempDat&0x7f)>>4)*10+(uiTempDat&0x0f);
  uiTempDat = RDS1302(MONTH|0x01);
  (*sys).cMon = uiTempDat&0x17;
  uiTempDat = RDS1302(WEEK|0x01);
  sys->cWeek = uiTempDat&0x07;
}
#define int8 unsigned char
/*----------------------------------------
键值检测程序

   RB4(KEY_OUT1)   KEY_ONOFF
   RB5(KEY_OUT2)   KEY_ACCU
   RB6(KEY_OUT3)   KEY_BUZZER
   RB7(KEY_OUT4)   KEY_BACKLED
----------------------------------------*/
#define  KEY1    4
#define  KEY2    5
#define  KEY3    6
#define  KEY4    7
//input.c
//键值定义
#define   KEY_NONE        0x00
#define   KEY_ONOFF       0x10
#define   KEY_ACCU        0x20
```

```
#define    KEY_BUZZER          0x40
#define    KEY_BACKLED          0x80
#define    KEYCOUNT_DEF   1                    //10ms * 1 = 10ms   去抖时间
int8   keyvalue = KEY_NONE;
int8   key1count_dn  =0,key1count_up  =0;   //按键去抖计数器
int8   key2count_dn  =0,key2count_up  =0;
int8   key3count_dn  =0,key3count_up  =0;
int8   key4count_dn  =0,key4count_up  =0;
void keyinput(void)
{
  int8   portb_temp;
    portb_temp = P2;
  //Power
    if(!(portb_temp&0x10))  //键按下(dn)处理
    {
      if (key1count_up < KEYCOUNT_DEF) key1count_up = 0;
//清弹起计数器,保证弹起的脉宽必须大于2 * KEYCOUNT_DEF
      key1count_dn + +;
       if (key1count_dn = = KEYCOUNT_DEF)   { keyvalue| =0x10;key1count_up = 0; }
       if (key1count_dn > KEYCOUNT_DEF)    key1count_dn  =  KEYCOUNT_DEF;
//保持按下计数器
  }
  else   //键弹起(up)处理
  {
  if (key1count_dn < KEYCOUNT_DEF) key1count_dn = 0;
//清按下计数器,保证按下的脉宽必须大于2 * KEYCOUNT_DEF
  key1count_up + +;
     if (key1count_up = = KEYCOUNT_DEF)    { keyvalue& = 0xef;key1count_dn = 0;}
       if (key1count_up > KEYCOUNT_DEF)   key1count_up  =  KEYCOUNT_DEF;
  }
        if(!(portb_temp&0x20))  //键按下(dn)处理
    {
      if (key2count_up < KEYCOUNT_DEF) key2count_up = 0;
//清弹起计数器,保证弹起的脉宽必须大于2 * KEYCOUNT_DEF
      key2count_dn + +;
       if (key2count_dn = = KEYCOUNT_DEF)   { keyvalue| =0x20;key2count_up = 0; }
       if (key2count_dn > KEYCOUNT_DEF)    key2count_dn  =  KEYCOUNT_DEF;
  //保持按下计数器
  }
  else //键弹起(up)处理
  {
  if (key2count_dn < KEYCOUNT_DEF) key2count_dn = 0;
```

```
//清按下计数器,保证按下的脉宽必须大于 2 * KEYCOUNT_DEF
  key2count_up + + ;
     if (key2count_up = = KEYCOUNT_DEF)    { keyvalue& = 0xdf;key2count_dn = 0;}
       if (key2count_up > KEYCOUNT_DEF)  key2count_up = KEYCOUNT_DEF;
  }
    // BUZZER KEY
    if(! (portb_temp&0x40))  //键按下(dn)处理
    {
       if (key3count_up < KEYCOUNT_DEF) key3count_up = 0;
//清弹起计数器,保证弹起的脉宽必须大于 2 * KEYCOUNT_DEF
       key3count_dn + + ;
       if (key3count_dn = = KEYCOUNT_DEF)    { keyvalue | = 0x40; key3count_up = 0;}
       if (key3count_dn > KEYCOUNT_DEF)    key3count_dn = KEYCOUNT_DEF;
//保持按下计数器
    }
  else //键弹起(up)处理
    {
  if (key3count_dn < KEYCOUNT_DEF) key3count_dn = 0;
//清按下计数器,保证按下的脉宽必须大于 2 * KEYCOUNT_DEF
  key3count_up + + ;
     if (key3count_up = = KEYCOUNT_DEF)    { keyvalue& = 0xbf;key3count_dn = 0;}
       if (key3count_up > KEYCOUNT_DEF)  key3count_up = KEYCOUNT_DEF;
  }
   //灯光键检测
    if(! (portb_temp&0x80))  //键按下(dn)处理
    {
       if (key4count_up < KEYCOUNT_DEF) key4count_up = 0;
//清弹起计数器,保证弹起的脉宽必须大于 2 * KEYCOUNT_DEF
       key4count_dn + + ;
       if (key4count_dn = = KEYCOUNT_DEF)    { keyvalue | = 0x80; key4count_up = 0;}
       if (key4count_dn > KEYCOUNT_DEF)    key4count_dn = KEYCOUNT_DEF;
//保持按下计数器
    }
  else //键弹起(up)处理
    {
  if (key4count_dn < KEYCOUNT_DEF) key4count_dn = 0;
//清按下计数器,保证按下的脉宽必须大于 2 * KEYCOUNT_DEF
  key4count_up + + ;
     if (key4count_up = = KEYCOUNT_DEF)    { keyvalue& = 0x7f;key4count_dn = 0;}
       if (key4count_up > KEYCOUNT_DEF)  key4count_up = KEYCOUNT_DEF;
    }
}
```

```
/*************************************/
/**
/** 模 块 名：---------One-Wire.C----
/**-------------DS18B20 单总线模块---*/
/** 功能描述：
/**
/** 其他说明：
/*************************************/
//#include "Includes.h"  //文件包含
#include    <reg52.h>
#include     <intrins.h>
#include     <string.h>
#include    "One-Wire.h"
#define int8u unsigned char
/************************************
    模块级变量申明
*************************************/
/* void    OneWire_Rst(void);
void    OneWire_Init(void);
void    OneWire_WriteByte(int8u cmd);
int8u    OneWire_ReadByte(void);
void    OneWire_Idle(void);      */
void Delay_Xus(int8u x)   //x 取值 1~255;
{
  while(--x);
//   int8u i;
//   x /= 8;
//   for(i=0;i<x;i++);
  }
void Delay_Xms(int8u x)   //x 取值 1~255;
{
  int8u i,j;
  for(i=0;i<x;i++)
  for(j=0;j<200;j++)
  {
  _nop_();
  _nop_();
  }
}
/************************************
    子函数定义
*************************************/
```

```
/*****************************************
*** 函 数 名:  void OneWire_Init(void)
*** 功能描述:
*** 全局变量:
*** 输   入:NO !
*** 输   出:NO !
*** 函数说明:单总线数据传输初始化;
*****************************************/
void OneWire_Init(void)
{
  DQ = 1;
  _nop_();;
  DQ = 0;  //拉低数据线,准备 Reset OneWire Bus;
  Delay_Xus(125);  //延时 510μs,Reset One-Wire Bus.
  Delay_Xus(125);

  DQ = 1;  //提升数据线;
  Delay_Xus(15);  //延时 35μs;

  while(DQ)  //等待 Slave 器件 Ack 信号;
  {
  _nop_();;
  }
  Delay_Xus(60);  //延时 125us;
  DQ = 1;  //提升数据线,准备数据传输;
  }
/*****************************************
*** 函 数 名:  void OneWire_Rst(void)
*** 功能描述:
*** 全局变量:No !
*** 输   入:NO !
*** 输   出:NO !
*** 函数说明:单总线 Reset pulse;
*****************************************/
void OneWire_Rst(void)
{
  DQ = 0;  //拉低数据线,准备 Reset OneWire Bus;
  Delay_Xus(125);  //延时 511μs,Reset One-Wire Bus.
  DQ = 0;
  Delay_Xus(125);
  }
/*****************************************
```

```
* * * 函 数 名: void OneWire_WriteByte(int8u cmd)
* * * 功能描述:写一个字节;
* * * 全局变量:NO !
* * * 输    入:cmd:8bit;
* * * 输    出:NO !
* * * 函数说明:cmd 主要有 Rom 操作指令和 E2Ram 操作指令两种;
/* * * * * * * * * * * * * * * * * * * * * * * * * * * * * * * * * * */
void OneWire_WriteByte(int8u cmd)
{
  int8u i;
  for(i = 0;i < 8;i + + )
  {
  if(cmd & 0x01)  //低位在前;
  {
  DQ = 0;  //结束 Recovery time;
  _nop_();;
  _nop_();;
  _nop_();;
  DQ = 1;  //发送数据;
  }
  else
  {
  DQ = 0;  //结束 Rec time;
  _nop_();;
  _nop_();;
  _nop_();;
  //DQ = 0;  //发送数据;
  }
  Delay_Xus(30);  //等待 Slave Device 采样;
  DQ = 1;  //Recovery;
  _nop_();;  //Recovery Time Start;
  cmd > > = 1;
  }
  }
/* * * * * * * * * * * * * * * * * * * * * * * * * * * * * * * * * *
* * * 函 数 名: int8u OneWire_ReadByte(void)
* * * 功能描述:读取一个字节;
* * * 全局变量:NO !
* * * 输    入:NO !
* * * 输    出:8bit data;
* * * 函数说明:读之前必须首先写 1;
/* * * * * * * * * * * * * * * * * * * * * * * * * * * * * * * * * * */
```

```
int8u OneWire_ReadByte( void)
{
  int8u i;
  int8u tmp = 0;
  DQ = 1;  //准备读;
  _nop_( ) ; ;
  for( i = 0;i < 8;i + + )
  {
  tmp > > = 1;  //低位先发;
  DQ = 0;  //Read init;
  _nop_( );  //2ms;
  DQ = 1;  //必须写 1,否则读出来的将是不预期的数据;
  Delay_Xus(2);  //延时 9μs;
  _nop_( );
  if( DQ)  //在 12us 处读取数据;
  tmp | = 0x80;
  Delay_Xus(30);  //延时 55μs;
  DQ = 1;  //恢复 One Wire Bus;
  _nop_( ) ; ;
  }
  return tmp;
  }
/ * * * * * * * * * * * * * * * * * * * * * * * * * * * * * * * * * * *
* * * 函 数 名:  void OneWire_Idle( void)
* * * 功能描述: 总线空闲模式;
* * * 全局变量: NO !
* * * 输   入: NO !
* * * 输   出: NO !
* * * 函数说明:
/ * * * * * * * * * * * * * * * * * * * * * * * * * * * * * * * * * * * /
void OneWire_Idle( void)
{
  DQ = 1;
  _nop_( ) ; ;
  }
/ * * * * * * * * * * * * * * * * * * * * * * * * * * * * * * * * * *
* * * 函 数 名:  void DS18B20_Init( void)
* * * 功能描述: 器件 DS18B20 初始化;
* * * 全局变量: NO !
* * * 输   入: NO !
* * * 输   出: NO !
* * * 函数说明:
```

```
/*********************************/
void DS18B20_Init(void)
{
  OneWire_Init();
  }
/*****************************************
*****************************************
*** 函 数 名:  void DS18B20_RomCmd(int8u romCmd)
*** 功能描述:DS18B20Rom 操作命令写;
*** 全局变量:NO!
*** 输   入:romCmd;
*** 输   出:NO!
*** 函数说明:0x33:Read Rom; 0x55:Match Rom; 0xcc:Skip rom; 0xf0: Search rom;
  0xec:Alarm Search.
/**********************************/
void DS18B20_RomCmd(int8u romCmd)  //仅写了 SkipRom 例程;
{
  switch(romCmd)
   {
  case 0xcc:  //Skip Rom command;
  OneWire_WriteByte(0xcc);
  break;
  default:
  break;
  }
  }
/**********************************
*** 函 数 名:  void DS18B20_MemCmd(int8u memCmd)
*** 功能描述:DS18B20Memory 操作命令;
*** 全局变量:NO!
*** 输   入:NO!
*** 输   出:NO!
*** 函数说明:仅写了 ConvertT(0x44) 和 0xBE 命令;
  0x44:Convert T; 0xbe:Read Scratch - pad;
/**********************************/
void DS18B20_MemCmd(int8u memCmd)
{
  switch(memCmd)
   {
  case 0x44:  //Start to Convert temperature;
  OneWire_WriteByte(0x44);
  _nop_();;
```

```
  DS18B20_Busy( );
  Delay_Xms(250);   //延时 750ms;
  Delay_Xms(250);
  Delay_Xms(250);
  break;

  case 0xbe:  //Read scratchpad;
  OneWire_WriteByte(0xbe);
  break;
  default:
  break;
  }
  }
/* * * * * * * * * * * * * * * * * * * * * * * * * * * * * * * * * *
* * * 函 数 名: void DS18B20_ReadDat(int8u len,int8u  * buf)
* * * 功能描述:读取 DS18B20 内部的 Scratchpad 内容;
* * * 全局变量:NO !
* * * 输    入:len:将要读取的数据长度;
* * * 输    出:buf:数据缓存;
/* * * * * * * * * * * * * * * * * * * * * * * * * * * * * * * * * * */
void DS18B20_ReadDat(int8u len,int8u  * buf)
{
  int8u i;
  for(i=0;i<len;i+ +)
  {
  buf[i] = OneWire_ReadByte();
  }
  OneWire_Rst();
  OneWire_Idle();
  }
/* * * * * * * * * * * * * * * * * * * * * * * * * * * * * * * * * *
* * * 函 数 名: void DS18B20_Busy(void)
* * * 功能描述:内部模数转换中,忙
* * * 全局变量:NO !
* * * 输    入:NO !
* * * 输    出:NO !
* * * 函数说明:
/* * * * * * * * * * * * * * * * * * * * * * * * * * * * * * * * * */
void DS18B20_Busy(void)
{
  OneWire_Idle();
}
```

```
//lunar.c
#include "lunar.h"
#define uchar unsigned char
#define TRUE   1

uchar code Data[] = {

0x04,0xAe,0x53, //1901  0  (200 - (2100 - 1901) - 1) * 3 = 0
0x0A,0x57,0x48, //1902  3  (200 - (2100 - 1902) - 1) * 3 = 3
0x55,0x26,0xBd, //1903  6  (200 - (2100 - 1903) - 1) * 3 = 6
0x0d,0x26,0x50, //1904  9  (200 - (2100 - year) - 1) * 3 = 9
0x0d,0x95,0x44, //1905  12
0x46,0xAA,0xB9, //1906  15
0x05,0x6A,0x4d, //1907
0x09,0xAd,0x42, //1908
0x24,0xAe,0xB6, //1909
0x04,0xAe,0x4A, //1910
0x6A,0x4d,0xBe, //1911
0x0A,0x4d,0x52, //1912
0x0d,0x25,0x46, //1913
0x5d,0x52,0xBA, //1914
0x0B,0x54,0x4e, //1915
0x0d,0x6A,0x43, //1916
0x29,0x6d,0x37, //1917
0x09,0x5B,0x4B, //1918
0x74,0x9B,0xC1, //1919
0x04,0x97,0x54, //1920
0x0A,0x4B,0x48, //1921
0x5B,0x25,0xBC, //1922
0x06,0xA5,0x50, //1923
0x06,0xd4,0x45, //1924
0x4A,0xdA,0xB8, //1925
0x02,0xB6,0x4d, //1926
0x09,0x57,0x42, //1927
0x24,0x97,0xB7, //1928
0x04,0x97,0x4A, //1929
0x66,0x4B,0x3e, //1930
0x0d,0x4A,0x51, //1931
0x0e,0xA5,0x46, //1932
0x56,0xd4,0xBA, //1933
0x05,0xAd,0x4e, //1934
0x02,0xB6,0x44, //1935
```

```
0x39,0x37,0x38, //1936
0x09,0x2e,0x4B, //1937
0x7C,0x96,0xBf, //1938
0x0C,0x95,0x53, //1939
0x0d,0x4A,0x48, //1940
0x6d,0xA5,0x3B, //1941
0x0B,0x55,0x4f, //1942
0x05,0x6A,0x45, //1943
0x4A,0xAd,0xB9, //1944
0x02,0x5d,0x4d, //1945
0x09,0x2d,0x42, //1946
0x2C,0x95,0xB6, //1947
0x0A,0x95,0x4A, //1948
0x7B,0x4A,0xBd, //1949
0x06,0xCA,0x51, //1950
0x0B,0x55,0x46, //1951
0x55,0x5A,0xBB, //1952
0x04,0xdA,0x4e, //1953
0x0A,0x5B,0x43, //1954
0x35,0x2B,0xB8, //1955
0x05,0x2B,0x4C, //1956
0x8A,0x95,0x3f, //1957
0x0e,0x95,0x52, //1958
0x06,0xAA,0x48, //1959
0x7A,0xd5,0x3C, //1960
0x0A,0xB5,0x4f, //1961
0x04,0xB6,0x45, //1962
0x4A,0x57,0x39, //1963
0x0A,0x57,0x4d, //1964
0x05,0x26,0x42, //1965
0x3e,0x93,0x35, //1966
0x0d,0x95,0x49, //1967
0x75,0xAA,0xBe, //1968
0x05,0x6A,0x51, //1969
0x09,0x6d,0x46, //1970
0x54,0xAe,0xBB, //1971
0x04,0xAd,0x4f, //1972
0x0A,0x4d,0x43, //1973
0x4d,0x26,0xB7, //1974
0x0d,0x25,0x4B, //1975
0x8d,0x52,0xBf, //1976
0x0B,0x54,0x52, //1977
```

```
0x0B,0x6A,0x47, //1978
0x69,0x6d,0x3C, //1979
0x09,0x5B,0x50, //1980
0x04,0x9B,0x45, //1981
0x4A,0x4B,0xB9, //1982
0x0A,0x4B,0x4d, //1983
0xAB,0x25,0xC2, //1984
0x06,0xA5,0x54, //1985
0x06,0xd4,0x49, //1986
0x6A,0xdA,0x3d, //1987
0x0A,0xB6,0x51, //1988
0x09,0x37,0x46, //1989
0x54,0x97,0xBB, //1990
0x04,0x97,0x4f, //1991
0x06,0x4B,0x44, //1992
0x36,0xA5,0x37, //1993
0x0e,0xA5,0x4A, //1994
0x86,0xB2,0xBf, //1995
0x05,0xAC,0x53, //1996
0x0A,0xB6,0x47, //1997
0x59,0x36,0xBC, //1998
0x09,0x2e,0x50, //1999
0x0C,0x96,0x45, //2000
0x4d,0x4A,0xB8, //2001
0x0d,0x4A,0x4C, //2002
0x0d,0xA5,0x41, //2003
0x25,0xAA,0xB6, //2004
0x05,0x6A,0x49, //2005
0x7A,0xAd,0xBd, //2006
0x02,0x5d,0x52, //2007
0x09,0x2d,0x47, //2008
0x5C,0x95,0xBA, //2009
0x0A,0x95,0x4e, //2010
0x0B,0x4A,0x43, //2011
0x4B,0x55,0x37, //2012
0x0A,0xd5,0x4A, //2013
0x95,0x5A,0xBf, //2014
0x04,0xBA,0x53, //2015
0x0A,0x5B,0x48, //2016
0x65,0x2B,0xBC, //2017
0x05,0x2B,0x50, //2018
0x0A,0x93,0x45, //2019
```

```
0x47,0x4A,0xB9, //2020
0x06,0xAA,0x4C, //2021
0x0A,0xd5,0x41, //2022
0x24,0xdA,0xB6, //2023
0x04,0xB6,0x4A, //2024
0x69,0x57,0x3d, //2025
0x0A,0x4e,0x51, //2026
0x0d,0x26,0x46, //2027
0x5e,0x93,0x3A, //2028
0x0d,0x53,0x4d, //2029
0x05,0xAA,0x43, //2030
0x36,0xB5,0x37, //2031
0x09,0x6d,0x4B, //2032
0xB4,0xAe,0xBf, //2033
0x04,0xAd,0x53, //2034
0x0A,0x4d,0x48, //2035
0x6d,0x25,0xBC, //2036
0x0d,0x25,0x4f, //2037
0x0d,0x52,0x44, //2038
0x5d,0xAA,0x38, //2039
0x0B,0x5A,0x4C, //2040
0x05,0x6d,0x41, //2041
0x24,0xAd,0xB6, //2042
0x04,0x9B,0x4A, //2043
0x7A,0x4B,0xBe, //2044
0x0A,0x4B,0x51, //2045
0x0A,0xA5,0x46, //2046
0x5B,0x52,0xBA, //2047
0x06,0xd2,0x4e, //2048
0x0A,0xdA,0x42, //2049
0x35,0x5B,0x37, //2050
0x09,0x37,0x4B, //2051
0x84,0x97,0xC1, //2052
0x04,0x97,0x53, //2053
0x06,0x4B,0x48, //2054
0x66,0xA5,0x3C, //2055
0x0e,0xA5,0x4f, //2056
0x06,0xB2,0x44, //2057
0x4A,0xB6,0x38, //2058
0x0A,0xAe,0x4C, //2059
0x09,0x2e,0x42, //2060
0x3C,0x97,0x35, //2061
```

```
0x0C,0x96,0x49, //2062
0x7d,0x4A,0xBd, //2063
0x0d,0x4A,0x51, //2064
0x0d,0xA5,0x45, //2065
0x55,0xAA,0xBA, //2066
0x05,0x6A,0x4e, //2067
0x0A,0x6d,0x43, //2068
0x45,0x2e,0xB7, //2069
0x05,0x2d,0x4B, //2070
0x8A,0x95,0xBf, //2071
0x0A,0x95,0x53, //2072
0x0B,0x4A,0x47, //2073
0x6B,0x55,0x3B, //2074
0x0A,0xd5,0x4f, //2075
0x05,0x5A,0x45, //2076
0x4A,0x5d,0x38, //2077
0x0A,0x5B,0x4C, //2078
0x05,0x2B,0x42, //2079
0x3A,0x93,0xB6, //2080
0x06,0x93,0x49, //2081
0x77,0x29,0xBd, //2082
0x06,0xAA,0x51, //2083
0x0A,0xd5,0x46, //2084
0x54,0xdA,0xBA, //2085
0x04,0xB6,0x4e, //2086
0x0A,0x57,0x43, //2087
0x45,0x27,0x38, //2088
0x0d,0x26,0x4A, //2089
0x8e,0x93,0x3e, //2090
0x0d,0x52,0x52, //2091
0x0d,0xAA,0x47, //2092
0x66,0xB5,0x3B, //2093
0x05,0x6d,0x4f, //2094
0x04,0xAe,0x45, //2095
0x4A,0x4e,0xB9, //2096
0x0A,0x4d,0x4C, //2097
0x0d,0x15,0x41, //2098
0x2d,0x92,0xB5, //2099
0x0d,0x53,0x49, //2100
};

uchar code Mon1[2][13] = {0,31,28,31,30,31,30,31,31,30,31,30,31,
```

```
    0,31,29,31,30,31,30,31,31,30,31,30,31};



SPDATE Spdate;
//获得当年春节的公历日期
SPDATE GetSpringDay(uchar GreYear,uchar GreMon,uchar GreDay)
{
  //第三字节 BIT6-5 表示春节的公历月份,BIT4-0 表示春节的公历日期
  //0x09,0x2d,0x47, //2008   0x47 01000111
  int day;
    uchar i,Flag,F;
  uchar Offset1;
  unsigned char L=0x01,Flag1=1;
  unsigned int   Temp16,L1=0x0800;
  Spdate.cYear=GreYear;
  Spdate.cMon=(Data[(200-(100-GreYear)-1)*3+2]&0x60)>>5;
                                            //春节公历月份
  Spdate.cDay=(Data[(200-(100-GreYear)-1)*3+2])&0x1f;
                                            //春节公历日期
  if((!(GreYear%4)&&(GreYear%100))||!(GreYear%400))Flag=1; else Flag=0;
  if(Spdate.cMon>GreMon)  //春节距离公历日期的天数
  {
     day=Mon1[Flag][GreMon]-GreDay;
     for(i=GreMon+1;i<=Spdate.cMon-1;i++)
  day+=Mon1[Flag][i];
     day+=Spdate.cDay;
     F=1;
  }
  else if(Spdate.cMon<GreMon) //春节的月份小于目标的月份
  {
  day=Mon1[Flag][Spdate.cMon]-Spdate.cDay;
  for(i=Spdate.cMon+1;i<=GreMon-1;i++)
  day+=Mon1[Flag][i];
  day+=GreDay;
  //   day=-day;
  F=0;
  }
  else
  {
  //if(Spdate.cDay!=GreDay) day=Spdate.cDay-GreDay; else day=0;
  if(Spdate.cDay>GreDay)
```

```
{
day = Spdate.cDay - GreDay;
F = 1;
}
else if(Spdate.cDay < GreDay)
{
day = GreDay - Spdate.cDay;
F = 0;
}
else day = 0;
}

Spdate.cYear = Spdate.cYear;
Spdate.cMon = 1;
Spdate.cDay = 1;

if(! day) return Spdate;

if(F)      //春节在公历日期后
{
Spdate.cYear--;
Spdate.cMon = 12;
Offset1 = (200 - (100 - Spdate.cYear) - 1) * 3;
while(TRUE)
{
//格式第一字节 BIT7-4 位表示闰月月份,值为 0 为无闰月,BIT3-0 对应农历第 1-4 月的大小
//第二字节 BIT7-0 对应农历第 5-12 月大小,第三字节 BIT7 表示农历第 13 个月大小
//0x4d,0x4A,0xB8, //2001
if(Data[Offset1 + 1]&L)
day -= 30;
else
day -= 29;
L <<= 1;
if(((Data[Offset1 + 0]&0xf0) >> 4) == Spdate.cMon && Flag1)
{
Flag1 = 0;
if(Data[Offset1 + 2]&0x80) day -= 30; else day -= 29;
//day -= LYDay;
//if(day < 0) break;
continue;
}
if(day > 0) Spdate.cMon--; else break;
```

```
}
Spdate. cDay = - day + 1;
}

if(! F)
{
//   day = - day;
//0x09,0x2d,0x47, //2008
Spdate. cMon = 1;
Offset1 = (200 - (100 - Spdate. cYear) - 1) * 3;
Temp16 = (Data[ Offset1 +0] < <8) + Data[ Offset1 + 1];
while(TRUE)
{
if(Temp16 & L1) day - =30; else day - =29;
if(day > =0)
Spdate. cMon + +;
else if(day <0)
{
if(Temp16 & L1) day + =30; else day + =29;
break;
}
L1 > > =1;
//格式第一字节 BIT7 -4 位表示闰月月份,值为 0 为无闰月,BIT3 -0 对应农历第 1 -4 月的大小
//第二字节 BIT7 -0 对应农历第 5 -12 月大小,第三字节 BIT7 表示农历第 13 个月大小
if(((Data[ Offset1 +0]&0xf0) > >4) = =(Spdate. cMon -1) && Flag1) //闰月
{
Flag1 =0;
Spdate. cMon - -;
if(Temp16 & L1) day - =30; else day - =29;
if(day > =0)
Spdate. cMon + +;
else if(day <0)
{
if(Temp16 & L1) day + =30; else day + =29;
break;
}
L1 > >1;
}
//Temp16 =
}
//LunarDate. Month - -;
```

```
    Spdate.cDay = day + 1;
    }
      return Spdate;
}

bit YearFlag(uchar cYear)
{
   if( (! (cYear%4) && (cYear%100)) || ! (cYear%400) ) return 1; else return 0;
}

//目标日期是星期几
uchar GetWeekDay(uchar cYear,uchar cMon,uchar cDay)
{
   char i;
   int  Sum = 0,tmpyear = 2000 + cYear;
   for(i = 1;i <= cMon - 1;i++)
   Sum += Mon1[YearFlag(cYear)][i];
   Sum += cDay - 1;
   return (((tmpyear - 1) + (tmpyear - 1)/4 - (tmpyear - 1)/100 + (tmpyear - 1)/400 + Sum)%7)
+1;
}
```

## 9.4 实践发挥

1. 功能实现

在上例基础上适当修改软件程序,实现指针式电子时钟功能。

2. 实践要求

(1)绘制系统框图。

(2)设计仿真原理图。

(3)绘制软件流程图。

(4)编制程序并仿真运行。

3. 实践考核

实践考核内容如表9-13所示。

表 9-13　实践考核表

| 班级 | 姓名 | 学号 |
| --- | --- | --- |
| | | |

| 评价项目 | 评价内容 | 配分 | 评价标准 | 得分 |
| --- | --- | --- | --- | --- |
| 系统方案（框图） | 系统功能分析 | 15 | 能正确划分系统各功能模块(5 分) | |
| | | | 能正确绘制框图表示各功能模块连接关系(15 分) | |
| 硬件电路 | 电子电路基础知识 | 20 | 掌握单片机芯片对应引脚名称、序号、功能(5 分) | |
| | | | 按照系统功能正确绘制仿真原理图(15 分) | |
| 软件流程图 | 软件功能分析与设计 | 15 | 软件功能模块完整性(5 分) | |
| | | | 软件功能模块逻辑关系正确性(5 分) | |
| | | | 流程图绘制规范性(5 分) | |
| 程序编制、调试、运行 | 指令学习 | 5 | 能正确理解和应用指令(5 分) | |
| | 程序分析、设计 | 15 | 能正确编写功能程序(15 分) | |
| | 程序调试、运行 | 15 | 程序输入正确(5 分) | |
| | | | 程序编译仿真正确(10 分) | |
| 功能发挥 | 自主创新性 | 5 | 功能扩展(5 分) | |
| 团结协作 | 集体意识 | 10 | 各成员分工协作,积极参与(10 分) | |

# 项目10　16 * 64点阵显示屏设计

**项目目标**:学习 LED 点阵工作原理和驱动电路设计方法,学习 LED 点阵屏显示信息编程设计方法。

**项目要求**:完成单色 16 * 64LED 点阵屏系统设计。

**项目说明**:市场上的 LED 点阵屏多由多个 LED 点阵单元板级连而成,每个单元板的基本组成模块,一般由多个 8 * 8 的 LED 点阵屏模块、行列驱动电路、控制器及通信电路组成。

## 10.1　识预习

(1) LED 点阵屏工作原理是什么?

(2)室内室外 LED 点阵广告屏有什么区别?

(3) LED 点阵屏扩展方法有哪些?

## 10.2　知识学习

1. 16 * 64LED 点阵工作原理

如图 10-1 所示,8 * 8LED 点阵模块由 8 行 8 列共 64 个发光二极管构成,用它可以显示英文字符、数字和简单的图形和汉字。显示原理是只要其对应的 $X$、$Y$ 轴顺向偏压,即可使 LED 发亮。例如,如果想使左上角 LED 点亮,则 Y0 = 1,X0 = 0 即可,应用时限流电阻可以放在 $X$ 轴或 $Y$ 轴,这样只要在上面点亮多个对应的 LED 二极管,即可显示对应的信息图形。因此只要将 2 个 8 * 8LED 点阵模块各列线连接一起构成 16 * 8LED 点阵,将 8 个 16 * 8LED 点阵各行连接在一起构成 16 * 64LED 点阵屏。

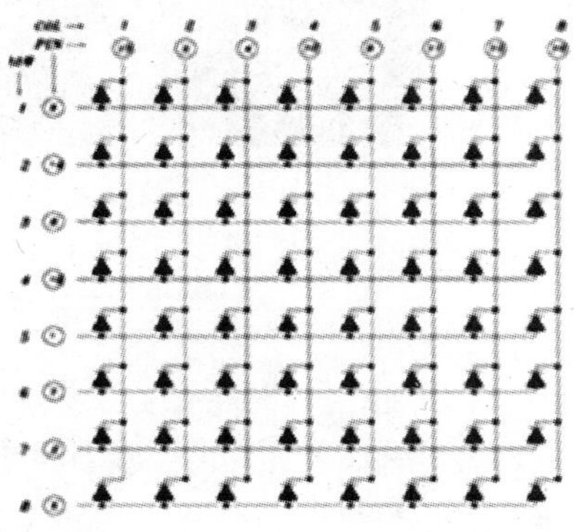

图 10-1　LED 点阵模式内部连接图

2. LED 点阵驱动

由于 LED 发光器件数目较多，不宜使用静态驱动电路，通常采用动态扫描驱动方式。扫描驱动一般采用多行的同名列公用一套列驱动器，行驱动器一行的行线连到电源的一端，列驱动器一列的列线连到电源的另一端，当行驱动选中第 $i$ 行，列驱动选中第 $j$ 列时，对应 LED 器件根据列驱动器的要求进行显示。控制电路负责有序的选通各行，在选通每一行之前还要把改行各列的数据准备好。一旦改行选通，这一行线上的 LED 发光管就可以根据列数据进行显示。电路连接如图 10-2 所示。采用扫描方式进行显示时，每行有一个行驱动器，各行的同名列公用一个列驱动器，由行译码器给出有效信号，从第一行开始，按顺序依次对各行进行扫描(改行与电源一端接通)。另一方面，根据各列锁存的数据，确定相应的列驱动器是否将该列与电源另一端接通。接通的列就在该列点亮 LED，未接通列所对应的 LED 不亮，当一行的持续扫描时间结束后，下一行又以同样的方式进行显示。全部各行都扫描一遍后(一个扫描周期)，又从第一行开始下一个周期扫描，只要扫描周期的时间比人眼闪烁临界时间短，就不容易感觉数据的更替。

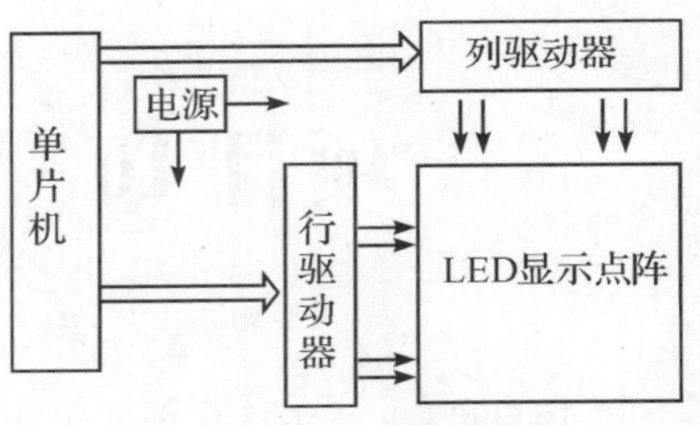


图 10-2　点阵显示驱动原理框图

显示数据存放在存储器中，显示时要把一行中的各列的数据都送到相应的列驱动器上去，传输方式可以采用并行方式或串行方式，采用并行方式时从控制电路到列驱动器的连线数量巨大，相应的硬件数量多，当列数很多时，并行传输列信号的方式不可取。采用串行传输方法，控制电路可以只用一根信号线，将列数据一位一位地传往列驱动器，然后再串行转并行输出对应列线，各列数据传输到位后，改行的各列允许并行显示，但这种方式下，列数据准备时间较长，在行扫描周期确定情况下，留给显示时间太少，影响 LED 亮度。为了解决这一问题，采用重叠处理方法，在显示本行各列数据的同时，准备下一行各列数据，因此各列数据的显示需要锁存功能。

## 10.3　LED 点阵屏设计

1. 系统电路设计

经过分析，可以看出列驱动器电路应具备串入并出的移位功能和并行锁存功能，因此这种电路可以采用 74HC595 实现，扩展电路如图 10-3 所示，74HC595 具有一个 8 位的串入并出的移位寄存器和一个 8 位输出锁存器，移位寄存器和输出锁存器的控制各自独立，所以当第一行数据锁存在行线上时，其内部同时通过移位寄存器组织第二行数据，这使得行数据准备和显示可以同时进行。电路由 8 片 74HC595

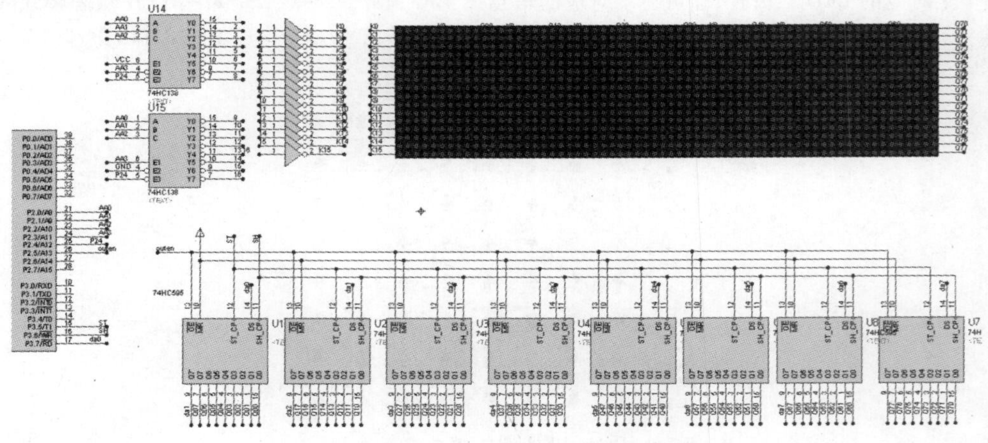


图 10-3　16＊64 点阵屏仿真原理图

组成64列驱动，第一片74HC595的da0端连接到单片机输出的串行列显示数据，Q7与后续74HC595的输入端连接，74HC595并行输出端直接与LED模块列线相连，每片74HC595相应的ST_CP和SH_CP串行移位信号和输出锁存器允许信号，使用串行以位组的方式把64位显示数据依次输入到相应的移位寄存器输出端，然后通过两片74HC138构成4～16译码器分别对16行线进行扫描。

2. 系统软件设计

```
#include <REG52.h>          //51芯片管脚定义头文件
#include <intrins.h> //内部包含_nop_();

#define uchar unsigned char
#define uint unsigned int
sbit SDATA_595 = P3^7;    //串行数据输入
sbit SHCP_595  = P3^6;   //移位时钟脉冲，上升沿时数据寄存器的数据移位
sbit STCP_595  = P3^5;   //输出锁存器控制脉冲，上升沿时移位寄存器的数据进入数据存储寄存器
sbit XS_74138  = P2^4;   //显示允许控制信号端口
sbit outen = P2^5;
void write_data(uchar dat);      //写数据函数声明
void hangxuan(uchar i);        //行选函数声明
void clean(void);  //清空显存
void move(void);// 左移一位
void LeftMove(uchar *p);//左移一位并显示
void display(void);//显示
uchar idata buffer[16][9];  //   显示数据缓冲区

uchar *pc[16];

//16X16的显示代码
uchar code lin[16][2] = {
0x01,0x00,0x09,0x80,0x09,0x00,0x49,0xFE,0x4A,0x20,0x4A,0x10,0x4C,0x10,0x49,0x04,
0x49,0xFE,0x49,0x24,0x49,0x24,0x49,0x24,0x49,0x24,0x09,0xFC,0x09,0x04,0x00,0x00};/*
---------------临----------------*/
uchar code guang[16][2] = {
0x01,0x00,0x21,0x10,0x19,0x18,0x0D,0x10,0x09,0x20,0x01,0x04,0x7F,0xFE,0x04,0x40,0x04,
0x40,0x04,0x40,0x04,0x40,0x08,0x42,0x08,0x42,0x10,0x42,0x20,0x3E,0x40,0x00};/*------
---------光---------------*/
uchar code ying[16][2] = {
0x40,0x00,0x21,0x80,0x36,0x7C,0x24,0x44,0x04,0x44,0x04,0x44,0xE4,0x44,0x24,0x44,0x25,
0x44,0x26,0x54,0x24,0x48,0x20,0x40,0x20,0x40,0x50,0x00,0x8F,0xFE,0x00,0x00};/*------
---------迎---------------*/
uchar code huan[16][2] = {
0x00,0x80,0x00,0x80,0xFC,0x80,0x05,0xFE,0x85,0x04,0x4A,0x48,0x28,0x40,0x10,0x40,0x18,
0x40,0x18,0x60,0x24,0xA0,0x24,0x90,0x41,0x18,0x86,0x0E,0x38,0x04,0x00,0x00};/*------
```

```
-----欢---------------*/
    uchar code daima[][32] = {
    {0x01,0x00,0x09,0x80,0x09,0x00,0x49,0xFE,0x4A,0x20,0x4A,0x10,0x4C,0x10,0x49,0x04,
0x49,0xFE,0x49,0x24,0x49,0x24,0x49,0x24,0x49,0x24,0x09,0xFC,0x09,0x04,0x00,0x00},/*--
----------临---------------*/
    {0x01,0x00,0x21,0x10,0x19,0x18,0x0D,0x10,0x09,0x20,0x01,0x04,0x7F,0xFE,0x04,0x40,
0x04,0x40,0x04,0x40,0x04,0x40,0x08,0x42,0x08,0x42,0x10,0x42,0x20,0x3E,0x40,0x00},/*---
---------光--------------*/
    {0x40,0x00,0x21,0x80,0x36,0x7C,0x24,0x44,0x04,0x44,0x04,0x44,0xE4,0x44,0x24,0x44,
0x25,0x44,0x26,0x54,0x24,0x48,0x20,0x40,0x20,0x40,0x50,0x00,0x8F,0xFE,0x00,0x00},/*--
-----------迎----------------*/
    {0x00,0x80,0x00,0x80,0xFC,0x80,0x05,0xFE,0x85,0x04,0x4A,0x48,0x28,0x40,0x10,0x40,
0x18,0x40,0x18,0x60,0x24,0xA0,0x24,0x90,0x41,0x18,0x86,0x0E,0x38,0x04,0x00,0x00},/*--
-----------欢---------------*/
    };
    /*------------延时函数-----------------*/
    void delay(unsigned int n)
    {
    while(--n);
    }

    //主函数开始
    void main()
    {
    uchar shuju,i,j,k,m,hang;          //定义变量
    shuju = 0;               //给变量赋初值
    hang = 0;
    P2 = 0X00;
    XS_74138 = 1;//禁止显示

    while(1)//无限循环
    {
    for(i = 0;i < 1;i++)//三个汉字
    {
    for(m = 0;m < 100;m++)//每个字显示一段时间
    {
        for(j = 0;j < 32;j += 2)//每个汉字有32个代码
        {
        for(k = 0;k < 4;k++)//共显示几个汉字
          {
          shuju = daima[i + k][j + 1];//选择某行,某列,先写某一行代码的右半边部分,因为在移位
时,它会移到下一个595
```

```
        STCP_595 = 0;//为锁存数据,即产生上升沿信号做准备
        write_data(shuju);//写代码
        shuju = daima[i + k][j];//选择某行某列,某一行的左半部分,
        write_data(shuju);//写代码
    }
hangxuan(hang);//行选函数
        hang + +;//行号自增
if(hang = =16)//如果等于 16 了,说明已经扫描完一整屏幕的数据,行号代码就要清零
hang = 0;
STCP_595 = 1;//产生一个上升沿
delay(100);//发送完一行代码延时一下
    }
    }
    }
}
}
//向 74HC595 写数据
void write_data(uchar dat)
{
uchar i;
for(i = 0;i < 8;i + +)//数据是 8 位的
{
SHCP_595 = 0;//时钟信号的 上升沿,数据进入移位寄存器
_nop_();
_nop_();
SDATA_595 = ~dat&0x80;//只要最高位
_nop_();
_nop_();
dat = dat < <1;//左移一位
SHCP_595 = 1;//产生上升沿
}
}
//行选函数
void hangxuan(uchar i)
{
uchar k;
k = P2&0XF0;//读回行号
XS_74138 = 1;//关显示
i& = 0x0f;//只要低四位
P2 = i|k;//高四位不变,只把低四位赋给 P2 口
XS_74138  = 0;//开显示
}
```

```
void clean(void)
{
  uchar i,j;
  for(i=0;i<16;i++)
  for(j=0;j<9;j++)
  buffer[i][j]=0x00;
}

/* 左移一位 */
void move(void){
  uchar *m,i,j;
  for(i=0;i<16;i++){
  for(j=0;j<8;j++){

  m=&buffer[i][j];
   *m=*m<<1;
   *m=*m|(*(m+1)>>7);
  }
  buffer[i][8]=buffer[i][8]<<1;
  }
}
void LeftMove(uchar *p){
  uchar i,j;
  //buffer[0][7]=buffer[1][7]=buffer[14][7]=buffer[15][7]=0x00;
  for(i=0;i<16;i++)
  buffer[i][8]=*(p+2*i);   //装载高8位
  for(i=0;i<8;i++){   //左移8次,并显示
  move();
       display();
     }
   for(i=0;i<16;i++)
  buffer[i][8]=*(p+1+2*i);   //装载低8位
  for(i=0;i<8;i++)
{  //左移8次,并显示
  move();
  display();
}

  }
void display(void)
{  uchar j,k,m,shuju,hang;
outen=0;
```

```
for(j = 0;j < 16;j + + )//扫描16行
{
STCP_595 = 0;//为锁存数据,即产生上升沿信号做准备
for(k = 8;k > 0;k - - )//共显示一行64列
   {
 shuju = buffer[j][k];//选择某行,某列,先写某一行代码的右半边部分,因为//在移位时,它会移到下一个595

 write_data(shuju);//写代码

}
shuju = buffer[j][0];//选择某行,某列,先写某一行代码的右半边部分,因为//在移位时,它会移到下一个595
  STCP_595 = 0;//为锁存数据,即产生上升沿信号做准备
write_data(shuju);//写代码
hangxuan(hang);//行选函数
  hang + +;//行号自增
if(hang = =16) hang = 0;
STCP_595 = 1;//产生一个上升沿
delay(105);//发送完一行代码延时一下
   }
}
```

## 10.4　实践发挥

1. 功能实现

在上例基础上适当修改软件程序,实现显示信息左右流动显示。

2. 实践要求

(1)绘制系统框图。

(2)设计仿真原理图。

(3)绘制软件流程图。

(4)编制程序并仿真运行。

3. 实践考核

实践考核内容如表10-1所示。

表10-1　实践考核表

<table>
<tr><td colspan="2">班级</td><td colspan="2">姓名</td><td colspan="2">学号</td></tr>
<tr><td colspan="2"></td><td colspan="2"></td><td colspan="2"></td></tr>
<tr><td>评价项目</td><td>评价内容</td><td>配分</td><td colspan="2">评价标准</td><td>得分</td></tr>
<tr><td rowspan="2">系统方案(框图)</td><td rowspan="2">系统功能分析</td><td rowspan="2">15</td><td colspan="2">能正确划分系统各功能模块(5分)</td><td rowspan="2"></td></tr>
<tr><td colspan="2">能正确绘制框图表示各功能模块连接关系(15分)</td></tr>
<tr><td rowspan="2">硬件电路</td><td rowspan="2">电子电路基础知识</td><td rowspan="2">20</td><td colspan="2">掌握单片机芯片对应引脚名称、序号、功能(5分)</td><td rowspan="2"></td></tr>
<tr><td colspan="2">按照系统功能正确绘制仿真原理图(15分)</td></tr>
</table>

（续表）

| | | | | |
|---|---|---|---|---|
| 软件流程图 | 软件功能分析与设计 | 15 | 软件功能模块完整性(5分) | |
| | | | 软件功能模块逻辑关系正确性(5分) | |
| | | | 流程图绘制规范性(5分) | |
| 程序编制、调试、运行 | 指令学习 | 5 | 能正确理解和应用指令(5分) | |
| | 程序分析、设计 | 15 | 能正确编写功能程序(15分) | |
| | 程序调试、运行 | 15 | 程序输入正确(5分) | |
| | | | 程序编译仿真正确(10分) | |
| 功能发挥 | 自主创新性 | 5 | 功能扩展(5分) | |
| 团结协作 | 集体意识 | 10 | 各成员分工协作，积极参与(10分) | |

# 附录　单片机的C语言应用设计

1. C语言与MCS-51单片机

在单片机应用系统研发中，应用程序设计是主要工作。采用汇编语言编写应用程序，可直接操作系统的硬件资源，编写出高质量的程序代码。但是，采用汇编语言编写比较复杂的数值计算程序就感到非常困难，且汇编语言源程序的可读性不如高级语言源程序，若要修改，需花费较多的心思，进行单片机应用程序设计的时间长、效率较低。采用C语言，易开发复杂的单片机应用系统，易于进行程序的移植，有利于产品中的单片机重新选型，可大大提高单片机应用程序的开发速度。

随着片机开发工具水平的提高，现在的单片机仿真器普遍支持C语言程序的调试，为单片机编程使用C语言提供了便利的条件。

C语言是高级程序语言。用高级语言编程时，不必过多考虑计算机的硬件特性与接口形式。事实上，任何高级语言程序最终必须要转换成计算机可识别并能执行的机器指令代码，定位于存储器。程序中的数据也必须以一定的存储结构定位于存储器中。这种转换定位是由高级语言编译器来实现的。

高级语言程序中，对于不同类型数据的存储及引用是通过不同类型的变量来实现的，高级语言的变量就代表存储单元，变量的类型结构就表示了数据的存储、引用结构。

用汇编语言设计MCS-51系列单片机应用程序时，必须考虑存储器结构，尤其要考虑片内数据存储器与特殊功能寄存器的使用，按照实际地址处理端口数据。用C语言编写MCS-51单片机的应用程序，虽然不用像汇编语言那样具体地组织、分配存储器资源及处理端口数据，但在C语言编程中，对数据类型与变量的定义，必须与单片机的存储器结构相关联，否则编译器不能正确地映射定位。

用C语言编写单片机应用程序与编写标准的C语言程序的不同之处在于根据单片机存储器结构及内部资源定义相应的C语言中的数据类型和变量，其他的语法规定、程序结构及程序设计方法都与标准的C语言程序设计相同。

用C语言编写的应用程序必须由单片机的C51编译器，转换成单片机可执行的代码程序。支持MCS-51系列单片机的C51编译器有很多。如American Automation、Auocet、BSO/TASKING、DUNFIELD-SHARWARE和Keil/Franklin等。其中Keil/Franklin的代码紧凑、使用方便成为最常用的一种编译工具。

2. C语言的入门知识

通过下面一个简单实例介绍C语言编程的方法。这里采用80C51系列单片机的C编译器Keil作为开发环境。89S52的P1引脚上接8个发光二极管，这里的任务是让接在P1引脚上的发光二极管按要求发光，如附图1所示。

**【附例1】** 点亮P1.0引脚上的LED。#include "reg51.h" sbit P1_0 = P1^0; void main( ){P1_1 = 0;}
这个程序的作用是使接在P1.0引脚上的LED点亮，这个C语言程序包含如下信息：

(1)“文件包含”处理。程序的第一行是一个“文件包含”处理。

所谓“文件包含”是指一个文件将另外一个文件的内容全部包含进来，所以这里的程序虽然只有4行，但C编译器在处理的时候却要处理几十或几百行。这里程序中包含reg51.h文件的目的是要使用P1这个符号，即通知C编译器，程序中所写的P1是指80C51单片机的P1端口而不是其他变量。

reg51.h文件包含以下内容：

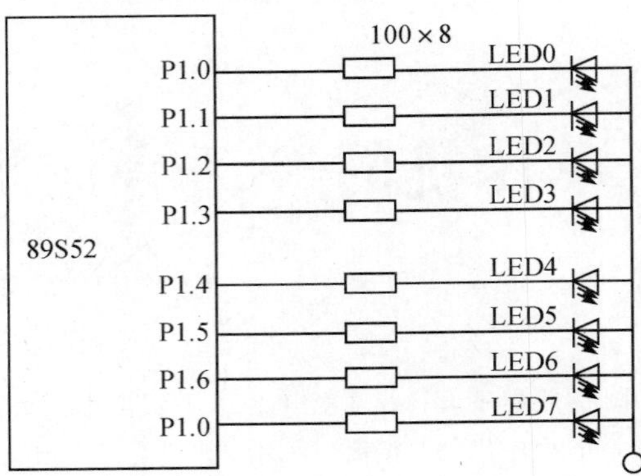


附图 1　在 89S52 的 P1 引脚上接 8 个发光二极管

```
/* ---------------------------reg51.H
Header file for generic 80C51 and 80C31 microcontroller.
Copyright (c)  1988 -
    2001 Keil Elektronik GmbH and Keil Software, Inc.
All rights reserved.
-------------------- ------------------*/
/* BYTE Register */
sfr P0 = 0x80;
    sfr P1 = 0x90;
    sfr P2 = 0xA0;
    sfr P3 = 0xB0;
    sfr PSW = 0xD0;
    sfr ACC = 0xE0;
    sfr B = 0xF0;
    sfr SP = 0x81;
    sfr DPL = 0x82;
    sfr DPH = 0x83;
    sfr PCON = 0x87;
    sfr TCON = 0x88;
    sfr TMOD = 0x89;
    sfr TL0 = 0x8A;
    sfr TL1 = 0x8B;
    sfr TH0 = 0x8C;
    sfr TH1 = 0x8D;
    sfr IE = 0xA8;
    sfr IP = 0xB8;
sfr SCON = 0x98;
    sfr SBUF = 0x99;
    /* BIT Register */
/* PSW */
sbit CY = 0xD7;
```

```
sbit AC  = 0xD6;
sbit F0  = 0xD5;
sbit RS1  = 0xD4;
sbit RS0  = 0xD3;
sbit OV  = 0xD2;
sbit P  = 0xD0;
/* TCON */
sbit TF1  = 0x8F;
sbit TR1  = 0x8E;
sbit TF0  = 0x8D;
sbit TR0  = 0x8C;
sbit IE1  = 0x8B;
sbit IT1  = 0x8A;
sbit IE0  = 0x89;
sbit IT0  = 0x88;
/* IE */
sbit EA  = 0xAF;
sbit ES   = 0xAC;
sbit ET1  = 0xAB;
sbit EX1  = 0xAA;
sbit ET0  = 0xA9;
sbit EX0  = 0xA8;
/* IP */
sbit PS  = 0xBC;
sbit PT1  = 0xBB;
sbit PX1  = 0xBA;
sbit PT0  = 0xB9;
sbit PX0  = 0xB8;
/* P3 */
sbit RD  = 0xB7;
sbit WR  = 0xB6;
sbit T1  = 0xB5;
sbit T0  = 0xB4;
sbit INT1  = 0xB3;
sbit INT0  = 0xB2;
sbit TXD  = 0xB1;
sbit RXD  = 0xB0;
/* SCON */
sbit SM0  = 0x9F;
sbit SM1  = 0x9E;
sbit SM2  = 0x9D;
sbit REN  = 0x9C;
```

```
sbit TB8 = 0x9B;
sbit RB8 = 0x9A;
sbit TI = 0x99;
sbit RI = 0x98;
```

如果熟悉 80C51 的内部结构,这些都是一些符号的定义,即规定符号名与地址的对应关系。其中这样的一行(上面的包含文件 reg51.h 中的加粗部分):

sfr P1 = 0x90;

即定义 P1 与地址 0x90H 对应,P1 口的地址就是 0x90(0x90 是 C 语言中十六进制数的写法,相当于汇编语言中的 90H)。

sfr 是标准 C 语言的关键字,是 Keil 为能直接访问 80C51 中的 SFR 而提供了一个新的关键词,其用法是:

sfr 变量名 = 地址值

(2) 符号 P1_0 表示 P1.0 引脚。在 C 语言里,如果直接写 P1.0,C 编译器并不能识别,而且 P1.0 也不是一个合格的 C 语言变量名,所以得给它另起一个名字,这里起的名为 P1_0,可是 P1_0 是不是就是 P1.0 呢?你这么认为,C 编译器可不这么认为,所以必须给它们建立联系。

这里使用了 Keil C 的关键字 sbit 来定义,sbit 的用法有 3 种:

①sbit 位变量名 = 地址值。

②sbit 位变量名 = SFR 名称^变量位地址值。

③sbit 位变量名 = SFR 地址值^变量位地址值。

如定义 PSW 中的 OV,可以用以下 3 种方法。

```
sbit OV = 0xd2      /*(1)说明:0xd2 是 OV 的位地址值          */
sbit OV = PSW^2     /*(2)说明:其中 PSW 必须先用 sfr 定义好    */
sbit OV = 0xD0^2    /*(3)说明:0xD0 就是 PSW 的地址值          */
```

因此这里用 sfr P1_0 = P1^0;就是定义用符号 P1_0 来表示 P1.0 引脚,如果愿意也可以起 P10 一类的名字,只要下面程序中也随之更改就行了。

(3)主函数 main。每一个 C 语言程序有且只有一个主函数,函数后面一定有一对大括号"{ }",在大括号里面书写其他程序。

从上面的分析我们了解了部分 C 语言的特性,下面再看一个稍复杂一点的例子。

**【附例 2】** 让接在 P1.0 引脚上的 LED 闪烁发光。

```
/*************************************
单灯闪烁程序
*************************************/
#include "reg51.h"
#define uchar unsigned char
#define uint unsigned int
sbit P1_0 = P1^0;
/*延时程序由 Delay 参数确定延迟时间*/
void mDelay(unsigned int Delay)
{   unsigned int i;
for(; Delay>0; Delay--)
{ for(i=0; i<124; i++)
{;}
```

```
}
}
void main( )
{    for( ; ; )
{ P1_0 = ! P1_0; //取反 P1.0 引脚
mDelay(1000);
}
}
```

程序分析:程序第二行是"P1_0 = ! P1_0;",在 P1_0 前有一个符号"!",符号"!"是 C 语言的一个运算符,就像数学中的" + "、" - "一样,意义是"取反",即将该符号后面的那个变量的值取反。

该条指令会被反复执行的关键就在于 main 函数中的第一行程序是"for( ; ; )",这行程序连同其后的一对大括号"{}"构成了一个无限循环语句,该大括号内的语句会被反复执行。

第三行程序是:"mDelay(1 000);",这行程序的用途是延时 1s。这里 mDelay(1 000)并不是由 Keil C 提供的库函数。在下面的程序中有"void mDelay(…)"一段,如果程序中没有这么一段程序行,那就不能使用 mDelay(1 000)。

mDelay 后面有一个小括号,小括号里有数据 1 000,这个 1 000 被称之为"参数",用它可以在一定范围内调整延时时间的长短,这里用 1 000 来要求延时时间为 1 000ms。

(4)C 语言特点。C 程序是由函数构成的,一个 C 源程序至少包括一个函数,一个 C 源程序有且只有一个名为 main( )的函数,也可能包含其他函数,因此,函数是 C 程序的基本单位。主程序通过直接书写语句和调用其他函数来实现有关功能,这些其他函数可以是由 C 语言本身提供,这样的函数称之为库函数,也可以是用户自己编写的,这样的函数称之为用户自定义函数。那么,库函数和用户自定义函数有什么区别呢?

简单地说,任何使用 Keil C 语言的人,都可以直接调用 C 的库函数而不需要为这个函数写任何代码,只需要包含具有该函数说明的相应的头文件即可;而自定义函数则是完全个性化的,是用户根据自己的需要而编写的。Keil C 提供了 100 多个库函数供我们直接使用。

一个 C 语言程序总是从 main 函数开始执行,而不管物理位置上这个 main( )放在什么地方,如附例 2 放在最后。

主程序中的 mDelay 如果写成 mdelay 就会编译出错,即 C 语言区分大小写,这一点往往让初学者非常困惑,尤其是学过一门其他语言的人,有人喜欢,有人不喜欢,但不管怎样,必须遵守这一规定。

C 语言书写的格式自由,可以在一行写多个语句,也可以把一个语句写在多行。没有行号(但可以有标号),书写的缩进没有要求。但是建议读者自己按一定的规范来写,可以给自己带来方便。

每个语句和资料定义的最后必须有一个分号,分号是 C 语句的必要组成部分。

可以用/ * ….. * /的形式为 C 程序的任何一部分作注释。

Keil C 也支持 C + + 风格的注释,就是用"//"引导的后面的语句是注释。

例如:P1_0 = ! P1_0; //取反 P1.0

这种风格的注释,只对本行有效,所以不会出现上面的问题,而且书写比较方便。所以在只需要一行注释的时候,往往采用这种格式。但要注意,只有 Keil C 支持这种格式,早期的 Franklin C 以及 PC 上用的 TC 都不支持这种格式的注释,用上面这种注释,编译时通不过,会报告编译错误。

(5) C51 的一般格式类型。

函数名(参数表)

参数说明;

{　　　　数据说明部分;

执行语句部分;

}

由两部分组成:一是函数的首部,即函数的第一行。包括函数名、函数类型、函数属性、函数参数(形参)名、参数类型。

例如:void mDelay (unsigned int DelayTime)

一个函数名后面必须跟一对圆括号,即便没有任何参数也是如此。

二是函数体,即函数首部下面的大括号"{}"内的部分。如果一个函数内有多个大括号,则最外层的一对"{}"为函数体的范围。

函数体一般包括:声明部分,在这部分中定义所用到的变量。

执行部分:由若干个语句组成。

在某此情况下也可以没有声明部分,甚至既没有声明部分,也没有执行部分,例如:

```
void mDelay( )
{}
```

这是一个空函数,什么也不干,但它是正确的。

通过上述的几个例子,可以得出一些结论:

在编写程序时,可以利用空函数,如主程序需要调用一个延时函数,可具体延时多少,怎么延时,暂时还不清楚,我们可以把主程序的框架结构弄清,先编译通过,把架子搭起来再说,至于里面的细节,可以在以后慢慢地填,这时利用空函数,先写这么一个函数,这样在主程序中就可以调用它了。

3. C51 的数据类型及其在 51 单片机的存储方式

(1) C51 的数据类型。Franklin C51 编译器支持的数据类型有位型(bit)、无符号字符(unsigned char)、有符号字符(signed char)、无符号整型(unsigned int)、有符号整型(signed int)、无符号长整型(unsigned long)、有符号长整型(signed long)、浮点型(float)和指针型等。Franklin C51 编译器支持的数据类型、长度和值域附见表 1 所示。

**附表 1　Franklin C51 的数据类型**

| 数据类型 | 长度/bit | 长度/byte | 值域 |
|---|---|---|---|
| bit | 1 | | 0. 1 |
| unsigned char | 8 | 1 | 0 ~ 255 |
| signed char | 8 | 1 | - 128 ~ 127 |
| unsigned int | 16 | 2 | 0 ~ 65 536 |
| signed int | 16 | 2 | - 32 768 ~ 32 767 |
| unsigned long | 32 | 4 | 0 ~ 4 294 967 295 |
| signed long | 32 | 4 | - 2 147 483 648 ~ 2 147 483 637 |
| float | 32 | 4 | ± 1. 176E - 38 ~ ± 3. 40E + 38 |
| 一般指针 | 24 | 3 | 存储空间 0 ~ 65. 536 |

由于 MCS-51 系列单片机是 8 位机,不存在字节校准问题,因而数据结构成员是顺序放置的。

(2) C51 数据在 MCS-51 中的存储方式。C51 可支持表 1 所列的数据类型,但在 MCS-51 单片机中,只有 bit 和 unsined char 两种数据类型可以直接支持机器指令。对于 C 这样的高级语言,不管使用何种数据类型,虽然在程序中从字面上看其操作十分简单,但是实际上 C51 编译器要用一系列机器指令对其进行复杂的数据类型处理。特别是使用浮点变量时,将大大增加运算时间和程序的长度。当程序必须保证运算精度时,C 使用相应的子程序库,把它们加到程序中。

许多不熟练的程序员,在编写 C 程序时,往往会使用大量的、不必要的变量类型,这样会导致 C 编

译器相应地增加所调用的库函数的数量,用以处理大量增加的变量类型,这样会使程序变得过于庞大,运行速度减慢,甚至会在连接(link)时,出现因程序过大而装不进代码区的情况。所以必须特别谨慎地进行变量和数据类型的选择。

位变量(bit):与 MCS-51 硬件特性操作有关的可以定义成位变量。位变量必须定位在 MCS-51 单片机内 RAM 的位寻址空间中。

字符变量(char):字符变量的长度为 1byte 即 8 位。很适合 MCS-51 单片机,因为 MCS-51 单片机每次可处理 8 位数据。对于无符号变量(unsigned char)的值域范围是 0～255。对于有符号字符变量(unsigned char),最有意义的位是最高位上的符号标志位。有符号字符变量和无符号字符变量在表示 0～127 的数值时,含义是一样的,都是 0～0x7F。负数一般用补码表示,当进行乘除运算时,符号问题十分复杂,C51 编译器可以自动将相应的库函数调入程序中来解决符号问题。

整型变量(int):整型变量的长度为 16 位,MCS-51 系列单片机将 int 型变量的高位字节数存放在低地址字节中,低位字节数存放在高地址字节中。长整型变量与整型变量相似,只是一个长整型变量,占 4 个字节。

浮点型变量(float):浮点型变量长度为 32 位,占 4 个字节,许多复杂的数学表达式都采用浮点变量数据类型。应用符号位表示数的符号,用阶码和尾数表示数的大小。C51 的浮点变量数据类型的使用格式与 IEEE－754 标准有关,具有 24 位精度,尾数的高位始终为 1,保持不变。

在编程时,如果使用 signed 和 unsigned 两种数据类型变量,就必须使用这两种格式类型的库函数,这将占用大量的内存,因此在编程时,如果只强调运算速度而不进行负数运算,最好采用无符号(unsigned)格式。

无符号字符类型的使用,无论何时应尽可能使用无符号字符变量,因为它能直接被 MCS-51 所接受。基于同样的原因,也尽量使用位变量。要注意的是,在使用简化形式定义数据类型时,其方法是在源程序开始处使用#define 语句自定义简化的类型标识符。例如,#define uchar unsigned char#define uint unsigned int,编程时就可以用 uchar 代替 unsigned char,用 uint 代替 unsigned char 来定义变量。

*4. C51 数据的存储类型与 MCS-51 存储结构*

在 MCS-51 系列单片机中,程序存储器和数据存储器是严格分开的,数据存储器又分为片内、片外两个独立的寻址空间,特殊功能寄存器与片内 RAM 统一编址。

C51 编译器完全支持 MCS-51 单片机的硬件结构,可完全访问 MCS-51 硬件系统的所有部分。C51 编译器通过将变量、常量定义成不同的存储类型的方法,将它们定义在不同的存储空间。存储类型与 MCS-51 单片机实际存储空间对应关系如附表 2 所示。

**附表 2　C51 存储类型与 MCS-51 存储空间对应关系**

| 存储类型 | 与存储空间的对应关系 |
|---|---|
| data | 直接寻址片内数据存储区,访问速度快(128 字节) |
| bdata | 可位寻址片内数据存储区,允许位与片内字节混合访问(16B) |
| idata | 间接寻址片外数据存储区,可访问片内全部 RAM 地址空间(256B) |
| pdata | 分布寻址片外数据存储区(256B),由 MOVX@ Ri 访问 |
| xdata | 片外数数据存储区(64KB),由 MOVX@ DPTR 访问 |
| code | 程序存储器 64KB 空间,由 MOVC@ DPTR 访问 |

当使用存储类型 data、bdata 定义常量和变量时,C51 编译器会把它们定位在片内 RAM 存储区中的用户数据区中,片内 RAM 存储区不大,但是能快速存取各种数据,常存放临时性或使用频繁的数据。

当使用 xdata 存储类型定义常量和变量时,C51 编译器会将其定位在外部数据存储空间,该空间的

最大寻址范围 64KB。在使用外部数据区中的数据之前，必须用指令先移到片内数据区中，当数据处理完毕后，再将结果返回到片外数据存储区中。片外数据存储区主要存放不常用的变量值，或收集待处理的数据，或存放要被发往其他计算机的数据。

idata 存储类型可以间接寻址片内全部数据存储空间(256 字节)，包括用户数据区和特殊功能寄存器区。

pdata 存储类型属于 xdata 类型，但它可由工作寄存器 R0 或 R1 间接分页访问，即访问时由 R0 或 R1 提供 8 位的页内地址，其高 8 位地址(页面地址)被保存在 P2 口中，多用于 I/O 操作。

当使用 code 存储类型定义数据时，C51 编译器会将其定义在程序存储空间(ROM 或 EPROM)中。

带存储类型的变量定义的一般格式为：

数据类型　　存储类型　　变量名

例如：char data varl1；unsigned int varl2

如果在定义变量时默认存储类型说明符，编译器会自动选择默认的存储类型。默认的存储类型进一步由 SMALL、COMPACT 和 LARGE 存储模式限制。如 char varl，则在 SMALL 存储模式下，变量 varl 被定位在 xdata 存储区中。

5. MCS-51 并行接口 C51 定义

MCS-51 系列单片机并行 I/O 接口除芯片上的 4 个 I/O 口(P0 ~ P3)外，还可以在片外扩展 I/O 口。MCS-51 单片机的 I/O 与数据存储器统一编址，即把一个 I/O 口看成数据存储器中的一个单元。

使用 C51 进行编程时，片内的 I/O 口及片外扩展的 I/O 口可以统一在一个头文件中定义，也可在程序中(一般在开始的位置)进行定义。

对于 MCS-51 片内 I/O 口按特殊功能寄存器方法定义。例如：

```
sfr P0 = 0x80;    /* 定义 P0 口，地址为 80H */
sfr P1 = 0x90;    /* 定义 P1 口，地址为 90H */
```

对于片外扩展 I/O 口，则根据硬件译码地址，将其视为片外数据存储器的一个单元，使用#define 语句来定义。例如：

```
#include < absacc. h >
#define PORTA XBYTE[0xffc0]
```

absacc. h 是 C51 中绝对地址访问函数的头文件，将 PORTA 定义为外部 I/O 口，地址为 FFC0H，长度为 8 位。

一旦头文件或绝对程序中对这些片外 I/O 进行定义后，在程序中就可以自由使用变量名与其实际地址联系，可以用软件模拟 MCS-51 的硬件结构。

6. C51 的构造数据类型

前面介绍了字符型(char)、整型(int)和浮点型(float)等基本数据类型。C 语言还提供了一些扩展的数据类型，它们是对基本数据类型的扩展，这些类型有数组、结构、指针、共用体和枚举等。这里只介绍数组与指针。

1)数组

当程序需要用到变化的量时，可以通过定义变量来实现。

实际工作中往往需要对一组数据进行操作，而这组数据之间有一定的联系。如果采用定义变量的方法，有多少个数据就得定义多少个变量，但这样很难体现各个变量之间的关系。这时采用数组能很好地体现各个变量之间的相互关系。

**【附例 3】** 某单片机应用系统有 6 位数码管，采用动态方式显示。程序分析：对于动态显示，通常通过显示缓冲区来实现，即主程序将数据填入显示缓冲区，显示程序从缓冲区读取数据，然后分别显示。如果采用汇编语言设计，只要指定显示缓冲区的首地址，然后用间接寻址方式存放或读取数

据。如：

```
mov r1,#dispbuff
mov r7,#6
loop:mov a,@ r1
M                          /* 这里对数据进行处理
inc r1
djnz r7,loop
```

这里采用一个循环,可以很好完成全部存取数据的工作。

使用 C 语言改写这段程序时,采用数组可以使该段程序简单方便。如:

```
unsigned char d[6]; /* 定义一个数组 */
unsigned char i; /* 计数器 */
for(i=0; i<6; i++)
{ x=d[i];
i++;
M                //对取到数据进行处理
}
```

这里 d[6]就是数组。数组就是一组具有固定数目和相同类型成分的有序集合。

(1)一维数组。一维数组的定义方式:

类型说明符　数组名　[常量表达式]

例如:int　a[10]

这里定义了 a[0]~a[9]10 个元素,每个元素都是整型。

数组的初始化,例如:

int　idata　a[10]={0,1,2,3,4,5,6,7,8,9};

经过上面定义和初始化后,a[0]=0,a[1]=1,a[2]=2,…,a[9]=9。

(2)二维数组。二维数组定义的一般形式:

类型说明符　数组名[常量表达式][常量表达式];

例如:

int　a[3][4]

定义了 3 行 5 列共 15 个元素的数组。

二维数组的初始化,例如:

int a[3][4]={{1,2,3,4},{5,6,7,8},{9,10,11,12}};

int a[3][4]={1,2,3,4,5,6,7,8,9,10,11,12};

经过上面的定义及初始化后,组成了一个行列式,第一行数据为 1,2,3,4;第二行数据为 5,6,7,8;第三行数据为 9,10,11,12。

(3)字符数组。数组中的元素用来存放字符,就称为字符数组。

字符数组的定义与数组定义的方法类似。

例如:

char a[10]

定义 a 为一个有 10 个字符的一维字符数组,字符数组置初值。

例如:

char a[10]={'A','B' 'C','D','E','I','G','F','J','K'}

char a[10]={"BEI JING"}

(4)查表。数组的一个非常有用的功能之一就是查表。数组的使用非常适合于这种查表方法。

例如:

```
#define uchar unsigned char uchar
  code   pinf[   ] = {0,1,4,9,16,25,36,49,64,81};
  uchar   erte (uchar   shy)
{
return   pinf [shy];
}
main(   )
{
    x = erte(6);
}
```

2)指针

指针是C语言中的一个重要概念,也是C语言的一个重要特色。正确而灵活地运用指针,可以有效地表示复杂数据结构,能方便地使用字符串,能有效地使用数组在调用函数时得到多个返回值,能与内存直接打交道,这对于嵌入式编程尤为重要。

(1) 指针的基本概念。指针就是变量的指针,即变量的地址。

例如:变量 *a* 的存放地址为 1 000,那么其指针就是 1 000。在使用汇编语言进行编程时,必须自行定义每个变量的存放位置,如:

tmp EQU 5AH

其含义是将5AH这个地址分配给tmp这个变量。而C语言编程中,这样定义变量:

unsigned char tmp;

从这个定义中,不能看出tmp存放的位置。实际上这是由C编译程序决定的,并且这不是一个定值。体现在即使是同一个程序,一旦进行修改,增加或减少若干个变量,重新编译后tmp的存放位置也会发生变化。

大部分情况下使用C语言编程时,只需对变量名tmp进行操作即可。

指针变量就是用一个变量专门来存放另一个变量的地址,该变量称为指向变量的指针变量,简称指针变量。

如果定义一个变量 *ap* 专门用来存放1000,那么 *a* 的指针变量就是 *ap*。定义的一般形式:

类型识别符　 * 指针变量名;

例如:

int　 * ap

(2)指针变量的引用。为在程序运行时获得变量地址,以及能够使用指针所指变量的值,指针变量的引用是通过取地址运算符"&"和指针运算符" * "来实现的。

例如:

ap = &a;/ * &a 为变量 ap 的地址 * /

bp = &b;/ * &b 为变量 bp 的地址 * /

cp = &c;/ * &c 为变量 cp 的地址 * /

指针运算:

① * ap 与 a 是等价的,即 * ap = a; * ap 为指针变量 ap 所指向的存储单元。

②& * ap。由于 * ap 与 a 等价,则 & * ap 与 &a 等价。

③ * &a。由于 ap 与 &a 等价,则 * &a 与 * ap 等价,即 * &a 与 * a 等价。

④ * ap + + 相当于 a + + 。

(3) Keil C51 的指针类型。C51 支持"基于存储器"和"一般"两种指针类型。

①基于存储器的指针。基于存储器的指针类型由 C 语言源代码中存储器的类型决定,并在编译时确定,可以高效地访问对象且只需 1 ~ 2B。

基于存储器的指针以存储器类型为参量,它在编译时才被确定。因此为指针选择存储器的方法可以省略,这些指针的长度可为 1B( idata * , data * , pdata * ) 或 2B( code * , xdata * )。编译时,对这类操作一般会进行"行内"编码,无需进行库调用。如:

char xdata * px;

在 xdata 存储器中定义了一个指向字符类型的指针。指针自身在默认存储区(取决于编译模式),长度为 2B,值在 0 ~ 0xFFFF。

例如:

```
Struct6 time
{   char hour;
char min;
char sec;
struct time xdata * pxtime;
}
```

在结构 Struct6 time 中,除了其他结构成员外,还包含一个具有和 struct time 相同的指针 pxtime, time 位于外部数据存储器,指针 pxtime 具有 2 个字节。

②一般指针。一般指针需占 3 个字节:存储器类型占 1 个字节,偏移量占 2 个字节。存储器类型决定对象所用的 80C51 存储空间,偏移量指向实际地址。一个一般指针可访问任何变量而不管它在 80C51 存储器中的位置,例如,将一个数值为 0x12 写入地址为 0x8000 的外部数据存储器,程序如下:

```
#define XBYTE( ( char * )0x20000L)
XBYTE[ 0x8000 ] = 0x41;
```

XBYTE 被定义为( char * )0x20000L。其中,0x20000L 是一个一般指针,将其分成 3 个字节:0x02、0x00、0x00,查表可见,第一个字节 0x02 表示存储器类型为 xdata 型,而地址为 0x0000。这样,XBYTE 成为指向 xdata 零地址的指针。XBYTE[ 8000 ]是外部数据存储器的 0x8000 绝对地址。

Keil 软件预定义了一些指针,用来对存储器指定地址进行访问,部分定义如下:

```
#define CBYTE( ( unsigned char volatile code * )0)
#define DBYTE( ( unsigned char volatile data * )0)
#define PBYTE( ( unsigned char volatile pdata * )0)
#define XBYTE( ( unsigned char volatile xdata * )0)
```

其完整定义在 abscc. h 中,借助这些指针可以对指定的地址进行直接访问。

7. 单片机内部资源的编程

(1) 中断编程。C51 编译器支持在 C 源程序中直接开发中断系统。中断服务程序是通过按规定语法格式定义一个函数。中断服务程序的函数定义的语法格式为:

```
返回值　函数名 ( [ 参数 ] ) interrupt m[ using n]
{
M
}
```

返回值 函数名( [ 参数 ] ) 部分与标准 C 语言的意义相同。interrupt m 用于选择中断号。m 对应中断源的中断号,取值 0 ~ 31,不允许使用表达式。

using n 选项用于实现工作寄存器组的切换，n 是中断服务程序中选用的工作寄存器组号。在许多情况下，相应中断时需要保护有关的现场信息，以便中断返回后，能使中断前的源程序从断点处继续执行下去。在 MCS-51 单片机中，可以利用工作寄存器组的切换来实现现场保护，即在进入中断服务程序前使用一组工作寄存器，进入中断后，由 using n 切换到另一组寄存器，中断返回后又回到原寄存器。

**【附例 4】** 在 MCS-51 单片机的 P3.2 引脚接有一个按键，按下按键后 P1.0 脚的 LED 点亮，再按一下熄灭。程序如下：

```
#include "reg51.h"
sbit P1_0 = P1^0;
void main()
{   IT0 = 1;      //设置为下降沿触发
EA = 1;      //开总中断
EX0 = 1;    //开外部中断
For(;;)
    {;}
}
void int0()interrupt0
{   P1_0 = ~P1_0;   //取反 P1.0}
```

程序分析：main 函数中开了总中断、外部中断，并设置了外部中断为下降沿触发方式，然后通过语句 for(;;){;}进入无限循环中，余下的事由中断程序完成。其中断程序的写法如下：

```
void int0()interrupt0
{   P1_0 = ~P1_0;   //取反 P1.0
}
```

其中 int0 为函数名，而 interrupt 是中断程序特有的标志，说明这个函数是一个中断函数。根据其后的参数 0 可见，使用了外部中断 0。

(2)定时/计数器编程。定时/计数器编程主要是对定时器进行初始化，设置定时器工作模式和确定计数初值或将计数器的计数值显示出来等。

**【附例 5】** 设单片机的 $f_{osc}$ = 1MHz，要求在 P1.0 脚上输出为 2ms 的方波信号。周期为 2ms 的方波要求定时间隔为 1ms，每次时间到后 P1.0 取反。

(1)用定时器 0 的方式 1 编程，采用查询方式，程序如下：

```
#include <reg51.h>
Sbit p1_0 = p1^0;
Void main(void)
{   TMOD = 0x01;          //设置定时器 0 为非门控方式 1
TR0 = 1;              //启动定时器 0
For(;;)
{   TH0 = (1000/256);   //装载计数器初值
TL0 = -(1000/256;
Do{}while(!TF0); //定时时间到 TF0 取反,查询
                       TF0 的状态
P1_0 = ! p1_0;       //定时时间到 P1.0 反相
    TF0 = 0;           //软件清 TF0
  }
```

```
}
```

(2)用定时器 0 的方式 1 编程,采用中断方式,程序如下:

```
#include < reg51. h >
Sbit p1_0 = p1^0;
Void time( void) interrupt1 using 1    //中断服务程
                                         序入口
{   p1_0 = ! p1_0;                      //p1.0 取反
    TH0 = -(1000/256);
}
void main( void)
{   TMOD = -0x01;          //设置定时的工作方式
    P1_0 =0;
     TH0 = -(1000/256);     //预置计数器初值
    Tl0 = -(1000/256);
EA =1;
ET0 =1;
TR0 =1;
do{ } while(1);          //等待中断
}
```

(3) 串行口使用的 C 语言编程。使用单片机的串行口主要用于与通用计算机的通信、单片机之间的通信和主从结构分布系统间的通信,一般使用缓冲区。

**【附例 6】** 单片机 $f_{osc}$ = 11.0592MHz,波特率为 9 600,各设置 32 字节的队列缓冲区用于发送、接受。设计单片机和终端的通信程序。

单片机串行口初始化成 9 600 波特率,中断程序双向处理字符,程序双向缓冲字符。背景程序可“放入”和“提取”在缓冲区的字符串,而实际传入和传出 SBUF 的动作由中断完成。

loadmsg 函数加载缓冲数组,标志发送开始。缓冲区分发(t)和收(r)缓冲,缓冲区通过两种提示(进 in 和出 out)和一些标志(满 full,空 empty,完成 done)管理。队列缓冲区 32 字符接收缓冲(r_buf)区满,不能再有字符插入。当 t_in = t_out 时,发送缓冲区(t_buf)空,发送中断清除,停止 UART 请求,程序如下:

```
#define uchar < reg51. h >
#define uchar unsigned char
   uchar xdata r_buf[32];          //item1
   uchar xdata t_buf[32];
uchar r_empty,t_done;            //队列指针
   bit r_in,r_out,t_in,t_done;   //item2
   code uchar m[ ] = { 'this is a test   program\r\n' };
serial( ) interrupt4 using1      //item3
   {   if( RI&& ~ r_full)
{ r_buf[ r_in] = SBUF;
RI =0
r_in = r_out,r_full =1;
   }
```

```
else if (TI&& ~t_empty)
        {  SBUF = [t_out];
           TI = 0;
           t_out = + + [t_out];
           if(t_out = = t_in)t_empty = 1;
         }
     else if(TI)
         {  TI = 0;
            t_done = 1;
          }
    }
void loadnag (lchar code meg)      //item4
{      while (( * msg!  =0)&&(((t_in+1)&0x1f)!  =0)      //
                                              测试缓冲区满
     {  t_buf[t_in] = * msg;
        msg + + ;
        t_in = + + t_in&0x1f;
        if (t_done)
        {  TI = 1; t_empty = t_done = 0;      //完成重新开始
           }
     }
   }void process(char chi){rectum; }   //item5
//用户定义
void processmsg(void)                 //item6
{   while((r_out+1 ~r_in)!  +0       //接收非缓冲区
{   process(r_buf[r_out]);
       r_out = + + r_out&0x1f;
     }
}main()                           //item7
{   TMOD = 0x20;                  //定时器 1 方式
TH1 = 0x40;                  //启动定时器
SCON = 0x50;                 //允许接收
IE = 0x50;                 //开放串口中断
t_empty = t_done = 1;
r_full = 0;
r_out = t_in = 0;
R_in = 1;
for( ; ; )
{   loadmsg(&m);
processmsg();
}
}
```

item1:背景程序“放入”和“提取”字符队列缓冲区。

item2:缓冲区状态标志。

item3:串口中断服务程序,从 RI、TI 判断接收或发送中断,由软件清除。判断缓冲区状态(满 full,空 empty)和全部发送完成(done)。

item4:此函数把字符串传入发送缓冲区,准备发送。

item5:接收字符的处理程序,实际应用自定义。

item6:此函数逐一处理接收缓冲区的字符。

item7:主程序,进行串行口初始化,载入字符串,处理接收的字符串。

# 参 考 文 献

[1]张志良.单片机原理与控制技术[M].北京:机械工业出版社:2008.
[2]吴国宏.新型温湿度传感器SHT10的原理及应用[J].单片机与嵌入式系统应用,2009(4).
[3]高志国.基于RS-485总线可靠性研究[J].石油化工自动化,2011(2).
[4]隋清江.基于PROTEUS的LCD1602接口设计与仿真[J].微计算机信息,2010(19).
[5]潘银春.工程机械远程监控系统终端设计[D].南京:南京理工大学硕士学位论文,2008.
[6]高志国.基于RS-485总线信号可靠性研究[J].石油化工自动化,2011(2).
[7]周坚.单片机C语言轻松入门[M].北京:北京航空航天大学出版社,2006.
[8]徐爱钧.单片机原理实用教程—基于Proteus虚拟仿真[M].北京:电子工业出版社,2009.